José B. Latgé

ELETRÔNICA 1

EDITORA CIÊNCIA MODERNA

Eletrônica I

Editor: Paulo André P. Marques
Produção Editorial: Dilene Sandes Pessanha
Capa: Daniel Jara
Diagramação: Daniel Jara
Copidesque: Equipe Ciência Moderna

FICHA CATALOGRAFICA

LATGÉ, José Bianchini.

Eletrônica I

Rio de Janeiro: Editora Ciência Moderna Ltda., 2020.

1. Eletrônica
I — Título

ISBN: 978-85-399-1063-2 CDD 621.381

Editora Ciência Moderna Ltda.
R. Alice Figueiredo, 46 – Riachuelo
Rio de Janeiro, RJ – Brasil CEP: 20.950-150
Tel: (21) 2201-6662/ Fax: (21) 2201-6896
E-MAIL: LCM@LCM.COM.BR
WWW.LCM.COM.BR **06/20**

Prefácio

Desde a invenção do diodo a vácuo por Fleming em 1904, e o tríodo por Forest em 1906, até os dias de hoje, a eletrônica tem sofrido um desenvolvimento extraordinário, marcado por duas transformações radicais: a substituição da válvula pelo transistor, inventado por Badeen, Brattain e Schokley, em 1948, e a miniaturização iniciada na década de 60 com o advento do circuito integrado.

Uma das características dessa evolução, que vem acentuando-se de forma exponencial nas últimas três décadas, refere-se aos processos de produção, alterados profundamente por três fatores: introdução de novas tecnologias, acelerado aumento do mercado e concentração da produção em um pequeno e seleto grupo de fabricantes.

Esses fatores possibilitaram aos fabricantes a realização de pesados investimentos na montagem de suas linhas de produção. Presentemente, para a fabricação de um único tipo de componente ou de equipamento são desenvolvidos sistemas automáticos e ferramentas especiais para moldagem de peças de plástico, os quais operam em alta velocidade, numa produção medida em milhões de unidades. Com isso, a parcela do investimento no custo do produto, e o próprio custo da produção, têm sido reduzidos continuadamente, permitindo a fabricação e comercialização de equipamentos com complexidade cada vez maiores.

No caso dos integrados, que utilizam como matéria prima o plástico e pequenas quantidades de silício, metais e outros materiais, essa transformação permitiu que circuitos com larga escala de integração fossem produzidos a custos bem baixos.

Paralelamente, o aperfeiçoamento da tecnologia de produção e do controle de qualidade tem proporcionado um grande aumento da confiabilidade, de tal forma que a simplicidade deixou de ser um princípio básico para os projetistas. Integrados contendo componentes de diminutas dimensões e baixíssimas dissipações de calor têm sido desenvolvidos e fabricados com capacidade de assumir um grande número de funções, passando a substituir circuitos discretos e até mesmo equipamentos inteiros.

Dentro desse quadro, fica extremamente difícil para quem elabora um livro-texto de eletrônica a seleção dos assuntos que devam ser incluídos. Alguns, como os relacionados às válvulas, tornaram-se obsoletos. Outros perderam a importância, podendo ser abordados de forma resumida, abrindo espaço para os que tratam dos novos produtos e tecnologias.

Limitou-se, neste livro, aos conceitos que constituem os fundamentos da eletrônica, como que a sua parte clássica. Assim, os cinco primeiros capítulos tratam do semicondutor, da junção *p-n*, do diodo Zener e do transistor, dando especial atenção as suas propriedades físicas. Entende-se que o correto conhecimento desses componentes é fundamental para o estudo de toda eletrônica.

No sexto capítulo, que aborda a polarização, enfatizou-se os conceitos de pequeno sinal, reta de carga e estabilidade. Tais conceitos, embora apresentados para o transistor, constituem a maneira de trabalhar em eletrônica, podendo ser estendidos e adaptados para outros componentes e circuitos.

O sétimo capítulo apresenta o quadripolo, um instrumento matemático que pode ser utilizado na modelagem de qualquer sistema que apresenta dois terminais de entrada e dois de saída. Inclui também a determinação dos parâmetros do quadripolo para as montagens emissor-comum, base-comum e coletor-comum.

O último capítulo contém o projeto dos amplificadores a transistor nas três montagens e na determinação dos seus coeficientes: impedâncias de entrada e saída e ganhos de tensão, corrente e potência. São esses coeficientes de vital importância nas conexões dos amplificadores com os geradores, entre si e com as suas cargas.

O tratamento matemático, apesar de simples, conduz a resultados bastante satisfatórios. Usou-se, dentro da precisão com que são fabricados os componentes, simplificações que facilitam os cálculos, além de destacar os fatores que mais diretamente influenciam os resultados.

Observa-se que os circuitos equivalentes do Capítulo V, desenvolvidos a partir das curvas características de entrada e saída do transistor, contêm parâmetros que não dependem da frequência, são circuitos válidos unicamente para baixas frequências. A análise para altas frequências utiliza modelos que consideram a capacidade de carga da base e as capacitâncias das junções, não incluídos neste volume.

Finalizando, registre-se o profundo agradecimento àqueles que, de uma forma ou outra, contribuíram para a realização deste livro, e — aos meus ex-alunos dos diversos cursos de eletrônica que ministrei na Universidade Católica do Rio de Janeiro e no Departamento de Telecomunicações da Universidade Federal do Rio de Janeiro nos meus mais de trinta anos de magistério — pela atenção, carinho, respeito e amizade que sempre me dedicaram.

O Autor

Resumo

O livro aborda os seguintes assuntos:

Semicondutores: modelo atômico; bandas de energia; condutores; semicondutores; isolantes; semicondutores extrínsecos; portadores de carga nos metais; geração e recombinação; portadores de carga e corrente nos semicondutores; situação fora do equilíbrio.

Junção *p-n* —Diodo de Junção: descrição; junção em equilíbrio; junção polarizada; estudo das correntes; características da junção *p-n*; capacitância; ruptura da junção; influência da temperatura.

Circuitos a Diodo: circuito limitador; duplo-limitador; circuitos lógicos; retificador de meia-onda; retificador de onda completa; grampeador; dobrador de tensão.

Diodo Zener: ruptura da junção; diodo Zener; símbolo; circuito equivalente; diodo Zener como limitador; regulador de tensão; circuito de proteção.

Transistor Bipolar de Junção em Baixa Frequência: transistores *n-p-n* e *p-n-p*; equações do transistor; tipos de montagem; símbolos e convenções; montagens base-comum e emissor-comum; relações entre os parâmetros; montagem coletor-comum; análise para o transistor *p-n-p*; amplificador em base-comum; corte e saturação; transistor como inversor.

Polarização e Amplificadores: influência da temperatura; tolerâncias de fabricação; valores limites; região de trabalho; circuito de polarização com I_B constante; circuitos série; paralelo e misto de polarização; amplificadores nas montagens emissor-comum, base-comum e coletor-comum; reta de carga dinâmica e estática; circuitos com indutância; circuitos com transformador; localização do ponto de operação para máxima excursão na saída; saturação; corte e máxima potência de saída.

O Transistor como Quadripolo: quadripolo; parâmetros *z*, *y* e *h*; mudança de parâmetros; parâmetros híbridos do transistor nas montagens emissor-comum, base-comum e coletor-comum; conexão Dalington.

O Transistor como Amplificador: coeficientes do amplificador: impedâncias de entrada e saída, ganhos de tensão, corrente e potência; determinação desses coeficientes; amplificadores nas montagens emissor-comum, base-comum e coletor comum; medida dos coeficientes.

Resumo

À memória de minha filha

Isabelle

pelo exemplo de vida

e imensa saudade que nos deixou

À minha esposa

Ana Lúcia

Às minhas filhas

Carla, Danielle e Paula

E ao meu neto

Henrique

dedico este livro

o Autor

Sumário

CAPÍTULO 1

SEMICONDUTORES

1.1 MODELO ATÔMICO

O átomo

O modelo atômico idealizado por Rutherford em 1911 supõe – à semelhança do sistema solar – um núcleo em volta do qual gravitam os elétrons em órbitas circulares ou elípticas.

O núcleo é formado por prótons, que são partículas com carga elétrica positiva; e por nêutrons, que são partículas sem carga.

Os elétrons possuem carga elétrica negativa de igual valor em módulo à do próton, que é considerada a unidade de carga na escala atômica, valendo 1,6 x 10^{-19} C.

Como os elétrons e os prótons de um átomo são em igual número, as cargas positivas dos prótons são anuladas pelas cargas negativas dos elétrons, ficando o átomo eletricamente neutro.

Devido à pequena massa dos elétrons, o núcleo concentra praticamente toda a massa do átomo.

O átomo de hidrogênio

O átomo de estrutura mais simples é o de hidrogênio, que possui um elétron em órbita e o núcleo formado por um único próton, conforme representado na Figura 1.1.

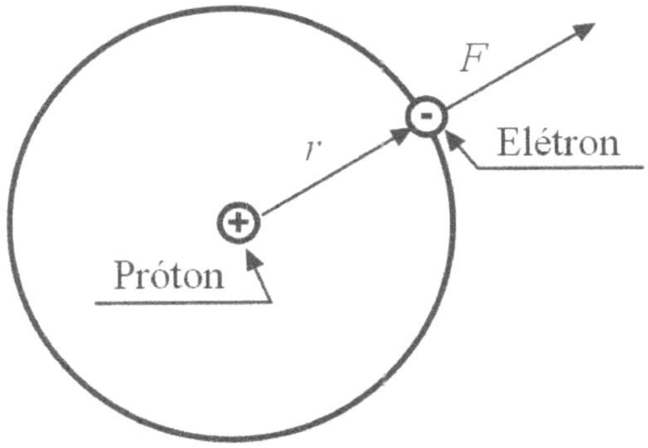

Figura 1.1 - Átomo de hidrogênio.

Sendo r a distância entre o elétron e o núcleo, ϵ_0 a constante dielétrica do espaço livre e q a carga do elétron, a força eletrostática F que atuará entre o elétron e o núcleo será:

$$F = -\frac{q^2}{4\pi \epsilon_0 r^2} \tag{1.1}$$

Essa força é negativa, mostrando que as cargas se atraem.

Devido aos pequenos valores envolvidos, a atração entre as massas é desprezível em relação à atração eletrostática. Além disso, o núcleo é supostamente fixo em virtude de sua massa ser muito maior que a do elétron.

Quando r tende para o infinito, a força de atração é nula, ficando o elétron fora da ação do núcleo. Nessa posição, define-se que o elétron apresenta energia potencial nula. O átomo, devido à perda do elétron, estará *ionizado*, apresentando uma carga elétrica unitária positiva.

A energia potencial apresentada por um elétron em um ponto situado a uma distância r do núcleo será dada pelo trabalho por ele realizado ao caminhar desse ponto até o ponto de energia potencial nula, definido para um raio infinito.

Sendo F a força eletrostática que atua sobre o elétron, e representando-se essa energia por $W_p(r) = W_p$, obtém-se:

$$W_p(r) = W_p = \int_{r}^{r_0=\infty} F\,dr$$

Considerando-se (1.1):

$$W_p = -\int_{r}^{r_0=\infty} \frac{q^2 dr}{4\pi \in_0 r^2}$$

Finalmente:

$$W_p = -\frac{q^2}{4\pi \in_0 r} \tag{1.2}$$

O sinal negativo na expressão (1.2) significa que o potencial no infinito é maior que o potencial em r. Dessa forma, o elétron perde energia ao caminhar do infinito para r.

Admitindo-se que o elétron está em uma órbita estacionária, a qual, por simplicidade, supõe-se circular, a força eletrostática deve ser igual em módulo, à força centrífuga. Sendo v a velocidade tangencial, tem-se:

$$\frac{q^2}{4\pi \in_0 r^2} = \frac{mv^2}{r} \tag{1.3}$$

A energia cinética W_c do elétron será:

$$W_c = \frac{mv^2}{2}$$

E da relação (1.3):

$$W_c = \frac{q^2}{8\pi \in_0 r} \tag{1.4}$$

No infinito, a energia potencial do elétron é nula (máxima). Ao caminhar para o núcleo, localizando-se numa órbita de raio r, terá perdido a energia W_p dada pela expressão (1.2). Observa-se que apenas metade dessa energia perdida é transformada em energia cinética.

O princípio da conservação da energia requer que a outra metade seja transformada em energia de outro tipo, mostrando a experiência que ela é convertida em radiação, a qual, muitas vezes, ocorre dentro do espectro visível.

A energia total do elétron na órbita de raio r será a soma das energias potencial e cinética:

$$W = W_p + W_c$$

$$W = -\frac{q^2}{4\pi \in_0 r} + \frac{q^2}{8\pi \in_0 r}$$

Logo:

$$W = -\frac{q^2}{8\pi \in_0 r} \tag{1.5}$$

A energia total é igual à parcela perdida pelo elétron quando caminha do infinito até r, ou seja: a energia irradiada. Representa também a energia que deve ser fornecida ao elétron para ele retornar a posição de potencial zero ($r_0 = \infty$) a partir da órbita de raio r.

O modelo de Rutherford contraria uma série de fenômenos conhecidos.

Uma dessas contradições surge com a simples aplicação das leis do eletromagnetismo aos elétrons planetários, os quais, por serem cargas elétricas em movimento, deveriam apresentar radiação eletromagnética. Tal fato ocasionaria uma perda contínua de energia, fazendo com que as trajetórias não fossem curvas fechadas. Os elétrons caminhariam progressivamente em direção ao núcleo, com o qual se chocariam, contrariando a experiência que revela uma excelente estabilidade de todos os átomos.

Outra ocorrência que o modelo não explica são as radiações emitidas pelas substâncias quando excitadas por bombardeio eletrônico ou por incidência de luz. Essas radiações ocorrem em frequências bem determinadas, próprias de cada substância, e constituem seu *espectro de radiação*.

Mecânica quântica

A *mecânica quântica* ou *mecânica dos quanta* foi introduzida por Planck em 1900 ao estudar a radiação de um corpo negro, fenômeno que a mecânica clássica era incapaz de explicar.

Baseando-se na hipótese de que as trocas de energia efetuavam-se de modo descontínuo, em pacotes indivisíveis, os *quanta*, Planck desenvolveu uma fórmula que descrevia a distribuição de energia em função das frequências irradiadas.

A teoria de Planck foi utilizada por Einstein em 1905 para explicar o efeito fotoelétrico, outro fenômeno considerado insolúvel pela física clássica.

Nessa explicação, Einstein demonstrou que uma onda luminosa é formada por pacotes de energia radiante, chamados *fótons*, os quais se propagam no vácuo com a velocidade da luz.

Chamando-se de h a constante de Planck e sendo f a frequência da radiação, a energia E de cada fóton é dada pela relação :

$$E = h\,f \tag{1.6}$$

que é conhecida como relação de Einstein.

O átomo de Bohr

O modelo atômico de Bohr, apresentado em 1913, utiliza a mesma estrutura planetária do átomo de Rutherford. A diferença é que Bohr, baseado nas ideias de Planck e Einstein, incorporou ao modelo um conjunto de regras arbitrárias, algumas das quais contrariam as próprias concepções clássicas da física.

São elas:

1. Somente certas órbitas que satisfazem configurações estáveis do átomo são possíveis. Essas órbitas, chamadas de *estacionárias*, formam um conjunto de níveis discretos de energia. Unicamente esses níveis podem ser assumidos pelos elétrons.
2. Nas órbitas estacionárias, o movimento dos elétrons não é acompanhado de radiação. Os elétrons possuem energia bem determinada e não irradiam. Os fenômenos de radiação e absorção só ocorrem quando os elétrons passam de uma órbita estacionária para outra.
3. A passagem de uma órbita externa para outra interna determina a radiação de um fóton, portador de uma quantidade bem conhecida de energia, que será a diferença entre os níveis discretos de energia dessas órbitas. Da mesma forma, a passagem dessa órbita interna para a externa absorve a mesma quantidade de energia.
4. Em uma órbita estacionária, o momento angular do elétron deve ser um múltiplo inteiro de $h/2\pi$. Dessa forma, sendo n um inteiro qualquer, r_n o raio da órbita de ordem n, v_n a velocidade do elétron nessa órbita e $m v_n r_n$ o momento angular correspondente, só serão possíveis as órbitas que satisfazem a relação:

$$m v_n r_n = \frac{nh}{2\pi} \tag{1.7}$$

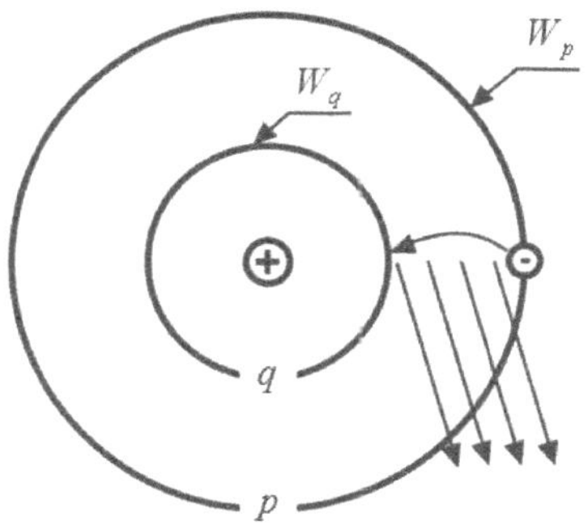

Figura 1.2 - Passagem do elétron para uma órbita interna.

A Figura 1.2 representa um elétron situado na órbita externa p, caracterizada pelo nível W_p de energia. A passagem desse elétron para a órbita interna q, com nível de energia W_q, liberta uma quantidade de energia dada por $W_p - W_q$.

Sendo f_{pq} a frequência da onda irradiada pela passagem do elétron do nível W_p para o nível W_q de energia, deduz-se, a partir da relação (1.6):

$$f_{pq} = \frac{1}{h}\left[W_p - W_q\right] \tag{1.8}$$

Através do modelo de Bohr foi possível calcular teoricamente os espectros de irradiação do átomo de hidrogênio e do hélio ionizado. Entretanto, tal não ocorreu com os átomos de maior número atômico.

Impacto de elétrons com átomos

Um dos processos de fornecer energia aos átomos de uma substância para que seus elétrons passem para órbitas externas consiste no impacto de elétrons, como ocorre nos tubos de descarga.

Tais dispositivos constam de um tubo, geralmente de forma cilíndrica, contendo gás. No início do tubo situa-se o catodo, aquecido por um filamento, e na outra extremidade, o anodo. Entre esses dois eletrodos é aplicada uma fonte de tensão que cria um campo elétrico no interior do tubo, apontando do catodo para o anodo.

Devido ao aquecimento provocado pelo filamento, o catodo emite elétrons, os quais são acelerados em direção ao anodo. Quando um desses elétrons choca-se com um átomo do gás, parte da energia adquirida no campo é transferida para um dos elétrons do átomo, que passa para uma órbita externa. O que sobra de energia continua no elétron incidente sob a forma de energia cinética.

O elétron excitado fica no nível mais alto por um período de tempo da ordem de 10^{-7} a 10^{-10} do segundo, retornando depois ao estado primitivo. Nesta passagem será liberado um fóton, que apresentará uma quantidade de energia dada pela diferença entre os dois níveis e uma frequência de radiação definida pela relação de Einstein (1.6). Caso a energia do elétron incidente seja suficiente, ocorrerá a ionização do átomo, isto é, o elétron absorverá a quantidade de energia necessária para abandonar o núcleo, ficando livre. O átomo apresentará uma carga positiva, enquanto o elétron libertado será também acelerado pelo campo, libertando novos elétrons.

Fotoexcitação

Outro processo de excitar os átomos de uma substância consiste na incidência de luz.

Nesse processo, chamado *fotoexcitação*, os elétrons dos átomos absorvem os fótons da radiação incidente, passando para órbitas superiores. Tal passagem só é possível se a energia do fóton for exatamente igual à diferença entre dois níveis discretos quaisquer do átomo. Em caso contrário, não ocorrerá a excitação.

Semelhante ao que acontece no método da colisão, os elétrons excitados retornam à órbita anterior, emitindo novos fótons. Como a volta pode ocorrer diretamente ou em saltos, são emitidas radiações em diferentes comprimentos de onda.

Caso a energia do fóton incidente seja suficiente, ocorrerá a *fotoionização*. Essa energia não necessita ser exatamente igual à energia de ionização do átomo, bastando que lhe seja superior. O restante ficará no elétron libertado em forma de energia cinética.

Espectro de radiação do hidrogênio

O modelo de Bohr permitiu a determinação das frequências que compõem o espectro de radiação do hidrogênio. Com efeito, da expressão (1.3), deduzida para o átomo de hidrogênio, e (1.8), obtém-se:

$$\frac{q^2}{4\pi \in_0 r_n^2} = \frac{m}{r_n} \cdot \frac{n^2 h^2}{2^2 \pi^2 m^2 r^2}$$

Simplificando-se e evidenciando-se r_n:

$$r_n = \frac{n^2 h^2 \in_0}{\pi q^2 m} \tag{1.9}$$

Levando-se esse valor de r_n na equação de energia total (1.5), obtém-se a expressão (1.10) que fornece os níveis de energia W_n possíveis de serem ocupados pelo elétron do átomo de hidrogênio.

$$W_n = -\frac{q^4 m}{8 n^2 h^2 \in_0^2} \tag{1.10}$$

As diferenças entre os valores de W_n, divididas pela constante de Planck, fornecerão as frequências das ondas irradiadas pelo hidrogênio.

Como exemplo, admitiu-se que o elétron representado na Figura 1.3 foi excitado, passando da órbita $n=1$ para a órbita $n=4$. Esse elétron pode retornar à órbita inicial diretamente ou aos saltos, conforme representado na Figura 1.3. Cada uma dessas passagens corresponderá à emissão de um fóton com comprimento de onda bem determinado. Considerando-se que o número de átomos é muito grande, estarão sempre sendo emitidos fótons com o mesmo comprimento de onda, de tal forma que as diferentes radiações que aparecem serão contínuas, conforme se observa no espectro.

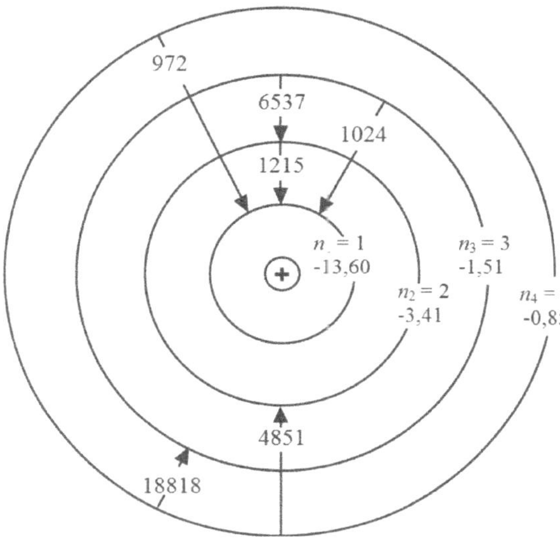

Figura 1.3 - Quatro primeiros níveis de energia do átomo de hidrogênio: os níveis são indicados em elétron-volt e os comprimentos das radiações em Å.

Mecânica ondulatória

A mecânica ondulatória foi criada por Louis de Broglie em 1923, ao formular a hipótese de que as partículas, à semelhança do que ocorre com os fótons, apresentam características de onda.

De acordo com essa teoria o comprimento de onda de cada partícula é dado pela expressão (1.11), por ele formulada, na qual m é a massa da partícula, v é a velocidade e h, a constante de Planck.

Essa teoria foi confirmada por Davisson e Germer, em 1927, com a descoberta da difração dos elétrons pelos cristais.

$$\lambda = \frac{h}{mv} \tag{1.11}$$

A mecânica ondulatória fornece uma explicação para as órbitas discretas do átomo de Bohr. Aceitando-se os elétrons como onda, só serão estáveis as órbitas que contiverem um número inteiro de comprimentos de onda, conforme ilustrado na Figura 1.4.

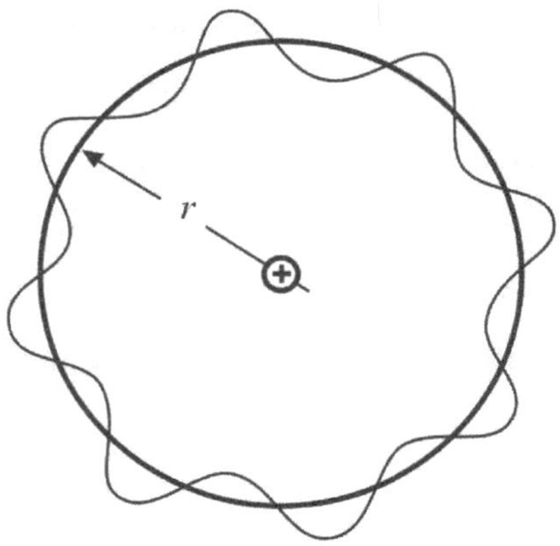

Figura 1.4 - Órbita estável.

Sendo r o raio da órbita estável, tem-se:

$$n\lambda = 2\pi r$$

Considerando-se a expressão (1.11), resulta:

$$\frac{nh}{mv} = 2\pi r$$

De onde se tira:

$$mvr = \frac{nh}{2\pi}$$

que é a mesma relação (1.7) postulada por Bohr.

Equação de Schrödinger

Admitindo a natureza de onda das partículas, Schrödinger deu uma contribuição essencial para o desenvolvimento da mecânica quântica, formulando a equação que leva seu nome.

Essa é uma equação de derivadas parciais de segunda ordem, baseada em uma função de onda φ *(x, y, z, t)*, cujo quadrado do módulo pode ser interpretado como a densidade de probabilidade de uma partícula com energia total W ser encontrada em um instante t em um determinado ponto de um campo potencial.

Sendo W_p a energia potencial, h a constante de Planck e m a massa da partícula, a equação de Schrödinger é dada, em sua forma mais simples, pela expressão:

$$\nabla^2\varphi + \frac{8\pi^2 m}{h^2}(W - W_p)\varphi = 0 \qquad (1.12)$$

A equação de Schrödinger só admite soluções para valores discretos da energia total da partícula, fornecendo uma explicação matemática para os níveis possíveis de energia dos elétrons dos átomos.

Aplicada ao campo de potencial do átomo de hidrogênio, definido pela expressão (1.2), deduz-se que só existirão soluções para os mesmos níveis de energia discretos deduzidos por Bohr, segundo seu modelo bem mais simples.

1.2 BANDAS DE ENERGIA

Estrutura eletrônica

Os níveis discretos de energia, para os quais a equação de Schrödinger de qualquer átomo apresenta soluções, são determinados por um conjunto de três números, chamados de *números quânticos principais,* que são designados por n, l e m_l.

O primeiro número quântico pode receber os valores inteiros diferentes de zero. Todos os níveis que apresentam o mesmo valor de n pertencem à mesma camada as quais são representadas pelas letras *K*, *L*, *M*, *N*, ... , correspondendo, respectivamente, a n=1, 2, 3, 4, ...

O segundo número quântico l determina as subcamadas em que são agrupadas os níveis de energia de cada camada, podendo receber os valores l = 0, 1, 2, ... , n-1. Essas subcamadas são identificadas pelas letras *s*, *p*, *d*, *f*,..., de acordo com l=0, 1, 2, 3,..., precedidas pelo número da camada

O terceiro número quântico m_l pode assumir os valores 0, ± 1, ± 2, ..., ± l. Esse número fornece os níveis discretos de energia que existirão em cada subcamada.

De acordo com o *princípio de exclusão*, formulado por de Pauli, cada um desses níveis pode receber no máximo dois elétrons, um com *spin* positivo (rotação no sentido positivo), e o outro com *spin* negativo (rotação no sentido oposto).

Esse princípio, estabelecido de forma empírica em 1925, corresponde a um quarto número quântico na equação de Schrödinger, que pode assumir unicamente os valores + ½ e – ½.

Dentro da mecânica quântica, cada conjunto desses quatro números determina um *estado quântico*, o qual pode ser ocupado por um único elétron.

A Tabela 1.1 contém as subcamadas, níveis de energia e número de estados quânticos para as camadas *K*, *L*, *M* e *N*.

Observa-se que o número de estados quânticos corresponde ao número máximo de elétrons possíveis de serem encontrados em uma camada ou subcamada.

A camada *K*, com n=1, l=0 e m_l=0, será formada por uma única subcamada capaz de receber dois elétrons. Essa subcamada é representada por 1*s*.

Para a camada *L*, existirão duas subcamadas dadas por $l=0$ e $l=1$. A primeira é representada por 2*s*, sendo formada por um único nível definido por $m_l=0$ e contendo, no máximo, dois elétrons. A segunda subcamada, designada por 2*p*, apresenta três níveis dados por $m_l=0$, $m_l=+1$ e $m_l=-1$, na qual poderão ser encontrados seis elétrons.

Tabela 1.1 - Distribuição de elétrons nas camadas *K*, *L*, *M* e *N*

Camada		Subcamada		Níveis de energia		Número de estados quânticos	
Nome	n	Nome	l	m_l	Total	Por subcamada	Por camada
K	1	*1s*	0	0	1	2	2
L	2	*2s*	0	0	1	2	8
		2p	1	0, ± 1	3	6	
M	3	*3s*	0	0	1	2	18
		3p	1	0, ± 1	3	6	
		3d	2	0, ± 1, ± 2	5	10	
N	4	*4s*	0	0	1	2	32
		4p	1	0, ± 1	3	6	
		4d	2	0, ± 1, ± 2	5	10	
		4f	3	0, ± 1, ± 2, ± 3	7	14	

A mecânica quântica estabelece que uma subcamada só pode possuir elétrons quando a inferior estiver completa. Isso significa que os elétrons ocupam os níveis mais baixos de energia, embora existam outros níveis possíveis de serem ocupados.

As subcamadas apresentam níveis de energia proporcionais à soma dos números quânticos *n* e *l*. Quando a soma for a mesma para duas ou mais subcamadas, apresentará maior energia a de maior número *n*.

Com o critério apresentado, a distribuição em ordem crescente de energia das subcamadas será:

1*s*, 2*s*, 2*p*, 3*s*, 3*p*, 4*s*, 3*d*, 4*p*, 5*s*, 4*d*, 5*p* ...

O número de elétrons existentes em um átomo é chamado de *número atômico*, sendo representado por *Z*.

A partir desse número, e segundo os níveis de energia das subcamadas, é possível conhecer-se a estrutura eletrônica de qualquer átomo.

Essas estruturas são representadas por fórmulas que utilizam os símbolos das subcamadas com expoentes, de acordo com o número de elétrons que elas contêm.

Como exemplo, para o *Na*, que possui *Z*=11, obtém-se a fórmula: $1s^2\ 2s^2\ 2p^6\ 3s^1$, indicando que o sódio possui a primeira e segunda camadas completas, com 2 e 8 elétrons, respectivamente. O elétron restante estará na terceira camada, ou seja, na camada 3*s*.

Na Tabela 1.2 são dadas as estruturas e a distribuição dos elétrons por camada para os átomos de carbono (*C*), oxigênio (*O*), sódio (*Na*), silício (*Si*), cloro (*Cl*) e germânio (*Ge*).

Tabela 1.2 - Estrutura eletrônica dos átomos de *C*, *O*, *Na*, *Si*, *Cl* e *Ge*.

Elemento	Z	Estrutura eletrônica	Elétrons camada			
			K	L	M	N
C	*6*	$1s^2\ 2s^2\ 2p^2$	2	4		
O	*8*	$1s^2\ 2s^2\ 2p^4$	2	6		
Na	*11*	$1s^2\ 2s^2\ 2p^6\ 3s^1$	2	8	1	
Si	*14*	$1s^2\ 2s^2\ 2p^6\ 3s^2\ 3p^2$	2	8	4	
Cl	*17*	$1s^2\ 2s^2\ 2p^6\ 3s^2\ 3p^5$	2	8	7	
Ge	*32*	$1s^2\ 2s^2\ 2p^6\ 3s^2\ 3p^6\ 3d^{10}\ 4s^2\ 4p^2$	2	8	18	4

Os elétrons das camadas internas estão fortemente presos ao núcleo, não sendo facilmente removidos.

À medida que as camadas se afastam, as ligações tornam-se mais fracas, de tal forma que são exatamente os elétrons da camada mais externa os que mais facilmente se deslocam.

São esses elétrons, que constituem a *camada de valência*, os responsáveis pelas atividades químicas dos elementos, as quais decorrem das propriedade apresentada por todos os sistemas físicos de assumirem níveis de energia internos mínimos sempre que possível.

No caso da estrutura atômica, prova-se que os átomos mais estáveis são aqueles que apresentam oito elétrons na camada de valência, passando esse número para dois no caso de existir unicamente a camada *K*.

Essas estruturas de alta estabilidade correspondem às camadas ou pelo menos subcamadas completas, sendo exatamente as estruturas apresentadas pelos gases raros, elementos químicos inertes que não formam compostos com outros elementos.

A Tabela 1.3 apresenta o número atômico *Z*, a estrutura eletrônica e a distribuição dos elétrons por camada para os gases nobres hélio (*He*), neônio (*Ne*), argônio (*A*), criptônio (*Kr*) e xenônio (*Xe*).

Tabela 1.3 - Gases Nobres

Elemento	Z	Estrutura eletrônica	Elétrons p/ camada				
			K	L	M	N	O
He	2	$1s^2$	2				
Ne	10	$1s^2\ 2s^2\ 2p^6$	2	8			
A	18	$1s^2\ 2s^2\ 2p^6\ 3s^2\ 3p^6$	2	8	8		
Kr	36	$1s^2\ 2s^2\ 2p^6\ 3s^2\ 3p^6\ 3d^{10}\ 4s^2\ 4p^6$	2	8	18	8	
Xe	54	$1s^2\ 2s^2\ 2p^6\ 3s^2\ 3p^6\ 3d^{10}\ 4s^2\ 4p^6\ 4d^{10}\ 5s^2\ 5p^6$	2	8	18	18	8

Observa-se, na tabela 1.3, que todos os elementos contêm oito elétrons na última camada, excetuando-se o hélio, que possui apenas a primeira camada completa com dois elétrons.

Os átomos, quando interagem uns com os outros nas reações químicas, procuram obter configurações mais estáveis. Dessa forma, perdem, ganham ou emparelham elétrons, ficando com uma estrutura eletrônica semelhante à do gás nobre de número atômico mais próximo.

Um dos processos de combinação entre os átomos é a *eletrovalência*, no qual um dos átomos cede elétrons, tornando-se uma carga positiva, e o outro os recebe, tornando-se uma carga negativa. Essas duas cargas, devido à atração eletrostática, mantêm-se unidas.

Para exemplificar a eletrovalência, será analisada a reação entre o cloro e o sódio, resultando o cloreto de sódio.

A distribuição de elétrons por camada para esses dois elementos é dada na Tabela 1.2.

Observa-se que o sódio apresenta um único elétron na camada de valência. Já a camada de valência do cloro possui sete elétrons, faltando um para completar a estrutura estável. O que ocorre então é que o elétron de valência do sódio abandona o átomo, sendo recebido pela camada de valência do cloro.

Quando isso ocorre, o átomo de sódio fica com uma carga positiva e o de cloro com uma carga negativa. A seguir, esses dois íons, possuindo cargas elétricas de sinais opostos, se atraem, formando a molécula do cloreto de sódio. Paralelamente, o sódio, perdendo um elétron, e o cloro, recebendo esse elétron, ficam com a camada de valência completa com oito elétrons, assumindo as estruturas estáveis do neônio e do argônio, respectivamente.

Outro exemplo seria o cloreto de potássio. Bastando, somente, substituir no anterior o átomo de sódio pelo de potássio, que, embora possuindo 19 elétrons, também apresenta um único na camada de valência.

Todos os elementos que contém um elétron na última camada possuem valência +1 e apresentam, excessão do hidrogênio, propriedades químicas semelhantes, formando o grupo de *metais alcalinos, que são:* (*Li*, *Na*, *K*, *Rb* e *Cs*).

Uma outra forma de os elementos se combinarem é a *covalência*.

Nesse tipo de ligação, alguns elétrons passam a girar em torno do núcleo dos dois átomos, pertencendo simultaneamente às duas camadas de valência.

Para exemplificar essa ligação, será considerada a substância oxigênio (O_2), formada por dois átomos do elemento oxigênio.

Como se observa na Tabela 1.2, o átomo do oxigênio possui seis elétrons na última camada.

Na reação com outro átomo de oxigênio, dois elétrons de cada átomo passam a girar ao redor dos dois núcleos, passando a apresentar ambas as camadas de valência. Dessa forma, a última camada desses átomos vai apresentar, conforme ilustrado na Figura 1.5, uma estrutura estável constituída por oito elétrons.

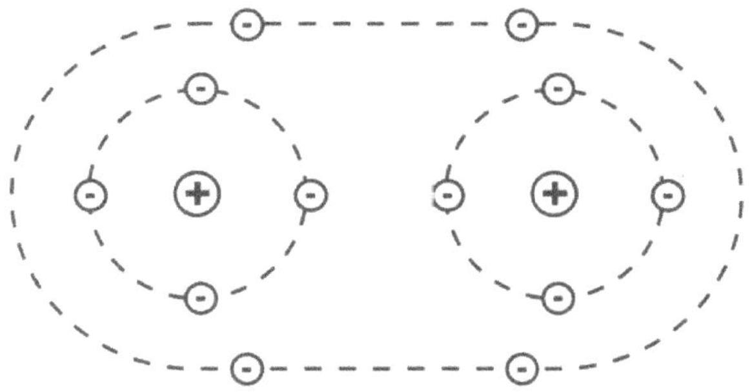

Figura 1.5 - Molécula do oxigênio.

Barreira de potencial

Admitindo-se a existência de um vetor campo elétrico $\boldsymbol{\varepsilon}$ em um dado ponto do espaço, a força $\boldsymbol{f}$ exercida sobre uma carga q, situada neste ponto, será :

$$\boldsymbol{f} = q\,\boldsymbol{\varepsilon} \qquad (1.13)$$

O campo e a força terão o mesmo sentido quando a carga for positiva e sentidos contrários quando a carga for negativa.

Sendo m a massa da carga e $\boldsymbol{v}$ a sua velocidade, a lei de Newton permite escrever:

$$q\boldsymbol{\varepsilon} = m\frac{d\boldsymbol{v}}{dt} = \boldsymbol{f}$$

Define-se *energia potencial* dessa partícula, nesse ponto x do espaço, como sendo o trabalho que essa carga q é capaz de realizar ao caminhar, sob a ação desse campo, para um ponto x_0, tomado como referência.

Representando-se essa energia por W_p, pode-se escrever:

$$W_p = \int_{x}^{x_0} \boldsymbol{f} \cdot d\boldsymbol{x}$$

Invertendo-se o sentido de integração e considerando-se a expressão (1.13):

$$W_p = -q\int_{x_0}^{x} \boldsymbol{\varepsilon} \cdot \mathrm{dx}$$

A energia potencial por unidade de carga é, por definição, a *diferença de potencial* entre o ponto x e o ponto x_0 de referência.

Representando-se por V essa diferença, tem-se:

$$V = \frac{W_p}{q} = -\int_{x_0}^{x} \boldsymbol{\varepsilon} \cdot dx \tag{1.14}$$

Ou ainda:

$$W_p = qV \tag{1.15}$$

O sinal negativo na expressão (1.14) significa que o campo elétrico é dirigido da região *de potencial mais elevado para a de potencial mais baixo*. Significa, também, que uma partícula com carga positiva vai consumir energia ao caminhar de x_0 para x.

No sistema *MKS* de unidades, a energia potencial é medida em joule; a diferença de potencial, em volt; e o campo elétrico, em volt/metro.

Para exemplificar os conceitos introduzidos, será analisado o deslocamento de uma carga em um campo elétrico formado por duas placas metálicas paralelas A e B, entre as quais é mantida uma diferença de potencial V_D, conforme representado na Figura 1.6.

Entre essas superfícies existirá um campo elétrico de intensidade ε que apontará de B para A, em virtude da polaridade do potencial V_D aplicado.

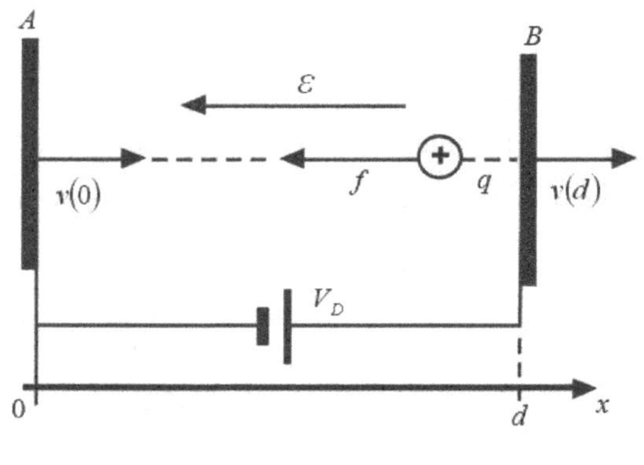

Figura 1.6 - Movimento de uma partícula em um campo elétrico.

Uma partícula de massa m e carga positiva q deixa a superfície A com uma velocidade $v(0)$ e caminha em direção à superfície B, onde chega com a velocidade $v(d)$.

Sendo a energia potencial da carga nula em A, a energia total W será dada unicamente pela energia cinética $1/2mv(0)^2$. Essa energia total será mantida constante enquanto a carga atravessa a região.

Ao chegar em B, a carga apresentará a energia potencial qV_D, de acordo com (1.15), e a energia $1/2mv(d)^2$.

Como a energia total permanece constante:

$$\frac{1}{2}mv(0)^2 = \frac{1}{2}mv(d)^2 + qV_D$$

A equação mostra que a velocidade em B é menor que a inicial, o que decorre da partícula caminhar em um campo que a repele, necessitando perder energia cinética para alcançar uma região de potencial mais elevado. A força ocasionada pelo campo elétrico atua no sentido contrário ao do movimento, travando a partícula.

Pode acontecer que a energia potencial qV_D seja igual à energia total W. Neste caso, a carga chegará em B com velocidade nula, de onde retornará a A, acelerada pela força devida ao campo.

No caso em que qV_D é maior que a energia total, a carga não alcançará a superfície B, existindo um ponto entre as duas superfícies no qual a velocidade nula é atingida. Tendo gasto toda a energia para vencer o campo e não conseguindo, a carga pára e retorna a A.

De acordo com a definição de diferença de potencial dado pela equação (1.14), o potencial V_D será fornecido pela integral:

$$V_D = -\int_0^d \varepsilon \cdot dx$$

Como o campo é constante entre as duas superfícies, em razão da não existência de cargas elétricas na região, obtém-se:

$$V_D = -\,e\,d$$

De onde se tira:

$$e = -\frac{V_D}{d}$$

A energia potencial da partícula em função de x será dada pela expressão:

$$W_p(x) = -q\int_0^d \varepsilon . \mathrm{dx}$$

Resultando:

$$W_p(x) = q\frac{V_D}{d}x$$

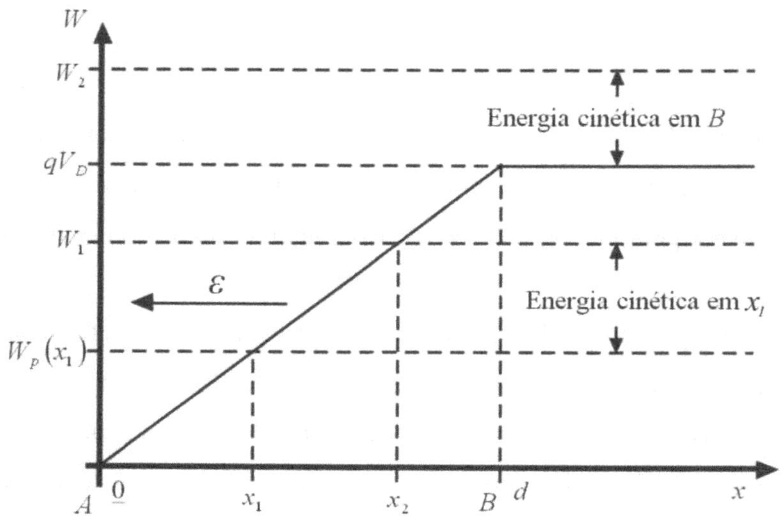

Figura 1.7 - Barreira de Potencial.

O gráfico da Figura 1.7 representa a energia potencial em função de x. Como se observa, essa energia cresce linearmente de 0 ao valor qV_D à medida que a carga caminha de A para B.

Será suposta uma carga com energia inicial $W_1 < qV_D$, caminhando de A para B. Ao atingir o ponto x_1, a energia potencial terá crescido para o valor $W_p(x_1)$, enquanto a cinética cairá para $W_1 - W_p(x_1)$.

No ponto x_2 da figura, a energia potencial será igual à energia total, significando que a energia cinética é nula. A partícula pára em x_2, daí retornando à superfície A.

Admitindo-se, agora, que a partícula possui uma energia total $W_2 > qV_D$, ao caminhar em direção a B perderá parte de sua energia, a qual será transformada em energia potencial.

A partir de B, a partícula apresentará uma energia potencial qV_D e uma energia cinética dada pela diferença $W_2 - qV_D$, que será constante, significando ter a carga assumido novamente velocidade uniforme.

A Figura 1.7 funciona como uma *barreira de potencial* na direção do deslocamento da partícula.

No primeiro caso, o nível de energia era inferior à altura da barreira e a carga não conseguiu ultrapassá-la. No segundo caso, a carga que caminhava em uma região de potencial nulo com velocidade uniforme possuía energia cinética maior que a altura da barreira, conseguindo vencê-la, quando então assumiu a energia potencial qV_D e continuou seu deslocamento com velocidade uniforme $v(d)$ menor que $v(0)$.

A barreira de potencial pode também funcionar no sentido contrário, acelerando a partícula, como no caso de uma carga positiva caminhando de B para A no exemplo analisado.

Dispositivos semelhantes são formados pelas grades das válvulas eletrônicas, entre as quais são estabelecidas diferenças de potenciais para controlar a corrente de elétrons emitidos pelo catodo.

Faixa de condução

Na Figura 1.8 estão representados os gráficos da energia total e potencial do elétron do átomo de hidrogênio em função do raio de sua órbita, de acordo com as expressões (1.5) e (1.2). Observa-se que o elétron com energia total $W(r_1)$ apresentará a energia potencial $W_P(r_1)$ e a energia cinética $W_C(r_1)$, indicadas no gráfico.

Com o nível $W(r_2)$, maior que $W(r_1)$, a energia potencial crescerá para $W_P(r_2)$ e a cinética, para $W_C(r_2)$, ocupando o elétron uma nova órbita r_2, externa a r_1. Um novo acréscimo de energia determinará outro aumento do raio, e assim sucessivamente, de tal forma que, ao atingir o nível zero de energia total, o elétron pode afastar-se indefinidamente do núcleo, tornando-se livre.

Nessas condições, a figura representa uma *barreira de potencial* que prende o elétron ao núcleo.

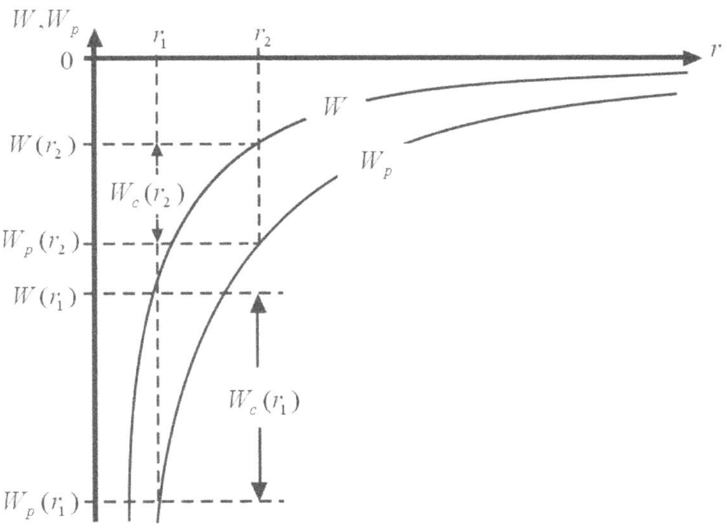

Figura 1.8 - Energia total e potencial do elétron do átomo de hidrogênio em função do raio.

A mecânica quântica estabelece que somente certos níveis discretos de energia, que equivalem a valores bem determinados de r, podem ser assumidos pelo elétron.

Conforme foi visto, esses níveis distribuem-se em camadas, identificadas pelas letras *K*, *L*, *M*, *N*... e, dentro dessas camadas, em subcamadas, identificadas pelas letras *s*, *p*, *d*, *f*..., as quais contém, respectivamente, 1, 3, 5, 7... níveis de energia. Cada um desses níveis pode receber um máximo de dois elétrons.

Essas subcamadas estão representadas no gráfico de $W(r)$ função de r da Figura 1.9, encontrando-se o elétron, normalmente, na subcamada 1*s*, que apresenta menor nível de energia. Quando excitado, passa para uma das subcamadas 2*s*, 2*p*, 3*s*, 3*p* ou outras, de maior nível de energia.

Os resultados obtidos para o átomo de hidrogênio podem ser extrapolados para átomos de estrutura mais complexa, existindo sempre uma barreira de potencial prendendo os elétrons ao núcleo e com forma semelhante às curvas apresentadas nas Figuras 1.8 e 1.9.

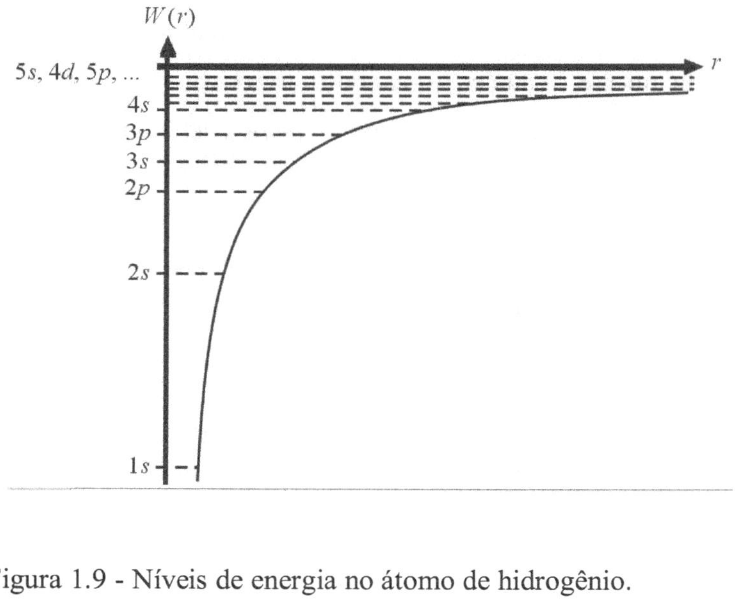

Figura 1.9 - Níveis de energia no átomo de hidrogênio.

Ao contrário do que foi feito até agora – considerar o átomo unicamente isolado, a Figura 1.10 representa dois átomos situados a uma distância *d*. Observa-se que as curvas de potencial foram alteradas na região entre os dois átomos, ocorrendo uma redução da altura da barreira em consequência de os elétrons estarem submetidos à ação dos dois núcleos.

Observa-se que com o nível W_1, indicado na figura, o elétron estará preso ao seu núcleo, podendo, ao assumir o nível W_2, pertencer indiscriminadamente a um átomo ou a outro.

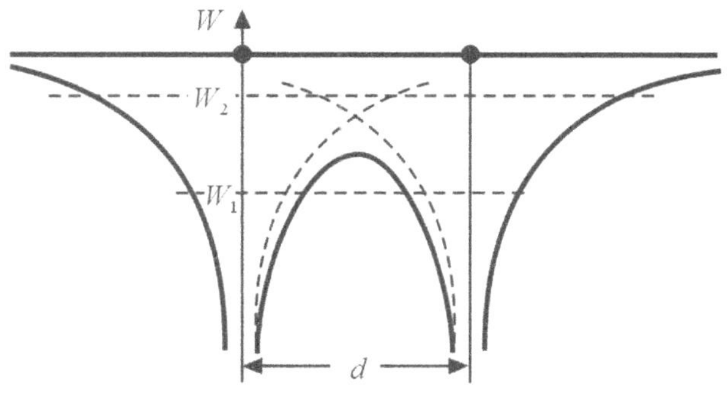

Figura 1.10 - Redução da barreira na região entre dois átomos.

Extrapolando-se o resultado para os átomos de um cristal, pode-se aceitar que, devido à ação entre eles, ocorrerá também uma redução da barreira de potencial que mantém os elétrons presos aos seus núcleos, fato que a Figura 1.11 procura ilustrar através de uma fileira de átomos separados pela constante *d* da rede cristalina.

Em decorrência da redução da barreira, um elétron com energia superior ao nível W_1 indicado na figura poderá mover-se livremente no material, existindo uma corrente de elétrons tão logo um campo elétrico seja aplicado.

Na superfície do material, devido à não existência do núcleo seguinte, a barreira não é reduzida. Dessa forma, os elétrons com energia superior a W_1 são livres dentro do material; porém, para abandoná-lo, precisam vencer a barreira de potencial da superfície.

Resumindo: a interação entre os átomos criou uma *faixa de condução* no material; os elétrons com energia dentro dessa faixa são livres, podendo transportar cargas elétricas tão logo um campo elétrico seja aplicado.

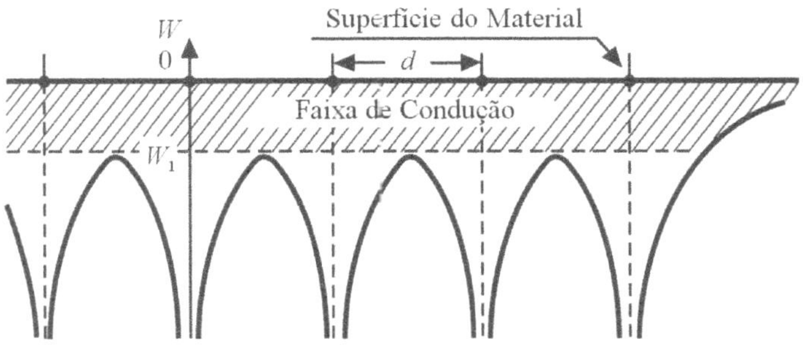

Figura 1.11 - Barreira de potencial em um cristal.

Os metais, que normalmente apresentam elétrons dentro dessa faixa, são materiais condutores. Alguns desses elétrons, quando o material é aquecido, ganham energia suficiente para vencer a barreira superficial, sendo então emitidos.

A aproximação entre os átomos determina, também, modificações nos níveis de energia permitidos para os elétrons.

Assim, um dado nível existente para o átomo isolado apresentará, numa estrutura cristalina, valores diferentes de átomo para átomo.

Para os níveis de energia das camadas internas, essas modificações são pouco apreciáveis devido à pequena influência dos átomos vizinhos.

Nas camadas externas as diferenças tornam-se apreciáveis, aparecendo um grande número de níveis permitidos para os elétrons do material. Para cada um desses níveis continuará valendo o princípio da exclusão de Pauli, ou seja, só poderão existir dois elétrons, um com o *spin* positivo e o outro com o *spin* negativo.

Em consequência da pequena separação entre esses novos níveis e o elevado número de átomos (da ordem de 10^{23} por cm^3), cada nível discreto do átomo isolado dará origem a uma banda de energia, na qual poderão existir no máximo $2N$ elétrons, sendo N o número de átomos do material.

Quando o átomo isolado possui dois ou mais níveis muito próximos, esses níveis darão origem no cristal a uma única banda de energia.

Nesse caso, não tem mais sentido dizer que os elétrons ocupam uma subcamada ou outra de um átomo. Eles pertencem à banda de energia do cristal como um todo.

Como foi visto para o átomo isolado, os elétrons que ocupam os níveis mais altos de energia são os que participam das reações químicas, ou seja, os elétrons de valência. Em um cristal, esses níveis darão origem à *banda de valência*, que pode ser definida como uma faixa de energia formada por níveis discretos bem próximos uns dos outros e que contém os elétrons de valência.

Os níveis imediatamente superiores aos de valência dão origem a uma outra banda, a qual normalmente se encontra dentro da faixa de condução do material, sendo por isso denominada *banda de condução*. Essa banda, embora vazia, admite um número máximo de elétrons que dependerá do número de átomos existentes.

A faixa de energia compreendida entre a banda de valência e a de condução não apresenta nenhum nível de energia permitido, sendo denominada *banda proibida*. Em outras palavras: dentro do material não existirá nenhum elétron com energia dentro dessa banda.

Considerando-se o átomo de silício, cuja estrutura eletrônica é $1s^2\ 2s^2\ 2p^6\ 3s^2\ 3p^2$, observa-se que o único nível de subcamada $3s$ está completo, com dois elétrons.

Nota-se também que dos três níveis da subcamada $3p$, que admitem um total de seis elétrons, somente o inferior encontra-se completo, conforme indicado na Figura 1.12.

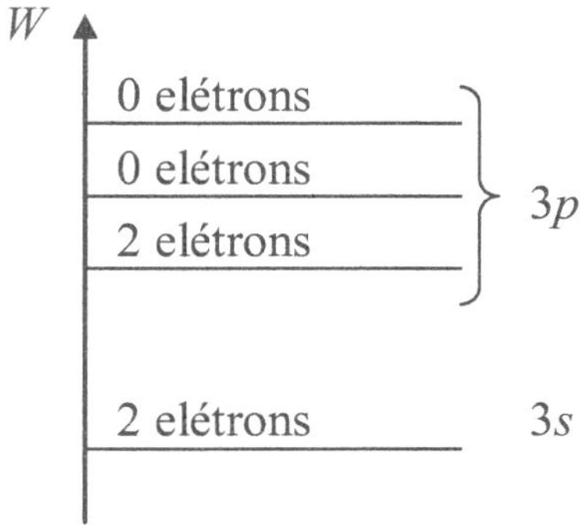

Figura 1.12 - Níveis de energia do átomo de silício.

Quando átomos de silício reúnem-se para formar o cristal, o nível $3s$ e o nível inferior da camada $3p$ originam a *banda de valência* que apresentará os seus $4N$ estados quânticos possíveis ocupados por elétrons. Os outros dois níveis $3p$ formarão a *banda de condução*, capaz de receber $4N$ elétrons, mas que se encontra vazia.

No esquema da Figura 1.13, estão indicadas as bandas de energia do cristal de *Si*.

Observa-se, nessa figura, que que os elétrons da banda de valência não são livres em virtude da barreira de potencial dos núcleos e que a banda de condução encontra-se vazia, não ocorrendo condução pela ausência de elétrons móveis no material.

A Figura 1.14 consta do esquema clássico de representação das bandas de energia de um cristal. A banda de valência W_V vai do nível W_1 ao W_2, enquanto a de condução, do nível W_3 ao W_4. Entre essas se estende a banda proibida, significando que no material não são encontrados elétrons com energia total compreendida entre W_2 e W_3.

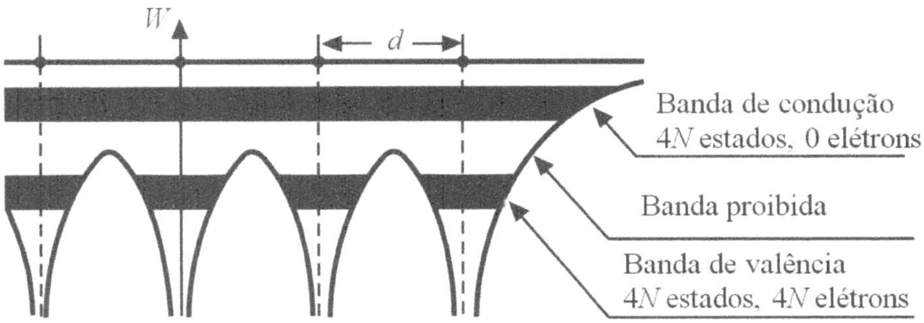

Figura 1.13 - Bandas de energia do átomo de silício.

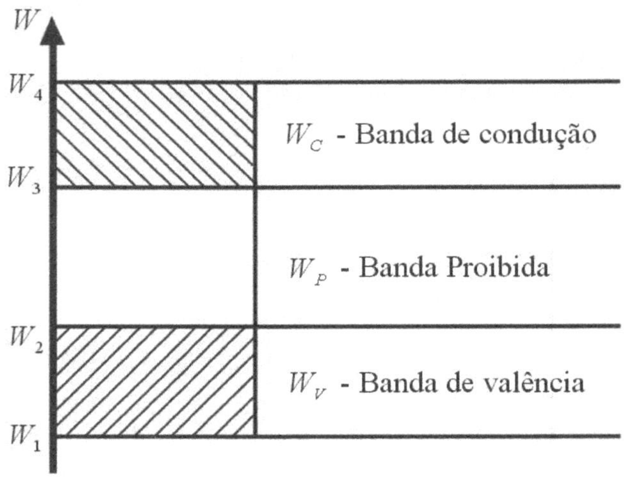

Figura 1.14 - Representação das bandas de energia.

1.3 CONDUTORES, SEMICONDUTORES E ISOLANTES

Com os conceitos introduzidos, pode-se compreender o mecanismo da condução.

Nos materiais condutores, elétrons de valência são encontrados na banda de condução, significando que as bandas de condução e de valência possuem uma parte em comum, conforme ilustrado na Figura 1.15.

Como os elétrons encontrados na banda de condução são elétrons livres, capazes de conduzir cargas elétricas, ocorrerá uma corrente tão logo um campo elétrico seja aplicado.

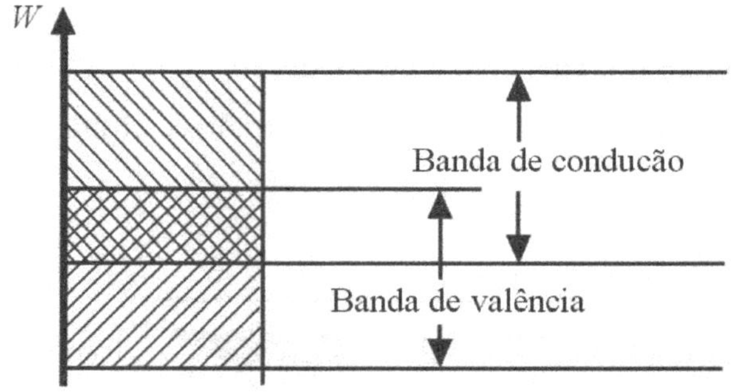

Figura 1.15 - Bandas de energia de um material condutor.

Nos corpos isolantes, a banda de condução encontra-se vazia e a banda proibida é muito grande. Dessa forma, a energia necessária para passar um elétron da banda de valência para a de condução é muito elevada.

O material seria destruído antes que isso acontecesse.

A Figura 1.16 representa as bandas de energia de um material isolante, como por exemplo o diamante, para o qual a banda proibida é de 6 elétron-volts.

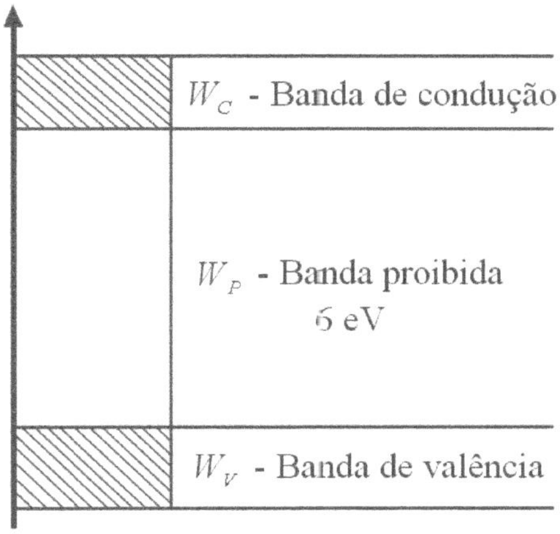

Figura 1.16 - Bandas de energia de um material isolante.

Os semicondutores apresentam uma estrutura semelhante à dos materiais isolantes, diferindo, unicamente, a banda proibida, que é relativamente pequena.

Pelo fornecimento de energia – calor, por exemplo, é possível que elétrons passem da banda de valência para a de condução.

Para que um material seja um semicondutor, a banda proibida precisa ser da ordem de 1 elétron-volt, que é a energia possível de ser fornecida aos elétrons por aquecimento ou efeito luminoso.

Os dois semicondutores mais conhecidos são os cristais de germânio e de silício, que apresentam bandas proibidas da ordem de 0,785 e 1,21eV, respectivamente, na temperatura de 0°K.

1.4 SEMICONDUTOR INTRÍNSECO

Tanto o germânio quanto o silício, que são os dois semicondutores mais utilizados, apresentam quatro elétrons na camada de valência.

Ambos cristalizam-se no sistema tetraédrico, unindo-se cada átomo com os quatro vizinhos. A ligação é feita por covalência, com os átomos dando e recebendo quatro elétrons, de modo a ficarem com a camada de valência completa.

A Figura 1.17 procura representar, em forma plana, as ligações que ocorrem no cristal de silício.

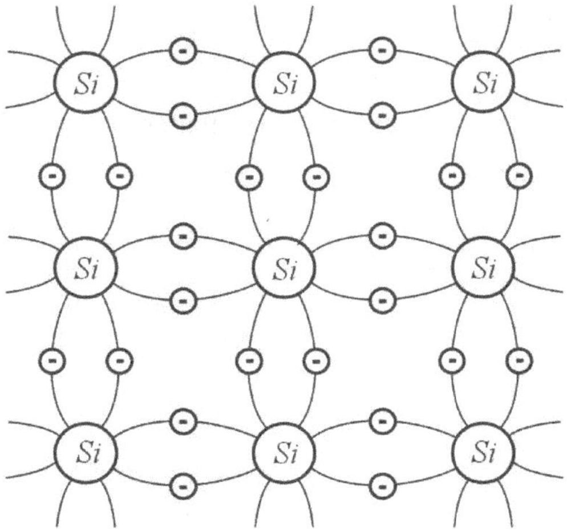

Figura 1.17 - Representação do cristal de silício.

Os elétrons que participam da covalência pertencem à banda de valência do material, ou seja, ocupam níveis de energia dentro dessa faixa. São elétrons presos aos seus átomos e incapazes de se mover dentro do cristal.

Em temperaturas muito baixas, da ordem de 0°K, tal estrutura é mantida, comportando-se o material como isolante. À medida que a temperatura se eleva, os átomos adquirem energia, aumentando sua agitação térmica.

Quando essa agitação torna-se suficiente, elétrons rompem a ligação de covalência, passando para a banda de condução. Tornam-se elétrons livres dentro do material, capazes de moverem-se sob a ação de um campo elétrico externo, como nos metais.

Um outro fenômeno ocorre nos semicondutores.

Cada elétron que passa para a banda de condução deixa uma ligação vazia na banda de valência, chamada *lacuna.* Essa falta de elétron em uma das covalências modifica a distribuição do potencial do átomo, permitindo que um elétron pertencente a outra ligação possa passar para essa lacuna sem que tenha atingido o nível de energia da banda de condução. Por sua vez, o elétron que ocupou a lacuna existente deixa no átomo a que pertencia uma outra lacuna, passando-se tudo como se a lacuna houvesse caminhado de um átomo para outro.

Sob a ação de um campo elétrico, esse movimento assume uma direção preferencial, e a lacuna desloca-se através do cristal como se fosse um portador de carga positivo.

Uma vaga em uma fila de automóveis pode servir para exemplificar a lacuna. O carro que avança deixará no seu lugar uma outra vaga, a qual, por sua vez, será ocupada pelo carro seguinte. O processo repete-se de tal forma que a vaga caminha através de toda a fila.

Para o caso da lacuna, como a falta do elétron deixa o átomo com uma carga positiva, quando essa falta caminha ocorre o movimento de uma carga positiva ao longo do material.

Assim, ao contrário dos metais, os semicondutores apresentam dois tipos de portadores, que são os elétrons, com carga negativa $-q$, e as lacunas, com carga positiva $+q$.

O número de elétrons na banda de condução por unidade de volume é chamado de *concentração de elétrons* e representado por n. Analogamente, o de lacunas na banda de valência é chamado de *concentração de lacunas* e representado por p.

A formação de *pares de portadores elétron-lacunas* descrita é o único processo que ocorre nos semicondutores em elevado estado de pureza. Tais semicondutores são denominados *intrínsecos*, significando que suas propriedades elétricas provêm do próprio cristal.

Como decorrência do próprio processo de geração, nos semicondutores desse tipo a cada elétron na banda de condução corresponde uma lacuna na de valência. A esse número comum dá-se a denominação *concentração intrínseca* do material, a qual é representada por n_i.

De acordo com as definições de n e p, pode-se escrever para o semicondutor intrínseco:

$$n = p = n_i = \text{concentração intrínseca}$$

Convém salientar que a concentração intrínseca é uma função exclusiva da temperatura, pois esta determina a agitação térmica responsável pela formação dos pares elétrons-lacunas.

1.5 SEMICONDUTOR EXTRÍNSECO

Um outro processo utiliza a incidência de luz para provocar, como no caso da temperatura, a geração dos pares elétrons-lacunas. Constitui esse processo a base de uma série de fotos dispositivos, tais como: fotodiodos, fotorresistores e fototransistores.

Um terceiro consiste na adição de impurezas ao semicondutor, obtendo-se os *semicondutores extrínsecos*, também chamados de *dopados* ou *impuros*.

Essas impurezas nada mais são do que átomos de outros elementos, adicionados em pequenas quantidades ao semicondutor antes da cristalização.

Dependendo da valência da impureza utilizada, o semicondutor extrínseco obtido será do tipo n ou do tipo p.

Semicondutor extrínseco do tipo *n*

Cristalizando-se um semicondutor, como o silício, por exemplo, depois de terem sido adicionadas em pequena quantidade impurezas de elementos de valência +5, tais como: *As* (arsênio), *P* (fósforo) e *Sb* (antimônio), obtém-se uma rede cristalina na qual os átomos da impureza aparecem combinados aos de silício.

Os átomos dessas impurezas apresentam cinco elétrons na camada de valência, ligando-se por covalência a quatro átomos de silício, conforme representado na Figura 1.18.

Observa-se que quatro dos elétrons de valência da impureza participam da covalência com os átomos de silício. São elétrons situados dentro da banda de valência do material. O quinto elétron fica sobrando e não participa da ligação.

É um elétron fracamente preso ao núcleo, com um nível de energia dentro da banda proibida e próximo ao da banda de condução, conforme esquematizado na Figura 1.19.

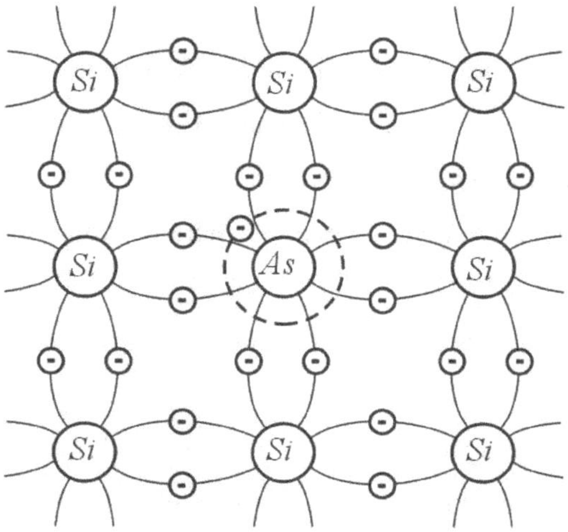

Figura 1.18 - Cristal de silício com impureza do tipo n.

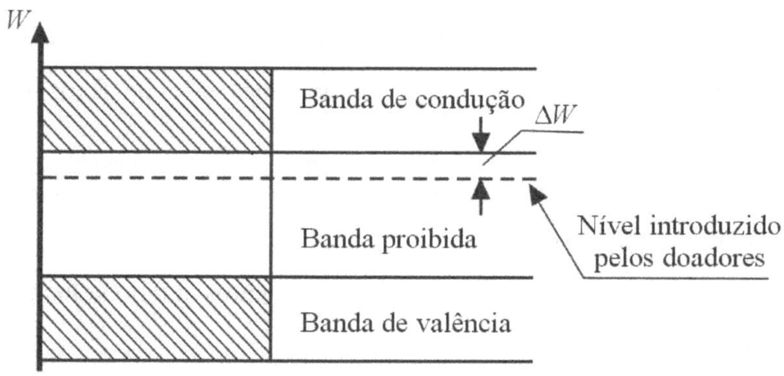

Figura 1.19 - Níveis de energia no semicondutor do tipo *n*.

Com uma pequena excitação, o elétron que sobra passa para a banda de condução, libertando-se da impureza e tornando-se livre dentro do material.

Conclui-se, portanto, que a função das impurezas no semicondutor do tipo *n* é fornecer elétrons para a condução. Por esse motivo, os átomos dessas impurezas são denominados *doadores*.

De acordo com o processo apresentado, cada átomo doador contribui com um único elétron para a condução, ficando com uma carga positiva unitária, a qual não conduzirá por estar presa à grade cristalina do cristal. As impurezas doadoras contribuem unicamente com elétrons para a condução, não resultando lacunas como no caso do semicondutor intrínseco.

A diferença ΔW entre a banda de condução e a energia dos elétrons dos doadores é da ordem de décimos de elétron-volt, conforme pode ser observado na Tabela 1.4. Esse valor é tão pequeno que, nas temperaturas normais de utilização dos semicondutores, todos os doadores podem ser considerados ionizados.

Tabela 1.4 - Diferença ΔW em eV na temperatura de 0°K

Semicondutor	Doador		
	P	*As*	*Sb*
Si	0,045	0,05	0,04
Ge	0,012	0,013	0,01

Semicondutor extrínseco do tipo *p*

Para o semicondutor extrínseco do tipo *p* ou simplesmente *semicondutor do tipo p*, as impurezas são elementos de valência + 3, como átomos de *In* (indio), *Ga* (gálio) e *B* (boro).

Esses átomos ligam-se por covalência aos átomos do semicondutor, quando da formação do cristal, conforme ilustrado na Figura 1.20.

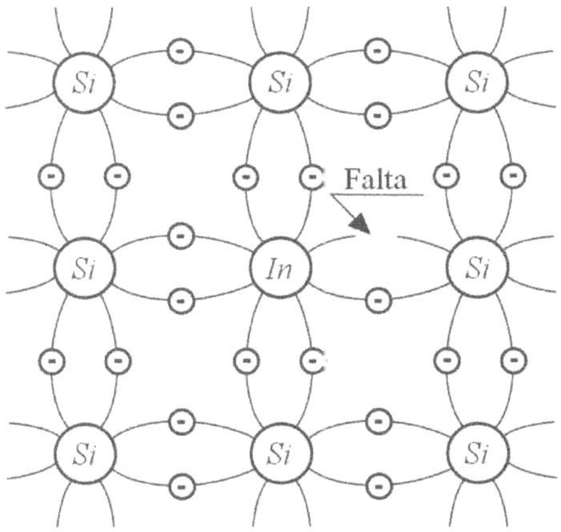

Figura 1.20 - Cristal de Silício com impureza do tipo *p*.

Como a impureza apresenta um elétron a menos, ficará faltando um elétron para completar a covalência.

Essa falta cria um nível de energia dentro da banda proibida levemente superior ao da banda de valência, como indicado na Figura 1.21.

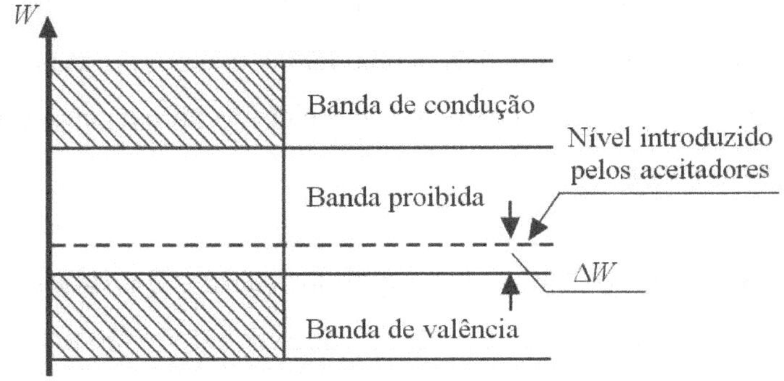

Figura 1.21 - Níveis de energia no semicondutor do tipo *p*.

Com pequena excitação, elétrons quebram suas ligações de covalência e ocupam esses níveis criados pelas impurezas, deixando lacunas na banda de valência. Essas lacunas serão os portadores de carga nesse tipo de semicondutor. Cada átomo da impureza recebe um elétron, contribuindo com uma lacuna para a condução. Paralelamente, ao receber esse elétron, a impureza ficará com uma carga negativa unitária, a qual não contribuirá para a condução por ser um íon fixo à grade do cristal.

Tendo em vista que os átomos dessas impurezas recebem elétrons, são denominados *aceitadores*.

Considerando que apenas uma pequena quantidade de energia é necessária para os elétrons abandonarem a banda de valência e ocuparem os níveis de energia dos aceitadores, nas temperaturas de utilização dos semicondutores praticamente todos os aceitadores receberam elétrons, deixando lacunas na banda de valência.

Os semicondutores do tipo *n* e do tipo *p* são denominados de extrínsecos, porque suas propriedades elétricas decorrem das impurezas neles dissolvidas e não do próprio material, como no caso dos semicondutores intrínsecos.

1.6 PORTADORES DE CARGA NOS METAIS

A corrente elétrica nos metais é realizada pelos elétrons da banda de condução, que são elétrons capazes de se mover através de todo o material. Os demais elétrons não participam da condução, porque são presos aos seus respectivos núcleos.

Dependendo do metal, cada átomo contribui com um, dois ou três elétrons para condução. Tendo os átomos de qualquer sólido uma concentração em volume da ordem do número de Avogrado (10^{23} por cm^3), o número de elétrons livres será também dessa ordem.

Ao cederem seus elétrons, os átomos ficam com cargas positivas, as quais não contribuirão para a condução por serem íons fixos, sem liberdade de movimento dentro do material. Dessa forma, ao contrário dos semicondutores, os metais possuem um único tipo de portador, que são os elétrons livres.

Um metal apresenta densidade de carga nula em todos os seus pontos, significando que em qualquer volume do material as cargas positivas e negativas devem ser iguais. Essa neutralidade ocorre porque as cargas negativas dos elétrons livres são balanceadas pelas cargas positivas dos íons formados pelos átomos ao cederem alguns de seus elétrons.

Sendo a distribuição dos íons uniforme ao longo do metal, os elétrons livres encontram-se também uniformemente distribuídos, embora em constante movimento, à semelhança das moléculas de um gás.

Supondo-se uma perturbação da neutralidade em um dado ponto do metal, ou seja, uma densidade diferente de zero nesse ponto, a presença dessa carga ocasionaria o aparecimento de um campo elétrico intenso.

Esse campo provocaria uma corrente de condução muito elevada, em virtude da baixa condutividade do metal, a qual restauraria o equilíbrio em um tempo extremamente pequeno (da ordem de 10^{-17} do segundo), denominado de *tempo de relaxação*.

1.7 GERAÇÃO E RECOMBINAÇÃO

No semicondutor intrínseco existe um processo de geração de pares elétrons-lacunas que ocorre quando elétrons passam da banda de valência para a de condução.

A esse processo corresponde um outro inverso, que é a recombinação, pela qual elétrons livres voltam a ocupar as ligações de covalência, causando o desaparecimento de pares. Os dois processos ocorrem simultaneamente, de tal forma que, continuamente, pares de elétrons-lacunas estão sendo criados enquanto outros desaparecem.

Uma vez formados, tanto os elétrons quanto as lacunas existirão por intervalos de tempo diferentes, após os quais se recombinam.

Os valores médios desses intervalos são chamados de *tempo de vida dos elétrons*, representado por τ_n, e *tempo de vida das lacunas*, representado por τ_p.

Embora esses dois processos estejam sempre atuando, existirá um certo número de pares presentes, número esse função da agitação térmica do material, ou seja, função da temperatura.

Quando o sistema está em equilíbrio térmico, não cedendo nem absorvendo energia, o numero de pares elétrons-lacunas é fixo. Em consequência, o número de pares gerados é igual ao número de pares recombinados.

Nos semicondutores intrínsecos, conforme explanado anteriormente, os únicos portadores existentes provêm desse processo de geração e recombinação. Nos semicondutores extrínsecos, além desses portadores, aparecem em número bem mais elevado os portadores fornecidos pelas impurezas.

Assim, no semicondutor do tipo *n* serão encontrados, na banda de condução, os elétrons provenientes dos doadores e aqueles gerados por efeito intrínseco; correspondendo a esses últimos lacunas na banda de valência em igual número.

Analogamente, para o tipo *p*, na banda de valência serão encontradas as lacunas formadas pela passagem de elétrons para os aceitadores e as lacunas provenientes do efeito intrínseco, correspondendo, a esses últimos, elétrons na banda de condução em igual numero.

Uma outra característica apresentada pelos semicondutores é expressa pela lei: *em um semicondutor em equilíbrio térmico o produto da concentração de elétrons pela concentração de lacunas é igual ao quadrado da concentração intrínseca do material na temperatura considerada.*

Analiticamente:

$$np = n_i^2 \tag{1.16}$$

Uma das consequências dessa lei é que a dopagem com doadores para a obtenção do semicondutor do tipo *n*, além de aumentar o numero de elétrons livres, ocasiona a diminuição das lacunas na banda de valência. Inversamente para o tipo *p*, a difusão de aceitadores aumenta o número de lacunas e reduz o de elétrons da banda de condução. Em ambos os casos o que ocorre é uma diminuição, devido à dopagem, dos pares elétrons-lacunas gerados pelo efeito intrínseco.

Embora não sendo por ora demonstrada, essa lei é de fácil compreensão, considerando-se que a recombinação exige o encontra dos elétrons e das lacunas. Como esses portadores estão em contínuo movimento aleatório dentro do material, um aumento, por exemplo, do número de elétrons devido à presença de doadores vai aumentar a probabilidade dessa ocorrência, ocasionando a diminuição de pares presentes, o que significa uma redução do número de lacunas.

1.8 PORTADORES DE CARGA NOS SEMICONDUTORES

Em um semicondutor homogêneo ou uniformemente dopado, o princípio da neutralidade é também requerido. A existência de uma concentração local de carga causará o aparecimento de um campo elétrico, exatamente como nos metais, diferindo unicamente o tempo de relaxação que, para os semicondutores, é de algumas ordens de grandeza maior. Qualquer perturbação da neutralidade será desfeita em tempos da ordem de 10^{-12} do segundo pelas correntes de condução provocadas pelo campo.

Como consequência da neutralidade, o semicondutor apresenta, no equilíbrio, densidade de carga nula em todos os seus pontos.

No semicondutor intrínseco

No semicondutor intrínseco a condição de densidade nula obriga a uma distribuição uniforme de portadores em todo volume. Tal fato significa que as concentrações de elétrons e de lacunas devem ser iguais em todos os pontos.

Convém salientar que o número de átomos que fornecem pares é muito pequeno em relação ao número de átomos do material. Assim, para o silício, que possui 5,0 x 10^{22} átomos por cm^3, o número intrínseco na temperatura ambiente de 300°K é 1,5 x 10^{10} átomos, significando que somente três em cada 10^{12} átomos fornecem elétrons para a banda de condução.

No semicondutor extrínseco do tipo *n*

Em um semicondutor extrínseco do tipo n existem dois tipos de carga elétrica: a carga dos portadores, que são os elétrons e lacunas móveis no material, e a carga dos doadores, que são íons positivos presos à rede do cristal.

Sendo q a unidade de carga e N_d a concentração de doadores, a densidade de carga ρ será dada por:

$$\rho = q(p + N_d - n)$$

Como a densidade de carga deve ser nula:

$$p + N_d = n$$

No semicondutor do tipo n a concentração de elétrons contém os elétrons provenientes dos doadores e os elétrons gerados por efeito intrínseco. Como a energia necessária para passar os elétrons da banda de valência para a de condução é elevada, o número de pares gerados será muito pequeno em relação à concentração N_d de impurezas normalmente empregada. Dessa forma, o número de lacunas será muito menor que o número de doadores, ou seja:

$$p \ll N_d$$

Essa desigualdade significa que praticamente todos os elétrons existentes na banda de condução foram fornecidos pelos doadores.

Resumindo:

$$n \cong N_d \qquad (1.17)$$

$$p \ll n$$

E, como $n\,p = n_i^2$, decorre:

$$p = \frac{n_i^2}{N_D} \quad (1.18)$$

Em virtude da concentração de elétrons ser muito maior que a de lacunas, no semicondutor do tipo n, os elétrons são chamados de *portadores majoritários* e as lacunas, de *portadores minoritários*.

No extrínseco do tipo p

No semicondutor extrínseco do tipo p as cargas elétricas são formadas pelos íons negativos dos aceitadores e pela carga dos portadores.

Representando-se por N_a a concentração de aceitadores, a densidade de carga será:

$$\rho = q(p - N_a - n)$$

A condição de equilíbrio implica:

$$p = N_a + n$$

Como o número de aceitadores é muito maior que o número de pares gerados por efeito intrínseco, a concentração de elétrons será muito menor que a concentração de aceitadores, ou seja, $n << N_a$. Essa desigualdade significa que praticamente todas as lacunas existentes no material foram fornecidas pelos aceitadores.

Logo:

$$p \cong N_a \quad (1.19)$$

$$n \ll p$$

$$n \cong \frac{n_i^2}{N_a} \quad (1.20)$$

Ao contrário do tipo n, no semicondutor do tipo p os portadores majoritários serão as lacunas, e os minoritários, os elétrons.

Na Tabela 1.5, são dadas, para a temperatura de 300°K, as concentrações de portadores e o produto np de dois semicondutores de germânio extrínsecos – um do tipo n, com dopagem de 3,49 x 10^{14} átomos de doadores por cm^3, outro, do tipo p, com dopagem de 0,895 x 10^{14} átomos de aceitadores por cm^3.

Observa-se as diferenças entre as concentrações dos portadores majoritários e minoritários dos dois tipos, a redução dos pares elétrons-lacunas devido à dopagem, a constância do produto np e o pequeno número de portadores em relação ao número de átomos de germânio, que é da ordem de 4,4 x 10^{22} por cm^3.

Tabela 1.5 - Semicondutores de *Ge* do tipo *n* e do tipo *p* na temperatura de 300°K – concentração de portadores em átomos por cm^3

Tipo	n	p	$np = n_i^2$
Intrínseco	2,5 x 10^{13}	2,5 x 10^{13}	6,25 x 10^{26}
Tipo *n*	3,51 x 10^{14}	1,78 x 10^{12}	6,25 x 10^{26}
Tipo *p*	6,51 x 10^{12}	0,96 x 10^{14}	6,25 x 10^{26}

É possível a adição de átomos de aceitadores a um semicondutor do tipo *n* ou átomos de doadores a um do tipo *p*.

Em ambos os casos existirá no semicondutor uma concentração N_d de doadores e uma N_a de aceitadores. A condição de equilíbrio estabelece:

$$p + N_d = n + N_a$$

Se as concentrações de doadores e aceitadores forem iguais, as lacunas e os elétrons em excesso se recombinam, comportando-se o semicondutor como intrínseco.

Um aumento da concentração de aceitadores, de tal forma que N_a fique maior que N_d, transforma um semicondutor do tipo *n* em um semicondutor do tipo *p*. Analogamente, um semicondutor do tipo *p* será transformado em outro do tipo *n* pela adição de doadores.

1.9 CORRENTE NOS SEMICONDUTORES

Em um semicondutor, à semelhança do que ocorre nos metais, as cargas móveis encontram-se em constante movimento, mesmo sob condições de equilíbrio térmico. Este movimento, que é uma manifestação da energia térmica dos átomos, processa-se desordenadamente.

As cargas, devido às frequentes colisões com os átomos do material, mudam constantemente de direção, além de ganharem ou perderem energia cinética. Esse movimento aleatório não resulta em corrente efetiva porque sua velocidade média é nula, isto é, há tantos portadores se deslocando em um sentido quantos os que se deslocam em sentido oposto.

Essa situação de equilíbrio pode ser modificada pela ação de um campo elétrico ou pela existência de um gradiente de concentração no material.

No primeiro caso, aparecerá uma corrente denominada de *condução*, ou de *deriva* (*drift*), e no segundo, uma corrente denominada de *difusão*.

Corrente de condução

Quando um campo elétrico é aplicado, o movimento dos portadores adquire uma direção predominante, disso resultando uma velocidade média diferente de zero na direção do campo, a qual é chamada de *velocidade média de condução.*

Existe uma velocidade média para os elétrons, representada por v_n, e outra para as lacunas, representada por v_p, as quais são proporcionais ao campo elétrico.

Tem-se, para os elétrons:

$$v_n = - m_n e$$

A constante μ_n, que independe do campo elétrico, é chamada de *mobilidade do elétron.* O sinal decorre da carga negativa do elétron, ocasionando um deslocamento contrário ao campo, conforme ilustrado na Figura 1.22.

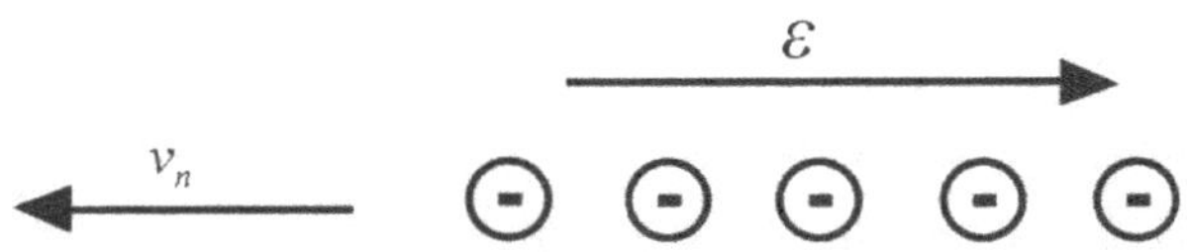

Figura 1.22 - Deslocamento do elétron em um campo elétrico.

Analogamente, sendo v_p a velocidade média das lacunas e μ_p a mobilidade, tem-se:

$$v_p = - m_p e$$

É interessante notar que a velocidade de condução é um valor médio. São encontradas partículas com velocidades maiores ou menores, ocasionando um movimento de cargas igual ao produzido por essa velocidade.

Na Figura 1.23 está representado um volume unitário com p lacunas, deslocando-se a uma velocidade v_p na direção do campo.

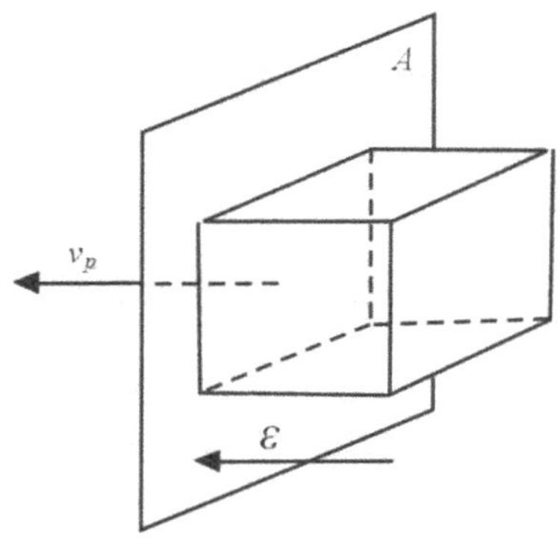

Figura 1.23 - Volume unitário deslocando-se em um campo elétrico.

O número de lacunas por segundo que vai atravessar a unidade de área da superfície A, normal ao deslocamento será dada por:

$$pv_p = p\mu_p\varepsilon$$

Define-se *densidade de corrente*, representada por J, a corrente por unidade de área. Assim, para uma corrente I, uniformemente distribuída através de uma seção de área A, tem-se:

$$J = \frac{I}{A}$$

Como a carga da lacuna é $+q$, a densidade de corrente de condução de lacunas será dada por:

$$J_{cp} = q\mu_p p\varepsilon$$

De maneira análoga para os elétrons:

$$J_{cn} = q\mu_n n\varepsilon$$

Embora os elétrons desloquem-se em sentido contrário ao do campo elétrico, como a sua carga elétrica é negativa, a densidade de corrente terá o sentido do campo. Dessa forma, as duas correntes de condução, a de elétrons e a de lacunas, apresentarão o mesmo sentido.

A densidade de corrente de condução total será a soma dessas correntes, ou seja:

$$J_c = q\left(\mu_p p + \mu_n n\right)\varepsilon \tag{1.21}$$

Nessa expressão, o coeficiente do campo ε é chamado de *condutividade* do material, sendo geralmente representado por σ, ou seja:

$$\sigma = q\left(\mu_p p + \mu_n n\right) \tag{1.22}$$

Para o semicondutor intrínseco, onde se tem $n = p = n_i$, a expressão da densidade de corrente de condução será:

$$J_c = q\left(\mu_p + \mu_n\right) n_i\varepsilon \tag{1.23}$$

Para o semicondutor do tipo n as relações $n \cong N_d$ e $p \ll n$ permitem escrever:

$$J_c = q\mu_n n\,\varepsilon \cong q\mu_n N_d\varepsilon \tag{1.24}$$

Para o tipo p, onde se tem $p \cong N_a$, $n << p$, obtém-se:

$$J_c = q\mu_p p\varepsilon \cong q\mu_p N_a \varepsilon \quad (1.25)$$

Observa-se, dessas duas últimas expressões, que a densidade de corrente nos semicondutores extrínsecos depende principalmente dos portadores majoritários, sendo desprezível a contribuição dos portadores minoritários.

É interessante examinar a variação da condutividade em função da temperatura.

A temperatura pode afetar a condutividade, alterando o número de portadores disponíveis ou modificando sua velocidade média, isto é, a mobilidade.

Nos metais, o número de portadores é independente da temperatura, encontrando-se todos os níveis possíveis da banda de condução ocupados. A condutividade dependerá unicamente da mobilidade, que diminui com a temperatura. Tal fato decorre do aumento da vibração dos átomos, o que ocasiona uma diminuição do espaço interatômico e, consequentemente, da velocidade média. Dessa forma, a condutividade em um metal decresce quando a temperatura aumenta.

Nos semicondutores, o número de portadores cresce com a temperatura, em virtude do aumento da geração de pares elétrons-lacunas. Como a mobilidade decresce quando a temperatura sobe, a condutividade dependerá da predominância de um desses dois fatores. Na faixa de temperatura de interesse a *condutividade de um semicondutor aumenta com a temperatura*.

Corrente de difusão

A concentração de portadores em um semicondutor nas condições de equilíbrio é uniforme em todos os pontos. O aparecimento de um gradiente de concentração, devido a uma perturbação local, resultará em uma corrente chamada de *difusão*.

Representou-se na figura 1.24.a, uma barra de um semicondutor do tipo p, de comprimento L e seção S, cuja a distribuição de lacunas no instante $t_o = 0$ decai ao longo de seu comprimento, sendo uniforme nas direções x e z.

Com o objetivo de exemplificar a corrente de difusão, será analisado o que ocorre com a concentração de lacunas ao longo do tempo.

A figura 1.24.b mostra essa distribuição em diferentes instantes.

A curva sólida indica a distribuição em $t_0=0$, e as curvas interrompidas, as distribuições nos tempos subsequentes.

Através da superfície S localizada em x_1 ocorrerá um fluxo de cargas da esquerda para direita, ou seja, da região de maior para a de menor concentração. Nos instantes seguintes t_1, t_2, ... as cargas continuam o movimento de redistribuição, tendendo para uma concentração uniforme em um tempo infinito. É esse fluxo que constitui a corrente de difusão.

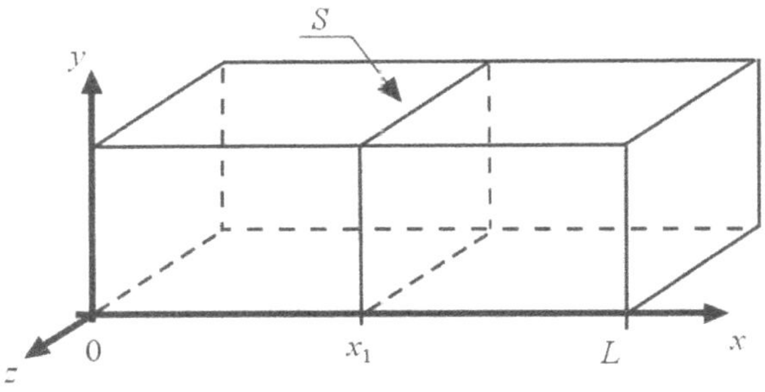

a) Semicondutor do tipo p

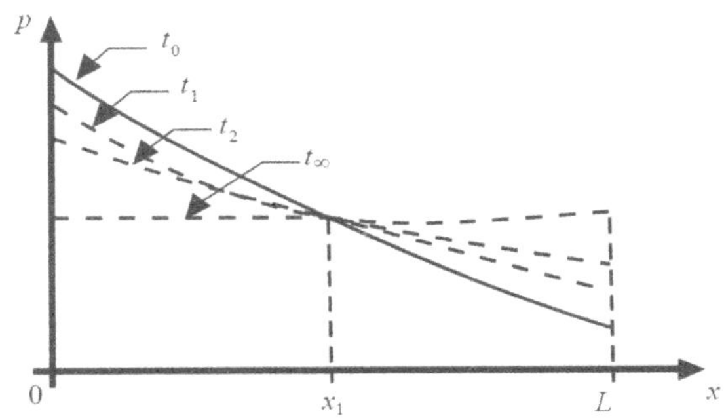

b) Distribuição de lacunas em diferentes instantes

Figura 1.24 – Difusão de lacunas através da superfície.

A corrente de difusão é proporcional ao gradiente da concentração, chamando-se a constante de proporcionalidade de *constante de difusão*. Existirá uma constante de difusão D_n para os elétrons e outra D_p para as lacunas.

Representando-se por J_{dn} e J_{dp} as densidades de corrente de difusão dos elétrons e das lacunas, respectivamente, tem-se:

$$J_{dn} = qD_n \frac{dn}{dx} \tag{1.26}$$

$$J_{dp} = -qD_p \frac{dp}{dx} \tag{1.27}$$

As fórmulas apresentadas indicam que a corrente de difusão depende da derivada da concentração no ponto e não da concentração.

O sinal negativo, que aparece na expressão para as lacunas, decorre do fato de a corrente fluir em sentido contrario ao gradiente, conforme ilustrado na Figura 1.25.

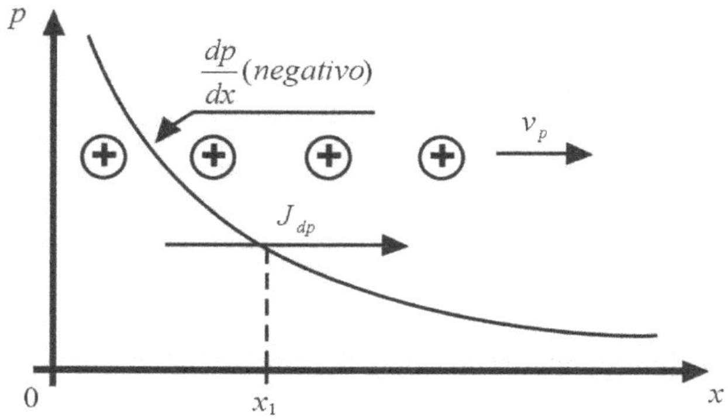

Figura 1.25 - Deslocamento das lacunas dos pontos de maior para os de menor concentração.

Para os elétrons, em virtude de a carga ser negativa, a corrente tem o sentido contrário ao do movimento dos elétrons, como indicado na Figura 1.26.

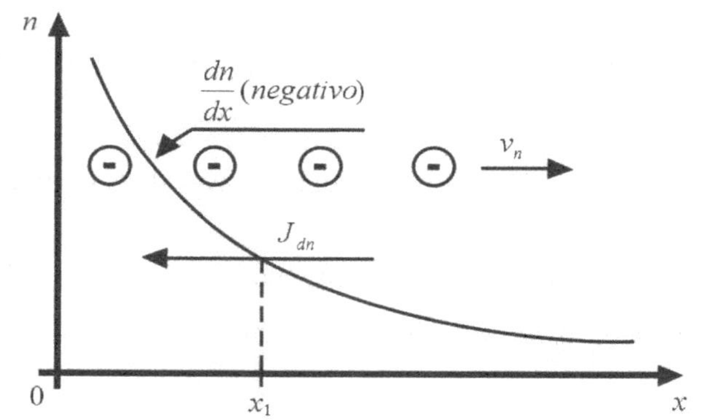

Figura 1.26 - A corrente apresenta o sentido contrário ao do movimento dos elétrons.

A análise que se segue fornece uma melhor ideia do processo de difusão.

Na Figura 1.27.a está representado um semicondutor de seção retangular com área S e comprimento L, cuja concentração de lacunas, mostrada na Figura 1.27.b, cai ao longo de x, permanecendo constante com y e z.

Em virtude da agitação térmica, as lacunas estão em constante movimento dentro do material.

Será admitido que esses portadores percorram na direção x, em ambos os sentidos, uma distância média l_a em um tempo t_a,e calculada a corrente que atravessa a seção S localizada no ponto x_1 da Figura 1.27.a..

Para isso, serão considerados os dois volumes A e B da figura, que apresentam a mesma largura l_a e que têm como lado comum essa seção .

Dado que o movimento é aleatório, no tempo t_a metade das lacunas de A passa para B e metade das lacunas de B passa para A através da superfície S. Como em A há mais lacunas que em B, haverá um fluxo efetivo de cargas de A para B, que será a corrente de difusão.

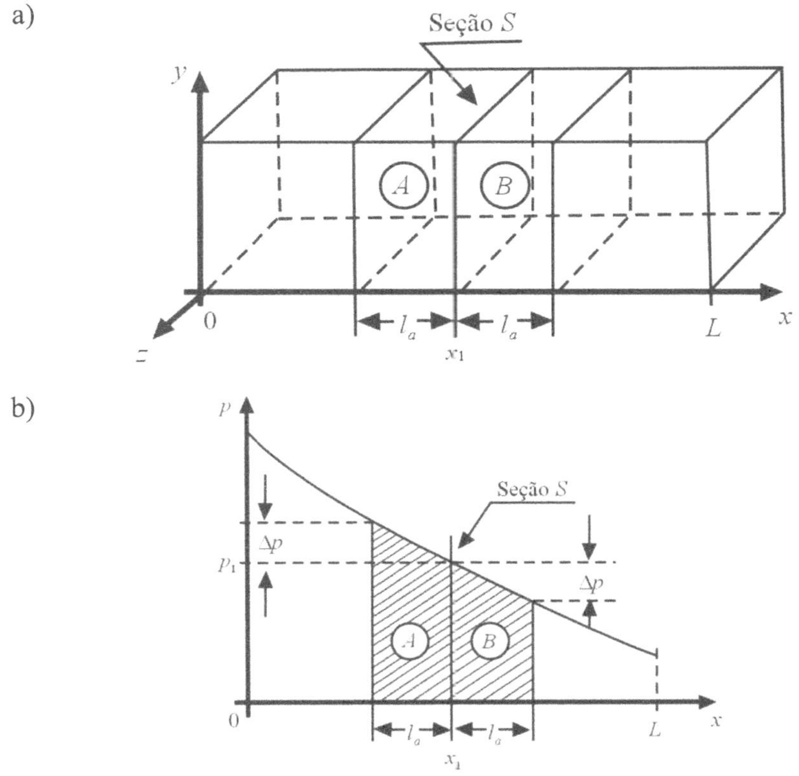

Figura 1.27 – (a) Semicondutor de comprimento L. (b) Distribuição de lacunas ao longo de x

Sendo $(p_1+\Delta p/2)$ e $(p_1-\Delta p\ /2)$ as concentrações médias de lacunas em A e B, respectivamente, e $l_a S$ os volumes, a diferença do número de lacunas entre esses volumes será:

$$\underbrace{l_a S\Delta p}_{\text{Diferença}} = \underbrace{l_a S(p_1+\Delta p/2)}_{\text{N° de lacunas em } A} - \underbrace{l_a S(p_1+\Delta p/2)}_{\text{N° de lacunas em } D}$$

Metade dessa diferença dará o número efetivo de lacunas que atravessam a superfície S no tempo t_a no sentido de A para B. Esse número, multiplicado pela carga q e dividido por t_a, dará a corrente de difusão I_{dp}, ou seja:

$$I_{dp} = q\frac{l_a S \Delta p}{2t_a}$$

Para a densidade de corrente:

$$J_{dp} = \frac{I_{dp}}{S} = q\frac{l_a \Delta p}{2t_a}$$

E sendo: $\Delta p = -\frac{dp}{dx} l_a$:

$$J_{dp} = -q\frac{v_a l_a}{2} \cdot \frac{dp}{dx}$$

Como se observa, a corrente de difusão é uma consequência do movimento aleatório dos portadores; à medida que a distribuição fica uniforme, essa corrente tende a diminuir. O processo é semelhante à difusão das moléculas de um gás.

Corrente total

A corrente total em um semicondutor será a soma das correntes de difusão e de condução, existindo uma corrente total de elétrons e uma outra de lacunas.

Chamando-se de J_n e J_p as densidades de corrente total para os elétrons e para as lacunas, respectivamente, têm-se as expressões:

$$J_n = q\mu_n n\,\varepsilon + qD_n\frac{dn}{dx} \tag{1.28}$$

$$J_p = q\mu_p p\,\varepsilon - qD_p\frac{dp}{dx} \tag{1.29}$$

Relação de Einstein

Dada a pequena concentração de portadores em relação ao número de átomos do material, a constante de difusão e a mobilidade praticamente independem das concentrações de elétrons e de lacunas, sendo parâmetros próprios do cristal e uma função somente da temperatura.

Como essas constantes representam a capacidade de locomoção dos portadores através da grade do cristal por um processo de condução ou difusão, que depende da agitação térmica, existirá entre elas uma dependência conhecida como relação de Einstein.

Essa relação, deduzida a partir dos princípios da mecânica estatística, tem como expressão:

$$\frac{D_p}{\mu_p} = \frac{D_n}{\mu_n} = \frac{kT}{q} = V_T \tag{1.30}$$

na qual V_T é a *tensão térmica* ou *equivalente térmico da temperatura*, k é a constante de Boltzmann, q a unidade de carga elétrica e T, a temperatura absoluta.

Na temperatura ambiente de 300°K V_T, vale 0,026 volts.

Cabe observar que a difusão, uma das características básicas dos semicondutores, não contribui significativamente para o fluxo de cargas nos metais.

O fato de existir um único portador de carga impede o aparecimento de um gradiente na concentração capaz de ocasionar uma corrente de difusão significativa.

A Tabela 1.6 contém a constante de difusão e a mobilidade do *Si* e do *Ge* na temperatura de 300°K.

Tabela 1.6 - Constante de difusão e mobilidade na temperatura de 300°K

Constante	Unidade	*Ge*	*Si*
μ_n	cm^2 / V.s	3.800	1.300
μ_p	cm^2 / V.s	1.800	500
D_n	cm^2 / s	99	34
D_p	cm^2 / s	47	13

1.10 SITUAÇÃO FORA DO EQUILÍBRIO

Nas condições de equilíbrio até agora analisadas, as concentrações dos portadores são determinadas exclusivamente pelas concentrações de impurezas e pela temperatura, através da concentração intrínseca n_i. Essa situação de equilíbrio, entretanto, pode ser perturbada por diversas maneiras, como, por exemplo, pela incidência de luz de comprimento de onda adequado ou pela presença de contatos com metais ou com outros semicondutores.

Independentemente do mecanismo que provocou o desequilíbrio, as concentrações de portadores em um semicondutor podem ser alteradas em um dado ponto do material sem provocar desvios apreciáveis da neutralidade elétrica.

Esse fato decorre da existência de dois tipos de portadores com cargas opostas, de forma que variações iguais das concentrações de elétrons e lacunas não darão lugar ao aparecimento de densidades de cargas locais diferentes de zero.

Na análise das situações de desequilíbrio é interessante considerar as concentrações de portadores como sendo formadas por duas componentes: as concentrações n_o e p_o de equilíbrio, e os desvios em relação ao equilíbrio, chamados de concentrações em excesso p' e n'.

Com essas definições, as concentrações p e n em um dado ponto do cristal serão dadas por:

$$n = n' + n_o$$

$$p = p' + p_o$$

A densidade de carga será dada por:

$$\rho = q(p_o + N_d - n_o - N_a) + q(p' - n')$$

O primeiro termo do segundo membro da expressão é a própria densidade de carga no equilíbrio, a qual deve ser nula.

O outro termo é a carga espacial que resulta dos portadores em excesso, podendo ser muito pequena no caso das concentrações de elétrons e lacunas em excesso serem aproximadamente iguais. Em outras palavras: uma neutralidade elétrica aproximada poderá ser preservada, mesmo em presença de portadores em excesso, caso se tenha:

$$n' \cong p'$$

A condição acima é denominada *quase-neutralidade*, e o semicondutor, *quase-neutro*.

Dentro da condição de quase-neutralidade as concentrações em excesso são quase iguais, significando que a diferença $n' - p'$ será pequena em comparação com desvios n' e p'. Tal fato permite que as concentrações de portadores sejam alteradas sem o aparecimento dos campos elétricos e das correntes restauradoras que resultam dos grandes desvios da neutralidade elétrica.

Essa possibilidade de alterar o equilíbrio das concentrações, que difere completamente da situação em um metal, constitui uma característica fundamental dos semicondutores, sendo uma consequência direta da presença de dois tipos de portadores opostamente carregados.

Embora a condição $\rho = 0$ seja encontrada mesmo em condições de desequilíbrio, o produto $n_i^2 = np$ só é válido no equilíbrio. Ao ser rompido o equilíbrio, as concentrações n e p aumentam (ou diminuem) da mesma forma, provocando o aumento (ou diminuição) do produto. Tal fato é enfatizado escrevendo-se a expressão da forma:

$$n_o p_o = n_i^2 \tag{1.31}$$

Equação da continuidade

Nesta seção será introduzida a *equação da continuidade* que rege o comportamento de um semicondutor fora de suas condições de equilíbrio.

Na Figura 1.28 está representado um elemento infinitesimal de volume, de seção S e comprimento ∂x, dentro do qual a concentração média de lacunas é p.

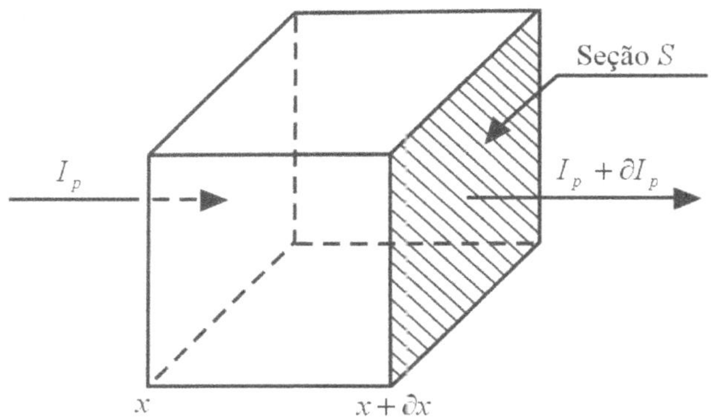

Figura 1.28 - Volume infinitesimal de seção S com uma concentração n de lacunas.

Por simplicidade, será assumido que o problema é unidimensional, admitindo-se variações da concentração e corrente unicamente na direção de x, ou seja:

$$I_p = I_p(x, t)$$
$$p = p(x, t)$$

Conforme indicado na figura, em um dado instante t entrará na fase do volume localizada em x uma corrente I_p, saindo em $x + \partial x$ a corrente $I_p + \partial I_p$.

A carga que abandona tal volume no instante t, em um determinado intervalo de tempo ∂t, será dada pelo produto $\partial I_p \partial t$.

A variação do número de lacunas nele contidas será a diferença entre as lacunas que aparecem, devido à geração, e as lacunas que desaparecem pela recombinação e pela variação ∂I_p da corrente.

No item 1.7 foi definido o *tempo de vida da lacuna*, representado por τ_p, como sendo o intervalo de tempo médio em que as lacunas, uma vez geradas, levam para se recombinar com os elétrons.

De acordo com essa definição, se no instante t existir em um dado volume unitário uma concentração p de lacunas, após o intervalo τ_p todos esses portadores terão desaparecido. Assim, admitindo-se que o tempo de vida independe da concentração, o número médio de lacunas desse volume que se recombinam por unidades de tempo será dado por p/τ_p.

Paralelamente com o processo de recombinação, conforme foi visto, ocorre a geração; ou seja, à medida que pares desaparecem, outros pares estão sendo criados.

Encontrando-se o semicondutor em equilíbrio, o número de lacunas geradas e o número de lacunas recombinadas na unidade de tempo devem ser iguais. Assim, visto que p_o é a concentração de lacunas no equilíbrio, o número de lacunas geradas na unidade de tempo será dado por p_o/τ_p, número esse que independe da concentração p.

Sendo ∂p o desvio da concentração p ocorrido no intervalo ∂t, a variação do número de lacunas no volume será dada por $S\partial x\partial p$.

Como essa variação é dada pela diferença entre o número de lacunas geradas e o número das recombinadas e das que deixam o volume no intervalo Δt, obtém-se:

$$S\partial x\partial p = \frac{p_o - p}{\tau_p} S\partial x\partial t - \frac{1}{q}\partial I_p \partial t$$

Dividindo-se ambos os membros dessa expressão por $S\partial x\partial t$:

$$\frac{\partial p}{\partial t} = \frac{p_o - p}{\tau_p} - \frac{1}{qS}\frac{\partial I_p}{\partial x}$$

Uma vez que I_p/S é a densidade de corrente de lacunas J_p, resulta:

$$\frac{\partial p}{\partial t} = \frac{p_o - p}{\tau_p} - \frac{1}{q}\frac{\partial J_p}{\partial x} \qquad (1.32)$$

Com dedução análoga, e lembrando-se que a carga do elétron é negativa, deduz-se:

$$\frac{\partial n}{\partial t} = \frac{n_o - n}{\tau_n} + \frac{1}{q}\frac{\partial J_n}{\partial x} \qquad (1.33)$$

Estas expressões, onde as variáveis concentração e densidade de corrente são funções de x e de t, são denominadas *equação da continuidade* ou *lei da conservação das cargas* para as lacunas e para os elétrons.

Restauração do equilíbrio

Para uma primeira aplicação da equação da continuidade, será suposta uma barra de um semicondutor do tipo n que teve sua condição de equilíbrio modificada pela incidência de luz, de tal modo que a geração de pares elétrons-lacunas é uniforme através de todo o cristal.

Em $t = 0$ a incidência de luz é interrompida, sendo $n'(0)$ e $p'(0)$ as concentrações em excesso de lacunas e elétrons nesse instante.

Embora essas concentrações em excesso sejam iguais, o aumento percentual para os elétrons, que são os portadores majoritários, é muito pequeno.

Ao contrário, para as lacunas, a variação percentual é bem elevada, motivo pelo qual a análise se restringirá unicamente a estes portadores.

Admitindo-se que essas concentrações, conquanto em desequilíbrio, apresentem valores constantes ao longo de todo o comprimento do semicondutor, ocorrendo unicamente variações com o tempo, a equação da continuidade reduz-se a:

$$\frac{dp}{dt} = \frac{p_o - p}{\tau_p}$$

Como p_o é uma constante, pode-se escrever:

$$\frac{d(p - p_o)}{dt} = -\frac{p - p_o}{\tau_p}$$

A solução dessa equação é da forma:

$$p - p_o = C_1 e^{-t/\tau_p} + C_2$$

Fazendo-se t tender para o infinito, a exponencial tende para zero e a concentração de lacunas p para o valor de equilíbrio p_o, o que obriga a constante C_2 a ser zero. Para $t = 0$, a diferença $p - p_o$ é a própria concentração em excesso $p'(0)$.

Com esses resultados:

$$p - p_o = p'(0) e^{-t/\tau_p}$$

Ou, finalmente:

$$p = p'(0) e^{-t/\tau_p} + p_o \qquad (1.34)$$

A expressão (1.34) está representada na Figura 1.29, mostrando como a concentração, uma vez cessada a radiação, cai para o seu valor de equilíbrio p_o.

Observa-se que o tempo de vida τ_p é a própria constante de tempo dessa equação, ou seja: *o tempo em que a concentração em excesso $p'(0)$ cai para 1/e desse valor.*

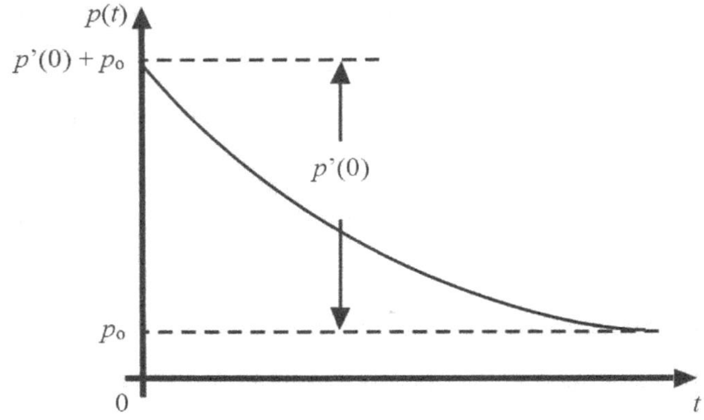

Figura 1.29 - Em $t=0$ cessa a radiação e a concentração de lacunas cai exponencialmente para seu valor de equilíbrio p_o.

Injeção de portadores minoritários

Na figura 1.30 está representado um semicondutor do tipo n e comprimento L, que apresenta uma concentração de doadores N_d, constante em todos os seus pontos.

Sobre a extremidade colocada em $x=0$ desse semicondutor, incide uma radiação de adequado comprimento de onda.

Em consequência dessa radiação, alguns fótons são capturados por elétrons das ligações de covalência, situados na superfície iluminada, os quais ganham energia suficiente para romper as ligações e formar pares de portadores elétron-lacunas.

Os pares assim formados, numa operação que constitui uma verdadeira injeção de portadores, nessa extremidade, recombinan-se a medida que se difundem na direção de x.

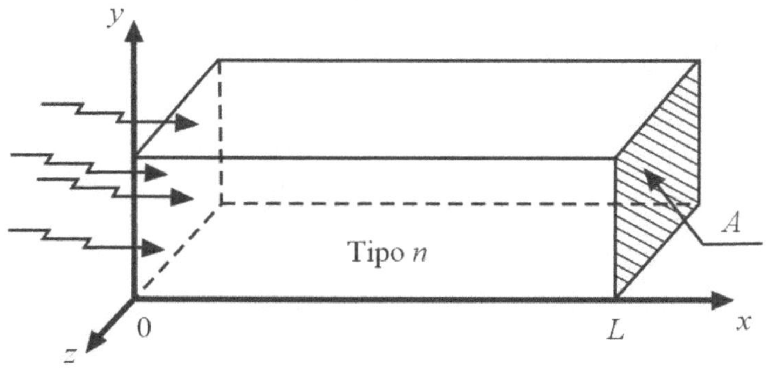

Figura 1.30 - Incidência de luz em um semicondutor do tipo n.

Será estudada a distribuição estacionária de lacunas ao longo de x com a presença dessa concentração em excesso, criada pela radiação em $x=0$.

A primeira simplificação é assumir que a geração de portadores é muito pequena comparada com a concentração de doadores, o que significa: $p' \ll n \cong N_d$.

Essa condição, conhecida como *injeção de baixo nível*, estabelece que a concentração de portadores minoritários é muito menor que a de majoritários, mesmo quando a radiação atua.

A outra simplificação é admitir variações das concentrações e correntes unicamente na direção x, como adotado nas análises anteriores.

Conforme foi visto na seção anterior, a corrente total, tanto de lacunas quanto de elétrons, é formada pelas correntes de condução e de difusão desses portadores.

Observando-se que a corrente de condução é proporcional à concentração, e sendo $p=p'+p_o \ll n$, a corrente de condução das lacunas pode ser desprezada, o que não pode ser feito para a de elétrons, em virtude do grande valor de n. A corrente de lacunas ficará dominada praticamente pela difusão, obtendo-se para a expressão (1.29):

$$J_p = -qD_p \frac{dp}{dx}$$

A equação da continuidade para o estado estacionário, quando se tem $dp/dt = 0$, reduz-se a:

$$0 = \frac{p_o - p}{\tau_p} - \frac{1}{q} \cdot \frac{dJ_p}{dx}$$

Substituindo-se $\frac{dJ_p}{dx}$:

$$0 = \frac{p_o - p}{\tau_p} + \frac{1}{q} qD_p \frac{d^2 p}{dx^2}$$

De onde decorre:

$$\frac{d^2 p}{dx^2} = \frac{p - p_o}{D_p \tau_p}$$

Como $p = p' + p_o$:

$$\frac{d^2 p}{dx^2} = \frac{p'}{D_p \tau_p}$$

Definindo-se comprimento de difusão das lacunas L_p por:

$$L_p = (D_p \tau_p)^{1/2} \qquad (1.35)$$

E sendo:

$$\frac{d^2 p}{dx^2} = \frac{d^2(p'+p_o)}{dx^2} = \frac{d^2 p'}{dx^2} + \frac{d^2 p_o}{dx^2} = \frac{d^2 p'}{dx^2}$$

Resulta:

$$\frac{d^2 p}{dx^2} = \frac{p'}{L_p^2}$$

A solução dessa equação é da forma:

$$p'(x) = K_1 e^{-x/L_p} + K_2 e^{+x/L_p}$$

A constante de integração K_2 deve ser nula, pois à medida que as lacunas e os elétrons caminham através do semicondutor recombinam-se, tendendo a concentração em excesso p' para zero quando x tende para o infinito. Para $x = 0$, tem-se:

$$p'(x) = p'(0) = K_1$$

Com esses valores de K_1 e K_2, resulta:

$$p'(x) = p(x) - p_o = p'(0) e^{-x/L_p}$$

Ou ainda:

$$p(x) = p'(0) e^{-x/L_p} + p_o \tag{1.36}$$

A curva desta expressão está traçada na Figura 1.31, mostrando que a concentração em excesso $p'(0)$ decresce exponencialmente. Observa-se que o comprimento de difusão L_p é o valor de x para o qual a concentração em excesso cai a $1/e$ do seu valor em $x = 0$. Demonstra-se, também, que L_p é a distância média que a lacuna caminha no seu tempo e vida τ_p.

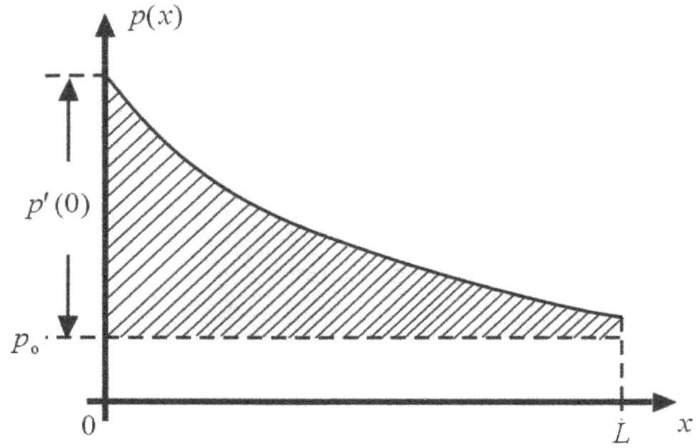

Figura 1.31 - Distribuição estacionária de lacunas ao longo de x.

A corrente I_p de portadores minoritários será dada por $I_p = SJ_p$, onde S é a seção da barra. Logo:

$$I_p(x) = SJ_p(x) = -SqD_p \frac{dp}{dx}$$

Com os resultados achados para $p(x)$:

$$I_p(x) = -SqD_p \frac{d}{dx}\left(p'(0)\, e^{-x/L_p} + p_o \right)$$

Logo:

$$I_p(x) = \frac{SqD_p p'(0)}{L_p} e^{-x/L_p} \tag{1.37}$$

Este resultado mostra que a corrente cai exponencialmente ao longo de x, da mesma forma que a concentração em excesso de portadores minoritários. A introdução de portadores minoritários em um dado ponto de um semicondutor por um processo qualquer, no caso analisado, pela radiação incidente sobre a extremidade situada em $x=0$, é chamada de *injeção de portadores minoritários*. Conforme foi visto, a radiação provoca na superfície iluminada a formação de pares elétron-lacunas, que são as concentrações em excesso $n'(0)$ e $p'(0)$, as quais são iguais devido ao próprio processo de formação.

Esses portadores caminham através do material no sentido de x, gerando as correntes de difusão de elétrons e de lacunas, as quais têm sentido contrário devido à carga negativa do elétron.

À medida que se deslocam, os elétrons e as lacunas vão se recombinando até que desaparecem quando x tende para o infinito, ficando o semicondutor com suas concentrações de equilíbrio p_o e n_o.

Como a radiação é constante, as equações em excesso $n'(0)$ e $p'(0)$, bem como as concentrações e correntes, são constantes com o tempo, variando unicamente com x.

Para os elétrons, que são os portadores majoritários, a corrente de condução não pode ser desprezada, porque é muito grande a concentração desses portadores.

Considerando o princípio da quase-neutralidade, exposto neste capítulo, as duas concentrações em excesso devem ser aproximadamente iguais ao longo de x, ou seja:

$$n'(x) \cong p'(x)$$

Dessa forma, a concentração de elétrons em excesso cai exponencialmente do valor inicial $n'(0)$ até zero, quando x tende para o infinito, de forma semelhante ao que ocorre com as lacunas.

A corrente de difusão dos elétrons cai também exponencialmente, uma vez que é proporcional ao gradiente da concentração. Esta corrente, no entanto, é maior que a de lacunas, uma vez que os elétrons deslocam-se com velocidade maior que a das lacunas.

Tal fato ocasiona o aparecimento de cargas desbalanceadas e, logicamente, a existência de um campo elétrico com o mesmo sentido de x, o qual ocasionará o deslocamento de elétrons no sentido contrário ao da difusão. Entre outras palavras: surgirá uma corrente de condução de elétrons com o sentido contrário ao da corrente de difusão. É essa corrente que irá contrabalançar a maior mobilidade dos elétrons.

Na Figura 1.32 estão representadas as concentrações em excesso de elétrons e lacunas que são aproximadamente iguais, bem com o sentido das correntes e dos deslocamentos desses portadores através de uma seção longitudinal situada em $x=x_1$.

Considerando que o semicondutor está isolado, a soma de todas as correntes deve ser nula em todos os seus pontos. Assim, de acordo com o sentido convencionado na Figura 1.32, deve-se ter, para qualquer valor de x:

$$I_{cn}(x)+I_{dp}(x)-I_{dn}(x)=0$$

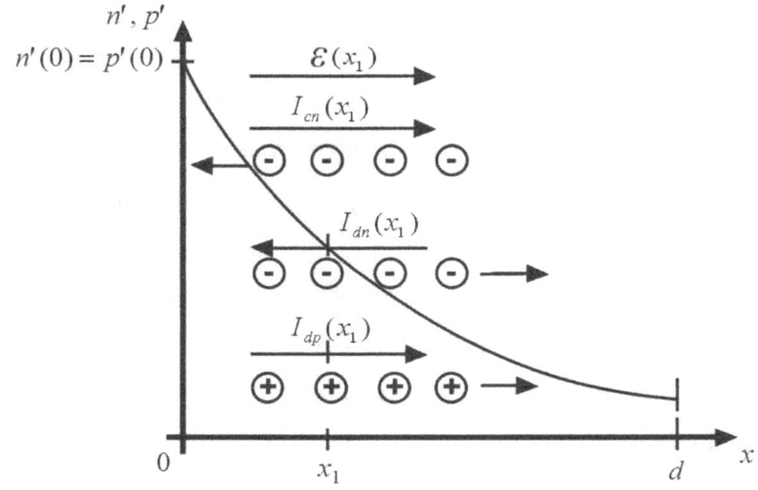

Figura 1.32 - Distribuição das concentrações em excesso e sentido do campo elétrico das correntes e dos portadores em $x=x_1$.

1.11 DADOS DIVERSOS

Propriedades do germânio e do silício

Propriedade	Germânio	Silício
Número atômico	32	14
Massa atômica	72,6	28,09
Átomos/m^3	4,42 X 10^{28}	4,99 X 10^{28}
n_i, a 300°K, em cargas/cm^{-3}	2,5 X 10^{13}	1,5 X 10^{10}
μ_n, a 300°K, em cm^2/V.s	3800	1300
μ_p, a 300°K, em cm^2/V.s	1800	500
D_n, em cm^2/s	99	34
D_p, em cm^2/s	47	13

Valores de algumas constantes físicas

Constante	Símbolo	Valor
Carga do elétron	q	1,602 X 10^{-19} C
Massa do elétron	m_e	9,108 X 10^{-31} kg
Massa do próton	m_p	1,673 X 10^{-27} kg
Constante de Planck	h	6,626 X 10^{-34} J.s
Constante de Boltzmann	k	1,381 X 10^{-23} J/°K
Número de Avogrado	N_A	6,022 X 10^{23} moléculas/mole
Velocidade da luz	c	2,998 X 10^{8} m/s
Constante dielétrica do espaço livre	ϵ_0	8,849 X 10^{-12} F/m
Equivalente térmico da temperatura, para T=300°K	V_T	0,026 V

Fatores de conversão

1 ampère (A) = 1 C/s

1 angstrom (Å) = 10^{-10} m

1 coulomb (C) = 1 A.s

1 elétron volt (eV) = 1,60 X 10^{-19} J

1 farad (F) = 1 C/V

1 henry (H) = 1 V.s/A

1 joule (J) = 10^7 erg = 1 W.s = 6,25 X 10^{18} eV = 1 N.m = 1 C.V

1 micron = 10^{-6} m

1 newton (N) = 1 kg.m/s^2

1 volt (V) = 1 W/A

1 watt (W) = 1 J/s

1.12 PROBLEMAS

1.12.1. Utilizando-se o modelo atômico de Bohr, determinar, em eV, os estados permitidos de energia do átomo de hidrogênio para n = 1, 2 e 3.

1.12.2. Determinar em Å o comprimento das radiações emitidas pelo átomo de hidrogênio correspondentes aos três primeiros níveis de energia.

1.12.3. A Figura 1.33 representa duas grades metálicas separadas por uma distância d e mantidas a uma diferença de potencial V_D. Um elétron, com uma velocidade inicial $v(A)$ normal ao plano das grades, atravessa a superfície *A*, seguindo, em direção à superfície B. Sabendo-se que V_D = 10V, pede-se:

a) a velocidade inicial $v(A)$ para que o elétron abandone a superfície *B* com uma velocidade $v(B) = 10^6$ m/s;

b) o valor de $v(A)$ para que o elétron pare no ponto intermediário entre *A* e *B*, de onde retornará em direção à superfície *A*

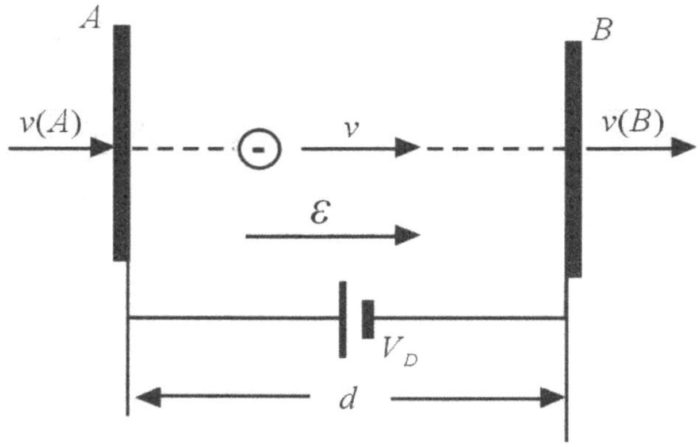

Figura 1.33 - Deslocamento de um elétron em um campo elétrico.

1.12.4. Supondo-se, no problema anterior, V_D = -10 V e $v(A) = 10^6$ m/s, determinar a velocidade $v(B)$ com que o elétron abandona a superfície em *B*

1.12.5. A concentração intrínseca do germânio na temperatura de 300°K é de 2,5 x 10^{13} átomos/cm^3. Determinar as concentrações de elétrons e de lacunas para:

a) o semicondutor dopado com uma concentração de doadores de 3,13 x 10^{14} átomos/ cm^3;

b) o semicondutor dopado com uma concentração de aceitadores de 1,00 x 10^{14} átomos/cm^3.

1.12.6. Achar a condutividade de um semicondutor intrínseco de silício na temperatura de 300°K.

1.12.7. Achar as concentrações de elétrons e de lacunas em um semicondutor de silício do tipo *n* que apresenta, na temperatura de 300°K, uma condutividade de $0{,}1(\Omega\ cm)^{-1}$.

1.12.8. Determinar a condutividade de um semicondutor intrínseco de germânio na temperatura de 300°K.

1.12.9. Supondo-se que no semicondutor do problema anterior foi adicionado um átomo de uma impureza doadora para cada 10^8 átomos de silício, determinar a nova condutividade.

1.12.10. Um elétron é emitido por um eletrodo aquecido e acelerado por um potencial de 1200 V. Considerando-se a velocidade inicial negligenciável, determinar a velocidade final da partícula.

CAPÍTULO 2

JUNÇÃO *p-n* – DIODO DE JUNÇÃO

2.1 INTRODUÇÃO

Os dois semicondutores mais conhecidos são o germânio e o silício, sendo este o mais utilizado devido ao baixo custo e à maior estabilidade térmica dos componentes com ele produzidos. Presentemente, cresce o uso do arseneto de gálio (*GaAs*), empregado na construção de circuitos integrados para operação em altas frequências, necessários aos equipamentos de telecomunicações óticas ou em microondas.

Dissolvendo-se átomos de impureza no cristal, obtém-se um semicondutor extrínseco, o qual será do tipo *n* ou do tipo *p* conforme esses átomos tenham valência +5 ou +3, respectivamente.

Tanto o semicondutor intrínseco como o extrínseco são materiais com resistividade bem maior que a dos metais, constituindo-se, portanto, em condutores de pouco interesse.

A grande importância dos semicondutores ocorre quando são empregadas uma ou várias junções *p-n*, as quais formam a base dos dispositivos do estado sólido. O componente eletrônico construído com uma única junção *p-n* ligada a dois terminais é conhecido como *diodo de junção*, *diodo real* ou, simplesmente, *diodo*.

2.2 DESCRIÇÃO

Dá-se a denominação de junção *p-n* a um cristal semicondutor formado por duas regiões: uma do tipo *p* e a outra do tipo *n*, conforme representado na Figura 2.1.

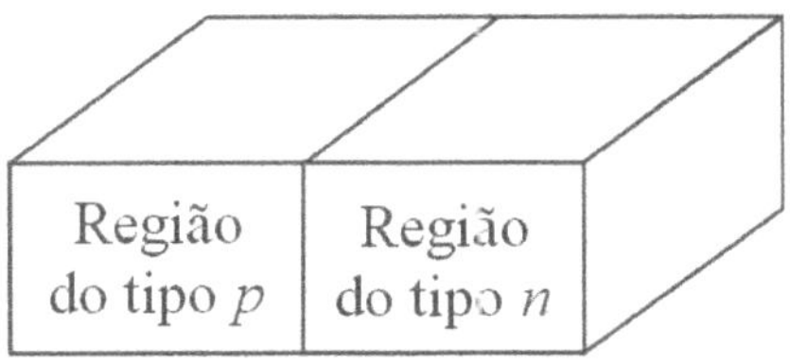

Figura 2.1 - Junção *p-n*.

Para obtenção dessa junção, dissolvem-se, no mesmo material, impurezas de valência +3 de um lado e de valência +5 do outro. Após a cristalização, estará formado um semicondutor que apresenta as duas regiões distintas da junção.

Supondo-se essas regiões separadas, sem contato entre elas, a distribuição de portadores seria uniforme, apresentando os seus valores de equilíbrio em cada um dos lados, conforme representado na Figura 2.2.

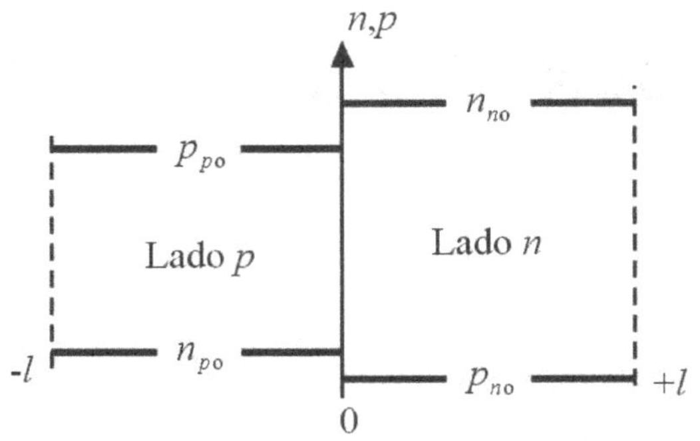

Figura 2.2 - Concentrações em equilíbrio.

Tem-se, nessa figura:

p_{po} – concentração de lacunas do lado *p* no equilíbrio;

n_{po} – concentração de elétrons do lado *p* no equilíbrio;

n_{no} – concentração de elétrons do lado *n* no equilíbrio;

p_{no} – concentração de lacunas do lado *n* no equilíbrio.

No lado *p* as lacunas são os portadores majoritários e os elétrons, minoritários; do lado *n* os portadores majoritários são os elétrons e os minoritários, as lacunas.

Além dos portadores, encontram-se no material as impurezas, que são os íons negativos dos aceitadores do lado *p* e os íons positivos dos doadores do lado *n*, com concentrações N_a e N_d, respectivamente.

Devido às condições já apresentadas, tem-se, ainda: $N_a \cong p_{po}$ e $N_d \cong n_{no}$.

Na junção *p-n* essas duas regiões não são separadas, ocorrendo íntimo contato entre elas, já que foram criadas sobre um mesmo cristal. Devido a isso, existirá um intenso gradiente na concentração das lacunas e de elétrons, conforme representado na Figura 2.3, na qual a região de transição foi expandida.

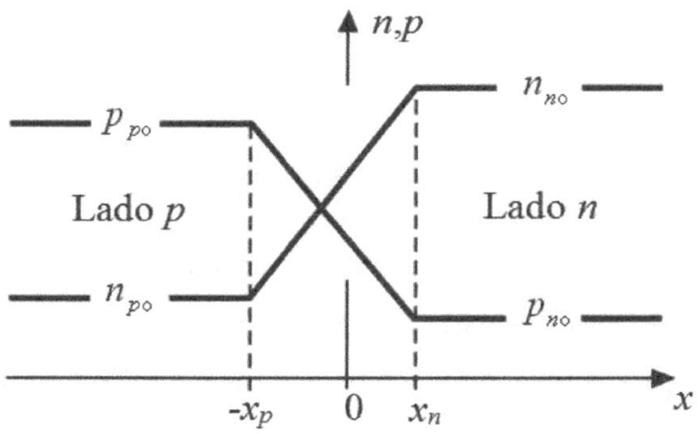

Figura 2.3 - Variação das concentrações na região de transição da junção

Constitui esse gradiente a base das propriedades elétricas da junção.

2.3 JUNÇÃO EM EQUILÍBRIO

Quando uma junção que se encontra em equilíbrio térmico a uma temperatura constante não está conectada a qualquer circuito, nenhuma troca de portadores ou de energia ocorrerá com o meio externo. Nessas circunstâncias, diz-se que a *junção encontra-se em equilíbrio.*

Em consequência dos gradientes apresentados pelas concentrações na região da junção, ocorrerá a difusão de lacunas, do lado *p* para o lado *n*, e de elétrons, do lado *n* para o lado *p*.

Esses movimentos constituem a corrente de difusão de lacunas e de elétrons, que apresentam o mesmo sentido em razão da carga do elétron ser negativa, conforme ilustrado na Figura 2.4.

Observa-se que essas correntes, que tendem a uniformizar as concentrações dos dois lados, são formadas pelo fluxo dos portadores majoritários através da junção.

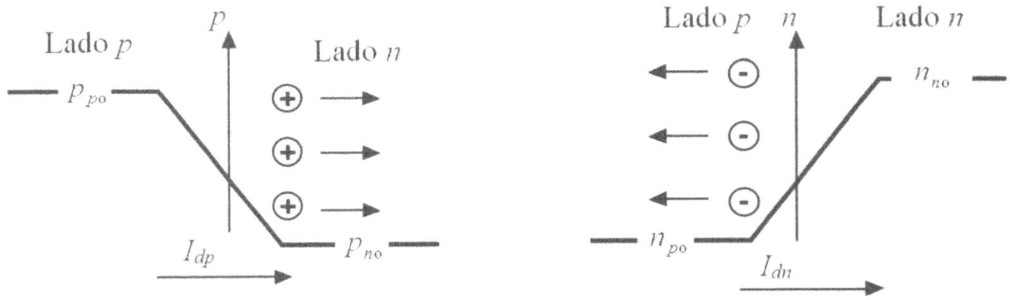

a) Corrente de difusão de lacunas b) Corrente de difusão de elétrons

Figura 2.4 - Difusão de portadores em uma junção *p-n*.

O processo deveria continuar indefinidamente até que fosse atingida uma distribuição uniforme através de todo o semicondutor.

Tal fato, entretanto, não ocorre.

As lacunas, quando passam do lado *p* para o *n*, deixam os aceitadores desbalanceados, isto é: do lado *p* da junção aparecem cargas negativas sem as correspondentes cargas positivas para neutralizá-las. Além disso, ao chegarem ao lado *n*, essas lacunas recombinam-se com os elétrons, deixando também desbalanceados os átomos dos doadores.

Analogamente, os elétrons que passam do lado *n* para o *lado p* deixam os átomos dos doadores desbalanceados do lado *n* e, ao se recombinarem com as lacunas do lado *p*, originam o aparecimento de novas cargas, que são os íons negativos dos aceitadores. A Figura 2.5 procura exemplificar esse processo.

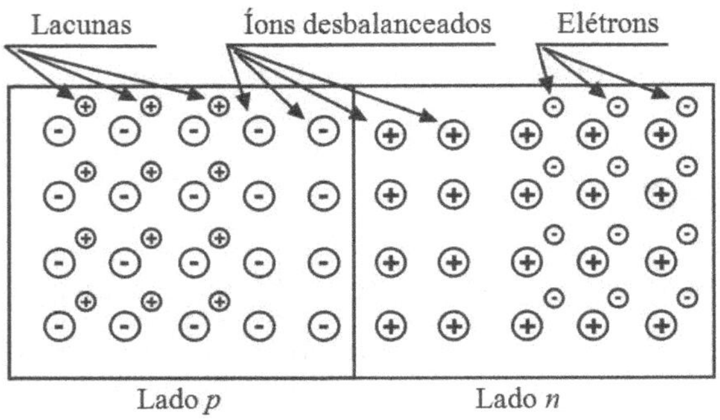

Figura 2.5 - A difusão de portadores deixa os íons desbalanceados.

O conjunto dessas cargas formará uma concentração de cargas negativas do lado p e uma concentração de cargas positivas do lado n, constituindo-se em uma região de cargas fixas não neutralizadas, denominada *região de transição, região de carga espacial* ou, simplesmente, *junção*.

Dentro dessa região, que é extremamente pequena, da ordem de 0,5 mícron, não são encontradas cargas móveis em consequência da saída e da recombinação de portadores que ocorre, conforme já analisado. A densidade de carga elétrica que aparece provém unicamente dos íons fixos à grade do cristal.

A existência dessa carga espacial ocasionará o aparecimento de um campo elétrico na região de transição, apontado do lado n para o p e com intensidade $\mathcal{E}$. Fora dessa região o campo é nulo em virtude das concentrações apresentarem seus valores de equilíbrio, não ocorrendo a presença de cargas desbalanceadas.

Na figura 2.6 está representada a barra de um semicondutor que contém uma junção *p-n* com concentrações N_a de aceitadores do lado p e N_d de doadores do lado n—cuja região de carga espacial estende-se de $-x_p$ à x_n, como mostrado na figura.

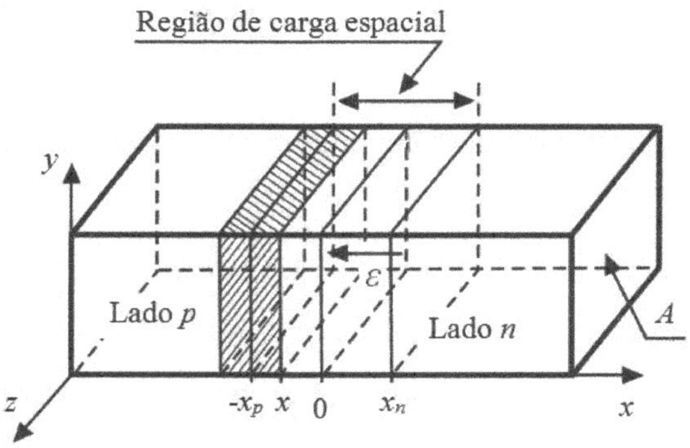

Figura 2.6 - Junção *p-n*. A região de carga espacial estende-se de $-x_p$ a x_n.

Será suposto um volume dessa junção que apresenta uma das faces no lado *p*, fora da região de carga espacial, e a outra, dentro dessa região num ponto *x* qualquer como mostrado na Figura 2.6. Aplicando-se o teorema de Gauss à superfície desse volume e sendo *Q* a carga nele contida, resulta:

$$\oint_S \varepsilon(x)\,ds = \frac{Q}{\epsilon_0}$$

Representando-se por *A* a área da seção do semicondutor, e como o campo só é diferente de zero na face dentro da região de transição, obtém-se:

$$\varepsilon(x)\,A = \int_{-x_p}^{x} \frac{\rho(x)A\,dx}{\epsilon_0}$$

Finalmente:

$$\varepsilon(x) = \int_{-x_p}^{x} \frac{\rho(x)\,dx}{\epsilon_0}$$

Como a densidade de carga elétrica na região de transição é negativa do lado *p* e positiva do lado *n*, o campo elétrico será negativo, orientando-se do lado *n* para o lado *p*. A Figura 2.7.b representa a variação desse campo em função de *x*.

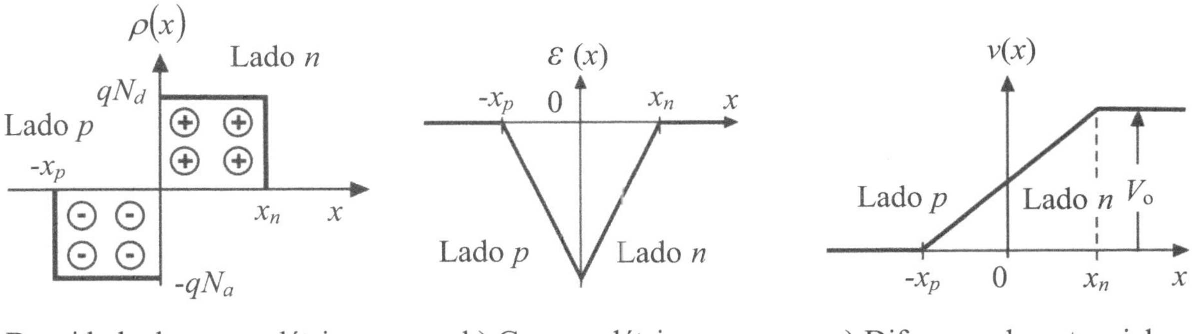

a) Densidade de carga elétrica b) Campo elétrico c) Diferença de potencial

Figura 2.7 - Densidade de carga, campo elétrico e diferença de potencial em uma junção *p-n*

A existência do campo elétrico ocasiona o aparecimento de uma barreira de potencial na região da junção, dada pela integral.

$$v(x) = -\int_{-x_p}^{x} \varepsilon(x)\,dx$$

A altura dessa barreira será a diferença de potencial V_0 entre o lado p e o lado n, como está representado na figura 2.7.c.

A formação dessa barreira entre as duas regiões opõe-se à difusão dos portadores majoritários, uma vez que as lacunas serão repelidas pelo potencial positivo do lado n e os elétrons, pelo potencial negativo do lado p. Em consequência, a corrente de difusão cairá bastante de valor porque somente as cargas que apresentam energia suficiente poderão vencê-la.

Além da diminuição da corrente de difusão, o aparecimento de barreira de potencial dará origem a uma corrente de condução de portadores minoritários, que são as lacunas do lado n e os elétrons do lado p.

Conforme indicado na Figura 2.8, as lacunas serão atraídas pelo potencial negativo do lado p e os elétrons, pelo potencial positivo do lado n. Como a carga dos elétrons é negativa, essas correntes terão o mesmo sentido do campo elétrico que lhes deu origem, somando-se e formando a corrente de condução I_C, que está representada na figura.

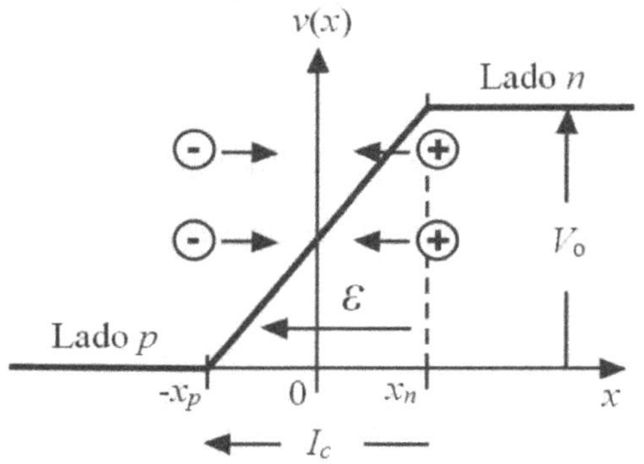

Figura 2.8 - Corrente de condução na junção em equilíbrio.

A corrente de condução apresenta o sentido oposto ao da corrente de difusão e, por ser formada pelos portadores minoritários, baixo valor. Na ausência de ligação externa, a corrente total será nula tanto para os elétrons quanto para as lacunas, pois não pode ocorrer o transporte contínuo de portadores de um lado para o outro em um circuito aberto.

Deduz-se, dessa condição, que a corrente de condução dos elétrons deve ser anulada pela de difusão, o mesmo ocorrendo para as correntes de condução e de difusão das lacunas.

Variação do potencial

Na Figura 2.9 está representada a variação da concentração de lacunas na região de carga espacial, que se estende de $-x_p$ a x_n.

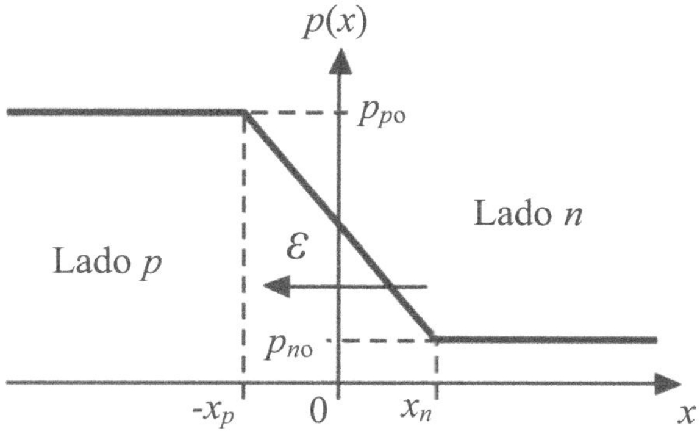

Figura 2.9 - Concentração de lacunas ao longo de x

A densidade de corrente total de lacunas em qualquer ponto dessa região é dada pela expressão:

$$J_p(x) = q\mu_p p(x) \quad (x) - qD_p \frac{dp(x)}{dx}$$

A condição de equilíbrio impõe uma corrente total de lacunas—como também de elétrons — nula, de onde resulta:

$$0 = q\mu_p p(x)\varepsilon(x) - qD_p \frac{dp(x)}{dx}$$

Considerando-se, da relação de Einstein, $D_p = \mu_p V_T$, resulta:

$$\varepsilon(x)dx = V_T \frac{dp(x)}{p(x)}$$

A diferença de potencial $V_o = V(x_n) - V(-x_p)$ será dada pela integral:

$$V_0 = -\int_{-x_p}^{x_n} \varepsilon(x)dx = -V_T \int_{-x_p}^{x_n} \frac{dp(x)}{p(x)}$$

Logo:

$$V_o = -V_T ln \frac{p(x_n)}{p(-x_p)}$$

Sabendo-se que:

$$p(x_n) = p_{no} \qquad\qquad p(-x_p) = p_{po}$$

Obtém-se:

$$V_o = V_T ln \frac{p_{po}}{p_{no}} \qquad (2.1)$$

Finalmente:

$$\frac{p_{po}}{p_{no}} = e^{V_o / V_T} \qquad (2.2)$$

Desse resultado infere-se que a diferença de potencial entre dois pontos depende unicamente da relação entre as concentrações nesses pontos, sendo independente de sua separação. Assim, para o semicondutor da Figura 2.10 a diferença de potencial $V_{21} = V_2 - V_1$ entre os pontos x_2 e x_1, com concentrações p_2 e p_1, respectivamente, será dada pela expressão:

$$\frac{p_1}{p_2} = e^{V_{21} / V_T}$$

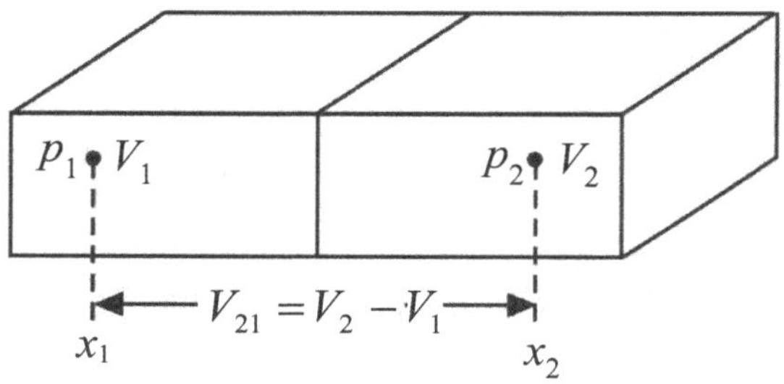

Figura 2.10 - A diferença de potencial V_{21}

A Figura 2.11 representa a variação da concentração de elétrons na região de transição.

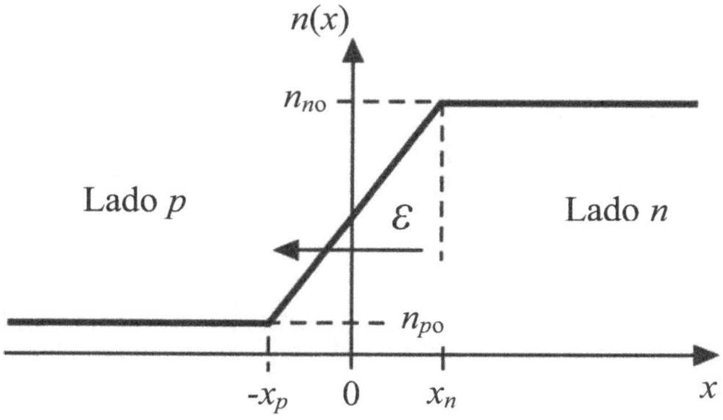

Figura 2.11 - Concentração de elétrons ao longo de x

A densidade de corrente de elétrons é dada pela expressão:

$$J_n(x) = q\mu_n n(x)\mathcal{E}(x) + qD_n \frac{dn(x)}{dx}$$

No equilíbrio:

$$0 = q\mu_n n(x)\mathcal{E}(x) + qD_n \frac{dn(x)}{dx}$$

Considerando-se $D_p = \mu_p V_T$, resulta:

$$\mathcal{E}(x)dx = -V_T \frac{dn(x)}{n(x)}$$

Para a diferença de potencial V_o, obtém-se:

$$V_o = -\int_{-x_p}^{x_n} \mathcal{E}(x)dx = V_T \int_{n(-x_p)}^{n(x_n)} \frac{dn(x)}{n(x)}$$

Resolvendo-se:

$$V_o = V_T ln \frac{n(x_n)}{n(-x_p)} = V_T ln \frac{n_{no}}{n_{po}} n \tag{2.3}$$

E, finalmente:

$$\frac{n_{no}}{n_{po}} = e^{V_o / V_T} \tag{2.4}$$

Das relações (2.2) e (2.4), obtém-se:

$$p_{po} n_{po} = n_{no} p_{no}$$

A equação anterior demonstra que o produto das concentrações de elétrons e de lacunas é constante. Sendo essa relação válida também supondo-se um dos semicondutores intrínsecos como, por exemplo, o lado n —quando se tem: $p_{no} = n_{no} = n_i$— resulta:

$$p_{po} n_{po} = n_{no} p_{no} = n_i^2$$

Ou, generalizando-se:

$$np = n_i^2$$

Essa relação, que foi apresentada sem demonstração no item 1.7, é conhecida como *lei da ação das massas*, sendo válida somente nas condições de equilíbrio do material.

Potencial de contato

A diferença de potencial V_o que aparece entre o lado *n* e o lado *p* no equilíbrio, é denominada *potencial de contato*.

De acordo com as relações (1.17) e (1.18) apresentadas no capítulo anterior, as concentrações de portadores majoritários e minoritários do lado *n* da junção podem ser expressas por:

$$n_{no} \cong N_d$$

$$p_{no} \cong \frac{n_i^2}{N_d}$$

Para o lado *p*, de acordo com (1.19) e (1.20):

$$p_{po} \cong N_a$$

$$n_{po} \cong \frac{n_i^2}{N_a}$$

Substituindo-se as concentrações p_{po} e p_{no} na equação (2.1)—ou as concentrações n_{no} e n_{po} na equação (2.3) – pelos valores anteriores, resulta:

$$V_o = V_T ln \frac{N_a N_d}{n_i^2} \qquad (2.5)$$

A expressão (2.5) permite o cálculo do potencial de contato, que aparece na junção em equilíbrio, a partir das concentrações de impurezas e do valor da tensão V_T na temperatura de trabalho. O valor de V_o é da ordem de décimos de volt.

2.4 JUNÇÃO POLARIZADA

Junção metal-semicondutor

Na Figura 2.12 estão representados os contatos necessários para a ligação da junção aos circuitos externos, os quais são produzidos pela deposição sobre a superfície do semicondutor de finas camadas metálicas, nas quis são soldados os terminais que formarão as conexões elétricas.

Esses contatos metálicos formam duas junções metal-semicondutor nas extremidades do cristal. Nessas junções aparece um potencial de contato cuja natureza e valor dependerá de certas características de fabricação, tais como: metal utilizado, acabamento da superfície do semicondutor e área de contato.

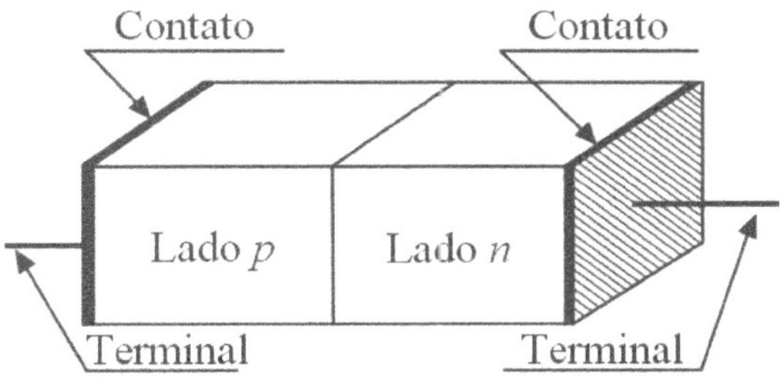

Figura 2.12 - Contatos metálicos na junção *p-n*.

Para o presente estudo, será admitido que os contatos são *ôhmicos*, tipo no qual o potencial é aproximadamente constante e independente da intensidade e sentido da corrente. Dessa forma, existirão sempre duas tensões de contato que, praticamente não variam nem com a polarização utilizada nem com a corrente através da junção.

Na Figura 2.13 está representada a mesma junção anterior, com os terminais em curto. Nessa figura, V_1 e V_2 indicam os dois potenciais das junções metal-semicondutor.

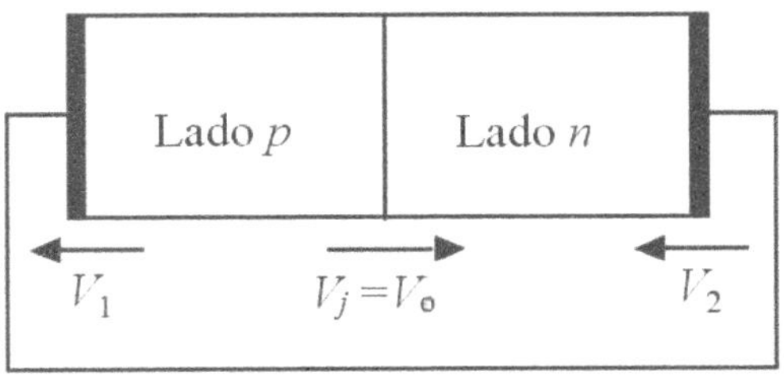

Figura 2.13 - Junção em curto.

Como não existe nenhuma fonte externa, a corrente através da junção deve ser obrigatoriamente nula, pois, em caso contrário, o cristal estaria dissipando sem um correspondente fornecimento de energia.

Por outro lado, o potencial de contato V_0 deve ser mantido, uma vez que sua redução implicaria um aumento da difusão e, consequentemente, o aparecimento de uma corrente através do circuito.

Nessas circunstancias, deve-se ter:

$$V_0 = V_1 + V_2$$

Tal relação significa que o potencial de contato V_0 da junção *p-n* é anulado pelos potenciais das junções metal-semicondutor.

Assim, caso fosse conectado um voltímetro a uma junção *p-n*, o instrumento acusaria a tensão zero.

Polarização inversa

O terminal negativo da fonte de tensão V da Figura 2.14.a está ligado ao lado p da junção e o terminal positivo, ao lado n. Na figura estão também indicadas as tensões V_1 e V_2 das junções metal-semicondutor e a tensão V_j da junção p-n.

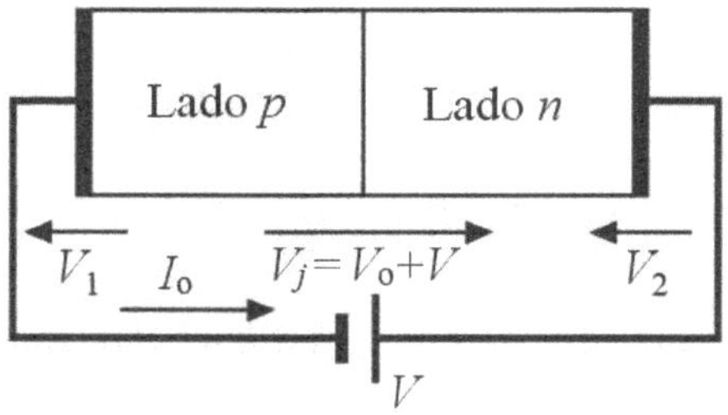

a) Polarização

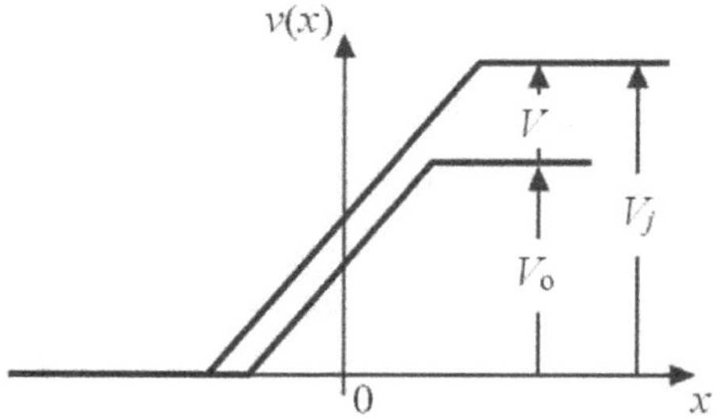

b) Distribuição do potencial

Figura 2.14 - Junção polarizada inversamente

Considerando-se que a queda de tensão ao longo do semicondutor é desprezível em face da tensão de polarização e das que aparecem nas junções, tem-se para o circuito da Figura 2.14.b:

$$V = V_j - (V_1 + V_2)$$

E sendo $V_1 + V_2 = V_o$, resulta:

$$V_j = V + V_o$$

Essa expressão indica que a tensão de polarização V aparece diretamente aplicada à junção, aumentando a barreira de potencial, conforma ilustrado na Figura 2.14.b.

Como consequência desse aumento, ocorrerá uma diminuição da corrente de difusão, uma vez que um maior número de portadores majoritários será repelido pela barreira. Paralelamente, ocorrerá um aumento da condução, porque, quanto maior o potencial, maior será o número de elétrons atraídos do lado *p* para o *n*, e maior o número de lacunas, do lado *n* para o *p*.

A corrente I_o que resulta é denominada *corrente de saturação*. Essa corrente é formada pelos portadores minoritários, apresenta baixo valor e cresce com a temperatura em função do aumento do número de pares elétrons-lacunas formados.

Como o número de portadores minoritários é função única da temperatura, a corrente I_o pouco varia com a tensão inversa.

A partir de alguns décimos de volt de tensão aplicada, a velocidade de deslocamento dos portadores aproxima-se de um valor constante, não mais dependendo da intensidade do campo.

Outro fato que ocorre com a polarização inversa é o aumento da carga positiva e negativa na região da junção em função do crescimento da barreira de potencial. Como, entretanto, a densidade de carga é limitada pela concentração de aceitadores N_a e de doadores N_d, o crescimento ocorre pelo alargamento dessa região, conforme ilustrado na Figura 2.15.

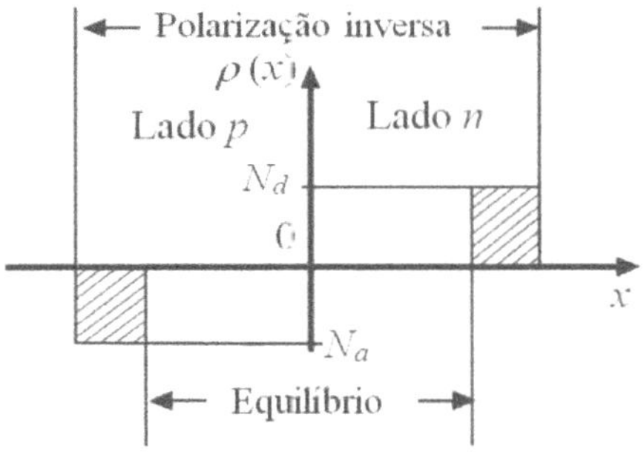

Figura 2.15 - Aumento da região de carga espacial devido à polarização inversa.

Polarização direta

Na Figura 2.16.a está representada uma junção *p-n* com o lado *p* feito positivo em relação ao lado *n*. Tal ligação é chamada de *polarização direta*, dizendo-se que a junção está polarizada *diretamente* ou no *sentido da condução*.

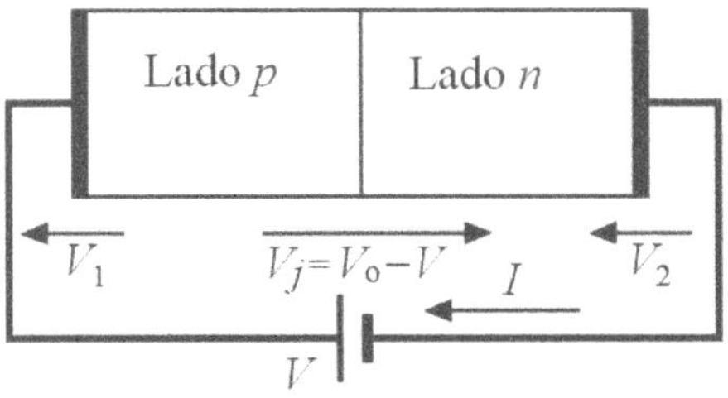

Figura 2.16 – Junção polarizada diretamente.

Com as mesmas considerações feitas para a polarização inversa no que se refere aos potenciais de contato V_1 e V_2, deduz-se a expressão:

$$V + V_j - (V_1 + V_2) = 0$$

De onde decorre:

$$V_j = V_o - V$$

Observa-se, dessa relação, que a tensão de polarização aparece diretamente na junção, reduzindo a barreira de potencial para o valor $V_o - V$.

A Figura 2.17 contém as distribuições do potencial no equilíbrio e com a junção polarizada diretamente, mostrando a redução da barreira.

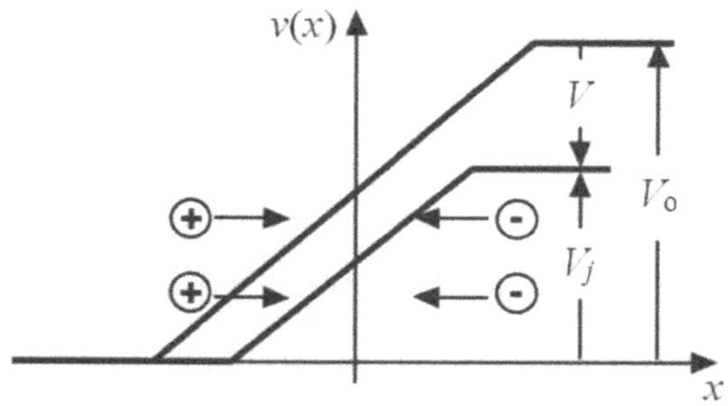

Figura 2.17 – Distribuição de Potencial.

Devido à redução dessa barreira, o equilíbrio existente na junção é alterado, ocorrendo uma diminuição da corrente de condução e um considerável aumento da de difusão.

Os elétrons do lado *n* passam para o lado *p*, enquanto as lacunas do lado *p* passam para o lado *n*, constituindo-se esses movimentos em uma corrente de portadores majoritários. Tal corrente tem o sentido do lado *p* para o *n*, conforme também mostrado na Figura 2.17.

À medida que a tensão de polarização V cresce, a diferença $V_o - V$ é reduzida, aumentando cada vez mais a corrente de difusão até o valor no qual as quedas de tensão nos dois contatos, nos terminais e no próprio semicondutor começam a ser apreciáveis.

A partir desse ponto a corrente fica limitada, impedindo a anulação completa do potencial da junção.

Ao contrário do que ocorre na polarização inversa, a diminuição da barreira de potencial reduz o número de doadores e aceitadores desbalanceados na região de transição, o que ocasiona a redução de sua largura.

A Figura 2.18 procura mostrar o que ocorre.

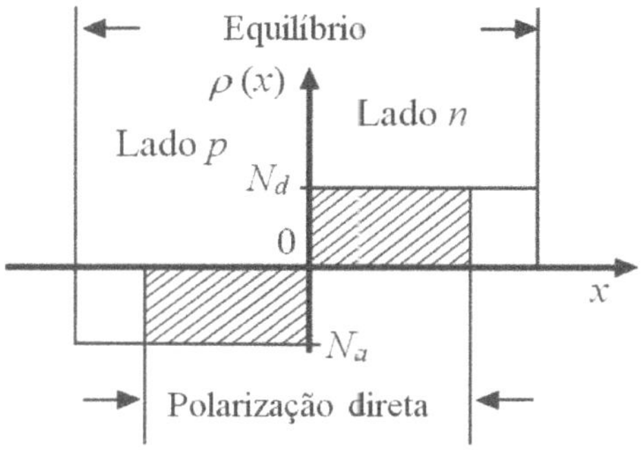

Figura 2.18 - Redução da largura da região de carga espacial devido à polarização direta.

Conforme se observa, a difusão de lacunas através da junção em consequência da polarização direta representa uma injeção de portadores minoritários do lado *n*; da mesma forma, a difusão de elétrons através da junção representa uma injeção de portadores minoritários do lado *p*. Tal fato servirá como base no estudo da corrente através de uma junção, que será realizado a seguir.

2.5 ESTUDO DAS CORRENTES

Lei das junções

Na Figura 2.19 estão representadas as concentrações de equilíbrio de uma junção *p-n*.

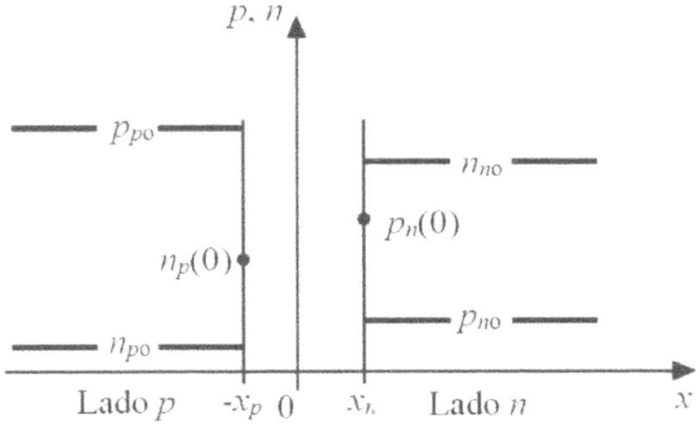

Figura 2.19 - Concentrações no equilíbrio.

Polarizando-se essa junção no sentido direto, ocorrerá uma injeção de lacunas do lado *n* e uma injeção de elétrons do lado *p*, ocasionando um aumento das concentrações de portadores minoritários junto à junção, os quais assumirão os valores $p_n(0)$ e $n_p(0)$ indicados na figura.

Demonstra-se que essas concentrações dependem da tensão *V* aplicada, sendo dadas pelas relações:

$$p_n(0) = p_{po} e^{(V - V_o)/V_T} \tag{2.6}$$

$$n_p(0) = n_{no} e^{(V - V_o)/V_T} \tag{2.7}$$

Das equações (2.2) e (2.4), obtém-se:

$$p_{po} = p_{no} e^{V_o/V_T}$$

$$n_{no} = n_{po} e^{V_o/V_T}$$

Levando-se esses valores nas equações (2.6) e (2.7) e simplificando-se as expressões obtidas, resulta:

$$p_n(0) = p_{no} e^{V/V_T} \tag{2.8}$$

$$n_p(0) = n_{po} e^{V/V_T} \tag{2.9}$$

A relação (2.8) fornece a concentração de portadores minoritários (lacunas) no começo da região n, isto é, junto à junção, em função da concentração de equilíbrio desses portadores nessa região e da tensão V de polarização.

Analogamente, a relação (2.9) fornece a concentração de portadores minoritários (elétrons) no começo da região p, isto é, junto à junção, em função da concentração de equilíbrio desses portadores nessa região e da tensão V de polarização.

O conjunto das relações (2.8) e (2.9) é conhecido como *leis da junção*. Observa-se que quando a tensão V cai a zero, o que significa que a junção está em equilíbrio, as concentrações junto à junção assumem os valores de equilíbrio, ou seja: $p_n(0) = p_{no}$ e $n_p(0) = n_{po}$.

Corrente no diodo

Na seção 1.10, *injeção de portadores minoritários*, estudou-se a distribuição de equilíbrio ao longo de x de uma concentração em excesso $p'(0)$ de lacunas, ocorrida no ponto $x = 0$ de um semicondutor do tipo n.

Conforme então analisado, os portadores em excesso recombinam-se à medida que caminham através do material, de tal forma que a concentração em excesso $p'(x)$ é atenuada segundo a exponencial:

$$p'(x) = p'(0) e^{-x/L_p}$$

Uma representação dessa distribuição é feita na Figura 1.31.

De modo análogo, e sendo L_n o *comprimento de difusão do elétron*, uma concentração em excesso de elétrons $n'(0)$ no ponto $x = 0$ de um semicondutor do tipo p daria uma distribuição da forma:

$$n'(x) = n'(0)e^{-x/L_n}$$

Esses resultados podem ser aplicados a uma junção polarizada por uma tensão V, que ocasiona as concentrações $n_p(0)$ e $p_n(0)$ indicadas na Figura 2.19.

Devido à pequena largura da região de carga espacial, tanto o lado p quanto o lado n podem ser tomados com início no ponto $x = 0$, ou, em outras palavras, os valores de x_n e x_p podem ser desprezados. Assim, a concentração de lacunas do lado n terá uma distribuição exponencial dada por:

$$p_n(x) = [p_n(0) - p_{no}]e^{-x/L_p} + p_{no}$$

Para os elétrons do lado p, considerando que x é negativo, a distribuição será da forma:

$$n_p(x) = [n_p(0) - n_{po}]e^{x/L_n} + n_{po}$$

Essas distribuições estão representadas na Figura 2.20, na qual a região espacial, que se estende de $-x_p$ a x_n foi ampliada.

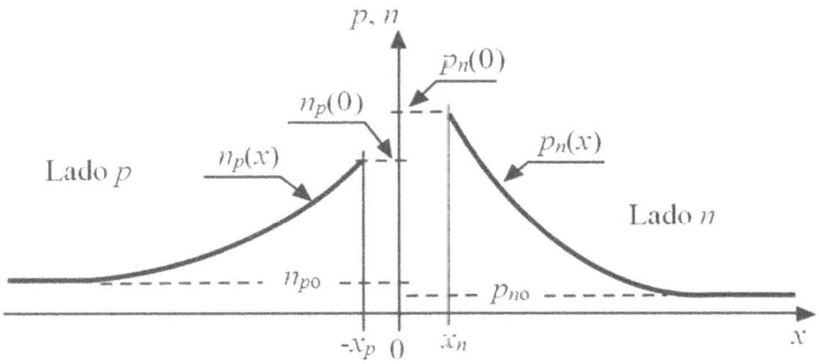

Figura 2.20 - Distribuição de portadores minoritários numa junção polarizada diretamente.

Em consequência do gradiente de concentração, aparecerá uma corrente de difusão de lacunas do lado n, representada por $I_{dp_n}(x)$, e uma de difusão de elétrons do lado p, representada por $I_{dn_p}(x)$.

Para a corrente de lacunas $I_{dp_n}(x)$, tem-se:

$$I_{dp_n}(x) = -AqD_p \frac{d}{dx}[p_n(x)] = \frac{AqD_p}{L_p}[p_n(0) - p_{no}]e^{-x/L_p}$$

E para a corrente de elétrons $I_{dn_p}(x)$:

$$I_{dn_p}(x) = AqD_n \frac{d}{dx}[n_p(x)] = \frac{AqD_n}{L_n}[n_p(0) - n_{po}]e^{x/L_n}$$

Embora os portadores se desloquem em sentidos contrários, como mostrado na Figura 2.21, as correntes I_{dn_n} e I_{dp_p} terão o mesmo sentido de deslocamento das lacunas, em virtude da carga negativa do elétron.

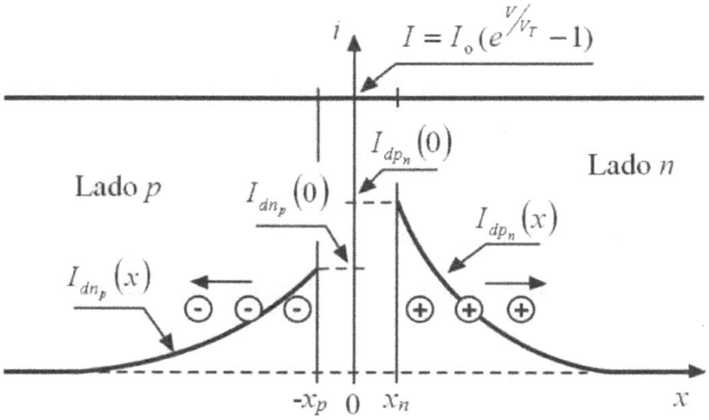

Figura 2.21 - Correntes na junção.

No ponto $x = x_n \cong 0$, a corrente de difusão de lacunas será dada por:

$$I_{dp_n}(0) = \frac{AqD_p}{L_p}[p_n(0) - p_{no}]$$

E, de acordo com a expressão (2.8):

$$I_{dp_n}(0) = \frac{AqD_p}{L_p} p_{no}\left[e^{V/V_T} - 1\right] \tag{2.10}$$

Analogamente, para os elétrons no ponto $x = -x_p \cong 0$, obtém-se:

$$I_{dn_p}(0) = \frac{AqD_n}{L_n} n_{po}\left[e^{V/V_T} - 1\right] \tag{2.11}$$

Devido à pequena largura da região de carga espacial, pode-se aceitar que não ocorram recombinações nessa região. Dessa forma, a corrente de difusão de lacunas que sai em x_n é a mesma que entra em $-x_p$, e a corrente de difusão de elétrons que entra em $-x_p$ é a mesma que sai em x_n. A corrente total em $x = 0$ será dada pela soma das duas, ou seja:

$$I = I_{dp_n}(0) + I_{dn_p}(0)$$

Substituindo-se pelas relações (2.10) e (2.11):

$$I = Aq\left[\frac{D_p}{L_p} p_{no} + \frac{D_n}{L_n} n_{po}\right]\left(e^{V/V_T} - 1\right) \tag{2.12}$$

Observando-se que a corrente deve ser a mesma em todos os pontos do material, a corrente em $x = 0$ será a corrente I que atravessa a junção e circula através da fonte V de tensão, conforme indicado na Figura 2.21.

Chamando-se de I_o o fator constante que aparece em (2.12), a corrente I através da junção em função da tensão V será dada pela expressão:

$$I = I_o\left(e^{V/V_T} - 1\right) \tag{2.13}$$

Em toda dedução realizada, nenhuma restrição foi feita à polaridade de V. Assim, a fórmula da corrente I é geral, servindo para junções polarizadas no sentido direto, com V positivo, e para junções polarizadas no sentido inverso, com V negativo. Neste último caso, como V_T apresenta valor muito reduzido (26mV na temperatura ambiente), a expressão de I tende rapidamente para o valor constante $I = -I_o$, conhecido como *corrente inversa de saturação*, que independe de V. Essa corrente é negligenciável, comparada com a corrente que circula com o diodo polarizado diretamente. Dessa forma, uma junção comporta-se, praticamente, como um *circuito aberto* quando polarizada inversamente.

Componentes da corrente

Na seção anterior, foi determinada a corrente no ponto $x = 0$ e mostrado que esse valor permanece constante em todos os pontos do material. Foram também deduzidas as expressões das correntes de difusão de lacunas do lado n e de elétrons do lado p.

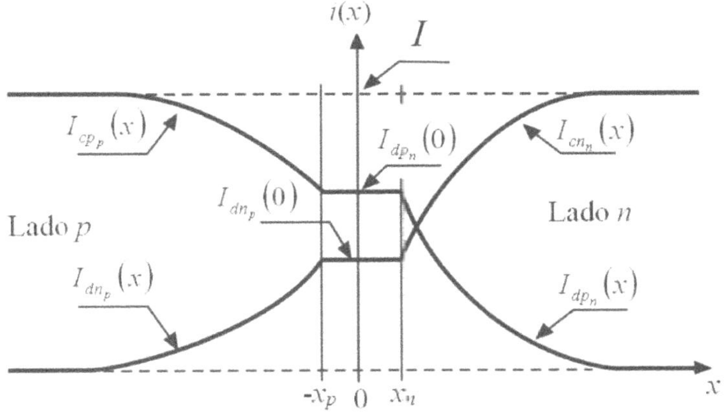

Figura 2.22 - Correntes no diodo.

Como a corrente de difusão varia ao longo do semicondutor, deve existir uma corrente de condução dos portadores majoritários que varie também com x, de tal forma que a soma total permaneça constante e igual à corrente I através da junção. Será considerado, primeiramente, o lado n.

Em distâncias afastadas da região de carga espacial o suficiente para a corrente de difusão de lacunas cair a zero, a corrente I será formada unicamente pela corrente de condução $I_{cn_n}(x)$ dos elétrons. Nas proximidades da região de transição, os elétrons recombinam-se com as lacunas provenientes do lado p, ocasionando a diminuição dessa corrente, a qual será recompensada pela corrente de difusão de lacunas $I_{dp_n}(x)$, de modo que a soma das duas permanecerá sempre com o valor constante I.

No lado p, em distâncias suficientemente afastadas da região de carga espacial, a corrente é formada unicamente pela corrente de condução de lacunas $I_{cp_p}(x)$. Nas proximidades dessa região, as lacunas recombinam-se com os elétrons provenientes do lado n, determinando uma diminuição dessa corrente, que é recompensada pela corrente de difusão dos elétrons $I_{dn_p}(x)$.

Nessa análise, ficou caracterizado que a corrente através da junção é bipolar e, embora apresentando valor constante, a relação entre os seus componentes varia ao longo de x, conforme observa-se na Figura 2.22.

2.6 CARACTERÍSTICAS DA JUNÇÃO *p-n*

Curva característica

Deduziu-se, na seção anterior, a expressão (2.13) que fornece a corrente através de um diodo de junção em função da tensão de polarização.

Numa análise mais rigorosa, que considera a geração e a recombinação na região de transição, demonstra-se que a tensão V_T deve ser multiplicada por uma constante η.

A introdução dessa constante pouco significa para os diodos de germânio ou os de silício de altas correntes, uma vez que seu valor é semelhante à unidade. Já para os de silício de baixas correntes o valor de η é aproximadamente dois. Considerando-se essa constante, e representando-se por i_D a corrente através do diodo e por v_D a tensão em seus terminais, obtém-se a expressão:

$$i_D = I_o\left(e^{v_D/nV_T} - 1\right) \tag{2.14}$$

Embora a equação (2.14) tenha sido obtida a partir de um modelo ideal, ela descreve com bastante aproximação o comportamento de uma junção *p-n*. As discrepâncias que aparecem decorrem de fatores de pequena influência não incluídos no modelo, como a própria resistência do semicondutor e as correntes de dispersão na superfície do material.

Na Figura 2.23 está representada a curva típica de um diodo de junção disponível comercialmente. A tensão V_o é chamada de *tensão de joelho*, *tensão de corte* ou *tensão de limiar*, sendo da ordem de 0,7 V para os diodos de silício e da ordem de 0,3 V para os de germânio. Para tensões maiores que V_o e fora da região de joelho, a resistência através da junção é pequena, ocorrendo grandes variações da corrente para pequenas variações da tensão. Para tensões menores que V_o e fora da região de joelho a curva confunde-se com o próprio eixo v_D.

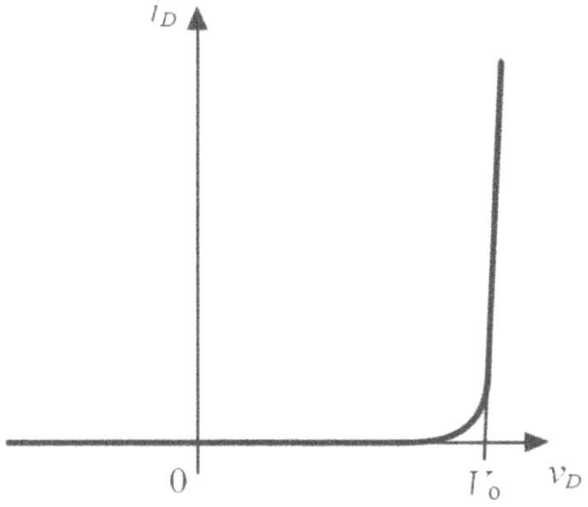

Figura 2.23 - Curva característica de um diodo de junção.

Resistência estática e dinâmica

Para qualquer ponto escolhido na curva característica do diodo, como, por exemplo, o ponto P da Figura 2.25, a *resistência estática* é definida pela relação entre a tensão de polarização V_D e corrente I_D correspondente.

Essa resistência varia consideravelmente com o ponto escolhido, não sendo um parâmetro de grande interesse. Normalmente, os fabricantes fornecem a queda de tensão V_F no diodo quando polarizado diretamente com uma corrente I_F, e a queda V_R para a corrente I_R, quando polarizado inversamente, para diversos valores dessas correntes.

Define-se, também, a *resistência dinâmica* ou *incremental* em um dado ponto P como sendo a derivada de v_D função i_D nesse ponto. Representando-se essa resistência por r_f:

$$r_f = \frac{dv_D}{di_D}$$

Para pequenas variações, será válida a aproximação:

$$r_f \cong \frac{\Delta v_D}{\Delta i_D}$$

Considerando-se as variações Δv_D e Δi_D como pequenos sinais, representados respectivamente por v_d e i_d, pode-se escrever:

$$r_f \cong \frac{v_d}{i_d}$$

O valor de r_f depende do ponto P escolhido, chamado *ponto de polarização* ou *quiescente*. A sua utilidade aparece na análise para pequenas variações da tensão e corrente no entorno desse ponto.

A título de exemplo, será analisado o circuito da Figura 2.24.a, que contém uma fonte de tensão constante V em série com o pequeno sinal $v_e = V_e senwt$. Devido à presença de v_e, a corrente i_D e a tensão v_D serão formadas pelos valores constantes I_D e V_D somados aos sinais alternados i_d e v_d, ou seja:

$$i_D = I_D + i_d$$

$$v_D = V_D + v_d$$

Utilizando-se essas expressões, resulta:

$$V + v_e = RI_D + V_D + Ri_d + v_d \qquad (2.15)$$

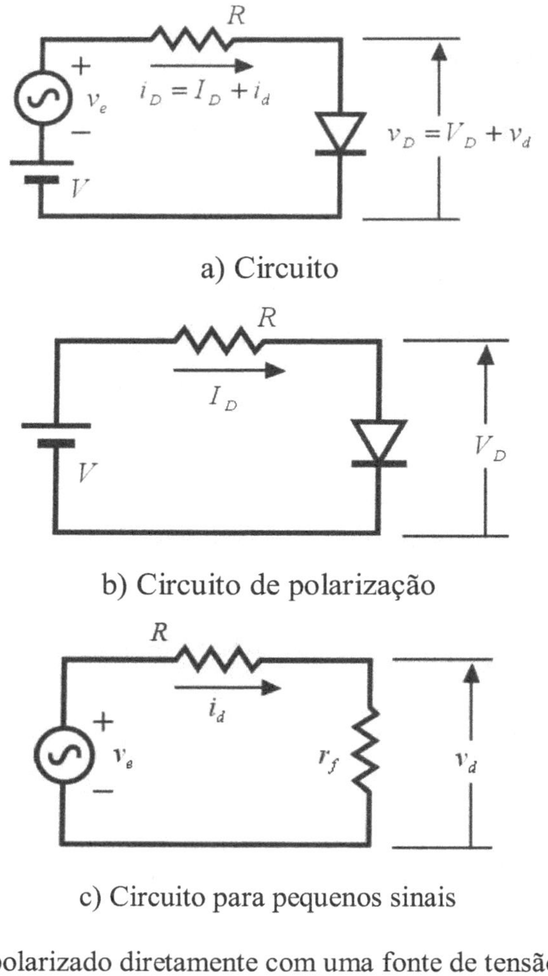

a) Circuito

b) Circuito de polarização

c) Circuito para pequenos sinais

Figura 2.24 - Diodo polarizado diretamente com uma fonte de tensão alternada em série.

Fazendo-se v_e=0 na Figura 2.24.a, chega-se ao *circuito de polarização* da Figura 2.24.b, do qual decorre:

$$V = RI_D + V_D$$

Subtraindo-se essa equação, que define o *ponto P de polarização* do circuito, da equação (2.15), resulta:

Subtraindo-se essa equação, que define o *ponto P de polarização* do circuito, da anterior, resulta:

$$v_e = Ri_d + v_d$$

Ou, sendo $v_d = r_f i_d$:

$$v_e = (R + r_f)i_d$$

que é uma equação para pequenos sinais, isto é, válida somente para variações no entorno do ponto *P* de polarização.

Na Figura 2.25, que objetiva ilustrar o exemplo dado, são mostrados o ponto de polarização *P*, com coordenadas V_D e I_D, e os sinais alternados v_d e i_d.

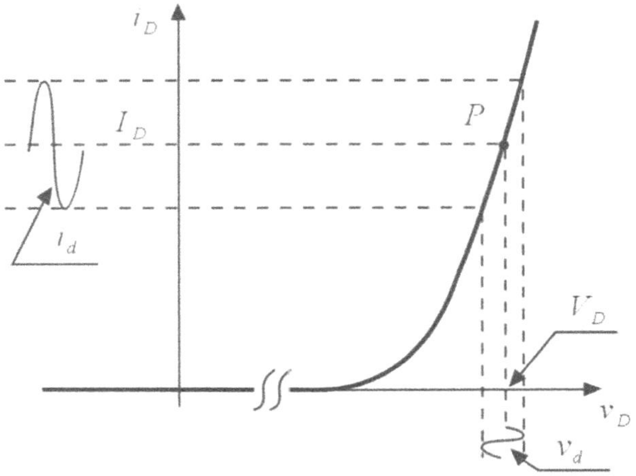

Figura 2.25 – Tensões e correntes no diodo da Figura 2.23.a.

A seguir, será deduzida uma expressão para a resistência r_f, a partir da equação (2.14) , desenvolvida nesta seção para i_D função de v_D

Derivando-se essa equação no ponto *P* de polarização, decorre:

$$\frac{di_D}{dv_D} = \frac{I_o}{\eta V_T} \cdot e^{V_D/\eta V_T}$$

Somando-se e subtraindo-se $\frac{I_o}{\eta V_T}$:

$$\frac{di_D}{dv_D} = \frac{I_o}{\eta V_T}\left(e^{V_D/\eta V_T} - 1\right) + \frac{I_o}{\eta V_T}$$

Ou, ainda:

$$\frac{di_D}{dv_D} = \frac{I_D + I_o}{\eta V_T}$$

Como o circuito está polarizado diretamente, a corrente I_o será muito menor que I_D, podendo ser desprezada. Com isso:

$$\frac{di_D}{dv_D} = \frac{I_D}{\eta V_T}$$

Ou, finalmente:

$$r_f = \frac{\eta V_T}{I_D}$$

Infere-se, dessa expressão, que a resistência dinâmica apresentada pela junção é função inversa da corrente, ou seja, quanto maior a corrente de polarização, menor o seu valor.

De maneira análoga, define-se a resistência dinâmica r_r para a junção polarizada inversamente, a qual é da ordem de centenas de MΩ, equivalendo na maioria das aplicações a um circuito aberto.

Diodo ideal

O *diodo ideal* é um elemento com dois terminais: um dos quais é denominado *catodo* e o outro, *anodo*.

Sempre que a corrente flui do anodo para o catodo, o diodo comporta-se como um curto-circuito, apresentando tensão nula entre seus terminais. Nesse caso, diz-se que o diodo está polarizado no sentido *direto* ou de *condução*. Polarizado no sentido *inverso*, com o catodo feito positivo em relação ao anodo, o diodo comporta-se como um circuito aberto, apresentando corrente nula entre seus terminais.

A Figura 2.26.a apresenta o símbolo do diodo ideal com os sentidos convencionados para a corrente e tensão e a Figura 2.26.b, a curva característica i_D função de v_D.

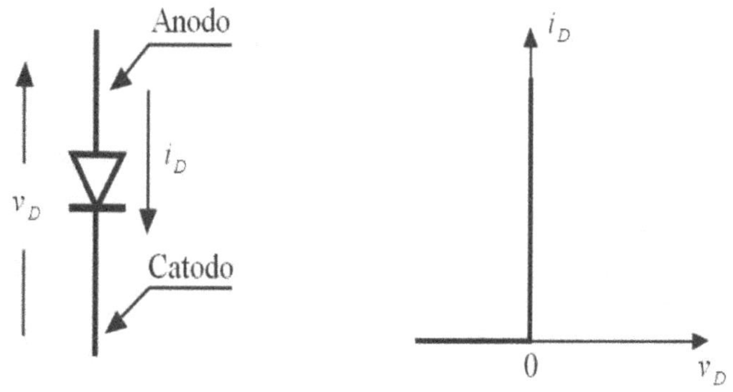

a) Símbolo b) Curva característica

Figura 2.26 - Diodo ideal.

No circuito da Figura 2.27.o diodo encontra-se polarizado diretamente, comportando-se como um curto-circuito, conforme representado equivalente da figura 2.27.b.

a) Polarização direta b) Circuito equivalente

Figura 2.27 - Diodo ideal polarizado diretamente.

Ao contrário do circuito anterior, o diodo da Figura 2.28.a encontra-se polarizado inversamente, obtendo-se o circuito equivalente da Figura 2.28.b

a) Polarização inversa b) Circuito equivalente

Figura 2.28 - Diodo ideal polarizado inversamente.

Circuito equivalente do diodo

Em relação à curva característica apresentada na Figura 2.23, a tensão de joelho V_o é muito pequena, como também a resistência de condução no sentido direto. Por outro lado, a resistência no sentido inverso é muito elevada. Assim sendo, para a maioria das aplicações um diodo de junção pode ser representado por um diodo ideal

Quando as tensões e resistências do circuito forem da ordem dos parâmetros do diodo de junção, essa aproximação não será mais válida. Nesse caso, o diodo pode ser representado por um circuito equivalente, obtido da curva característica por um processo de linearização.

Um desses processos está representado na Figura 2.29, na qual a curva característica é aproximada por duas semirretas, uma com inclinação $1/r_f$ - para a região de condução, e outra, com inclinação $1/r_r$ - para a região reversa. Ambas as semirretas partem do ponto V_o - considerado a tensão de joelho da junção.

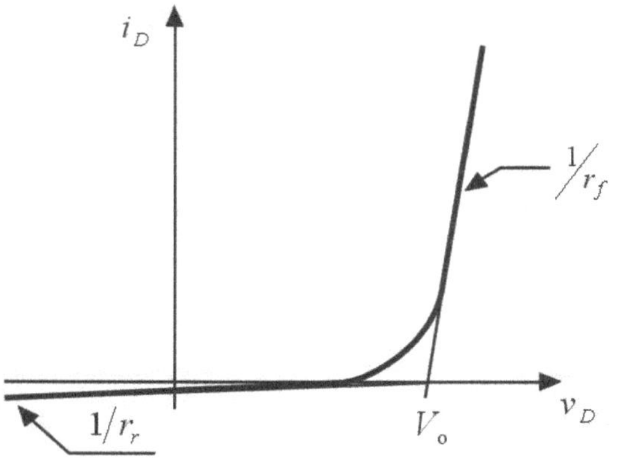

Figura 2.29 - Linearização da curva característica de um diodo de junção.

A curva linearizada pode ser traduzida pelo circuito equivalente da Figura 2.30.a, no qual V_o é tensão de joelho, r_f a resistência para a polarização direta, ou seja, a resistência de condução, e r_r a resistência para a polarização reversa, que é, pelo menos, milhares de vezes maior que r_f.

Assinala-se que os índices *r* e *f* utilizados na representação dessas resistências correspondem às palavras inglesas *forward* e *reverse*, empregadas, respectivamente, para designar os sentidos direto e reverso.

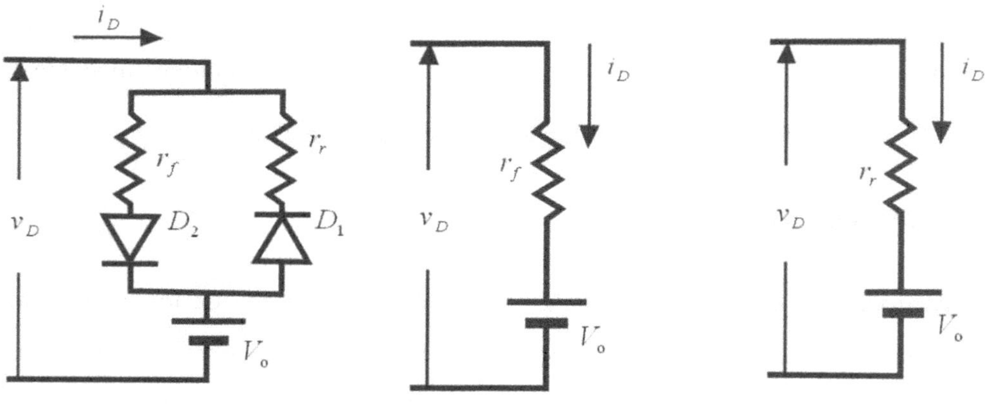

a) Circuito b) Circuito para $v_D - V_o > 0$ c) Circuito para $v_D - V_o < 0$

Figura 2.30 - Circuito equivalente da junção *p-n*.

Para $v_D - V_o > 0$, o que corresponde à polarização direta, D_1 será um circuito aberto e D_2 um curto circuito, obtendo-se o circuito equivalente da Figura 2.30.b. Na condição, ou seja, com a junção polarizada inversamente, D_1 conduz e D_2 abre, obtendo-se o circuito da Figura 2.30.c.

Observa-se que, devido ao elevado valor de r_r, o diodo polarizado inversamente equivale a um circuito aberto na maioria das aplicações.

2.7 CAPACITÂNCIA

A capacitância total de um diodo de junção é formada por duas capacitâncias de naturezas diferentes: a *capacitância de transição*—devido à variação da carga espacial com a variação da tensão de polarização— e a *capacitância de difusão*—devido à variação da distribuição de portadores nas vizinhanças da junção.

Para a polarização inversa predomina a capacitância de transição, enquanto para a direta, a de difusão.

Capacitância de transição

Como mostrado na Seção 2.3, em uma junção *p-n* em equilíbrio aparece uma concentração de cargas positivas do lado *n* e uma concentração de cargas negativas do lado *p*. Essas concentrações decorrem da recombinação dos portadores que se difundem através da junção. Quando a junção é polarizada inversamente, o potencial da junção é aumentado, ocasionando o alargamento da região de transição. Inversamente, a polarização direta diminui esse potencial, reduzindo a carga espacial armazenada.

Considerando-se uma junção polarizada inversamente com uma tensão V_R, caso ocorra uma variação incremental Δv_D dessa tensão, ocorrerá também uma variação Δq_D da carga q_D acumulada na junção. A relação entre essas variações caracteriza um efeito capacitivo que é denominado *capacitância da região de transição*, *capacitância de carga espacial* ou, simplesmente, *capacitância de transição*. Representando-se por c_t essa capacitância, obtém-se a relação:

$$c_t = \frac{\Delta q_D}{\Delta v_D}$$

A capacitância de transição depende da tensão inversa aplicada, não sendo definida como a relação entre a carga total da região de transição e a tensão aplicada. Trata-se de um parâmetro incremental para pequenas variações no entorno de um valor constante de polarização.

Em consequência dessa capacitância, qualquer variação de tensão dv_D vai corresponder a uma corrente de carga (ou descarga) de c_t dada pela expressão:

$$i_D = \frac{dq}{dt} = c_t \frac{dv_D}{dt}$$

Chamando-se de w a largura da região de carga espacial; de A a seção do semicondutor e de ϵ a constante dielétrica, demonstra-se que a capacitância c_t é dada pela relação:

$$c_t = \frac{\epsilon . A}{w}$$

Essa expressão é a mesma de um capacitor formado por duas placas paralelas de área A, separadas de uma distância w por um material de constante dielétrica ϵ.

Uma vez que w cresce com a tensão inversa aplicada, a capacitância de transição não permanece fixa, diminuindo à medida que a tensão inversa V_R aumenta, como se observa na curva típica da Figura 2.29.

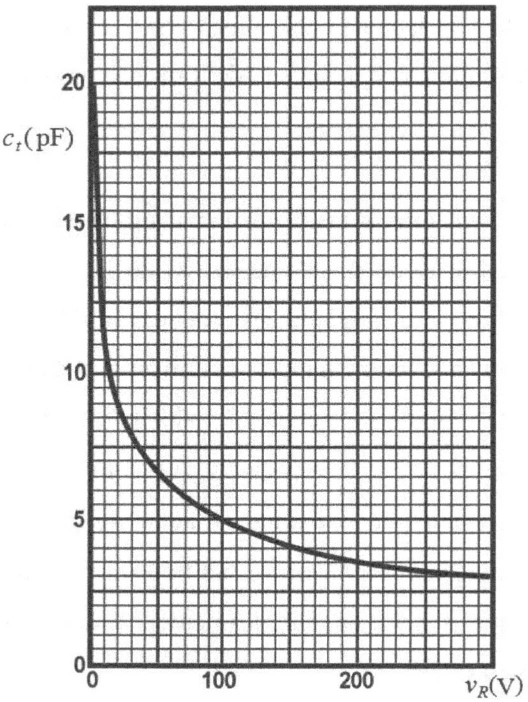

A Figura 2.32 contém o circuito equivalente da junção para pequenos sinais. Observa-se que a capacitância de transição, embora apresentando baixo valor—da ordem de unidades a algumas dezenas de pF, não pode ser desprezada em altas frequências, uma vez que aparece em paralelo com a resistência dinâmica para polarização inversa r_r, cujo valor é extremamente elevado.

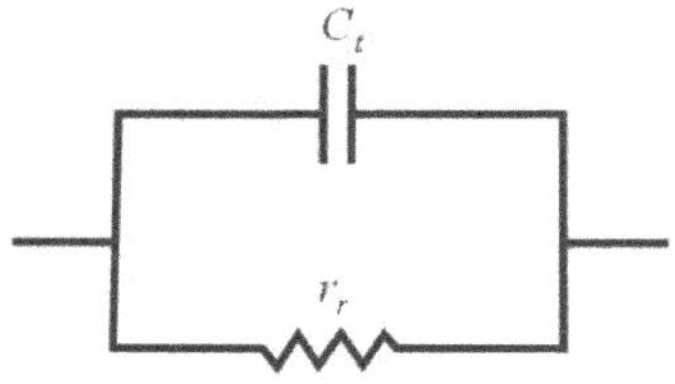

Figura 2.32 - Circuito para sinais alternados do diodo polarizado inversamente.

A capacitância de transição é utilizada na construção de um dispositivo cuja capacidade varia com a tensão aplicada, chamado *varactor* ou *varicap*.

Capacitância de difusão

Conforme analisado na seção 2.4, a polarização direta diminui a altura da barreira de potencial da junção, provocando a injeção de lacunas no lado *n* e de elétrons do lado *p*.

Os portadores assim injetados, ao se difundirem através do material, irão se recombinar com os portadores majoritários, originando uma distribuição exponencialmente atenuada, de tal forma que longe da junção as contrações assumem seus valores de equilíbrio n_{po} e p_{no}, como indicado na Figura 2.20.

Existe uma diferença essencial a ser considerada.

No caso do semicondutor da Figura 1.30, analisado na Seção 1.10, os elétrons e as lacunas são gerados simultaneamente—ambos se difundem através do material, não produzindo corrente resultante e mantendo a neutralidade elétrica.

Já na junção *p-n* polarizada diretamente, os portadores minoritários são injetados, isoladamente, sem os majoritários. Assim, para que a neutralidade seja preservada, formam-se distribuições de portadores majoritários em excesso, elétrons do lado *n* e lacunas do lado *p*, também provenientes da fonte externa que são semelhantes às concentrações de portadores injetados através da junção.

A Figura 2.33 procura ilustrar a modificação que ocorre na distribuição de portadores minoritários em uma junção *p-n* polarizada diretamente por uma tensão V_1, quando essa tensão passa para um novo valor V_2.

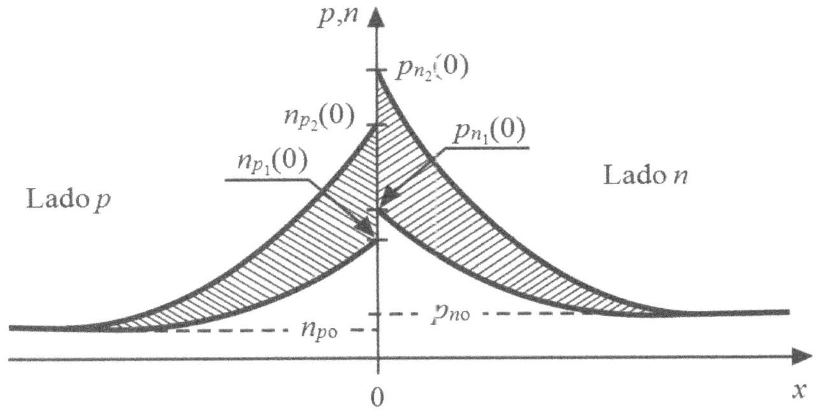

Figura 2.32 - Variação da distribuição dos portadores minoritários com a polarização.

Observa-se que as concentrações $p_{n_1}(0)$ e $n_{p_1}(0)$ que ocorrem junto à região de carga espacial quando a *tensão é* V_1, *assumem os valores* $p_{n_2}(0)$ *e* $n_{p_2}(0)$ *quando a tensão é aumentada para* V_2. *Esses novos valores* determinam as modificações nas distribuições, tanto do lado *n* quando do lado *p*, indicadas pelas áreas hachuradas da figura, as quais são proporcionais à alteração das cargas acumuladas.

Observa-se, também, que devido aos valores de x_n e x_p serem muito pequenos a região de carga espacial não foi representada, iniciando-se as distribuições em $x=0$.

Logicamente, essa variação de carga em função da variação da tensão aplicada, caracteriza a existência de outra capacitância na junção, chamada de *capacitância de difusão*, representada por c_d, a qual é da ordem de μF, portanto, muito maior que a capacitância de transição.

Apesar do elevado valor, nem sempre essa capacitância precisa ser considerada, uma vez que aparece, como mostrado na Figura 2.34, em paralelo com a resistência dinâmica para a polarização direta r_f, de valor muito reduzido

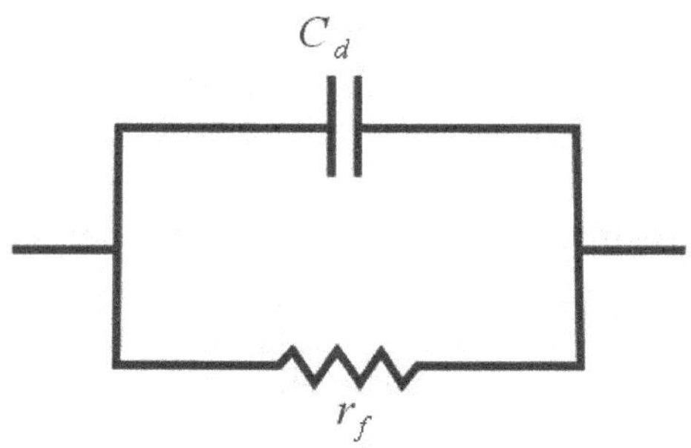

Figura 2.34 - Circuito equivalente para pequenos sinais de um diodo polarizado diretamente.

Demonstra-se que a capacitância de difusão é diretamente proporcional à corrente, ou seja, quanto maior a corrente de polarização, maior o seu valor. Como para polarização inversa a corrente é muito pequena, essa capacitância torna-se desprezível em face da capacitância de transição, conforme já mencionado.

2.8 RUPTURA DA JUNÇÃO

Na Figura 2.35 está representada a curva característica de uma junção *p-n*, na qual pode-se observar que, em uma determinada tensão inversa, chamada de *tensão de ruptura*, ocorre a *ruptura da junção*—fenômeno caracterizado pelo aumento súbito da corrente inversa, em virtude da queda da resistência inversa a valores bem baixos.

Ocorrida a ruptura, a junção é dita estar na *região de ruptura*.

Dentro dessa região, caso a corrente não seja limitada por uma resistência externa, qualquer aumento de tensão provocará um fluxo de corrente que romperá a junção.

Por esse motivo, a tensão de ruptura limita o valor máximo da tensão inversa que pode ser aplicada à junção. Essa tensão é denominada *máxima tensão de pico inverso*, que é um dado fornecido pelo fabricante.

A ruptura da junção pode ser causada pelo *efeito de avalanche* ou pelo *efeito Zener*.

Esses dois fenômenos serão analisados no capítulo IV, que estuda os diodos projetados para operar na região de ruptura sem sofrer qualquer dano.

Tais diodos são chamados, respectivamente, de *diodos de avalanche e diodos Zener*.

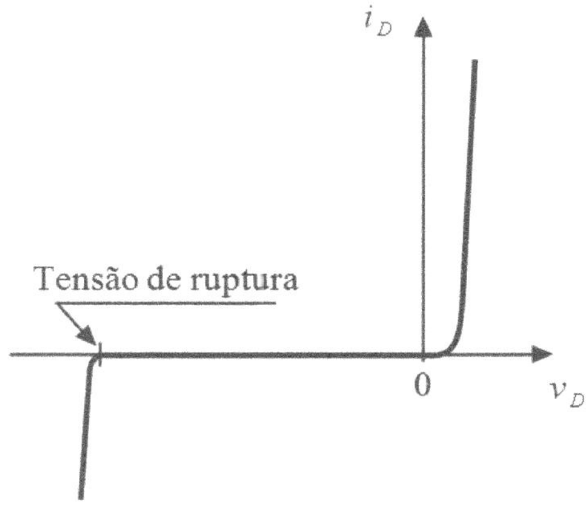

Figura 2.35 - Ruptura da junção.

2.9 INFLUÊNCIA DA TEMPERATURA

Na equação 2.14 de i_D função de v_D, dois parâmetros sofrem a influência da temperatura: a corrente de saturação I_o e o equivalente térmico da temperatura V_T.

A corrente de saturação é formada, conforme foi visto, pelos portadores minoritários que se deslocam sob a ação do potencial inverso aplicado à junção. Assim, como a concentração desses portadores depende da agitação térmica, I_o cresce com a temperatura. Verifica-se que essa corrente dobra de valor, aproximadamente, para cada aumento de 10°C da temperatura ambiente, tanto para os diodos de silício quanto para os de germânio.

A variação com V_T tem pouca influência, uma vez que na expressão $V_T = KT/q$ a temperatura aparece em graus absolutos. Essa variação ocorre em sentido contrário: quanto maior a temperatura maior V_T e, consequentemente, menor a corrente através do diodo. Além disso, devido ao seu pequeno valor, predomina a variação da corrente de saturação, ou seja, a corrente através da junção cresce com o aumento da temperatura.

Inversamente, caso seja mantida a corrente constante, ocorre uma queda da tensão de polarização, que é da ordem de 2mV/°C, tanto para os diodos de silício como para os de germânio. Observa-se que a influência de V_T é desprezível na polarização inversa, quando a corrente é dada aproximadamente por $-I_o$.

2.10 PROBLEMAS

2.10.1. Uma junção *p-n*, formada em um cristal de silício apresenta do lado *n* uma concentração de $21{,}5 \times 10^{15}$ átomos de doadores por cm^3 e, do lado *p*, $12{,}3 \times 10^{15}$ átomos de aceitadores por cm^3. Determinar, para a temperatura de 27°C, o potencial de contato dessa junção. São dados, para essa temperatura, $V_T = 0{,}026V$ e $n_i = 1{,}5 \times 10^{10}$ cargas/cm^3.

2.10.2. Determinar, para a temperatura de 27°C, o potencial de contato de uma junção formada em um cristal de germânio, utilizando as concentrações de aceitadores e doadores do problema anterior. Sabe-se que, para o germânio nessa temperatura, n_i=2,5x10^{13} cargas/cm^3.

2.10.3. Uma junção de germânio, polarizada diretamente com 0,21V, apresenta a corrente de 22mA. Sendo, na temperatura de 300°K, V_T=0,026V, determinar a corrente inversa de saturação dessa junção.

2.10.4. Um diodo de silício para baixas correntes apresenta η=2,3. Determinar, para a temperatura de 300°K, na qual V_T=0,026V, a resistência dinâmica para uma corrente direta de 5mA.

2.10.5. Utilizando a curva característica típica da Figura 2.36.a, determinar, os valores de V_F e I_F do circuito da Figura 2.34.b. São conhecidos V=1,5V e R=30Ω.

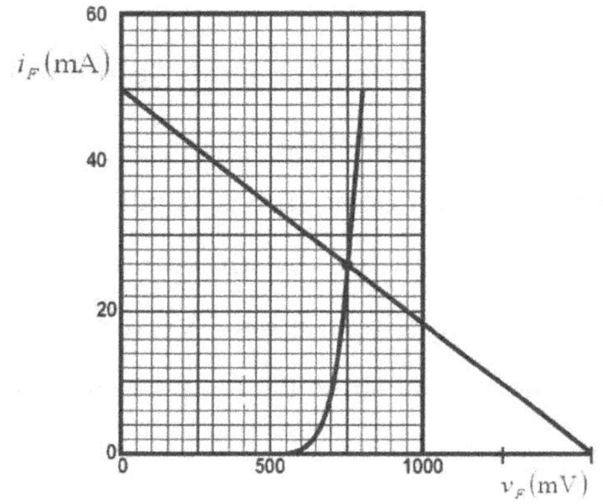

a) Curva característica do diodo

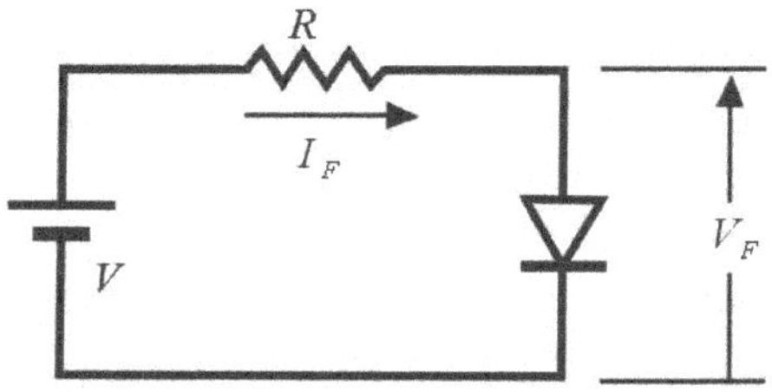

b) Circuito

Figura 2.36 - Curva e circuito do problema 2.5.

Solução: Para o circuito dado, obtém-se:

$$1{,}5 = 30{,}0\, I_F + V_F$$

que é a equação da reta traçada na Figura 2.36.a, cujo ponto de encontro com a curva característica, indicado por P, fornece os valores pedidos, ou seja: V_F = 0,75V e I_F = 26mA.

2.10.6. Determinar, a partir da curva da Figura 2.36.a, a resistência dinâmica para o ponto de operação definido por $V_F = 0{,}75$V e $I_F = 25$mA.

2.10.7. O circuito da Figura 2.37 utiliza o mesmo diodo do problema 2.8. Sendo dados $V_R = 1{,}5$V, $R = 30\Omega$ e $v_e = 0{,}2\ senwt$ V, determinar a amplitude da componente alternada da saída.

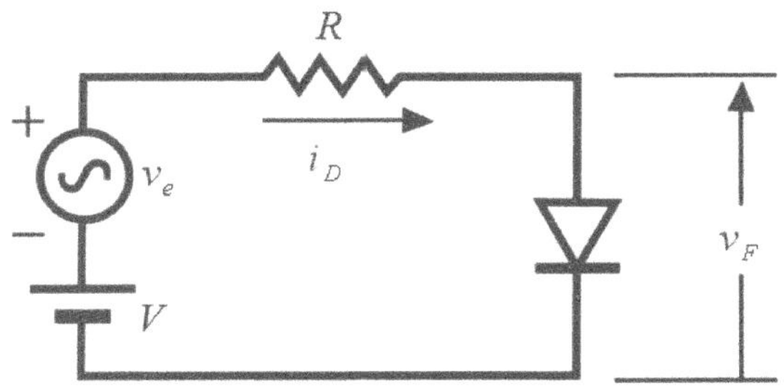

Figura 2.37 - Circuito do problema 2.7.

2.10.8. Uma junção *p-n*, formada em um cristal de silício com uma seção transversal de 5mm² apresenta do lado *n* uma concentração de $2{,}7\times10^{11}$átomos de doadores por cm³ e, do lado *p*, $6{,}7\times10^{11}$átomos de aceitadores por cm³. Determinar a corrente inversa de saturação para a temperatura de 300°K. São dados, para essa temperatura: $V_T = 0{,}026$ V, $\mu_n = 1300\,\text{cm}^2/\text{V.s}$, $\mu_p = 500\text{cm}^2/\text{V.s}$ e $L_n = L_p = 0{,}01\text{cm}$.

2.10.9. A partir da equação (2.12), demonstrar que a corrente inversa de saturação de uma junção *p-n* é dada pela expressão:

$$I_o = AqV_T\left(\frac{\mu_n}{L_n N_A} + \frac{\mu_p}{L_p N_D}\right)n_i^2$$

2.10.10. Uma junção *semicondutor do tipo p–semicondutor intrínseco* é formada em um cristal de silício. Sabendo-se que a concentração do lado *p* é de $9{,}3\text{x}10^{14}$ átomos de aceitadores por cm³, determinar o potencial de contato dessa junção na temperatura de 27°C para a qual são dados: $V_T = 0{,}026$V e $n_i = 1{,}5\text{x}10^{10}$ cargas/cm³.

CAPÍTULO 3

CIRCUITOS A DIODO

3.1 INTRODUÇÃO

Trata, este capítulo, de diversos circuitos que utilizam o diodo como elemento básico de operação, a saber: limitador, o duplo limitador, os circuitos *E* e *OU* a diodo, o retificador de meia-onda, o retificador de onda completa, o grampeador e o dobrador de tensão.

3.2 CIRCUITO LIMITADOR

Circuito

A Figura 3.1 contém um circuito limitador a diodo, cuja função é fornecer uma saída v_O com nível igual ou inferior à tensão de referência V_1, qualquer que seja a amplitude do sinal de entrada v_E.

Será analisado o comportamento desse circuito para tensões de entrada v_E senoidal e em forma de rampa; e estudada a diferença entre o circuito ideal e o circuito real, no qual devem ser consideradas a tensão de joelho e as resistências direta e inversa do diodo.

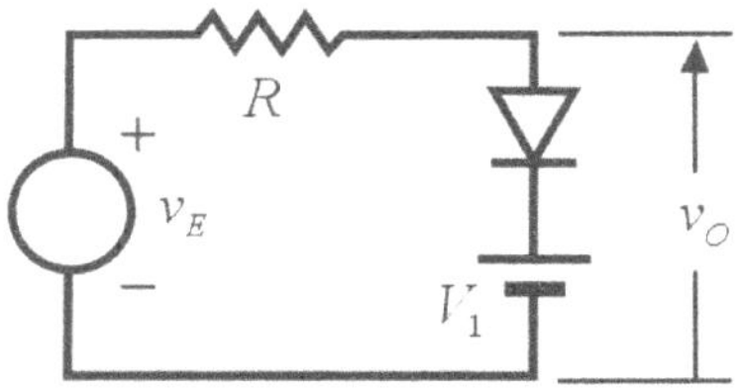

Figura 3.1 - Circuito limitador a diodo.

Entrada em rampa

Na Figura 3.2.a, está representada uma tensão v_E em forma de rampa, que atinge o nível V_1 de referência em $t = t_0$.

Para tensões $v_E < V_1$, o que ocorre de 0 a t_0, o diodo não conduz, reduzindo-se o limitador ao circuito da Figura 3.2.b, no qual a saída acompanha a entrada, ou seja: $v_O = v_E$.

Para tensões $v_E > V_1$, o diodo conduz, obtendo-se o circuito da Figura 3.2.c, no qual a tensão de saída assume o valor constante V_1.

Resumindo: conforme representado na figura 3.2.d, a saída acompanha a entrada até t_0. A partir desse ponto, a saída fica limitada ao valor de referência V_1 — justificando a denominação *limitador* atribuída ao circuito.

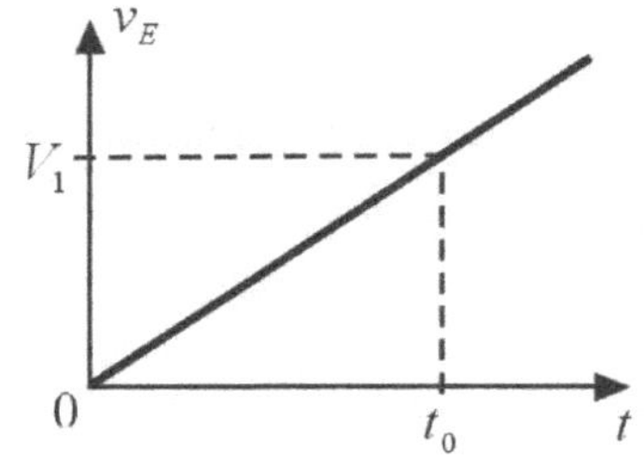

a) Tensão em rampa

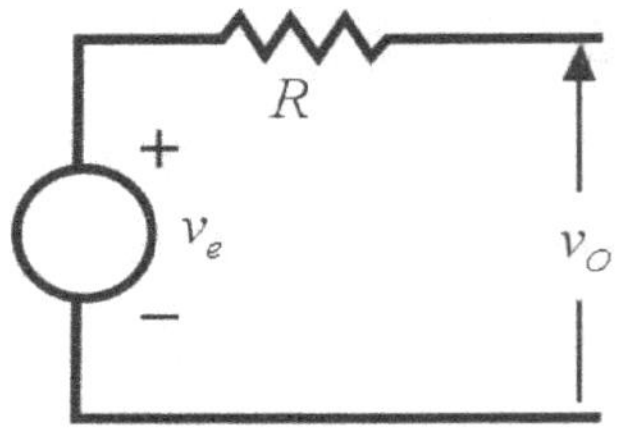

b) Circuito para $v_E < V_1$

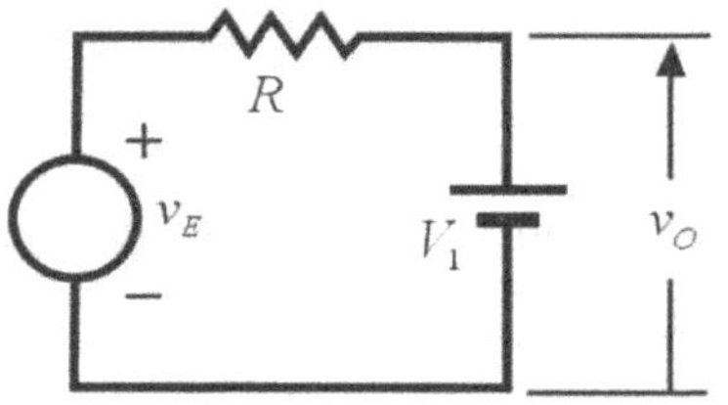

c) Circuito para $v_E > V_1$

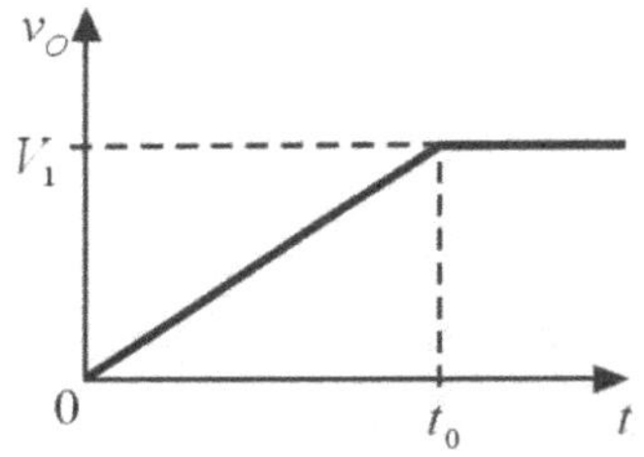

d) Tensão v_O de saída

Figura 3.2 - Circuito limitador com a entrada em rampa.

Analisar-se-á, a seguir, o que acontece quando o diodo do circuito do limitador não pode ser aproximado pelo diodo ideal.

Com esse objetivo, substitui-se o diodo ideal pelo circuito equivalente ao diodo real, apresentado no Capítulo II, resultando o circuito da Figura 3.3.a.

Observa-se que com $v_E < V_o + V_1$, o que ocorre de 0 a t_0, o diodo não conduz, reduzindo-se à resistência r_r em série com V_o, como aparece na Figura 3.3.b.

Uma vez que a resistência inversa de um diodo apresenta valor muito elevado, equivalendo praticamente a um circuito aberto, a corrente através do limitador será desprezível e a tensão na saída acompanhará a entrada, como ocorre no circuito ideal.

Para $v_E > V_o + V_1$, o que ocorre com $t > t_0$, o diodo entra em condução, resultando o circuito da Figura 3.3.c, baseado no qual se deduz:

$$v_O = \frac{(V_o + V_1)R}{R + r_f} + \frac{v_E r_f}{R + r_f}$$

Como a resistência de condução de um diodo apresenta valor muito baixo, normalmente muito menor que

R, resulta dessa expressão:

$$v_O = V_o + V_1 + \frac{v_E r_f}{R} \tag{3.1}$$

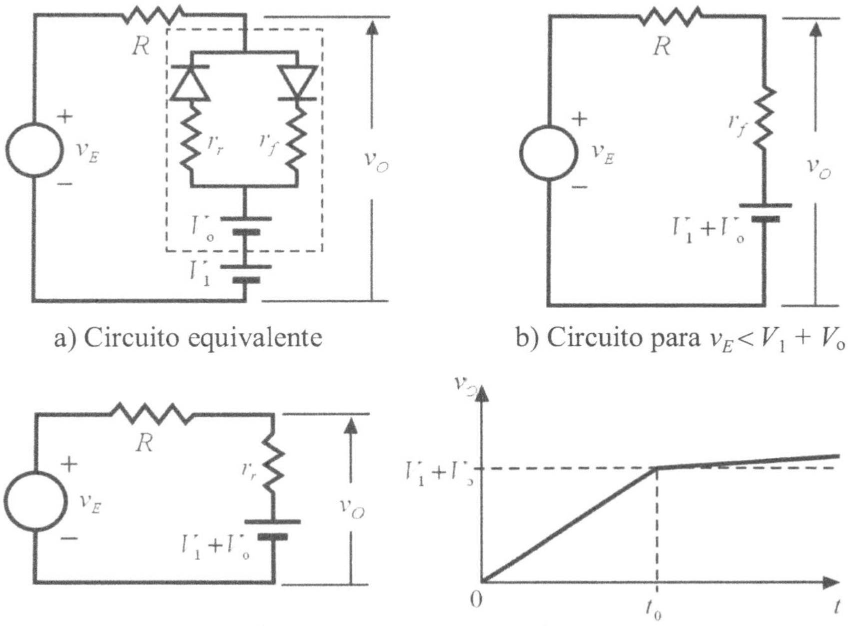

a) Circuito equivalente

b) Circuito para $v_E < V_1 + V_o$

c) Circuito para $v_E > V_1 + V_o$

d) Tensão de saída

Figura 3.3 - Limitador com diodo real.

Na Figura 3.3.d, está traçada a saída em função do tempo, observando-se que, a partir de $t=t_0$, v_o não é mais constante, crescendo ligeiramente com a variação de corrente através do circuito.

Observa-se, da equação (3.1), que um circuito limitador real pode ser representado pelo circuito ideal da Figura 3.1 quando V_1 for muito maior que a tensão de joelho do diodo e R muito maior que a sua resistência de condução. Ou, de outra forma, quando for válida a desigualdade:

$$V_1 \gg V_o + \frac{v_e r_f}{R}$$

Entrada senoidal

Supondo-se a entrada igual a $v_E = V_e \, sen \, wt$, sendo $V_e > V_1$, o diodo conduzirá somente para $V_e \, sen \, wt > V_1$, ficando a saída constante e igual a V_1. Não haverá condução quando ocorrer $V_e \, sen \, wt < V_1$, acompanhando a saída o sinal de entrada v_e, conforme representado na Figura 3.4.a.

Caso o limitador não possa ser representado pelo circuito com diodo ideal, a tensão de saída v_o para $v_e > V_1 + V_o$ será dada pela mesma expressão (3.1), a qual corresponde à parte em hachurado da Figura 3.4.b.

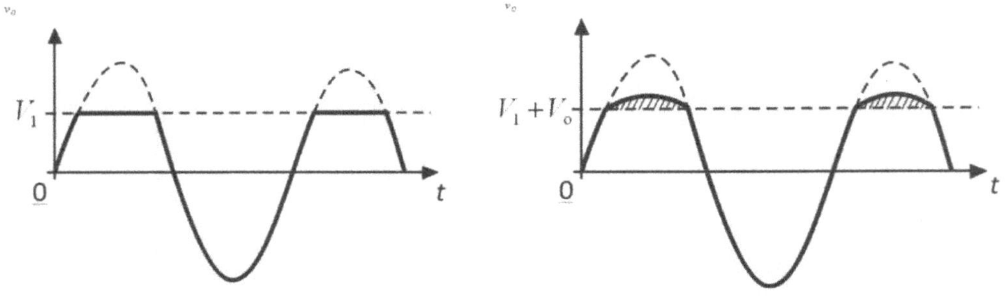

a) Diodo ideal b) Diodo real

Figura 3.4 - Saída com entrada senoidal.

3.3 DUPLO-LIMITADOR

A Figura 3.5.a contém o circuito de um *duplo-limitador* a diodo, alimentado por uma tensão da forma v_E, cuja função é fornecer uma saída v_O limitada pelas tensões de referência V_1 e V_2,

Admitiu-se, na análise que se segue, que a entrada é uma fonte de tensão da forma $v_E = V_e$ sen wt, com $V_e > V_1$, V_2, tendo-se, ainda, $V_1 > V_2$.

Para valores de v_E maiores que V_1, o diodo D_2 abre, enquanto D_1 conduz, ficando a saída limitada a essa tensão de referência V_1. Já com valores de v_E menores que $-V_2$, a situação inverte-se: D_1 abre enquanto D_2 conduz, limitando v_O a essa tensão de referência. Assumindo v_E valores maiores que $-V_2$ e menores que V_1, ambos os diodos estarão abertos e a saída acompanhará a entrada, ou seja: $v_O = v_E$.

A Figura 3.5 contém a entrada, em linha interrompida, e a saída v_O, em linha cheia–aparecendo o sinal limitado em V_1 e $-V_2$.

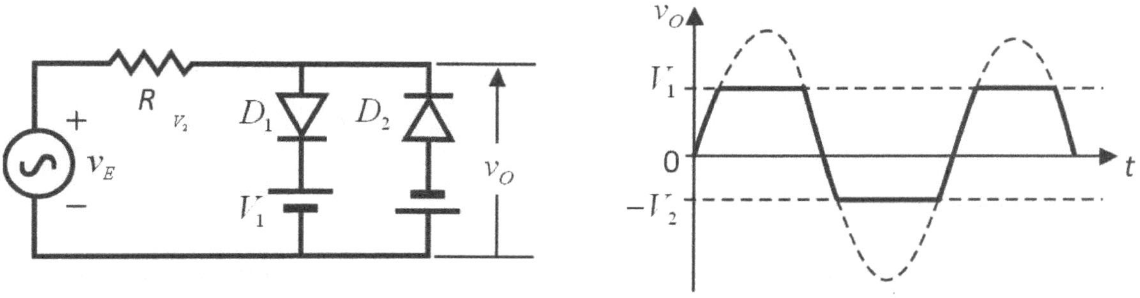

a) Circuito do duplo-limitador b) Tensão de saída

Figura 3.5 – Duplo-limitador

3.4 CIRCUITOS LÓGICOS

Introdução

Os circuitos lógicos executam as operações da *álgebra lógica*, também chamada de *álgebra de Boole* ou *álgebra booleana.*

Trata, essa álgebra, das variáveis que apresentam apenas dois valores possíveis, que recebem, comumente, os nomes *alto* e *baixo*, ou *verdadeiro* e *falso*, ou 1 e 0.

Nos circuitos digitais, esses dois valores correspondem a níveis de tensão ou de corrente que são pré-fixados, como, por exemplo: o 0 *lógico* é definido por tensões inferiores a 0,3V e o 1 *lógico*, por tensões superiores a 3,0V

Observa-se, no entanto, que na análise desses sistemas essas tensões são representadas, respectivamente, pelo 0 e pelo 1 lógico, não sendo feita nenhuma referência aos seus valores numéricos.

Uma variável que só pode assumir dois valores é chamada de *variável booleana.*

O *complemento* de uma variável booleana *x*, também chamado de *inverso* dessa variável, que pode ser representado por $\bar{x}$, *x*' ou -*x*, é definido pelos postulados:

$$\text{se } x = 0\text{, então } x' = 1$$

$$\text{se } x = 1\text{, então } x' = 0$$

Existem duas operações que são básicas na álgebra booleana, chamadas de *E* e *OU*, ou também pelos seus nomes ingleses *AND* e *OR*.

A operação *E*, usualmente representada pelos símbolos · ou $\wedge$, é definida pelos postulados:

$$0 \cdot 0 = 0$$

$$0 \cdot 1 = 0$$

$$1 \cdot 0 = 0$$

$$1 \cdot 1 = 1$$

A operação *OU*, usualmente representada pelos símbolos + ou $\vee$, é definida pelos postulados:

$$0 + 0 = 0$$

$$0 + 1 = 1$$

$$1 + 0 = 1$$

$$1 + 1 = 1$$

As operações da álgebra booleana podem, também, ser representadas por meio das chamadas *tabelas verdade*, as quais relacionam os estados da saída com os estados possíveis na entrada.

As tabelas verdade 3.1 e 3.2, que representam, respectivamente, as operações *E* e *OU*, contém nas duas primeiras colunas as quatro combinações possíveis das variáveis x e y, chamadas *variáveis de entrada*. Cada uma dessas combinações corresponde a um único valor da *variável de saída z*.

Tabela 3.1 - Tabela verdade da operação *E*

Entrada		Saída
x	y	z
0	0	0
0	1	0
1	0	0
1	1	1

Tabela 3.2 - Tabela verdade da operação *OU*

Entrada		Saída
x	y	z
0	0	0
0	1	1
1	0	1
1	1	1

Outra operação, que igualmente pode ser considerada como básica, é a *complementação* ou *inversão*, a qual consiste na obtenção do complemento da variável de entrada, conforme se observa na Tabela 3.3.

Tabela 3.3 - Tabela verdade da operação complementação

Entrada	Saída
x	$\overline{x}$
0	1
1	0

Essas operações podem ser estendidas a mais de duas variáveis de entrada, ou melhor: é possível a realização das operações *E* ou *OU* com qualquer número de variáveis.

Observa-se que o número de combinações na entrada é dado por 2^N, no qual N é o número dessas variáveis. Como exemplo, na Tabela 3.4 é definida a operação *OU* para as variáveis de entrada x, y e w, permanecendo z como variável de saída.

Tabela 3.4 - Operação *OU* para três variáveis de entrada

Entrada			Saída
x	*y*	*w*	*z*
0	0	0	0
0	0	1	1
0	1	0	1
0	1	1	1
1	0	0	1
1	0	1	1
1	1	0	1
1	1	1	1

Circuitos Lógicos

Os circuitos que realizam operações lógicas denominam-se *circuitos lógicos* ou *blocos lógicos.*

Correspondem às três operações apresentadas o circuito inversor, o circuito *E* e o circuito *OU*, que serão vistos a seguir.

Inversor

Denomina-se *inversor* o circuito lógico que apresenta na saída o complemento da variável de entrada ou, em outras palavras, o circuito que realiza a operação complementação.

Como as variáveis lógicas só admitem dois valores, 0 ou 1, *a saída do inversor não será a entrada* — donde a denominação *NÃO*, também atribuída ao circuito.

Circuito E

O circuito *E* apresenta duas ou mais variáveis de entrada e uma única saída, que é o resultado da operação *E* dessas variáveis. Seu funcionamento pode ser assim descrito: *a saída do circuito E será igual a 1 se, e apenas se, todas as entradas forem iguais a 1.*

No caso de duas variáveis de entrada *x* e *y*, resulta: *a saída será igual a* 1 *se x e y forem iguais a* 1 — donde a denominação *E* atribuída ao circuito.

Circuito OU

O circuito *OU* apresenta duas ou mais variáveis de entrada e uma única saída, que é a operação *OU* da entrada. Seu comportamento pode ser assim descrito: *a saída do circuito OU será igual a* 0 *se, e apenas se, todas as entradas forem iguais a* 0.

No caso de duas variáveis de entrada x e y: *a saída será igual a* 1 *se* x *ou* y, *ou ambos, forem iguais a* 1 — donde a denominação *OU* atribuída ao circuito.

Como ocorre nas operações booleanas, utilizam-se, para esses circuitos, as denominações em inglês *NOT*, *AND* e *OR*, as quais correspondem, respectivamente, aos circuitos *NÃO*, *E* e *OU*.

Dessas três operações somente a adição e a multiplicação são facilmente realizáveis com circuitos a diodo. Assim, nesse capítulo, serão apresentados, unicamente, os circuitos *E* e *OU* a diodo. A complementação, implementada com um circuito a transistor, será apresentada na Seção 5.14.

A Figura 3.6 mostra os símbolos mais utilizados para o inversor e para os circuitos *E* e *OU* com duas variáveis x e y de entrada.

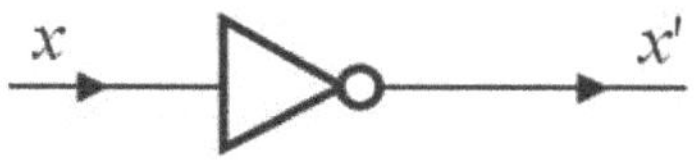

a) Inversor

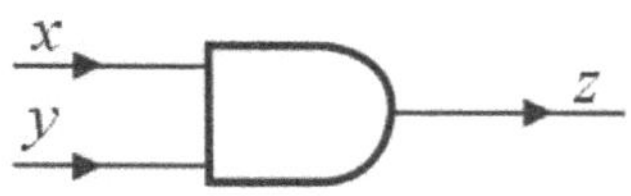

b) Circuito *E*

c) Circuito *OU*

Figura 3.6 - Símbolos dos circuitos *NÃO*, *E* e *OU*.

Circuito *E* a diodo

Na Figura 3.7 está representado um circuito *E* a diodo, no qual as variáveis de entrada x e y podem assumir as tensões V_{CC} ou 0.

Admitindo-se x e y iguais a V_{CC}, os dois diodos não conduzirão, ficando a saída também em V_{CC}, que é o 1 lógico do circuito.

Quando x ou y ou ambos estiverem em 0, pelo menos um dos diodos estará conduzindo, mantendo a saída na tensão de joelho V_o do diodo, que será o 0 lógico do circuito.

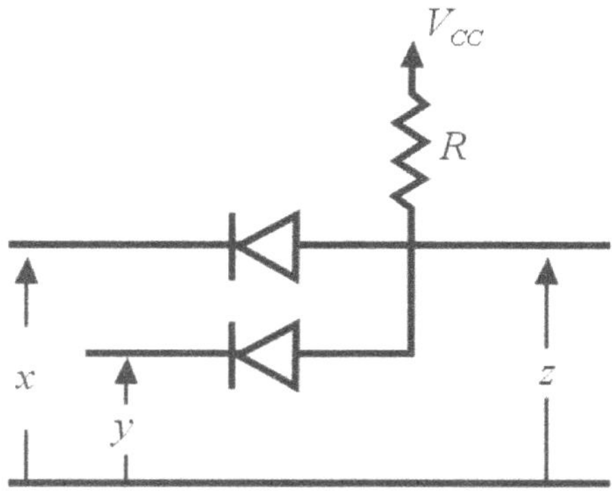

Figura 3.7 - Circuito *E* a diodo.

Circuito *OU* a diodo

Na Figura 3.8 está representado um circuito *OU* a diodo, no qual as variáveis de entrada podem assumir as tensões V_{CC} ou 0.

Estando x e y simultaneamente em 0, a saída z estará também em 0.

Quando x ou y ou ambos estiverem em V_{CC}, pelo menos um dos diodos estará conduzindo, colocando a saída no nível alto.

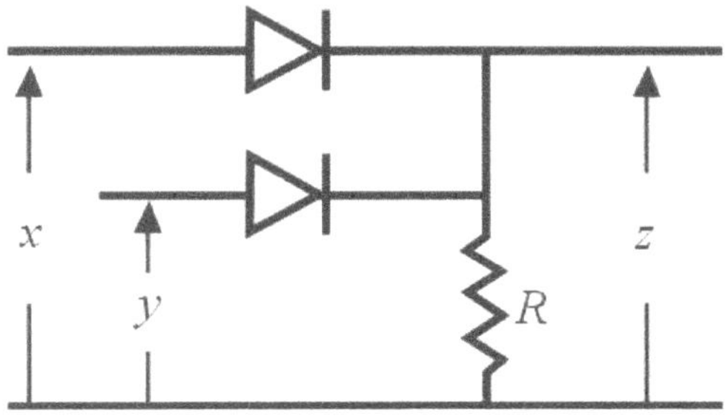

Figura 3.8 – Circuito OU a diodo

3.5 RETIFICADOR DE MEIA-ONDA

Introdução

Os circuitos retificadores são utilizados para transformar tensões alternadas em tensões com uma única polaridade. O seu emprego é grande, como, por exemplo, nas fontes que transformam a tensão alternada de 127 V_{rms} da rede em tensão contínua para alimentação de computadores e receptores de rádio e de televisão.

O retificador de meia-onda é o mais simples desses circuitos e, paralelamente, o menos eficiente.

Circuito

No circuito da Figura 3.9.a está representado um retificador de meia-onda, alimentado por uma fonte de tensão $v_E = V_e\ sen\ wt$.

Facilmente se observa que o diodo não conduzirá nos semiciclos negativos. A corrente i_L e, consequentemente, a tensão na carga v_L serão nulas. Nos semiciclos positivos, o diodo conduzirá e a tensão de saída acompanhará a entrada, obtendo-se o sinal retificado representado na Figura 3.9.b.

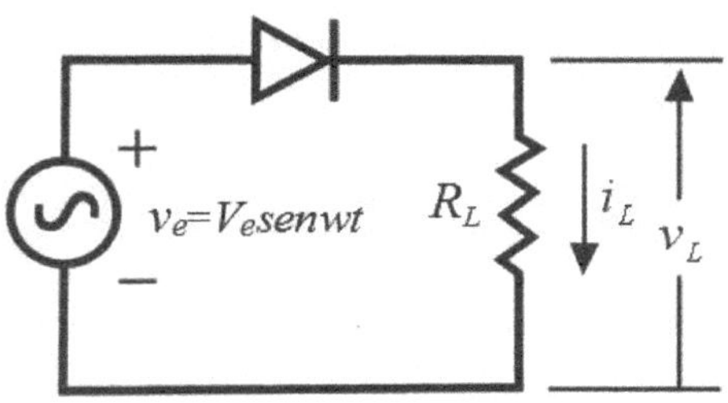

a) Circuito

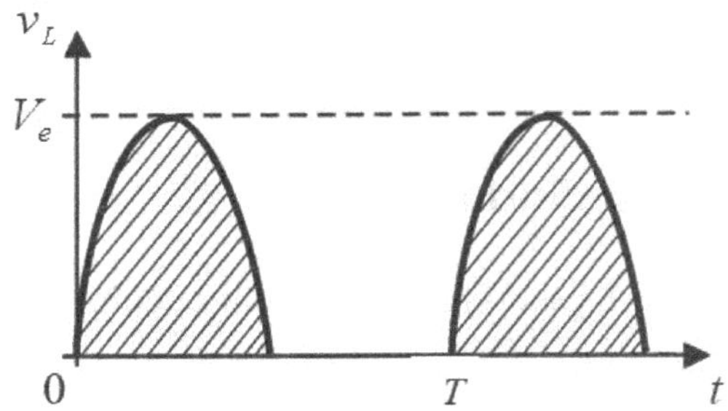

b) Sinal retificado

Figura 3.9 - Retificador de meia-onda.

Observa-se que, quando o diodo não conduz, aparece uma tensão negativa entre seus terminais. O máximo valor dessa tensão é chamado de *tensão inversa de pico*, o qual não pode ultrapassar a tensão de ruptura do diodo sob pena de queimá-lo.

No caso do retificador de meia-onda, a tensão inversa ocorre nos semiciclos negativos, quando não existe condução no circuito. A tensão inversa de pico terá a própria amplitude V_e do sinal de entrada.

A Figura 3.10 contém o circuito equivalente do retificador de meia-onda da Figura 3.9.a com diodo real. Como a queda em r_f é muito pequena, devido ao seu reduzido valor, a tensão em R_L para $v_e - V_o > 0$ será: $v_L = V_e senwt - V_o$. Para $v_e - V_o < V_o$, o diodo real, em virtude do elevado valor de r_r, comporta-se como o ideal, ou seja, equivale a um circuito aberto. Com isso, a saída será nula: $v_L = 0$.

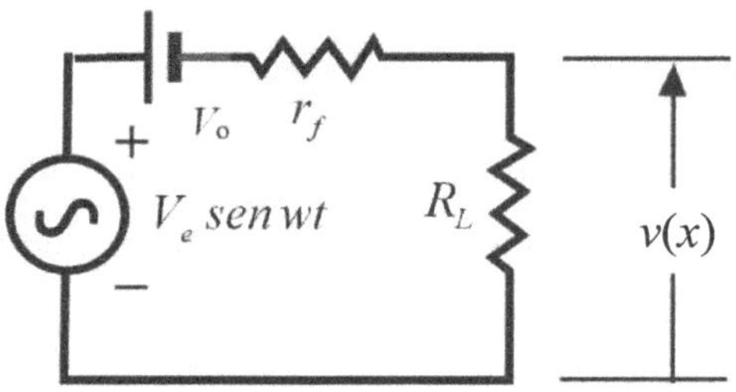

Figura 3.10 – Circuito equivalente

Na Figura 3.11 está representado a tensão V_L de saída.

Observa-se que, nos circuitos em que $V_e \gg V_o$ e $R_L \gg r_f$, o diodo real pode ser tratado como o ideal.

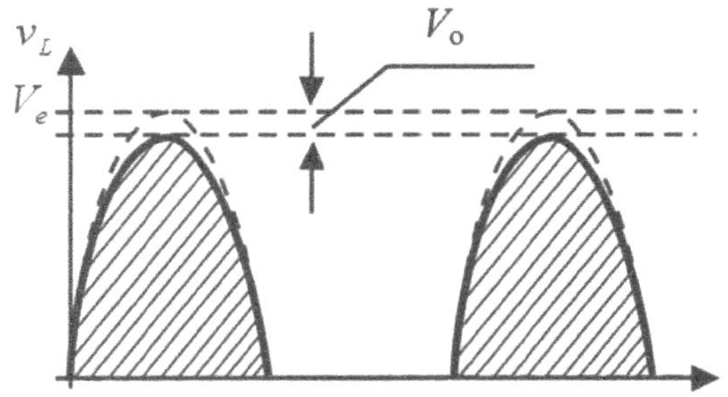

Figura 3.11 – Saída de retificador de meia-onda com diodo real.

Filtragem

A simples retificação não transforma a tensão alternada em contínua. Obtém-se, apenas, uma tensão com polaridade única, a partir da qual, por um processo conhecido como filtragem, consegue-se a tensão *DC*.

Neste item, será analisado o circuito de filtragem da Figura 3.12, formado por um capacitor em paralelo com a resistência de carga R_L e alimentada pela mesma fonte de tensão $v_e = V_e\, senwt$.

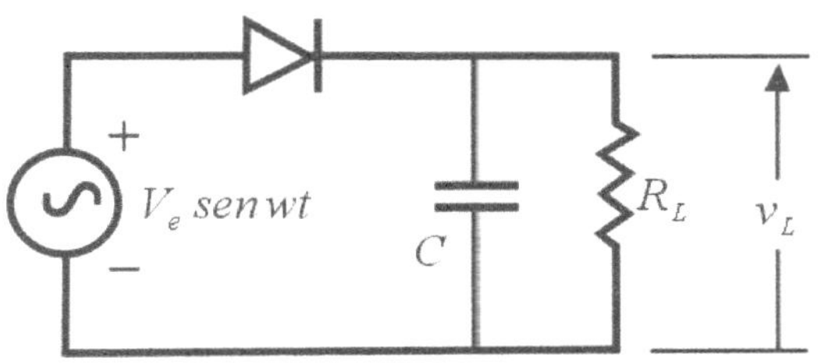

Figura 3.12 - Retificador de meia-onda com capacitor *C* de filtragem.

Circuitos mais elaborados, que utilizam filtros de uma ou várias seções, não serão apresentados. Tais circuitos são incluídos, normalmente, nos textos específicos sobre fontes de alimentação.

No circuito da figura supõe-se, inicialmente, o capacitor *C* descarregado e a tensão v_e negativa. Com essa polaridade, o diodo estará aberto, não ocorrendo corrente através do circuito.

Tão logo v_e se torne positivo, obtém-se o circuito da Figura 3.13.a, no qual a tensão V_o de joelho foi desprezada e r_f é a resistência de condução do diodo. Devido ao pequeno valor de r_f, muitas vezes inferior a R_L, o capacitor será carregado rapidamente, acompanhando a tensão de entrada até o valor de pico V_e. A partir desse ponto, a tensão no diodo será dada pela diferença entre a tensão de entrada e a tensão V_e no capacitor, ou seja: $V_e sen\ wt - V_e$. Como esta tensão é zero ou negativa, o diodo estará aberto, descarregando-se o capacitor através de R_L, conforme mostrado na Figura 3.13.b.

Para que o circuito realize uma boa filtragem, o capacitor C deve ser suficientemente grande de modo que se tenha a constante de tempo CR_L muito maior que o período do sinal de entrada.

Dessa forma, a descarga através de R_L será lenta, ocorrendo até o instante t_1 indicado na Figura 3.14, no qual a tensão no diodo volta a ser positiva. O capacitor carrega-se novamente, atingindo o valor de pico V_e, o que ocorre no instante t_2, também indicado na figura. A partir desse ponto, o processo repete-se: o diodo abre e o capacitor descarrega-se outra vez através de R_L.

Como resultado, obtém-se uma saída v_L composta por uma tensão contínua V_{DC}, somada a uma tensão alternada, chamada *tensão de ondulação* e representada por v_R.

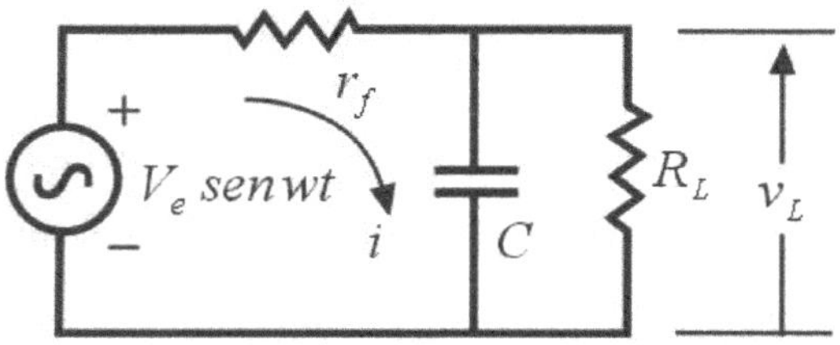

a) Carga do capacitor

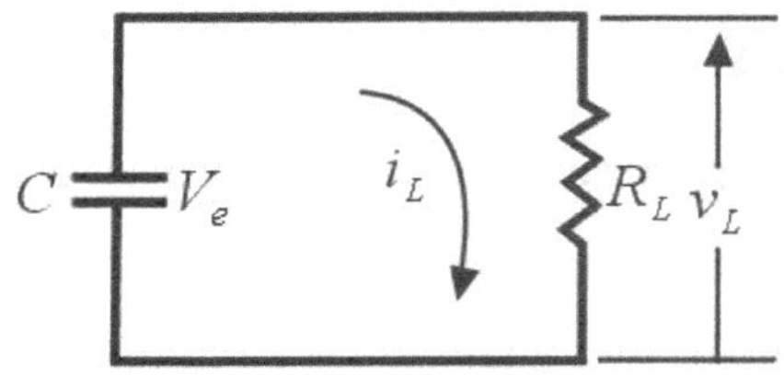

b) Descarga do capacitor

Figura 3.13 - Carga e descarga do capacitor da Figura 3.12.

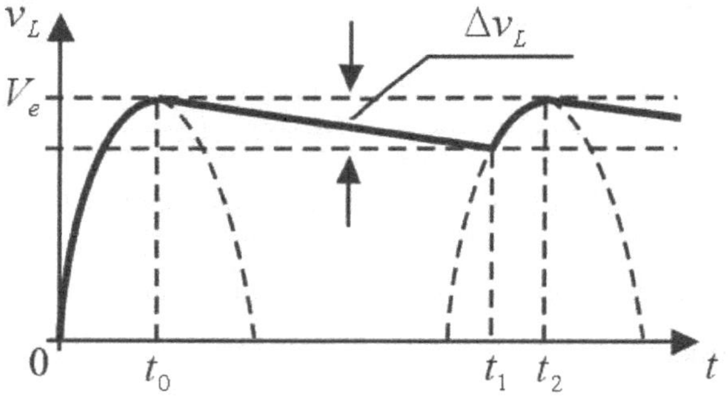

Figura 3.14 - Tensão de saída v_L.

A variação Δv_L indicada na Figura 3.14 é de grande importância, pois indica a qualidade da fonte de tensão obtida.

Baixos valores de Δv_L reduzem as interferências, como o ruído em amplificadores, que a própria fonte pode introduzir nos circuitos que alimenta.

Observa-se que a carga inicial do capacitor, representada na Figura 3.14, que ocorre de 0 a t_0, tem apenas aspecto didático.

Essa carga constitui o transitório que aparece quando a fonte é ligada, o qual nem sempre é da forma descrita, pois depende do instante em que a ligação ocorre. O sinal que interessa é a resposta em regime, que constitui a própria tensão de saída da fonte.

Determinação de Δv_L

O circuito da Figura 3.13.b representa a descarga do capacitor C através da resistência de carga R_L.

Tomando-se a constante de tempo CR_L elevada, ou mais exatamente: $CR_L \gg T$, essa descarga será lenta, ocasionando uma a variação Δv_L muito inferior à V_e.

Baseado nesse fato, a corrente na carga pode ser considerada constante, sendo dada pela expressão:

$$I_L = \frac{V_e}{R_L}$$

A carga Δq perdida pelo capacitor em um período T será:

$$\Delta q = C\Delta v_L$$

Como essa carga é a mesma fornecida a R_L nesse mesmo período:

$$C\Delta v_L = I_L T$$

Ou, finalmente:

$$\Delta v_L = \frac{V_e T}{CR_L} \qquad (3.2)$$

Tensão V_{DC} na saída

Considerando-se $CR_L \gg T$, a descarga do capacitor será linear, ocorrendo por um intervalo de tempo aproximadamente igual ao próprio período T do sinal de entrada. Além desse fato, conforme foi visto, tem-se as desigualdades: $\Delta v_L \ll V_e$ e $\Delta t \ll T$.

Com essas considerações, a tensão de ondulação v_R pode ser aproximada pela onda dente de serra, de período T e valor pico-a-pico Δv_L, representada na Figura 3.15.b.

A componente V_{DC} da tensão de saída, indicada na Figura 3.15.a, será dada pela expressão:

$$V_{DC} = V_e - \frac{\Delta v_L}{2} \qquad (3.3)$$

O valor eficaz da tensão de ondulação, que é a tensão medida com um voltímetro AC, é dado pela relação:

$$v_{R\,rms} = \frac{\Delta v_L}{2\sqrt{3}} = \frac{V_e T}{2\sqrt{3} C R_L} \tag{3.4}$$

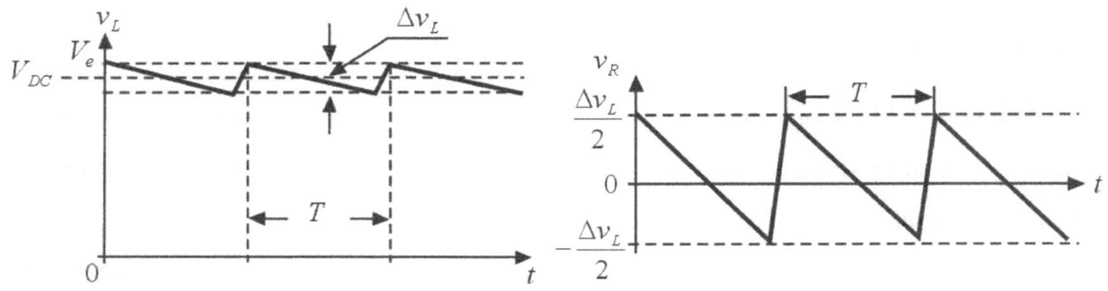

a) Descarga do Capacitor b) Tensão de ondulação

Figura 3.15 - Saída v_L e tensão de ondulação v_R.

Exemplo 3.1 Utilizando-se o circuito da Figura 3.12, deseja-se fornecer uma corrente de 10mA a uma carga R_L. A tensão de alimentação possui 12V de pico e uma frequência de 60 Hz. Determinar o capacitor C para que a variação Δv_L na saída seja igual ou inferior a 1% da tensão DC obtida.

Solução: Com a saída igual, aproximadamente, a 12V e a corrente I_L =10m, a resistência R_L valerá:

$$R_L = \frac{12}{10} 10^3 = 1200\Omega$$

Tendo-se, ainda, $T = \frac{1}{60}$ s e $\frac{\Delta v_L}{V_e} \leq 0{,}01$, a equação (3.2) permite escrever:

$$\frac{\Delta v_L}{V_e} = \frac{1}{1200 \times 60 \times C} \leq 0{,}01$$

Obtendo-se para C:

$$C \geq 1400\ \mu\text{F}$$

Pico de corrente inicial

Enquanto a chave S da Figura 3.16 não for fechada, o capacitor encontra-se descarregado, correspondendo a um curto circuito em paralelo com R_L.

Caso a ligação coincida exatamente com $v_e = V_e$, ocorrerá um pico de corrente através do diodo, dado por V_e / r_f, o qual não pode ultrapassar o valor máximo fornecido pelo fabricante.

Não sendo r_f suficiente para limitar essa corrente, uma resistência em série com o diodo deve ser incluída no circuito.

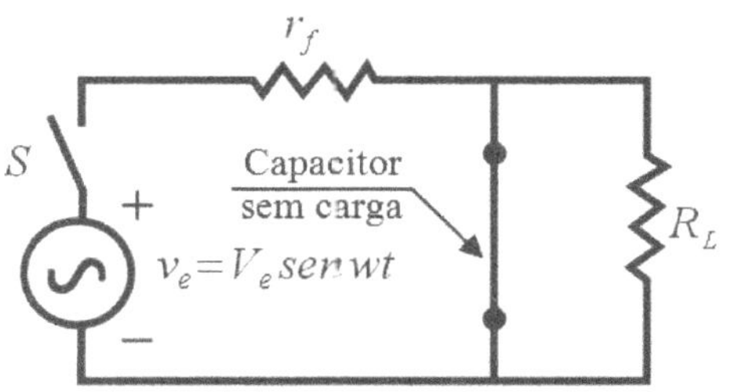

Figura 3.16 - Condição inicial do circuito da Figura 3.12.

Corrente no diodo

Mostrou-se, Figuras 3.13.a e 3.13.b, que a descarga do capacitor ocorre através da resistência de carga R_L e a sua carga, através da resistência de condução do diodo r_f.

Mostrou-se, da mesma forma, que para uma descarga lenta do capacitor deve-se ter:

$$CR_L \gg T = \frac{1}{f}.$$

Decorrem, dessas desigualdades:

$$CR_L \gg \frac{1}{2\pi f} = \frac{1}{w}$$

$$R_L \gg \frac{1}{wC}$$

Por outro lado, para uma rápida carga do capacitor, deve-se ter:

$$r_f \ll \frac{1}{wC}$$

Satisfeitas essas duas últimas desigualdades, a queda de tensão em r_f e a corrente através de R_L durante a carga do capacitor podem ser desprezadas, permitindo que o circuito da Figura 3.13.a possa ser simplificado, reduzindo-se ao da Figura 3.17, para o qual se tem:

$$V_e senwt = \frac{1}{C}\int i_D \, dt$$

Resultando:

$$i_D = wCV_e \cos wt$$

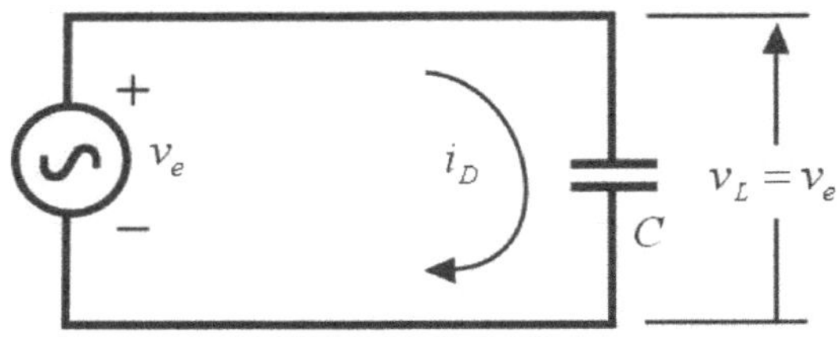

Figura 3.17 - Circuito de carga da Figura 3.13.a com $r_f \ll 1/wC \ll R_L$

Na Figura 3.18 estão representadas, em linha interrompida, a tensão v_e e, em linha cheia, a tensão de saída v_L. Na Figura 3.19 está representada a corrente através do diodo, que é formada por pulsos de largura Δt e amplitude $i_{D_{max}}$.

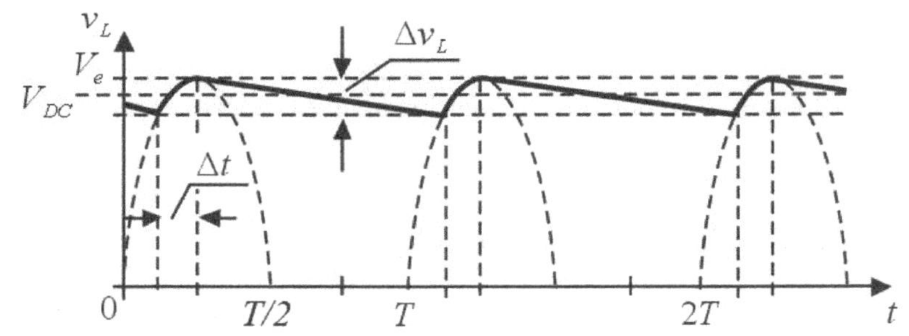

Figura 3.18 - Tensão v_L

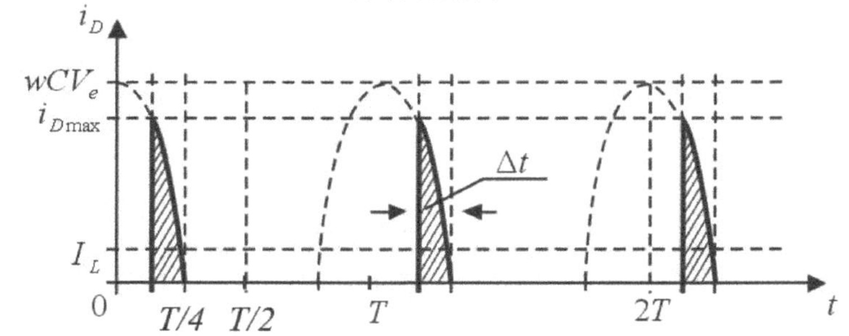

Figura 3.19 - Corrente no diodo do circuito da Figura 3.12.

A carga Δq fornecida ao capacitor no intervalo de tempo Δt será dada pela integral:

$$\Delta q = \int_{T/4-\Delta t}^{T/4} i_D dt = CV_e \int_{T/4-\Delta t}^{T/4} \cos wt\, dwt$$

$$\Delta q = CV_e \left[\operatorname{sen} w\frac{T}{4} - \operatorname{sen} w\left(\frac{T}{4} - \Delta t\right) \right]$$

$$\Delta q = CV_e\left[1 - \cos\, w\Delta t\right]$$

Considerando-se que para valores muito pequenos de $w\Delta t$ é válida a aproximação:

$$\cos\, w\Delta t = 1 - \frac{1}{2}(w\Delta t)^2$$

Obtém-se:

$$\Delta q = \frac{CV_e}{2}(w\Delta t)^2$$

Sendo Δq a carga fornecida a R_L pelo capacitor em aproximadamente um período, resulta:

$$\frac{CV_e}{2}(w\Delta t)^2 = I_L T = \frac{V_e}{R_L}T \tag{3.5}$$

De onde decorre:

$$\Delta t = \frac{1}{w}\sqrt{\frac{2T}{CR_L}} = \frac{1}{2\pi f}\sqrt{\frac{2T}{CR_L}}$$

E, finalmente:

$$\Delta t = \frac{1}{2\pi}\sqrt{\frac{2T^3}{CR_L}} \tag{3.6}$$

Uma vez que a carga removida do capacitor em um período é reposta no intervalo Δt, os pulsos de corrente através do diodo terão amplitude muitas vezes maior que a corrente I_L na carga.

Tendo em vista que o valor dessa amplitude, representada por $i_{D max}$, corresponde à corrente através do diodo em $T/4 - \Delta t$ quando se inicia a condução, tem-se:

$$i_{D max} = wCV_e \cos w(T/4 - \Delta t) = wCV_e\, sen\, w\Delta t$$

Visto que $sen w\Delta t = w\Delta t$, devido ao pequeno valor de Δt, tem-se:

$$i_{D max} = w^2\, C\, V_e\, \Delta t \tag{3.7}$$

Embora formada por pulsos estreitos de elevada amplitude, a corrente média no diodo é a própria corrente I_L na carga, uma vez que a carga total fornecida à R_L em um período é a mesma carga resposta no capacitor no capacitor no intervalo Δt.

Exemplo 3.2 Considerando-se os resultados obtidos no Exemplo 3.1, determinar Δt e i_{Dmax}.

Solução: Da expressão (3.6):

$$\Delta t = \frac{1}{2\pi}\sqrt{\frac{2}{1400\times10^{-6}\times1200\times60^{3}}}$$

Logo:

$$\Delta t = 0,374 \text{ ms}$$

Sendo $T = 1/60$

$$\frac{\Delta t}{T} = 0,374\times10^{-3}\times60 = 0,0224$$

Da expressão (3.7)

$$i_{D_{max}} = (2x3,14x60)^2 x1400x10^{-6}x12x0,374x10^{-3}$$

Resultando:

$$i_{D_{max}} = 893\text{mA}$$

Ressalta-se que, para uma variação Δv_L de 1% da tensão de saída, o diodo conduz por apenas 2,24% do período, iniciando a condução com um pico de corrente 89,3 vezes maior que a corrente na carga.

Tensão inversa de pico

A tensão inversa de pico ocorre para $v_e = -V_e$, que aparece em série com a tensão V_e do capacitor, conforme mostrado na Figura 3.20.

Representando-se essa tensão por $V_{R(pico)}$, verifica-se:

$$V_{R(pico)} = 2\ V_e$$

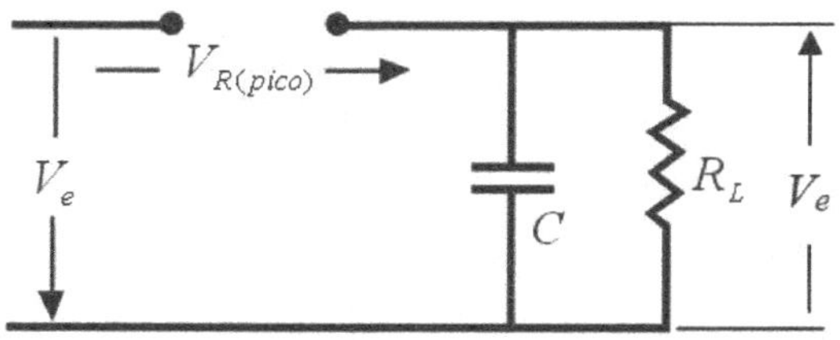

Figura 3.20 - Tensão inversa de pico.

3.6 RETIFICADOR DE ONDA COMPLETA

Circuito com transformador de duplo-secundário

O circuito retificador de onda completa, representado na Figura 3.21, possui um transformador com dois enrolamentos secundários ligados em série.

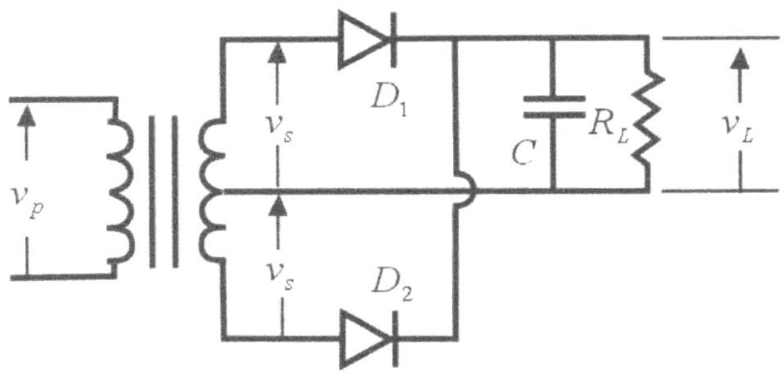

Figura 3.21 - Retificador de onda completa.

Sendo n_p o número de espiras do primário e n_s, o número de espiras de cada um dos secundários, a relação entre a tensão v_p aplicada no primário e a tensão v_s que aparece em cada um dos secundários, será dada pela relação:

$$\frac{v_p}{v_s} = \frac{n_p}{n_s}$$

Admitindo-se que os enrolamentos secundários tenham o mesmo sentido, as tensões nos seus terminais terão a mesma polaridade, conforme indicado na Figura 3.21.

Primeiramente, será analisado o comportamento do circuito sem o capacitor de filtragem.

Para uma tensão $v_p = V_p \, sen \, wt$ no primário do transformador, a tensão em cada um dos secundários será:

$$v_s = V_s senwt$$

Onde se tem:

$$V_s = V_p \frac{n_s}{n_p}$$

Nos semiciclos positivos de v_e, o diodo D_1 estará conduzindo e D_2, em aberto, conforme representado na Figura 3.22.a.

A tensão de saída v_L será a senoide de meia-onda, com amplitude V_s, indicada na Figura 3.22.b.

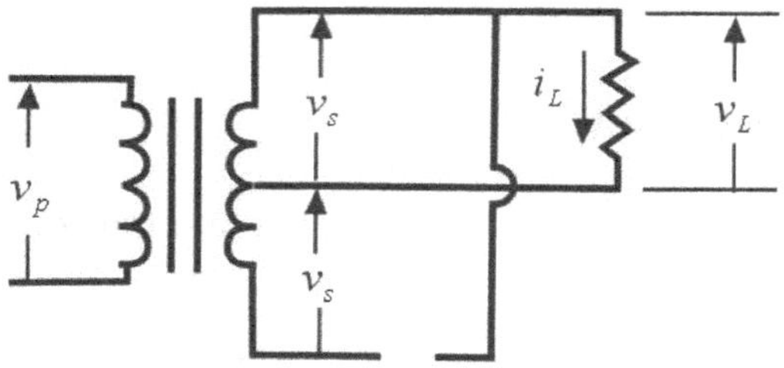

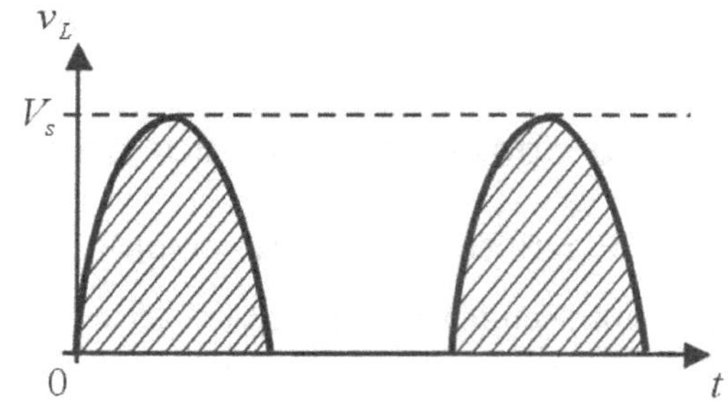

Figura 3.22 - Retificador de onda completa: semiciclos positivos.

Nos semiciclos negativos, a polaridade inverte-se, abrindo D_1 e levando D_2 a conduzir. Dessa forma, obtém-se também uma senoide de meia-onda com a mesma amplitude V_s anterior. Como em ambos os casos a corrente i_L através de R_L tem o mesmo sentido, as duas saídas terão idênticas polaridades, compondo o sinal de onda completa da Figura 3.23.

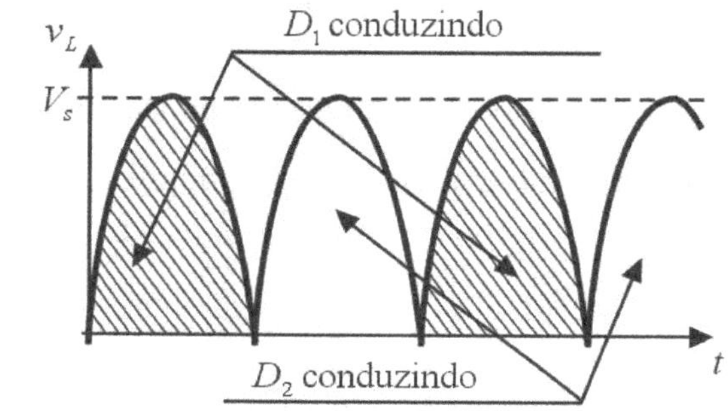

Figura 3.23 - Sinal retificado de onda completa.

Colocando-se o capacitor de filtragem C em paralelo com a carga R_L, chega-se, através do mesmo raciocínio utilizado para o retificador de meia-onda, ao sinal da Figura 3.24, no qual a tensão de ondulação apresenta uma frequência que é o dobro da frequência do sinal de entrada v_p.

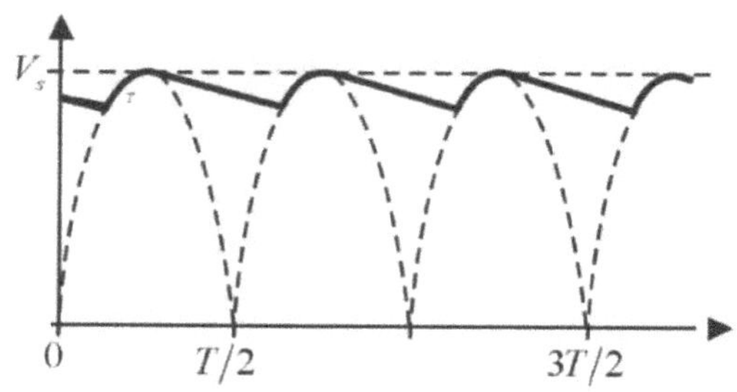

Figura 3.24 - Sinal de saída do retificador de onda completa.

Conforme se observa, no retificador de onda completa, ao contrário do de meia-onda, a condução ocorre em ambos semiciclos, reduzindo-se a tensão de ondulação e a amplitude dos pulsos de corrente através dos diodos.

Para a determinação de Δv_L, o desenvolvimento é análogo ao anterior, excetuando-se a descarga do capacitor que é realizada na metade do tempo, ou seja, em aproximadamente meio período. Assim, substituindo-se na fórmula (3.2) o período *T* pelo semiperíodo *T*/2, resulta:

$$\Delta v_L = \frac{V_S T}{2CR_L} \tag{3.8}$$

Como a carga que o capacitor fornece a R_L é reposta em cada semiciclo, tomando-se *T* igual a T/2 na expressão (3.6), resulta:

$$\Delta t = \frac{1}{4\pi}\sqrt{\frac{T^3}{CR_L}} \tag{3.9}$$

Para determinação de $i_{D_{max}}$ é valida a fórmula (3.7), deduzida para o retificador de meia-onda. A diferença ocorre no valor de Δt, agora fornecido por (3.9).

Substituindo-se V_e por V_s, o mesmo circuito da Figura 3.20 pode ser usado para avaliação da tensão inversa de pico. Quando um dos diodos não está conduzindo, essa tensão será dada pela tensão do capacitor mais a tensão de pico do secundário do transformador, ou seja:

$$V_{R(pico)} = 2V_s$$

Mantendo-se a mesma constante de tempo CR_L e o mesmo sinal de entrada, pode-se comparar as principais características dos dois retificadores apresentados:

1 - a variação de tensão Δv_L que ocorre no circuito com retificador de onda completa é a metade da que ocorre no circuito com retificador de meia-onda;

2 - a corrente média em cada um dos diodos do circuito com retificador de onda completa é a metade da corrente média nos diodos do circuito com retificador de meia-onda;

3 - as tensões inversas de pico são iguais nos dois tipos de circuito.

Conclui-se que o retificador de onda completa é o mais recomendável, uma vez que apresenta menor variação de tensão e pode ser montado com diodos de menor capacidade. Excetuam-se os circuitos em que a tensão *DC* desejada é o próprio sinal da rede retificado, caso em que o retificador de meia-onda dispensa o transformador.

Circuito com retificador em ponte

O circuito da Figura 3.25 é também um retificador de onda completa, diferindo do anterior pelo emprego da ponte de quatro diodos e do transformador com um único secundário.

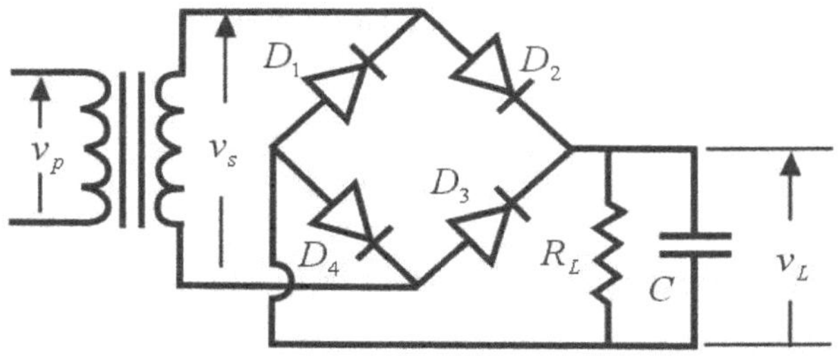

Figura 3.25 - Circuito com retificador em ponte.

Conforme se observa, nos semiciclos em que v_s é positivo os diodos D_1 e D_3 estão abertos, enquanto D_2 e D_4 conduzem, obtendo-se o circuito da Figura 3.26, no qual foi indicado o sentido da corrente i_L através da carga. Nos semiciclos em que v_s é negativo, a polaridade inverte-se, abrindo D_2 e D_4, e levando D_1 e D_3 a conduzir. O retificador reduz-se ao circuito da Figura 3.27.

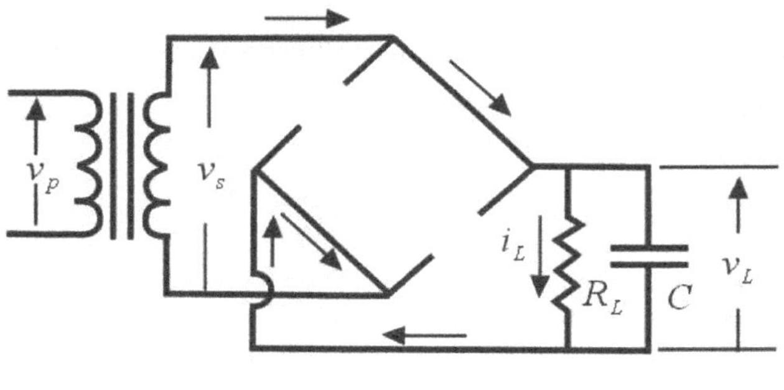

Figura 3.26 – Condução nos semiciclos positivos de v_s.

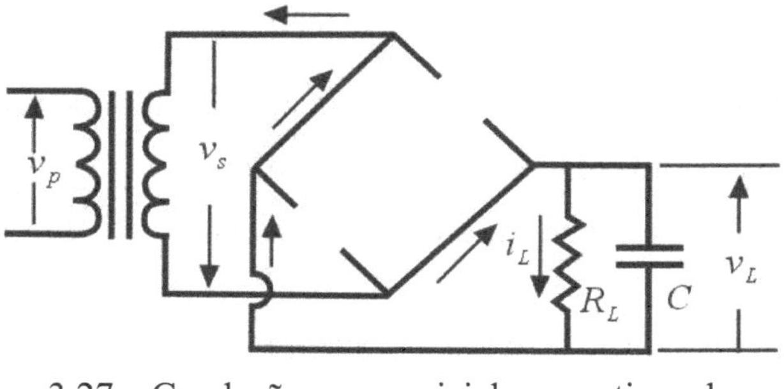

Figura 3.27 – Condução nos semiciclos negativos de v_s.

Como o sentido da corrente na carga é o mesmo durante os dois semiciclos, obtém-se o mesmo sinal do retificador anterior (Figura 3.23). Dessa forma, os dois circuitos apresentam a mesma variação de tensão e a mesma corrente através dos diodos, sendo válidas as mesmas as expressões (3.8) e (3.9) anteriormente deduzidas.

A diferença ocorre no transformador do circuito em ponte, que utiliza um único secundário através do qual passa toda a corrente. No outro circuito de onda completa, cada secundário conduz somente durante meio ciclo, resultando uma corrente igual à metade da que circula no secundário do circuito em ponte.

Outra diferença ocorre na tensão inversa de pico nos diodos, que cai para a metade da que aparece no circuito com dois secundários.

3.7 GRAMPEADOR

O *grampeador* é um circuito que apresenta na saída o mesmo sinal existente na entrada, apenas com o seu nível *DC* deslocado.

Na Figura 3.28.a está representado o circuito de um grampeador, no qual é aplicada a onda quadrada v_e, de amplitude V_e e período T, representada na Figura 3.28.b.

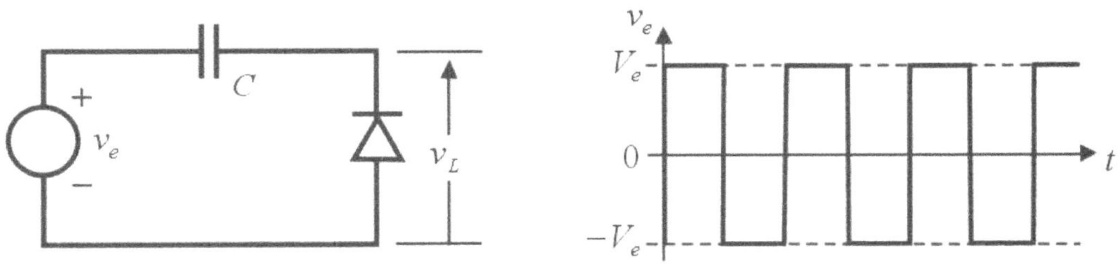

a) Circuito b) Tensão de entrada v_e

Figura 3.28 - Grampeador sem carga.

Devido a polaridade do diodo, a tensão de saída v_L não pode assumir valores negativos, pois nesse caso o diodo conduziria, mantendo a tensão em zero.

No primeiro semiciclo negativo, devido à condução do diodo, o capacitor carrega-se com uma tensão V_e, igual à da entrada e com o sentido indicado na Figura 3.29.a. A partir desse ponto, a tensão de saída v_L, que é a própria tensão no diodo, será dada pela soma da entrada com a tensão V_e do capacitor, ou seja:

$$v_L = v_E + 2V_e.$$

Como essa tensão assume o valor $2V_e$, nos semiciclos positivos e 0, nos semiciclos negativos, o diodo não mais conduz, mantendo a carga do capacitor, que passa a funcionar como uma fonte de tensão constante V_e.

A saída completa do limitador está representada na Figura 3.29.c. Conforme se observa, v_L apresenta a mesma forma de onda da entrada, diferindo unicamente o nível *DC*, deslocado para V_e, e a polaridade, que nunca assume valores menores que zero. Um sinal desse tipo é dito estar *grampeado* em zero.

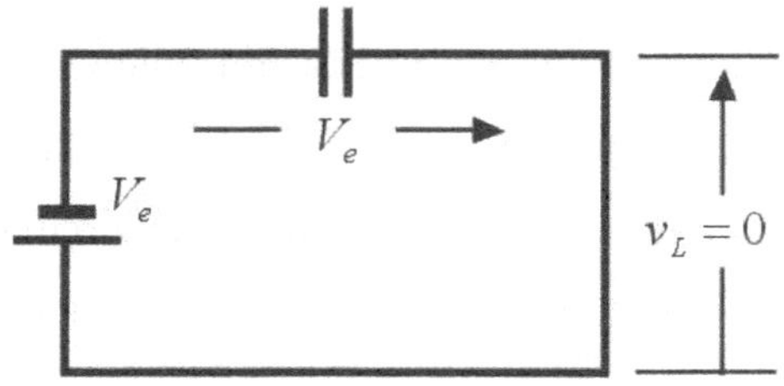

a) Circuito para v_E negativo

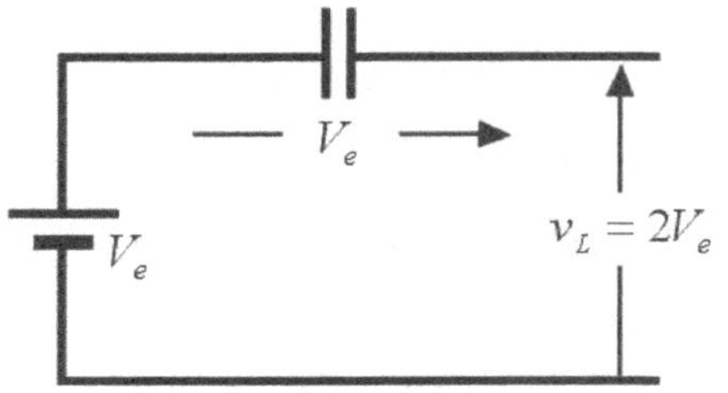

b) Circuito para v_E positivo

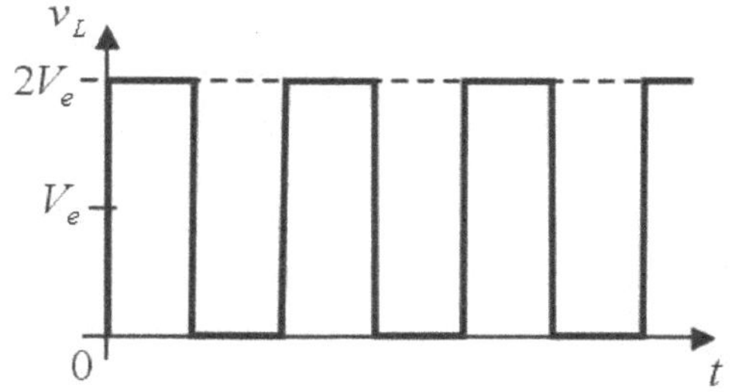

c) Tensão v_L de saída

Figura 3.29 - Circuito equivalente e tensão de saída do grampeador da Figura 3.28.a.

Grampeador com carga

Será analisado o que ocorre quando, no circuito do grampeador da Figura 3.28.a for colocada uma carga R_L em paralelo com o diodo, mantendo-se o mesmo sinal de entrada v_E da Figura 3.28.b.

Nos semiciclos negativos do sinal de entrada, o diodo estará conduzindo, colocando R_L em curto. Nenhuma alteração ocorrerá em relação ao circuito sem carga, aparecendo uma tensão V_e no capacitor com a mesma polaridade indicada na Figura 3.29.a. Nos semiciclos positivos, conforme representado na Figura 3.30.a, o diodo abre, colocando R_L no circuito e permitindo a descarga do capacitor, o que ocasiona a queda de tensão da saída, o que pode ser visto na Figura 3.30.b.

Sendo t_1 a largura dos pulsos que compõem a onda quadrada, decorre para a variação Δv_L indicada na Figura 3.29.b:

$$\Delta v_L = 2V_e(1 - e^{-t_1/CR_L}) \tag{3.10}$$

Depreende-se, dessa expressão, que a condição para a saída apresentar a mesma forma aproximada da entrada, ou seja, para uma descarga suficientemente lenta do capacitor, é que se tenha:

$$CR_L \gg t_1$$

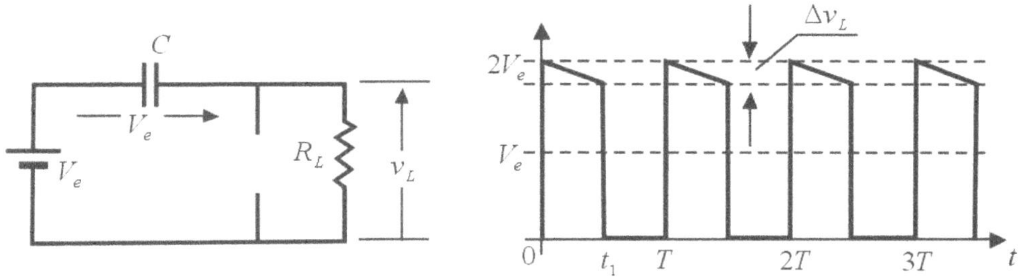

a) Circuito para v_E positivo b) Tensão v_L de saída

Figura 3.30 - Grampeador com carga.

Nos semiciclos negativos, o diodo volta a conduzir, repondo a carga do capacitor. Essa recarga é muito rápida, já que ocorre através da resistência r_f de condução do diodo, de valor muito pequeno.

Diodo invertido

O circuito grampeador da Figura 3.31.a difere do circuito anterior unicamente pela polaridade do diodo.

Devido a essa polaridade, a saída será sempre negativa ou nula. Caso v_E seja a mesma onda quadrada da Figura 3.28.b, o capacitor será carregado com o sentido indicado na Figura 3.31.a. A saída, representada na Figura 3.31.b, será o próprio sinal de entrada com o nível DC deslocado para $-V_e$.

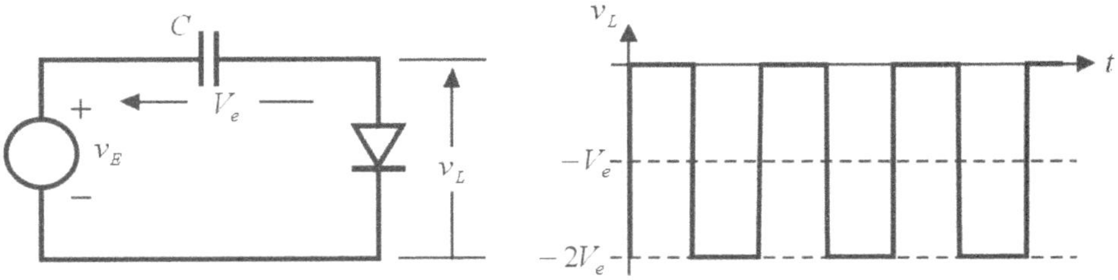

a) Circuito b) tensão v_L de saída

Figura 3.31 - Grampeador com o diodo invertido em relação ao da Figura 3.25.a.

Entrada senoidal

O circuito da Figura 3.32 é um grampeador alimentado pela tensão senoidal $v_e = V_e senwt$.

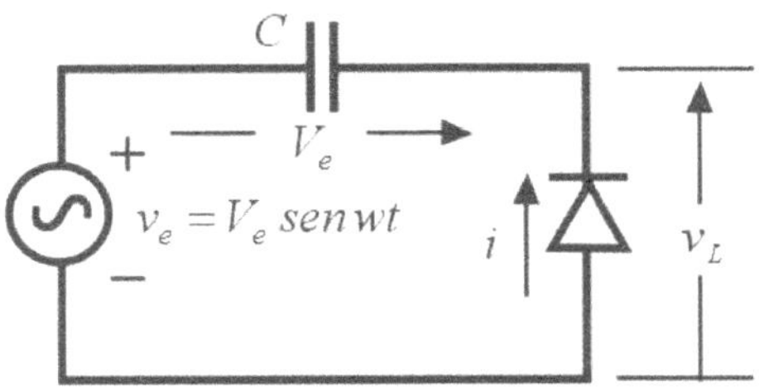

Figura 3.32 - Grampeador com entrada senoidal.

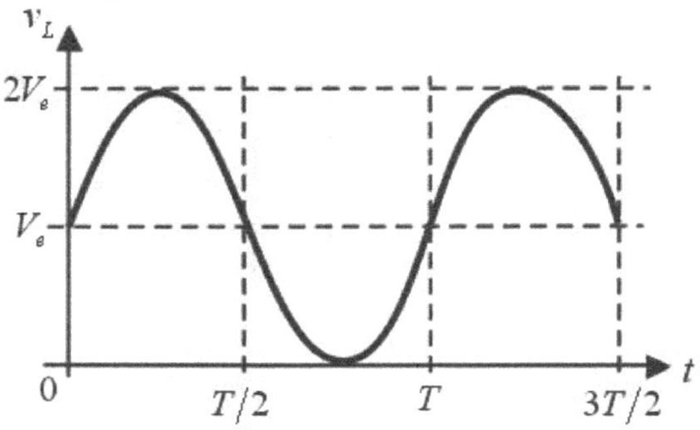

Figura 3.33 – Tensão de saída V_L.

No primeiro semiciclo negativo desse sinal, o diodo conduzirá, carregando o capacitor até o valor de pico V_e, com a polaridade indicada na Figura 3.32. A partir desse ponto, a saída v_L, que é também a tensão sobre o diodo, será dada por:

$$v_L = v_e + V_e = v_e senwt + V_e \tag{3.11}$$

Sendo $-V_e$ o mínimo valor de v_e, a tensão v_L será positiva ou nula, mantendo o diodo aberto e impedindo a descarga do capacitor. Dessa forma, uma vez carregado o capacitor, a tensão de saída v_L será sempre expressa pela relação (3.11), que é a equação de uma senoide idêntica à da entrada com o nível *DC* deslocado do zero para V_e, conforme representado na Figura 3.33.

Caso, no circuito da Figura 3.32, seja invertida a polaridade do diodo, o capacitor será carregado no semiciclo positivo com uma tensão V_e também invertida. A saída será dada pela expressão:

$$v_L = v_e - V_e,$$

ficando grampeada em zero, assumindo unicamente valores negativos, como mostrado na Figura 3.34

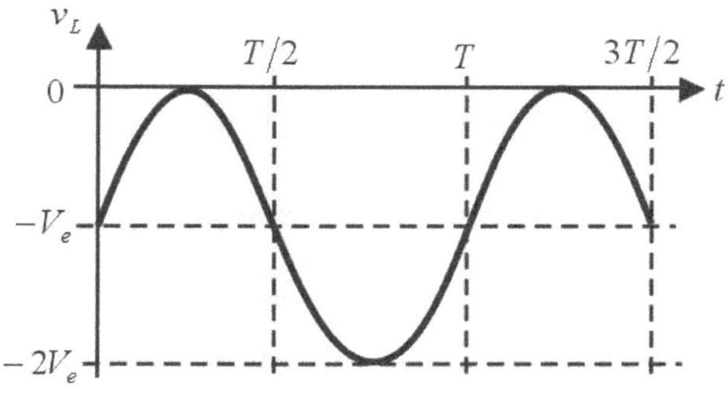

Figura 3.34 - Saída do grampeador da Figura 3.31.a com o diodo invertido.

Nível V_1

Até agora, foram analisados circuitos que grampeiam o sinal em zero. Tal operação, entretanto, pode ser realizada com uma tensão qualquer, introduzida como referência. O circuito da Figura 3.35.a, que difere dos anteriores pela fonte de tensão V_1 colocada em série, realiza esse tipo de operação.

Considerando-se, inicialmente, o capacitor descarregado e v_e inferior a V_1, o diodo estará polarizado no sentido inverso, não ocorrendo condução.

A partir do instante em que v_e torna-se maior que V_1, o diodo conduzirá, carregando-se o capacitor até a tensão de pico $V_e - V_1$, com o sentido indicado na Figura 3.35.a.

De acordo com as polaridades convencionadas nessa figura, a tensão v_D no diodo será dada por:

$$v_D = v_e - (V_e - V_1) - V_1$$

Como o máximo valor de v_e é V_e, a tensão v_D será negativa ou nula, mantendo o diodo aberto e impedindo a descarga do capacitor, o qual apresentará sempre a tensão $V_e - V_1$.

A partir desse ponto, a tensão de saída v_L será a diferença entre a tensão de entrada v_e e a queda $V_e - V_1$, ocorrida no capacitor, ou seja:

$$v_L = v_e - (V_e - V_1) = v_e + V_1 - V_e$$

Essa expressão demonstra que a saída tem a mesma forma da entrada, diferindo o nível *DC* que foi alterado de zero para $V_1 - V_e$, conforme representado na Figura 3.35.b. Outro fato a ser o observado é que a saída nunca será superior a V_1, o que decorre da polaridade do diodo, que entraria em condução.

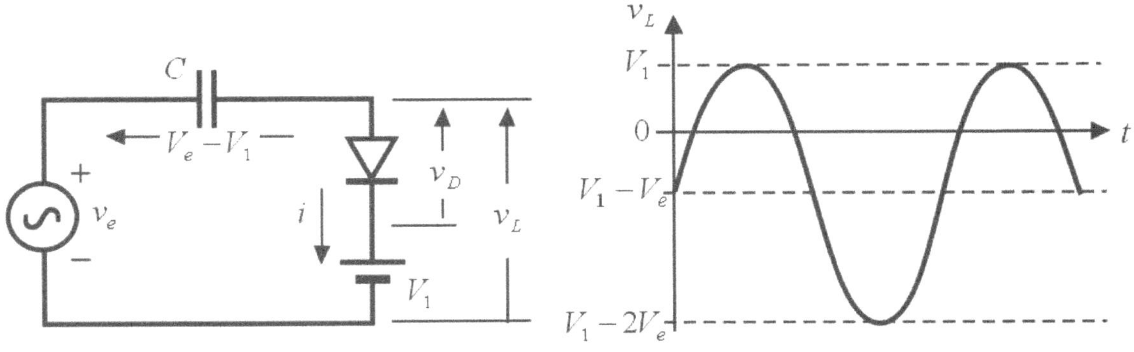

a) Circuito   b) Tensão v_L de saída

Figura 3.35 - Grampeador com nível V_1 de referência

Invertendo-se o diodo no circuito da Figura 3.35.a, obtém-se o circuito da Figura 3.36.a.

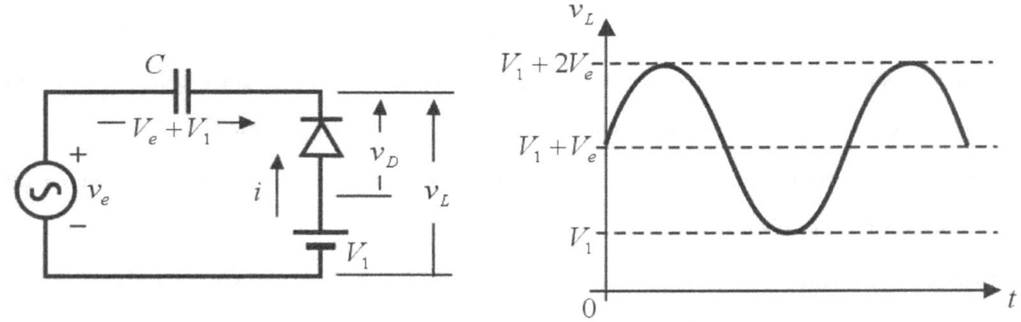

a) Circuito b) Tensão v_L de saída

Figura 3.36 - Circuito da Figura 3.33.a com o diodo invertido.

Nesse circuito, estando o capacitor inicialmente descarregado, tão logo a tensão de entrada v_e caia abaixo de v_L, o diodo conduzirá, carregando-se o capacitor até o valor máximo $V_e + V_1$, o que ocorrerá quando v_e alcançar o valor mínimo $-V_e$. Nesse ponto, a tensão v_D no diodo será dada por:

$$v_D = v_e + (V_e + V_1) - V_1$$

$$v_D = v_e + V_e$$

Como $-V_e$ é o mínimo valor de v_e, a tensão v_D será positiva ou nula, permanecendo o diodo polarizado no sentido inverso e o capacitor, impedido de descarregar-se, mantendo a tensão $V_1 + V_e$. Assim sendo:

$$v_L = v_e + V_e + V_1$$

Essa relação demonstra que a saída apresenta a mesma forma do sinal de entrada, diferindo o nível *DC*, que foi deslocado de zero para $V_1 + V_e$, conforme representado na Figura 3.36.b. Demonstra, também, que a saída nunca será inferior a V_1, fato que pode ser deduzido pela simples observação da polaridade do diodo que, no caso, entraria em condução.Verifica-se, facilmente, que os resultados acima são válidos para valores negativos de V_1, ou seja, com a

3.8 DOBRADOR DE TENSÃO

O dobrador de tensão é um circuito que retifica um sinal da forma: $v_e = V_e \, sen \, wt$, fornecendo uma saída $v_L = 2\,V_e$. Em outras palavras: uma tensão contínua igual ao dobro do valor de pico do sinal de entrada.

A Figura 3.37 contém um dobrador de tensão ligado a carga R_L, no qual C_1 e C_2 satisfazem a condição:

$$\frac{1}{wC_1}, \frac{1}{wC_2} << R_L \tag{3.12}$$

Nos semiciclos positivos do sinal de entrada, o diodo D_1 conduz e D_2 abre, carregando-se o capacitor C_1 até o valor de pico V_e. A partir desse ponto, v_e cai abaixo de V_e e a tensão em D_1, dada por $v_e - V_e$, torna-se negativa. O diodo abre e o capacitor descarrega-se através de R_L em série com C_2, o que ocorre lentamente, devido ao elevado valor que apresentam as constantes de tempo C_1R_L, C_2R_L como decorrência de (3.12).

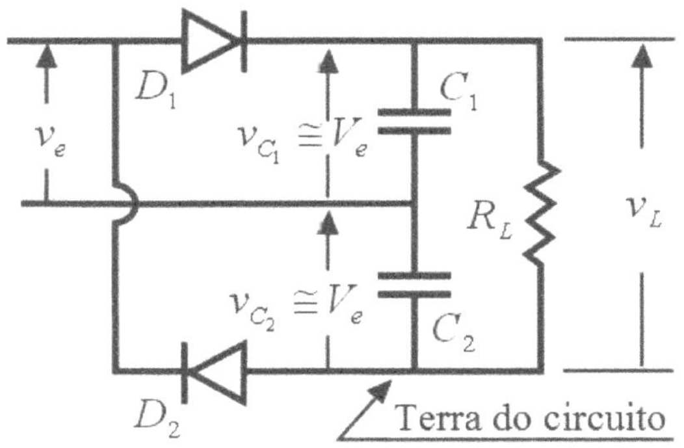

Figura 3.37 - Dobrador de tensão.

O processo é semelhante ao ocorrido nos retificadores de meia onda, obtendo-se a tensão v_{C_1}, representada na Figura 3.38.a.

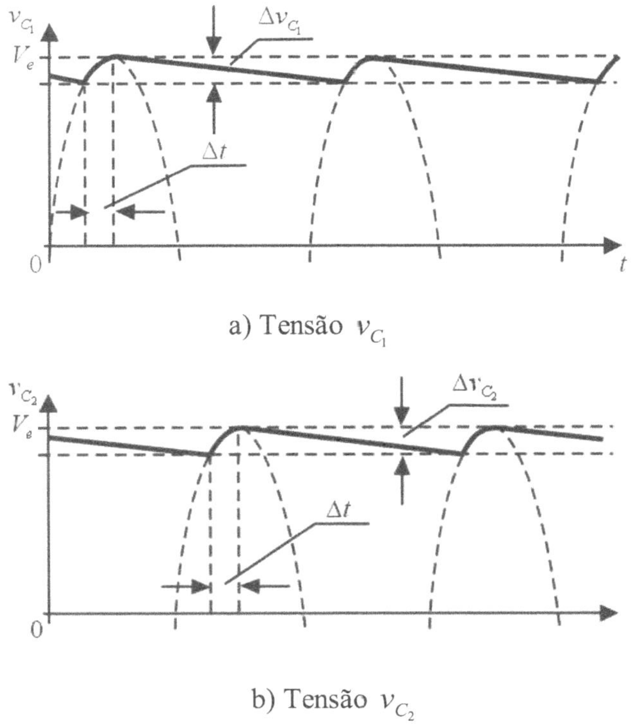

Figura 3.38 – Tensão nos capacitores C_1 e C_2

Nos semiciclos negativos, D_1 abre e D_2 conduz, carregando-se C_2 até o valor de pico V_e. A partir desse ponto, D_1 também abre e C_2 descarrega-se da mesma forma que C_1, obtendo-se a tensão v_{C_2} representada na Figura 3.38.b.

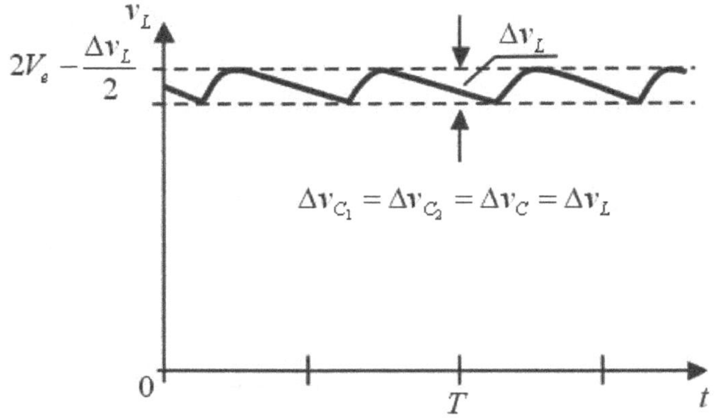

Figura 3.39 – Tensão de saída do dobrador da Figura 3.34 para $C_1 = C_2 = C$.

A tensão de saída v_L, dada pela soma $v_{C_1} + v_{C_2}$ é representada na Figura 3.39 para $C_1 = C_2 = C$.

Observa-se que, com essa condição, $\Delta v_{C_1} = \Delta v_{C_2} = \Delta v_L$, a tensão v_L apresentará o valor de pico $2V_e - \Delta v_L/2$, o valor médio $2V_e - \Delta v_L$ e uma tensão de ondulação com frequência igual ao dobro da frequência do sinal de entrada.

O circuito da Figura 3.40 foi obtido do dobrador da Figura 3.37, considerando-se os diodos abertos e os capacitores iguais.

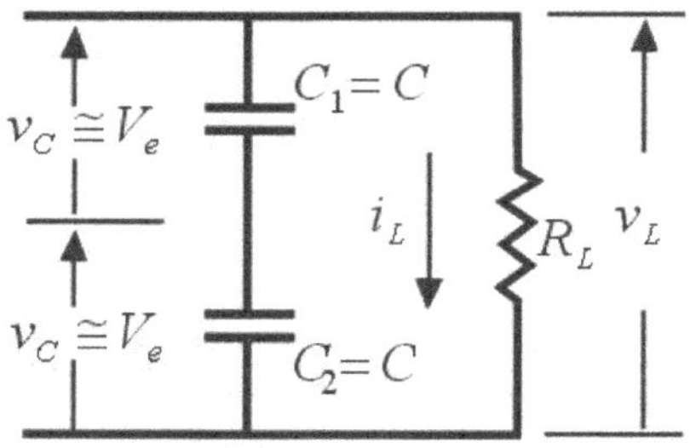

Figura 3.40 - Descarga dos capacitores.

Admitindo-se que as variações de tensão nos capacitores são desprezíveis, a corrente na carga pode ser considerada constante, sendo dada pela relação:

$$i_L = \frac{2V_e}{R_L}$$

E para a carga Δq fornecida à R_L no período T:

$$\Delta q = i_L T_L = \frac{2V_e}{R_L} T$$

Como os capacitores são iguais, metade dessa carga é fornecida por cada um dos capacitores, sendo reposta alternadamente nos intervalos Δt em que os diodos conduzem: nos semiciclos positivos, através de D_1 e nos negativos, através de D_2.

Uma vez que a corrente em R_L é a mesma que atravessa os capacitores, a queda Δv_C que neles ocorre em cada período, que é também a variação da tensão na saída Δv_L, é dada por:

$$\Delta v_L = \Delta v_C = \frac{i_L T}{C} = \frac{2V_e}{CR_L} T$$

A partir desse resultado, para que se tenha uma tensão de saída com baixa ondulação, ou seja, com $\Delta v_L \ll 2\,V_e$, deduz-se a condição

$$CR_L \gg T$$

O dobrador apresentado pode ser utilizado para obtenção de uma tensão contínua com o dobro do valor de pico da tensão da rede sem a utilização do transformador. Como exemplo, partindo-se da rede de 127 V_{rms}, o dobrador fornece uma tensão da ordem de $2 \times 127 \times \sqrt{2} = 359\,V$. Uma dificuldade de seu emprego é a diferença de potencial que aparece entre o terra da alimentação e o terra do circuito, representado pela carga R_L na Figura 3.37, que é a própria tensão no capacitor C_2.

O dobrador da Figura 3.41.a, ligado à carga R_L, compõe-se de um grampeador, formado por C_1 e D_1, e de uma fonte de tensão, formada por D_2 e C_2. Ao contrário do anterior, esse dobrador apresenta o mesmo terra para a entrada v_e e para a saída v_L. Na Figura 3.41.b estão traçadas, em linha interrompida, a tensão v_G do grampeador sem carga e, em linha cheia, a tensão de saída v_L. No circuito do dobrador, D_1 conduz nos semiciclos negativos do sinal de entrada, recarregando C_1 com a tensão de pico V_e. No intervalo Δt, representado de forma exagerada na Figura 3.41.b, D_2 conduz, recarregando C_2. Durante esse processo, C_1 descarrega-se, sofrendo uma redução de tensão Δv_{C_1}. Com isso, a recarga de C_2 atingirá o máximo $2V_e - \Delta v_{C_1}$ também indicado na Figura 3.41.b. Na Figura 3.41.c está representado o circuito de recarga de C_2.

Observando-se que a carga fornecida a R_L no período T é resposta no intervalo Δt, quando D_2 estiver conduzindo, e que $\Delta t \ll T$, a corrente i_L através da carga será muito menor que a corrente i_C que circula nos capacitores. Dessa forma, a carga Δq perdida por C_1 em Δt será a mesma carga recebida por C_2 nesse mesmo intervalo, ou seja:

$$\Delta q = C_1 \Delta v_{C_1} = C_2 \Delta v_L$$

Considerando-se Δv_{C_1}, $\Delta v_L \ll 2V_e$, a corrente na carga será dada por:

$$i_L = \frac{2V_e}{R_L}$$

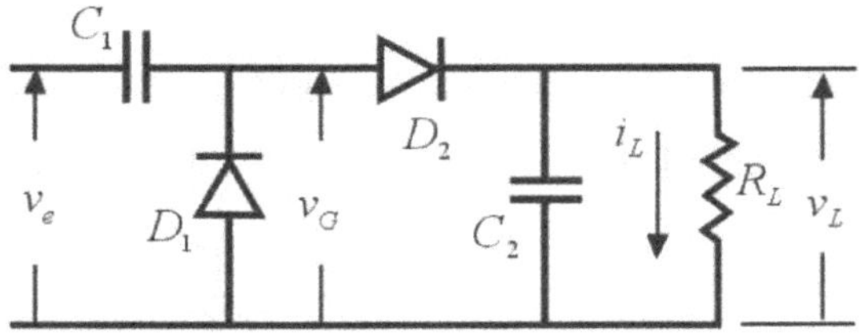

a) Circuito

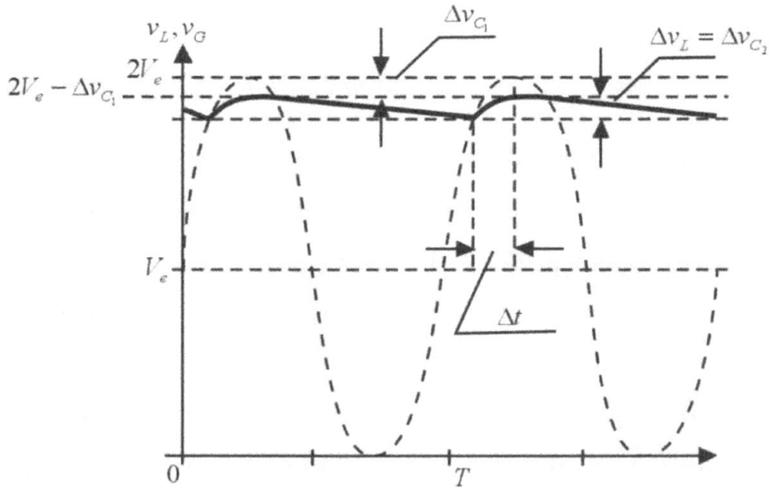

b) Tensões v_L e V_C

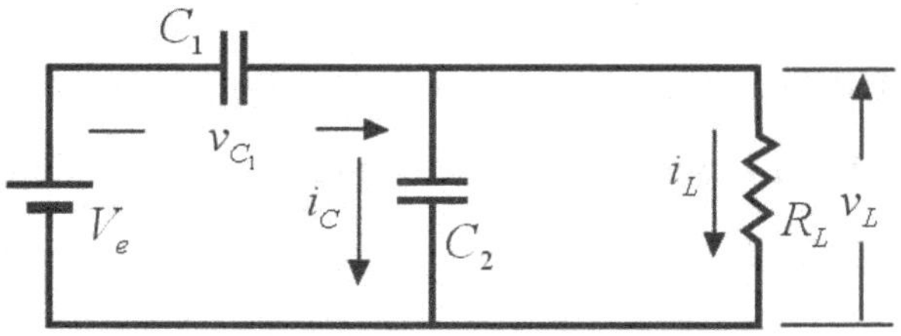

c) Recarga de C_2

Figura 3.41 - Dobrador de tensão utilizando um circuito grampeador.

Como a carga perdida por C_2 através de R_L é a mesma carga Δq recebida no intervalo Δt:

$$\Delta q = \frac{2V_e}{R_L}T = C_2 \Delta v_L = C_1 \Delta v_{C_1}$$

De onde decorre:

$$\Delta v_L = \frac{2V_e}{C_2 R_L}T, \qquad \Delta v_{C_1} = \frac{2V_e}{C_1 R_L}T$$

A condição para Δv_L, $\Delta v_{C_1} \ll 2\,V_e$ será dada pelas desigualdades:

$$C_2 R_L,\ C_1 R_L \ll T$$

3.9 PROBLEMAS

3.9.1. Sendo $V_1 = 6$V e $v_e = 12\ senwt$ V, traçar os gráficos de v_L em função do tempo para os circuitos da Figura 3.42.

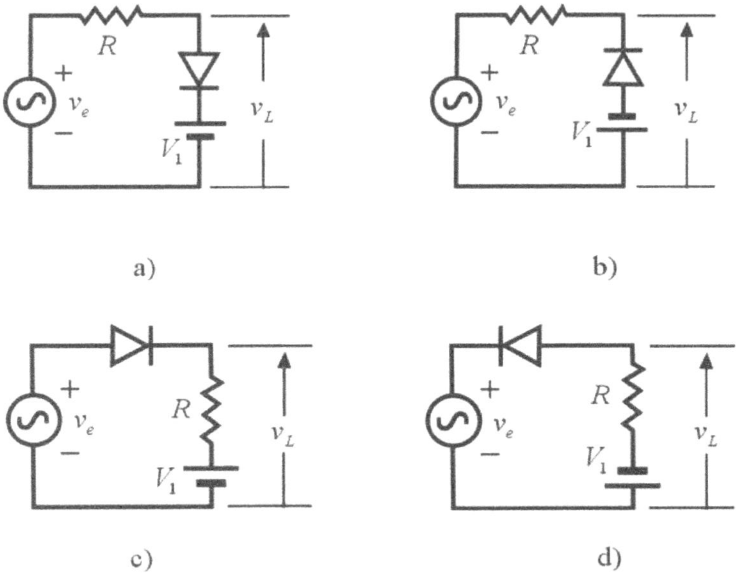

Figura 3.42 - Circuitos do Problema 3.1.

3.9.2. Desenhar a tensão v_L dos circuitos da Figura 3.43. São dados $V_1 = 10$V e $V_e = 20\ sen\ wt$ V.

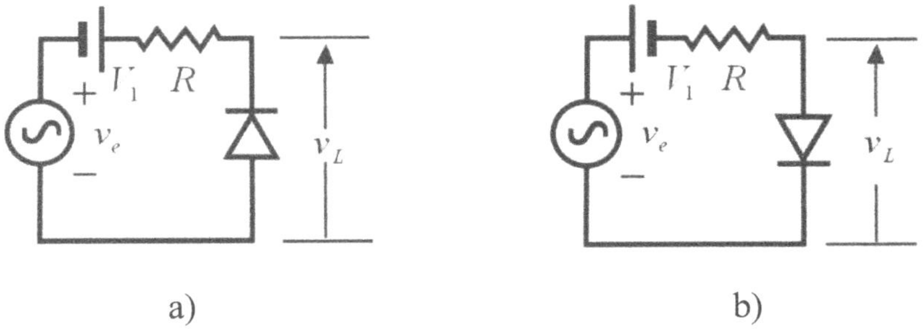

Figura 3.43 - Circuitos do problema 3.2.

3.9.3. Na Figura 3.44.b está representada a tensão v_e de entrada do circuito da Figura 3.44.a. Pede-se o gráfico de v_L em função do tempo.

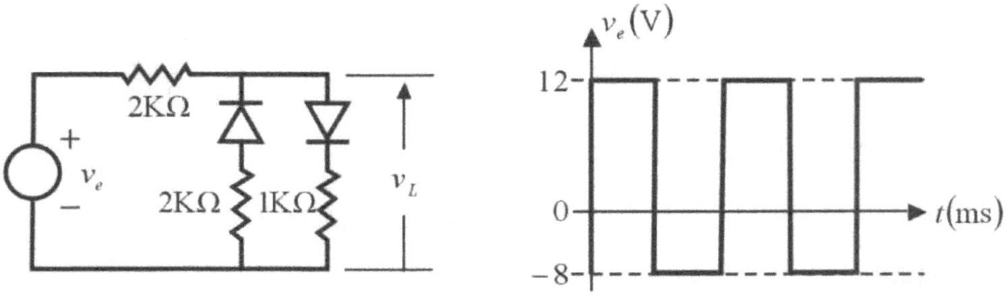

a) Circuito b) Tensão v_e

Figura 3.44 - Problema 3.3.

3.9.4. Considerando-se, na Figura 3.45, D_1 e D_2 como diodos reais, com tensão de joelho de 0,7V, traçar v_L em função do tempo. É dado $v_e = 1{,}4\ sen wt$ V.

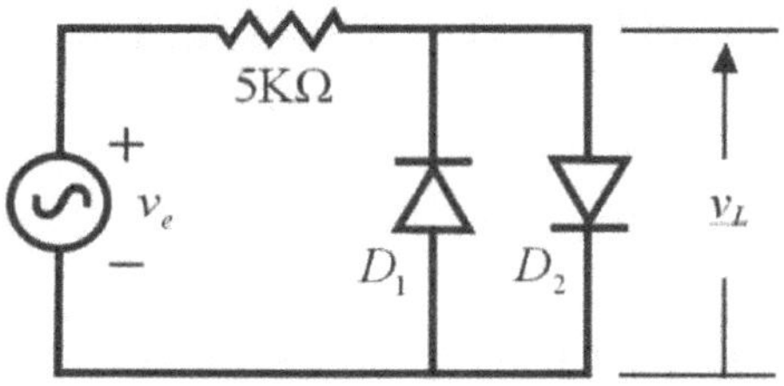

Figura 3.45 - Circuito do Problema 3.4.

3.9.5. Para o circuito da Figura 3.46, traçar o gráfico da saída v_L em função do tempo. São conhecidos $v_e = 40\ sen wt$ V e $V_1 = 10$V.

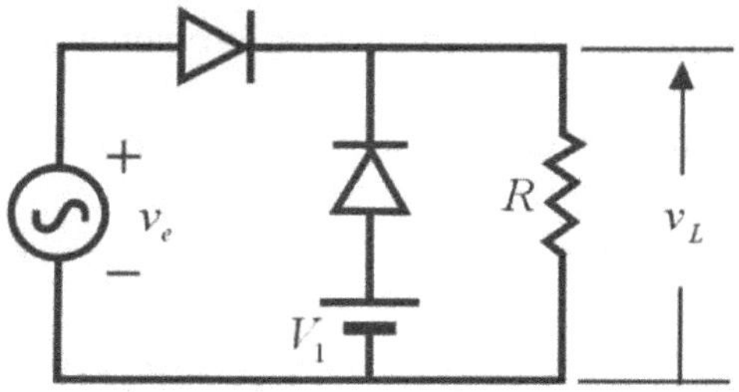

Figura 3.46 - Circuito do Problema 3.5.

3.9.6. No circuito da Figura 3.47, a tensão de entrada é uma rampa definida por $v_e = 2t$ V/s. Traçar v_L em função do tempo no intervalo de 0 a 8s.

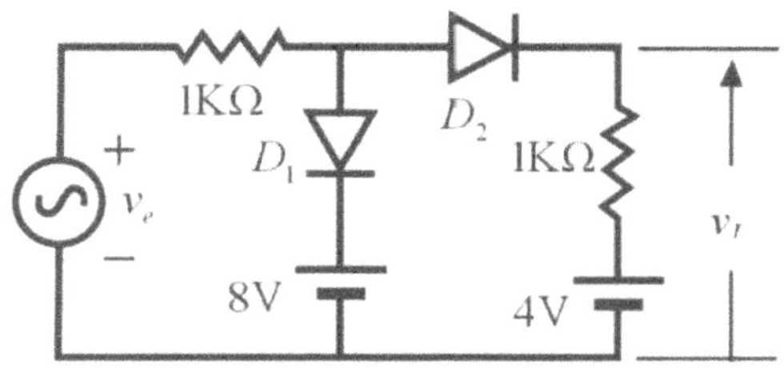

Figura 3.47 - Circuito do Problema 3.6.

3.9.7. No circuito da Figura 3.48, tem-se V_1=10V e v_e=20*senwt* V. Traçar v_A e v_B em função do tempo.

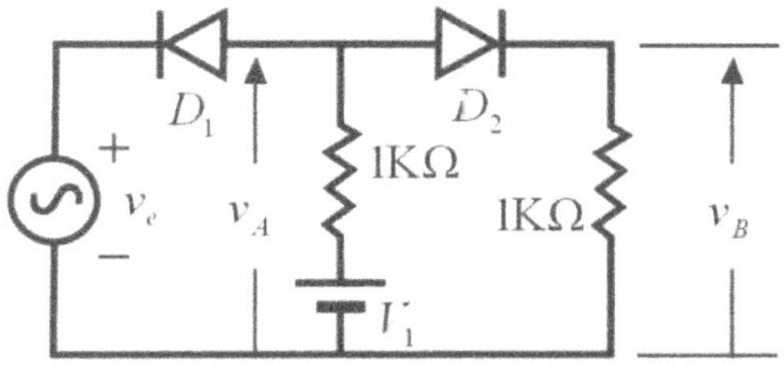

Figura 3.48 - Circuito do Problema 3.7.

3.9.8. A tensão de entrada do circuito da Figura 3.49 cresce linearmente com o tempo segundo a equação v_e = 5*t* V/s. Desenhar a forma de onda da saída.

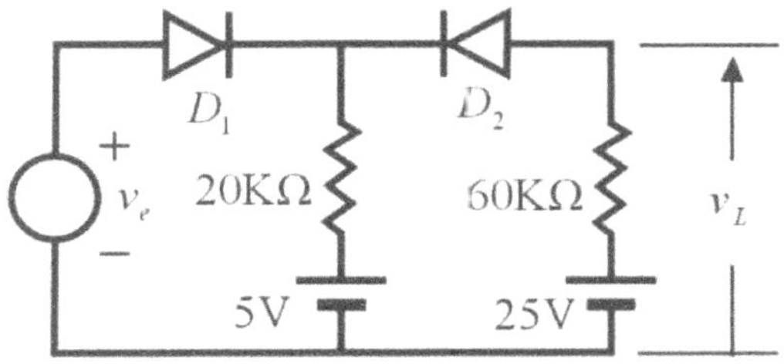

Figura 3.49 - Circuito do Problema 3.8.

3.9.9. A tensão de entrada v_e dos circuitos da Figura 3.50 é a onda quadrada da Figura 3.44.b. Traçar a saída v_L desses circuitos.

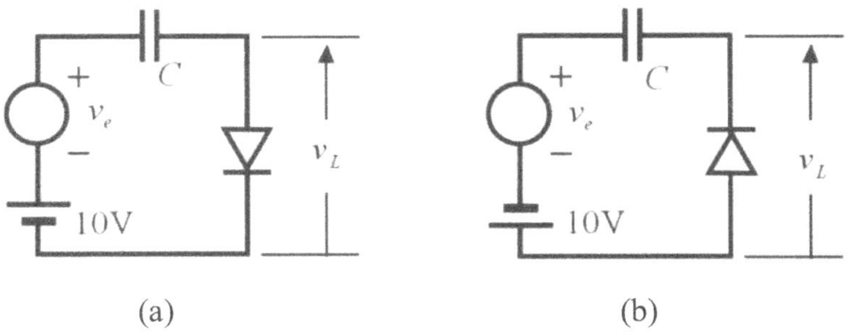

Figura 3.50 - Circuitos do Problema 3.9.

3.9.10. No circuito da Figura 3.51 são dados $v_e = 10\ senwt$ V, $V_1 = 8$ V e $V_2 = 4$ V. Pede-se:

a) a tensão v_C no capacitor;

a) o gráfico de v_L.

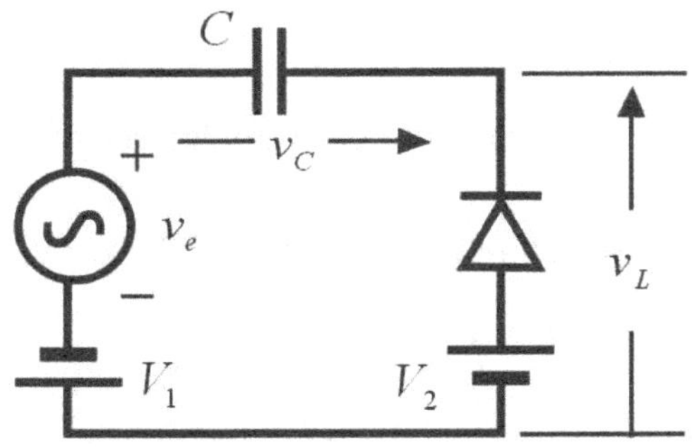

Figura 3.51 - Circuito do Problema 3.10.

3.9.11. Na Figura 3.52, as variáveis de entrada *v*, *x* e *y* podem assumir os níveis 5V e 0V. Completar os valores de *z* na Tabela 3.5.

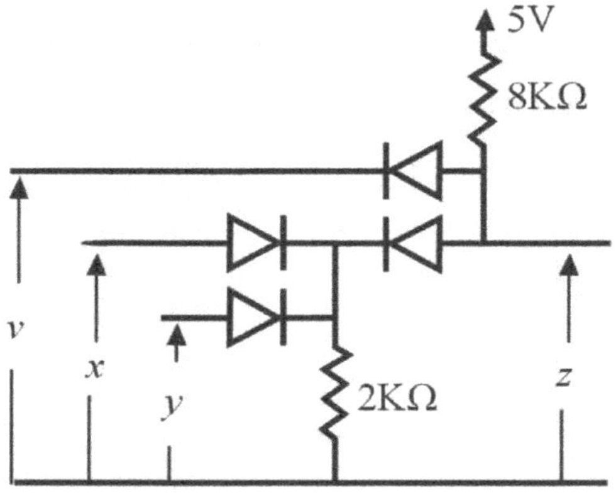

Figura 3.52 - Circuito do Problema 3.11.

Tabela 3.5

Entradas (V)			Saída (V)
v	x	y	z
0	0	0	
5	0	0	
0	0	5	
5	5	0	

3.9.12. Considerando-se o circuito da Figura 3.53.a e sendo v_1 e v_2 das formas representadas nas Figuras 3.51.b e 3.51.c, traçar o gráfico de v_3 em função do tempc.

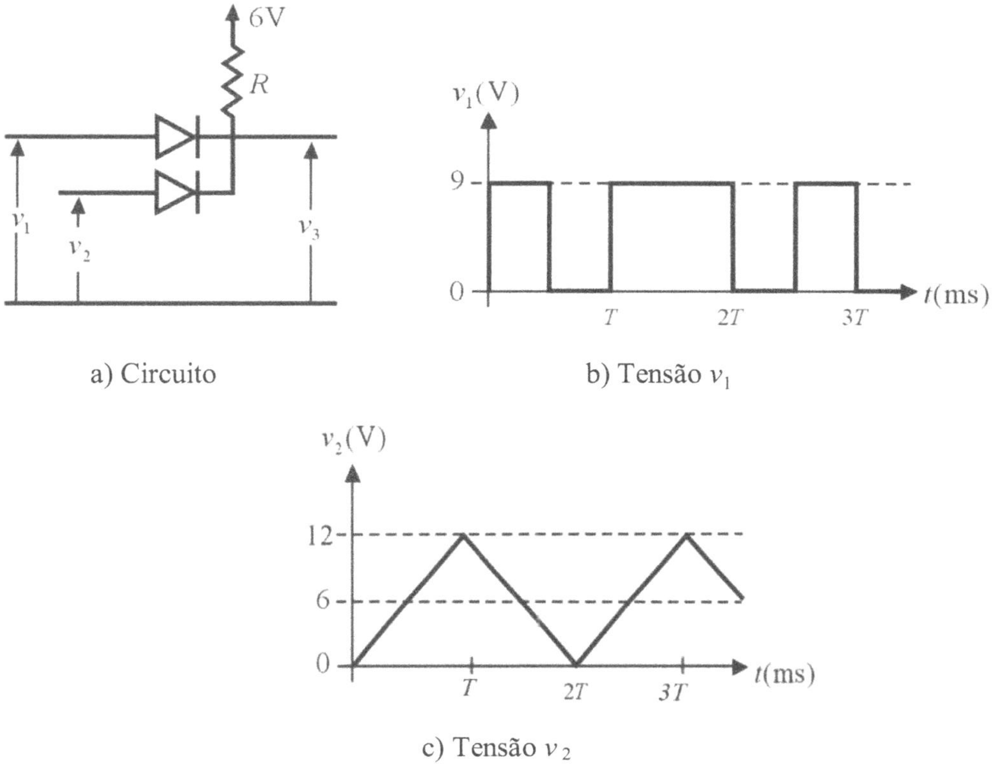

Figura 3.53 – Circuitos e entradas de problemas 3.12

3.9.13. Repetir o problema 3.11 considerando os diodos reais e com tensão de joelho de 0,7V.

3.9.14. Considerando-se a Figura 3.54 e utilizando-se uma fonte V_{CC}=5Ve resistências de 1KΩ, pede-se:

a) implementar um circuito a diodo que realize as operações representadas;

a) as tensões correspondentes aos níveis lógicos 1 e 0 no circuito implementado, admitindo-se que os diodos tenham uma tensão de joelho de 0,7V e que v, x e y podem assumir os valores 0 ou 5V.

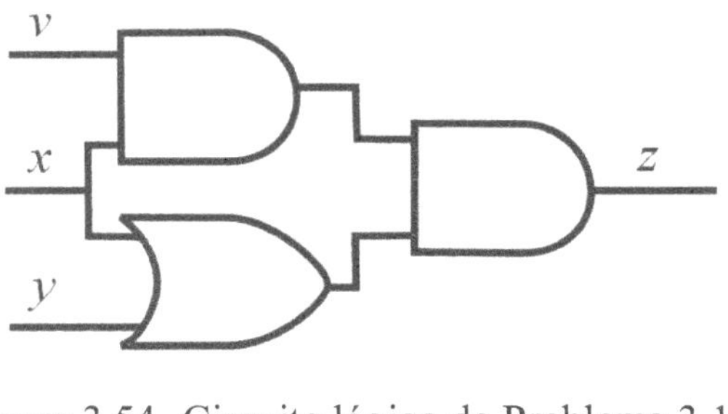

Figura 3.54- Circuito lógico do Problema 3.14.

3.9.15. No retificador de meia-onda da Figura 3.12 são conhecidos v_e=50 $cos\ 2\pi ft$V e f=10 KHz. Esboçar o gráfico de v_L em função do tempo para:

a) $CR_L \gg T$

b) $CR_L \ll T$

c) $CR_L \cong T$

3.9.16. No circuito em ponte da Figura 3.25, v_p é a tensão da rede de 127V_{rms} e 60Hz. Sendo R_L=500Ω, determinar a relação de espiras do transformador e o valor do capacitor *C* para que se tenha uma tensão *DC* na saída de 620V com uma variação Δv_L de 6V.

3.9.17. Mantendo-se, no problema anterior, os valores de *C* e da relação de espiras calculados, determinar Δv_L quando R_L for trocado para:

a) 250 Ω;

b) 1000 Ω.

3.9.18. O circuito da Figura 3.21 é alimentado pela rede de 127V_{rms} e 60Hz. Dados: $n_p = 2n_s$, R_L=100Ω e *C*=5.000μF, determinar:

a) a tensão *DC* na saída;

b) Δv_L;

c) a corrente média em cada diodo;

d) a tensão inversa de pico nos diodos.

3.9.19. Com R_L=770Ω, n_p=$2n_s$ e *C*=5.000μF, repetir o problema anterior para o circuito da Figura 3.25.

3.9.20. No dobrador da Figura 3.37, os dois capacitores são iguais e v_e é uma tensão alternada de 1 KHz e 30$V_{(rms)}$. Sendo R_L=1000Ω, determinar:

a) a tensão *DC* na carga;

b) o valor de $C_1 = C_2$ para uma variação Δv_L inferior a 0,1V;

c) a tensão inversa de pico nos diodos.

CAPÍTULO 4

DIODO ZENER

4.1 RUPTURA DA JUNÇÃO

Mostrou-se na seção 2.8 que uma junção *p-n*, polarizada inversamente, apresenta uma *tensão de ruptura*, na qual a resistência inversa cai para valores bem baixos.

Tal fenômeno, conhecido com o nome de *ruptura da junção*, limita a tensão inversa máxima possível de ser aplicada ao diodo, podendo ser ocasionado ou pelo *efeito Zener* ou pelo *efeito de avalanche*, que serão estudados neste capítulo.

Efeito de Avalanche

Quando um diodo é polarizado inversamente, a tensão de polarização aparece aplicada diretamente à junção, elevando a barreira de potencial, conforme representado na Figura 2.14.

Essa elevação da barreira causará um aumento do campo elétrico existente na região de carga espacial. Em consequência, os portadores minoritários que formam a corrente de condução, ou seja, as lacunas do lado *n* e os elétrons do lado *p*, sofrerão maior aceleração ao cruzarem essa região.

Quando a tensão inversa é aumentada gradativamente, ao ser atingida uma dada tensão, denominada *tensão de avalanche*, os portadores terão energia suficiente para provocar, mediante o choque com os átomos do cristal, a geração de novos pares elétrons-lacunas.

Por sua vez, os portadores assim formados serão também acelerados, produzindo outros pares, num efeito de avalanche que aumenta subitamente a corrente inversa e determina a ruptura da junção.

O efeito apresentado, desde que a corrente seja limitada para não ultrapassar o valor máximo permitido pela dissipação, não é destrutivo, sendo possível a construção de diodos projetados para trabalhar nessa região, conhecidos como *diodos de avalanche*.

Efeito Zener

Em uma junção *p-n* formada por semicondutores fortemente dopados, aparecem concentrações elevadas de carga na região de transição. Outro fenômeno que ocorre é o estreitamento dessa região, de tal forma que as cargas totais são pequenas, embora as concentrações sejam elevadas.

Polarizando-se inversamente uma junção desse tipo, o alargamento da região de transição, que ocorre com a tensão inversa aplicada, ocasionará um grande aumento da carga espacial e, consequentemente, do campo elétrico existente, conforme representado em linha interrompida na Figura 4.1.

Aumentando-se gradativamente essa tensão, o campo elétrico torna-se cada vez mais intenso. Ao ser atingida a tensão inversa V_Z, conhecida como *tensão de Zener*, esse campo adquire intensidade suficiente para excitar elétrons da banda de valência para a de condução, gerando pares elétrons-lacunas.

Esse aumento do número de portadores determina um aumento súbito da corrente inversa, causando, como no efeito de avalanche, a ruptura da junção.

No caso do efeito Zener, não ocorre o fenômeno da avalanche porque o campo elétrico, embora intenso, atua em um pequeno espaço em virtude de a região de transição ser estreita.

Em consequência, os portadores não são suficientemente acelerados para provocar a avalanche. Além disso, uma vez que na ruptura a junção entra praticamente em curto, a tensão inversa não poderá mais ser aumentada, não sendo possível atingir a tensão da avalanche.

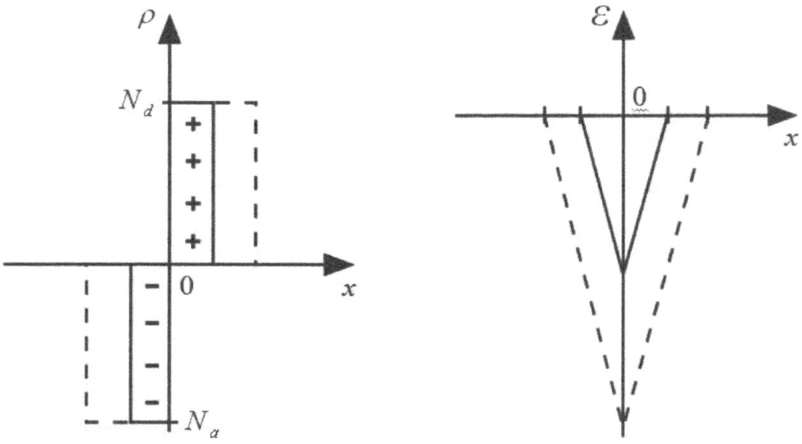

Figura 4.1 - Densidade de carga e campo elétrico em uma junção fortemente dopada.

Para junções normalmente dopadas, a avalanche ocorre antes que a intensidade do campo na zona de transição seja suficiente para provocar o efeito Zener.

Como no caso da avalanche, o efeito apresentado, desde que a corrente não ultrapasse o valor máximo determinado pela dissipação, não é destrutivo, sendo empregado na construção de dispositivos chamados de *diodos a efeito Zener* ou, simplesmente, *diodos Zener*.

4.2 DIODO ZENER

Dada a semelhança de operação, é comum a denominação genérica de *diodo Zener* não somente aos diodos a efeito Zener como também aos diodos de avalanche.

Polarizado inversamente, o diodo não conduz enquanto não for atingida a tensão de Zener V_Z. Nessa tensão ocorre a ruptura da junção, e o diodo entra na *região de Zener*, apresentando grandes variações de corrente para pequenas variações de tensão.

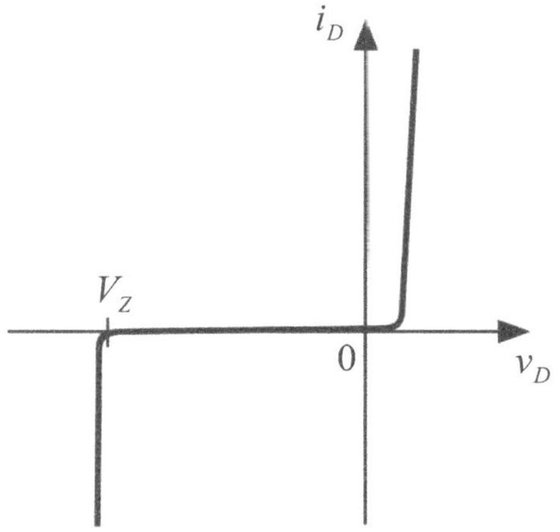

a) Característica de um diodo

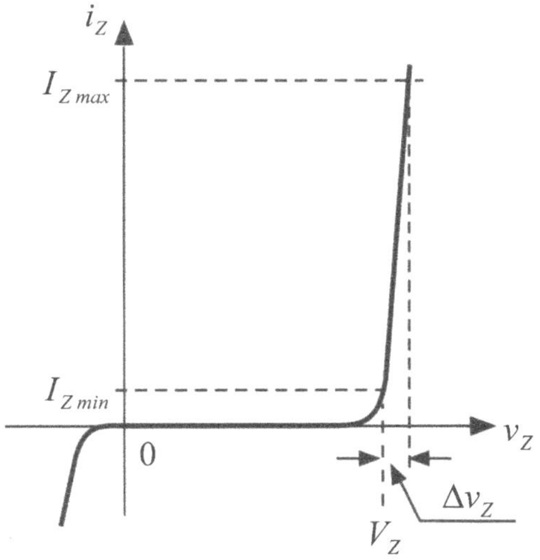

b) Região de Zener

Figura 4.2 - Diodo Zener.

Dessa forma, a curva da Figura 4.2.a pode representar um diodo a efeito Zener ou um diodo de avalanche, caso em que a tensão V_Z indicada seria, em realidade, a tensão de avalanche do diodo

Observa-se, na Figura 4.2.a, que o diodo Zener comporta-se como um diodo comum quando polarizado diretamente, ou seja, apresenta uma região de joelho, após a qual a resistência de condução cai a valores bem baixos.

Como o diodo Zener é utilizado na região de ruptura, isto é, polarizado inversamente, a sua representação é feita com os eixos invertidos, conforme mostrado na Figura 4.2.b.

Observa-se, nessa figura, que a *região de Zener* é limitada pela *corrente mínima de Zener* $I_{Z\,min}$, abaixo da qual a tensão varia consideravelmente com a corrente, e pela *corrente máxima de Zener* $I_{Z\,max}$, que é a máxima corrente de Zener que pode ser aplicada ao diodo sem destruí-lo.

O valor de $I_{Z\,max}$ é determinado pela potência máxima possível de ser dissipada na junção.

Representando-se por $P_{Z\,max}$ essa potência, que é um dado do fabricante, deve ser satisfeita a relação:

$$(V_Z + \Delta v_Z)\ I_{Z\,max} \leq P_{Z\,max}$$

Como a variação de tensão na região de Zener é muito menor que a tensão de Zener ($\Delta v_Z \ll V_Z$), tem-se:

$$V_Z I_{Z\,max} \cong P_{Z\,max} \tag{4.1}$$

Variação com a temperatura

Uma das diferenças entre o efeito Zener e o de avalanche é a variação da tensão de ruptura com a temperatura.

Essa variação é avaliada pelo *coeficiente de temperatura*, definido pela variação da tensão de ruptura por grau centígrado de variação da temperatura.

Esse coeficiente pode ser positivo ou negativo, sendo, normalmente, da ordem de 0,1 por cento da tensão de Zener por grau centígrado.

Conforme analisado na seção anterior, o efeito Zener decorre do aparecimento na junção de um campo elétrico suficientemente intenso para arrancar elétrons das ligações de covalência, gerando pares elétrons-lacunas. Com o aumento da temperatura, a energia desses elétrons cresce, exigindo um campo elétrico menos intenso. Uma menor tensão inversa precisa ser aplicada para converter os elétrons da valência em elétrons livres. Dessa forma, os diodos a efeito Zener possuem coeficiente de temperatura negativo.

No caso da avalanche, a multiplicação dos portadores ocorre devido à energia cinética adquirida pelos portadores minoritários na região de transição.

Com o aumento da temperatura, decresce a mobilidade dos portadores em virtude da maior vibração dos átomos, o que ocasiona maior probabilidade de choque dos portadores com os átomos fixos da rede cristalina.

Os elétrons e lacunas terão menores oportunidades de ganhar velocidade suficiente entre um choque e outro, exigindo maior tensão inversa para provocar a avalanche. Em outras palavras, os diodos de avalanche apresentam coeficiente de temperatura positivo.

Para tensões de referência maiores que da ordem de 6V, utilizam-se, normalmente, os diodos de avalanche.

Para tensões inferiores, empregam-se os diodos a efeito Zener.

Resistência dinâmica

Denomina-se *resistência dinâmica* r_z de um diodo Zener, operando na região de Zener, a relação:

$$r_z = \frac{\Delta v_Z}{\Delta i_Z} \tag{4.2}$$

A resistência dinâmica r_z é pequena, variando de diodo para diodo, de acordo com a tensão de Zener e com a potência máxima admitida.

É interessante notar que as resistências mais baixas ocorrem para os diodos na faixa de 6 a 10V de tensão de referência, sendo da ordem de alguns ohms. Esse valor é da ordem de centenas de ohms para os diodos com tensões de Zener inferiores a 2 ou 3V.

Capacitância C_z

Como o diodo Zener opera polarizado inversamente, a capacitância que aparece em paralelo é a capacitância de transição.

Tendo em vista que essa capacitância depende da seção da junção, os diodos projetados para largas potências apresentam elevadas capacitâncias, sendo comum valores de C_z da ordem de centenas de pF.

Outros diodos de referência

Nos diodos a efeito Zener com tensões de referência inferiores a 2 ou 3 volts, a resistência dinâmica assume valores elevados.

Por esse motivo, são empregados para essas tensões diodos polarizados diretamente, que aproveitam a própria tensão de joelho como referência. Dependendo da tensão requerida, são fabricados dispositivos que utilizam um ou vários desses diodos ligados em série.

Um outro tipo fabricado utiliza diodos com coeficientes de temperatura positivos e negativos ligados em série. Através dessa montagem, obtêm-se tensões de referência bem mais estáveis com as variações de temperatura.

4.3 SÍMBOLO E CIRCUITO EQUIVALENTE

Na Figura 4.3.a, está representada a curva de um diodo Zener ideal, cujo símbolo e sentidos convencionados para tensão e corrente estão representados na Figura 4.3.c. Observa-se, tendo em vista que o Zener é montado invertido, que tensões e correntes positivas correspondem à polarização inversa em um diodo comum.

Observa-se, outrossim, que para tensões inferiores a V_Z o Zener comporta-se como um diodo ideal comum, polarizado inversamente. Atingida a tensão V_Z, o Zener entra em curto, ficando a corrente limitada pela resistência externa do circuito.

Em realidade, o diodo Zener ideal consiste em uma definição matemática que pode ser traduzida pela curva característica da Figura 4.3.a e pelo circuito equivalente da Figura 4.3.b, no qual os diodos D_1 e D_2 e a fonte V_Z são também ideais.

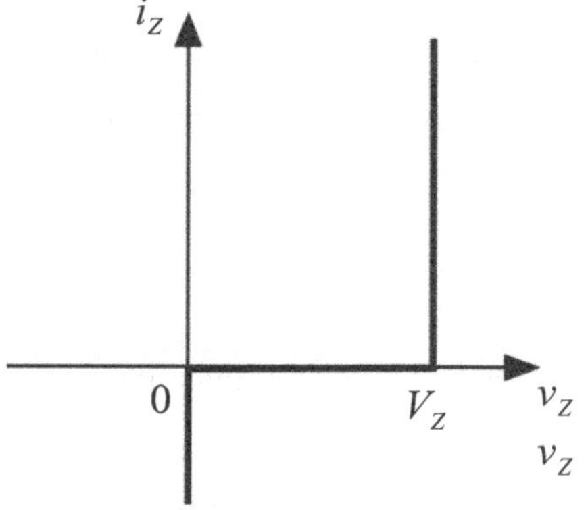

a) Curva característica

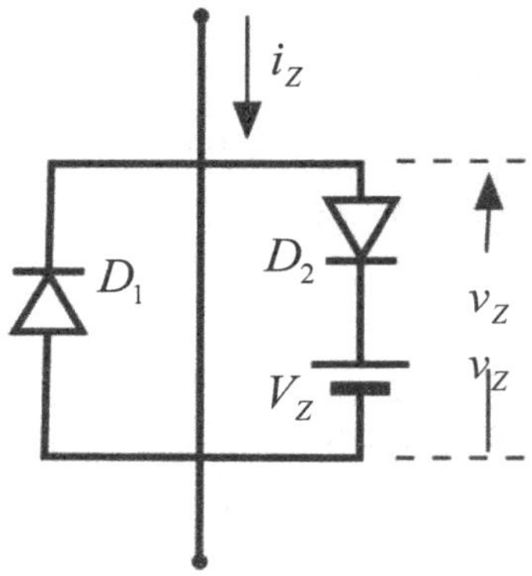

b) Circuito equivalente

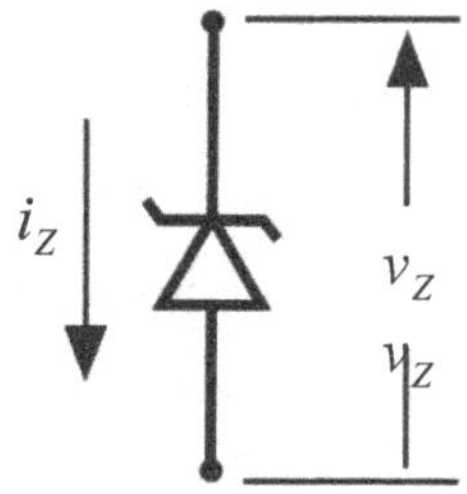

c) Símbolo

Figura 4.3 - Diodo Zener ideal.

Na Figura 4.4, a curva característica do diodo Zener foi aproximada pelas retas com inclinações: $1/r_z$, passando por V_Z; $1/r_f$, passando por V_o; $1/r_r$, passando pela origem — num processo de linearização semelhante ao realizado para o diodo comum.

Devido ao elevado valor de r_r, a última dessas retas confunde-se com o próprio eixo v_Z, dentro das escalas normalmente utilizadas.

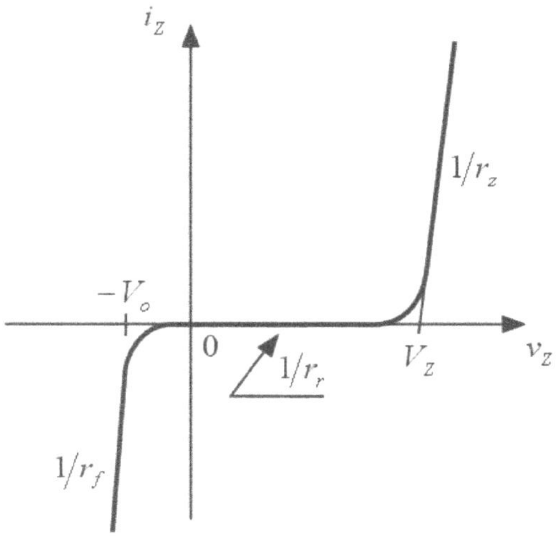

Figura 4.4 - Linearização da curva característica do diodo Zener.

A curva linearizada pode ser traduzida pelo circuito equivalente da Figura 4.5.

Nesse circuito, V_Z e r_z são, respectivamente, a tensão e a resistência de Zener, enquanto V_o, r_f e r_r referem-se ao Zener operando como um diodo normal.

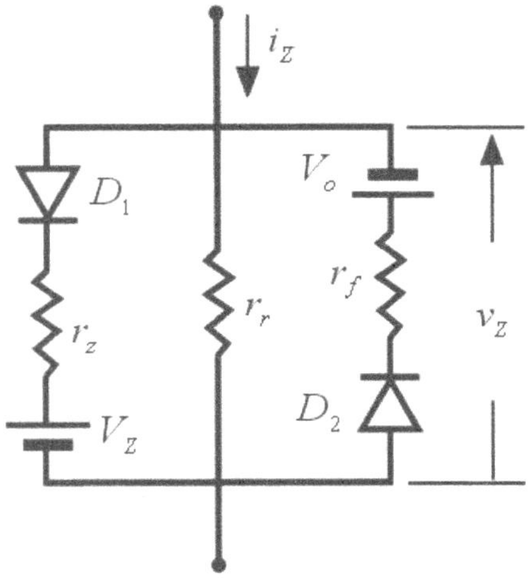

Figura 4.5 - Circuito equivalente do diodo Zener.

Analisando-se o circuito, observa-se que, com tensões v_Z maiores que $-V_o$ e menores que V_Z, os dois diodos estão abertos, reduzindo-se o circuito à resistência reversa r_r, que é da ordem de centenas de MΩ. O diodo comporta-se como um circuito aberto.

Ao ser atingida a tensão V_Z, o diodo entrará na região de Zener. D_1 estará conduzindo e D_2 aberto, obtendo-se o circuito da Figura 4.6, no qual a resistência reversa r_r não foi considerada devido ao seu elevado valor.

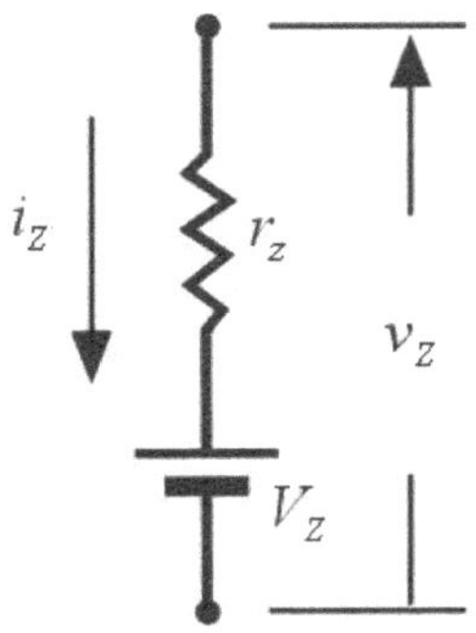

Figura 4.6 - Circuito equivalente na região de Zener.

Para v_z negativo, o Zener reduz-se a um diodo comum montado invertido. Assim, conduzirá para tensões inferiores a $-V_o$.

4.4 DIODO ZENER COMO LIMITADOR

Entrada em rampa

O circuito limitador da Figura 4.7.a utiliza um diodo Zener como referência e a tensão de entrada v_E em rampa representada na Figura 4.7.b.

Observa-se, nesse circuito, que enquanto a tensão de entrada permanecer menor que V_Z, o Zener equivale a um circuito aberto. Nesse caso, não ocorrerá condução através de R, e a saída v_S acompanhará a entrada v_E.

Tão logo se tenha $v_E \gg V_Z$, o diodo entra na região de Zener, obtendo-se o circuito equivalente da Figura 4.7.c, do qual decorre:

$$v_S = \frac{v_E - V_Z}{R + r_z} r_z + V_Z$$

A condição para boa operação do circuito é que se tenha $R \gg r_z$, implicando uma saída dada aproximadamente pela tensão de Zener, ou seja: $v_S \cong V_Z$.

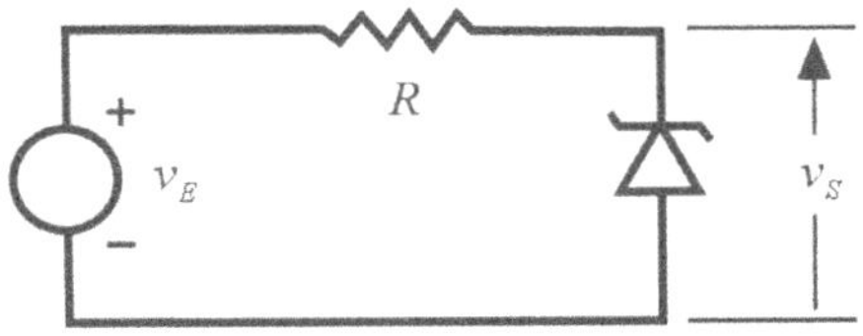

a) Circuito do limitador

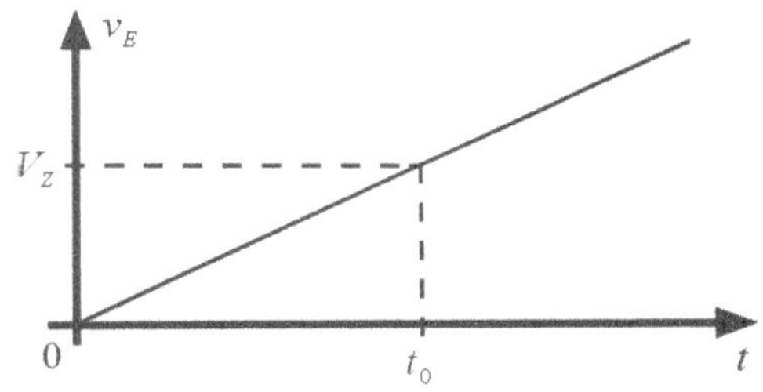

b)) Tensão de entrada v_E

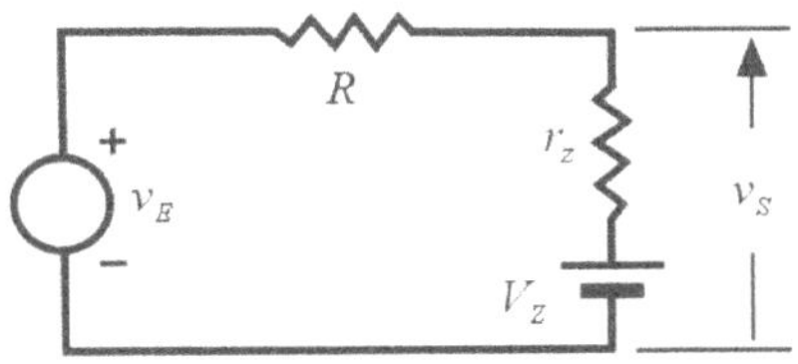

c) Circuito na região de Zener

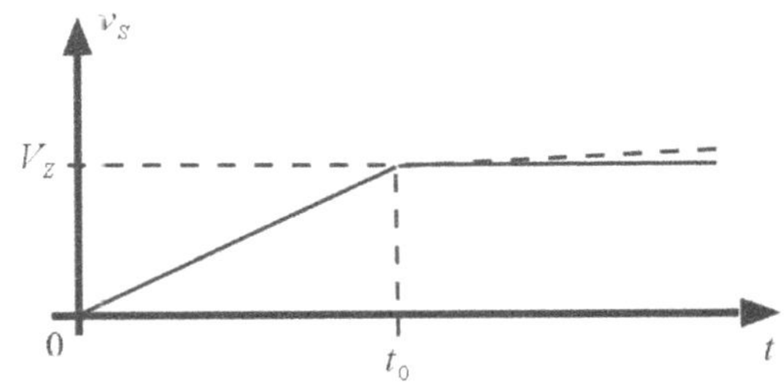

d) Tensão de saída vs.

Figura 4.7 - Limitador com a entrada em rampa.

A Figura 4.7.c representa a tensão de saída, observando-se que v_S acompanha a entrada até t_0, quando se tem $v_E = V_Z$. A partir desse ponto, a saída assume o valor constante V_Z, indicando a linha interrompida o que ocorre quando não se tem $R \gg r_z$, caso em que a queda em r_z não pode ser desprezada em relação à tensão de referência V_Z.

Entrada senoidal

No circuito limitador da Figura 4.7.a, a rampa de entrada foi substituída pela tensão senoidal $v_e = V_e\, senwt$, com $V_e > V_Z$.

Nos semiciclos positivos, os limitadores com entrada senoidal e em rampa têm o mesmo comportamento, apresentando, inclusive, para $V_e\, senwt > V_Z$, a mesma expressão deduzida para v_S.

Nos semiciclos negativos, o Zener comporta-se como um diodo normal polarizado inversamente, limitando a saída em $-V_o$, quando se tem $V_e\, senwt < -V_o$, ou seja, quando o diodo pode ser considerado o ideal. Em linha interrompida, a saída para o diodo real.

Para tensões de entrada maiores que $-V_o$ e menores que V_Z, o limitador equivale a um circuito aberto. Nesse caso, não ocorrerá condução através da resistência R, e a saída v_S acompanhará a entrada.

A Figura 4.8 procura representar a tensão de saída v_S para a entrada senoidal. A parte em hachurado corresponde à saída quando se têm $V_Z \gg V_o$ e $R \gg r_z$, e, em linha interrompida, a saída para o diodo real.

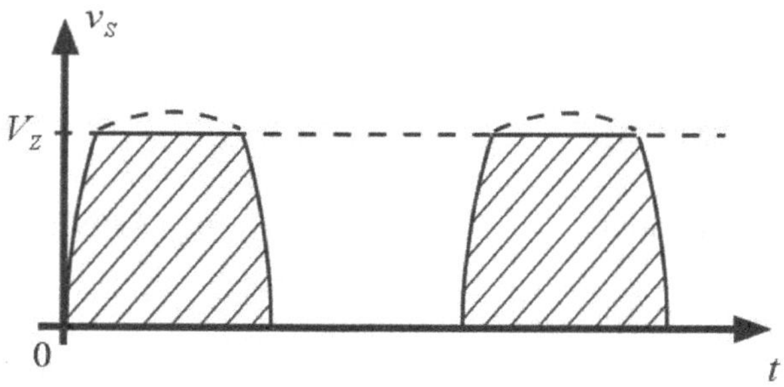

Figura 4.8. – Saída do limitador com a entrada senoidal.

Duplo limitador

A Figura 4.9. contém o circuito de um *duplo limitador*, cujas tensões de referência V_{Z_1} e V_{Z_2} são, respectivamente, as tensões de Zener dos diodos D_1 e D_2.

A tensão de alimentação é senoidal, com a amplitude V_e maior que as tensões de Zener dos diodos.

Nos semiciclos positivos do sinal de entrada, D_2 conduz, reduzindo-se o circuito ao limitador da Figura 4.7.a, o qual limitará o sinal de saída na tensão de referência V_{Z_1}, conforme representado na Figura 4.8.

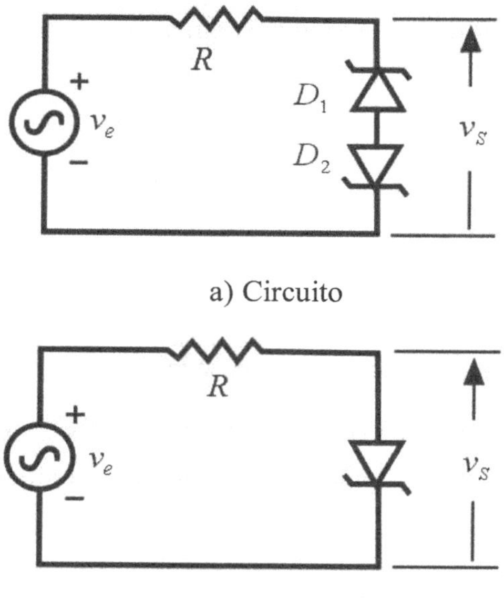

b) Circuito para os semiciclos negativos

Figura 4.9 - Duplo limitador a diodo Zener.

Nos semiciclos negativos, D_1 conduz, obtendo-se o circuito da Figura 4.9.b, o qual limitará o sinal de saída na tensão de referência $-V_{Z_2}$, de maneira análoga à realizada nos semiciclos positivos.

A tensão de saída completa está representada na Figura 4.10, notando-se que é duplamente limitada e que acompanha a entrada para tensões de v_e entre $-V_{Z_2}$ e V_{Z_1}, quando os dois diodos estão abertos.

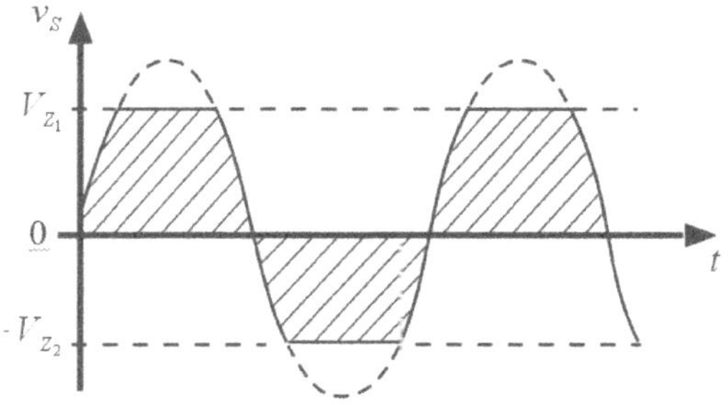

Figura 4.10 - Saída v_S para entrada senoidal

Os limitadores a diodo Zener apresentam o mesmo desempenho dos limitadores estudados no capítulo anterior, com a vantagem de dispensarem as fontes de tensões utilizadas como referência, o que simplifica consideravelmente os circuitos.

4.5 REGULADOR DE TENSÃO A DIODO ZENER

Definição de regulador

O bloco da Figura 4.11.a representa uma fonte de tensão alimentada, por exemplo, pela rede de 220V$_{\text{rms}}$, que fornece a tensão de saída contínua v_L.

Independente dos componentes que contenha, uma fonte de tensão pode ser representada pelo circuito equivalente da Figura 4.11.b, formado por uma fonte de tensão ideal v_E e uma resistência de saída r_e.

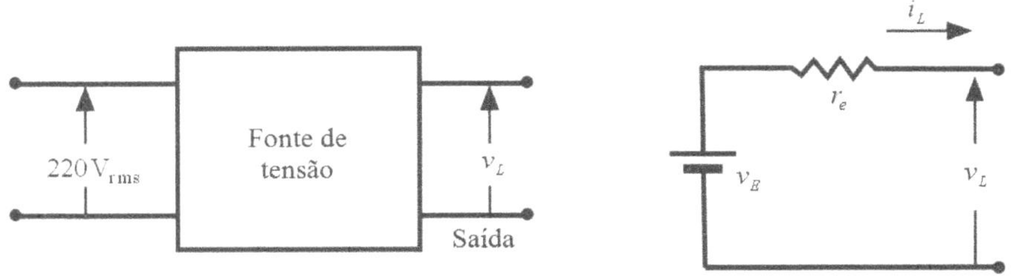

a) Diagrama em bloco b) Circuito equivalente

Figura 4.11 – Fonte de tensão DC -.

Devido à resistência r_e, a saída não será constante, caindo de valor com o aumento da corrente i_L fornecida à carga. Por outro lado, v_E também não é constante, variando com as variações da rede e com a própria ondulação da fonte.

De um modo geral, considerando-se v_L como uma função de v_E e de i_L, tem-se:

$$v_L = f(v_E, i_L)$$

A variação Δv_L da tensão de saída será dada pela expressão:

$$\Delta v_L = \frac{\partial v_L}{\partial v_E} \Delta v_E + \frac{\partial v_L}{\partial i_L} \Delta i_L$$

Define-se coeficiente de regulação em tensão c_V e resistência de saída r_s como sendo:

$$c_v = \frac{\partial v_L}{\partial v_E} \tag{4.3}$$

$$r_s = -\frac{\partial v_L}{\partial i_L} \tag{4.4}$$

Nota-se que o sinal negativo que aparece na expressão de r_s decorre do sentido convencionado para a corrente i_L. Com i_L positivo saindo da fonte, um aumento da corrente deve corresponder a uma diminuição da tensão de saída, isto é, a uma variação negativa de v_L.

Levando-se (4.3) e (4.4) na expressão de Δv_L:

$$\Delta v_L = c_v \Delta v_E - r_s \Delta i_L \tag{4.5}$$

Infere-se, dessa expressão, que a qualidade de uma fonte é função dos parâmetros c_v e r_s. Quanto menores forem, menores serão as variações da tensão de saída com a tensão da rede e da corrente fornecida à carga e, conseqüentemente, melhor a fonte.

Normalmente, as fontes são projetadas para manter a saída dentro de um certo limite, admitindo-se a entrada e a corrente de carga variando entre um valor máximo e um valor mínimo especificados.

Caso a fonte não forneça uma tensão dentro da precisão necessária, coloca-se entre a fonte e a carga um circuito, denominado *regulador de tensão*, cuja função é fornecer baixos valores de c_v e r_s.

O diagrama de blocos da Figura 4.12 representa uma fonte e um regulador de tensão ligados em série, os quais alimentam uma carga R_L. O conjunto assim formado é denominado *fonte de tensão regulada* ou *fonte de tensão estabilizada*.

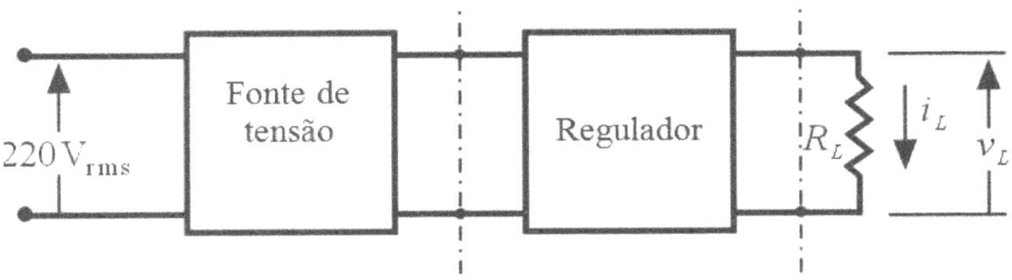

Figura 4.12 – Fonte de Tensão regulada

Circuito e coeficientes

Na Figura 4.13.a está representado o circuito de uma fonte regulada a diodo Zener que alimenta uma carga R_L. Como se observa, o regulador de tensão é formado unicamente pela resistência R_Z e pelo diodo Zener em paralelo com a carga. O circuito da Figura 4.13.b é obtido fazendo-se, no anterior, $r_e + R_Z = R$ e substituindo-se o diodo Zener por seu circuito equivalente. Serão determinados para essa fonte os coeficientes c_v e r_s.

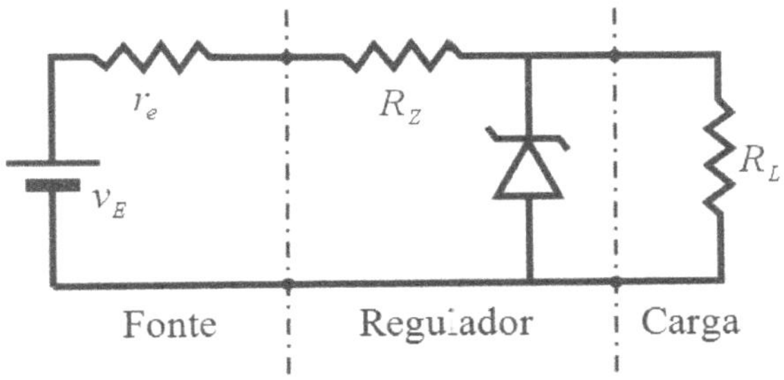

a) Circuito da fonte regulada com uma carga R_L

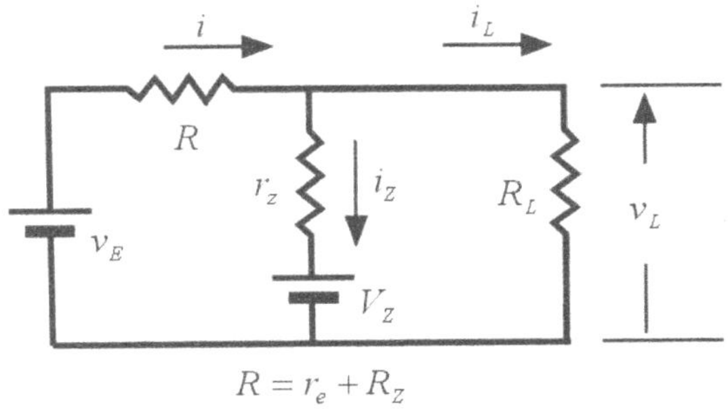

b) Circuito equivalente

Figura 4.13 – Fonte regulada a diodo Zener.

Do circuito da Figura 4.13.b, deduz-se:

$$v_E = R(i_Z + i_L) + v_L$$

$$i_Z = \frac{v_L - V_Z}{r_z}$$

$$i_L = \frac{v_L}{R_L}$$

Partindo-se dessas equações:

$$v_E = \left[\frac{R}{r_z} + \frac{R}{R_L} + 1\right] v_L - \frac{R}{r_z} V_Z$$

Derivando-se em relação à v_L e notando-se que V_Z é constante:

$$\frac{\partial v_E}{\partial v_L} = \frac{R}{r_z} + \frac{R}{R_L} + 1$$

Duas condições de projeto permitem simplificar essa expressão.

A primeira, definida pela desigualdade $R/R_L \ll 1$, é a condição necessária para que se tenha a energia dissipada na resistência R do regulador muito menor que a energia fornecida à carga, tendo em vista que a corrente de carga passa igualmente através dessa resistência.

A segunda, definida pela desigualdade $R/r_z \gg 1$, é a condição necessária para que se tenha boa regulação na saída.

Obedecidas essas condições, advém:

$$\frac{\partial v_E}{\partial v_L} \cong \frac{R}{r_z}$$

E, finalmente:

$$c_v = \frac{r_z}{R} \tag{4.6}$$

Das equações obtidas da Figura 4.13.b, deduz-se:

$$v_E = R\left[\frac{v_L - V_Z}{r_z}\right] + Ri_L + v_L$$

Uma vez que a tensão v_E não depende da corrente na carga, derivando-se essa expressão em relação a i_L, resulta:

$$0 = \left[\frac{R}{r_z} + 1\right]\frac{\partial v_L}{\partial i_L} + R$$

A condição $\frac{R}{r_z} \gg 1$ permite a simplificação:

$$0 = \frac{R}{r_z}\frac{\partial v_L}{\partial i_L} + R$$

De onde decorre:

$$\frac{\partial v_L}{\partial i_L} = -r_z$$

E, de acordo com a definição de r_s:

$$r_s = r_z \qquad (4.7)$$

Os resultados conseguidos permitem as conclusões:

1. a resistência de saída é a própria resistência r_z do Zener;
2. devido ao baixo valor da resistência r_z, a variação da tensão no Zener com a variação da corrente é muito pequena. Assim, a tensão de saída da fonte estabilizada será, aproximadamente, a própria tensão de Zener, ou seja: $v_L \cong V_Z$;
3. como o coeficiente de regulação em tensão c_v é dado pela relação (4.6), para se obter uma boa regulação, são necessários valores elevados de *R*. Tal fato implica uma tensão de entrada v_E muito maior que a tensão de saída, ocorrendo uma perda de potência em *R*, que será elevada nos circuitos com altas correntes. Devido a essa alta dissipação, o regulador a diodo Zener só é indicado para circuitos de baixa potência.

Valores-limite

O circuito do regulador deve ser projetado de modo a operar na região de Zener, permanecendo a corrente de Zener entre os valores máximo e mínimo para todas as condições de operação, que incluem variações na tensão de entrada e variações na carga.

Caso a corrente caia abaixo do valor mínimo, o diodo estará fora da região de Zener e a tensão de saída não ficará regulada.

Com uma corrente de Zener maior que o valor máximo permitido, o diodo queimará por excesso de dissipação.

Em relação à tensão de entrada e à carga, três casos podem ocorrer: tensão constante e carga variando, tensão variando e carga constante, e ambas, tensão de entrada e carga variando.

Será analisado o último destes casos, que engloba os outros dois, sendo deduzidas as condições para o circuito operar dentro da região de Zener.

Variação da tensão de entrada e da carga

São admitidas variações na tensão de entrada, que pode variar entre $v_{E\,min}$ e $v_{E\,max}$, e na carga, que pode variar entre $R_{L\,\min}$ e $R_{L\,max}$.

Observando-se que na determinação dos valores-limite não são significativas as pequenas variações da tensão na saída, pode-se considerar a resistência do Zener nula, o que implica a saída constante e igual à tensão de Zener V_Z, conforme representado na Figura 4.14.

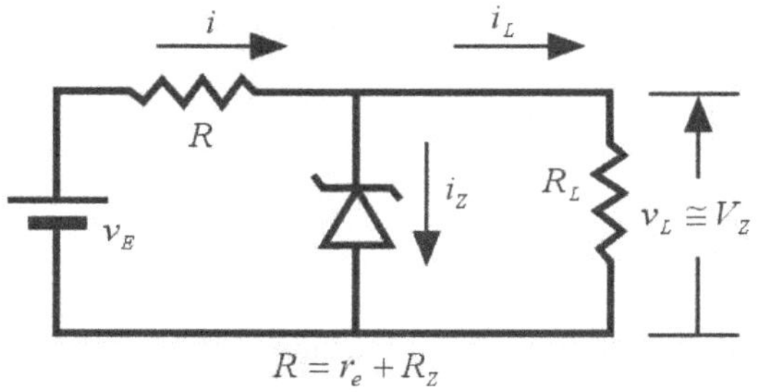

Figura 4.14 - Circuito para determinação dos valores-limite.

Devido à variação da carga, i_L irá variar entre os extremos:

$$i_{L\,min} = \frac{V_Z}{R_{L\,max}}$$

$$i_{L\,max} = \frac{V_Z}{R_{L\,min}}$$

Deduz-se, a partir da Figura 4.14, que a corrente i através de R será dada pela expressão:

$$i = \frac{v_E - V_Z}{R}$$

Essa corrente pode variar entre os valores i_{max} e i_{min}, dados pelas expressões:

$$i_{max} = \frac{v_{E\,max} - V_Z}{R}$$

$$i_{min} = \frac{v_{E\,min} - V_Z}{R}$$

Para a corrente de Zener, tem-se:

$$i_Z = i - i_L$$

Essa corrente será máxima quando i for máximo e i_L mínimo. Como esse valor máximo não pode ultrapassar a corrente máxima do Zener, chega-se à condição:

$$i_{max} - i_{L\,min} \leq I_{Z\,max}$$

Ou ainda:

$$\frac{V_{E\,max} - V_Z}{R} - i_{L\,min} \leq I_{Z\,max} \qquad (4.8)$$

O valor mínimo da corrente i_Z ocorrerá quando i for mínimo e a corrente na carga máxima. Não podendo esse mínimo ser inferior à corrente mínima para o diodo operar na região de Zener, decorre a condição:

$$i_{min} - i_{L\,max} \geq I_{Z\,min}$$

Ou seja:

$$\frac{V_{E\,min} - V_Z}{R} - i_{L\,max} \geq I_{Z\,min} \qquad (4.9)$$

4.6 CIRCUITO DE PROTEÇÃO ZENER

O diodo Zener pode ser utilizado para proteger a entrada de instrumentos, aparelhos ou equipamentos contra tensões elevadas, provocadas por falhas, uso inadequado ou até por interferências eletromagnéticas.

No circuito da Figura 4.15, utilizado para exemplificar esse tipo de aplicação, o bloco representa um equipamento qualquer que opera com tensões positivas. A proteção é realizada pelo diodo Zener e pela resistência R colocada em série com a entrada do instrumento.

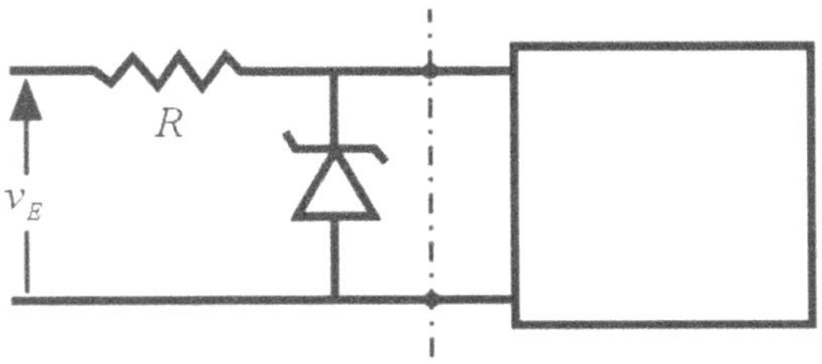

Figura 4.15 - Circuito de proteção a diodo Zener.

Deve ser utilizado, para que a proteção seja efetiva, um diodo com uma tensão de Zener inferior ou igual à máxima tensão que o equipamento suporta em sua entrada.

Para tensões de entrada v_E inferiores a V_Z, o diodo encontra-se fora da região de Zener, comportando-se como um circuito aberto. Com isso, obtém-se o circuito da Figura 4.16.a, no qual R_I representa a resistência de entrada do equipamento. Logicamente, a condição para que o circuito de proteção não altere o comportamento do circuito é que se tenha:

$$R \ll R_I.$$

Para tensões de entrada maiores que V_Z, o diodo entra na região de Zener, ficando a tensão de entrada do equipamento limitada em V_Z, equivalendo a uma fonte de tensão de valor constante, conforme mostrado no circuito equivalente da Figura 4.16.b.

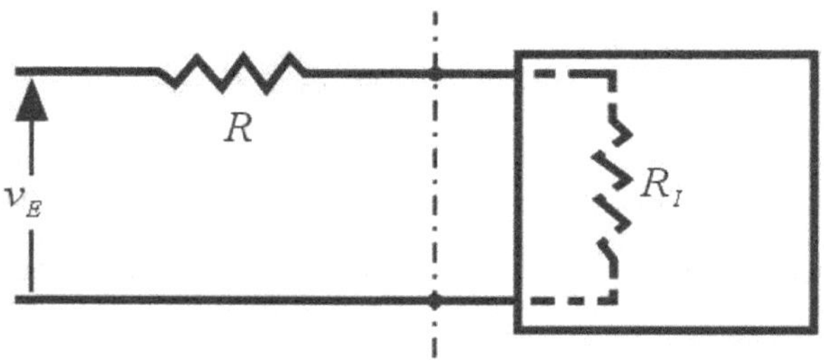

a) Circuito para $v_E < V_Z$

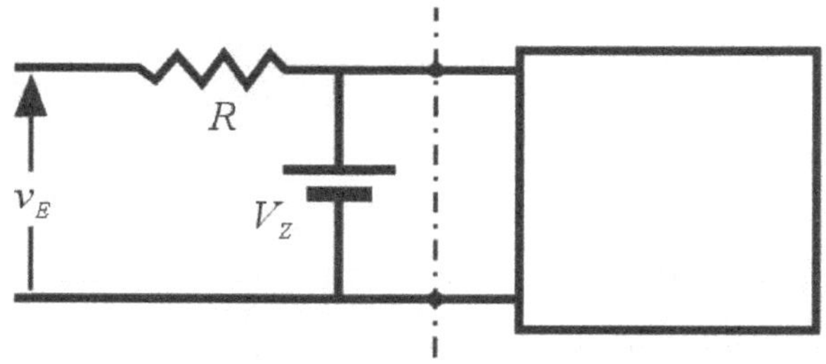

b) Circuito operando na região de Zener

Figura 4.16 – Operação do circuito de proteção.

O valor máximo da tensão de entrada $v_{E\,max}$ dependerá da corrente de Zener I_{Zmax}, sendo deduzida da condição:

$$\frac{v_{E\,max} - V_Z}{R} \leq I_{Z\,max}$$

Ou seja:

$$v_{E\,max} \leq RI_{Z\,max} + V_Z$$

4.7 PROBLEMAS

4.7.1 No regulador Zener da Figura 4.13.a, são dados $R = 200\Omega$ e $r_z = 10\Omega$. Calcular:

a) a resistência de saída r_s e o coeficiente de regulação c_V ;

b) a variação de tensão na saída quando a tensão de entrada sofrer um aumento de 5V;

c) a variação da tensão de saída quando a corrente fornecida à carga sofrer um aumento de 20mA;

d) a variação da tensão de entrada para que a tensão de saída permaneça constante, quando a corrente de carga for aumentada em 40mA.

Solução:

a) Das expressões (4.6) e (4.7):

$$c_V = \frac{10}{200} = 0{,}05$$

$$r_s = r_z = 10\Omega$$

b) Da expressão (4.5), com $\Delta i_L = 0$, obtém-se:

$$\Delta v_L = c_v \Delta v_E$$

Ou seja:

$$\Delta v_L = 0{,}05 \times 5 = 0{,}25\text{V}$$

c) Ainda da expressão (4.5), com $\Delta v_E = 0$:

$$\Delta v_L = -r_s \Delta i_L$$

Logo:

$$\Delta v_L = -10 \times 20 \times 10^{-3} = -0{,}20\text{V}$$

d) Para que a saída permaneça constante, deve-se ter:

$$0 = c_v \Delta v_E - r_s \Delta i_L$$

De onde decorre:

$$\Delta v_E = \frac{r_s}{c_v} \Delta i_L$$

Finalmente:

$$\Delta v_E = \frac{10}{0{,}05} \times 40 \times 10^{-3} = 8\,\text{V}$$

4.7.2. O circuito da Figura 4.12 é alimentado por uma fonte de tensão constante $v_E = 18$V. Admitindo-se que o circuito opere na região de Zener, e que são dados: $V_Z = 6$V, $I_{Z\,max} = 40$mA, $I_{Z\,min} = 5$mA, $r_z = 7\Omega$ e $R = 150\Omega$, calcular:

a) os valores máximo e mínimo admissíveis para a resistência R_L:

b) a variação da tensão de saída V_L para essa variação de R_L.

Solução:

a) Introduzindo-se os valores dados nas equações (4.8) e (4.9), obtém-se:

$$\frac{18-6}{150} - i_{L\,min} \leq 40 \times 10^{-3}$$

$$\frac{18-6}{150} - i_{L\,max} \geq 5 \times 10^{-3}$$

De onde decorre:

$$i_{L\,min} = 40\text{mA}$$

$$i_{L\,max} = 75\text{mA}$$

Essas correntes correspondem a:

$$R_{L\,max} = \frac{V_Z}{i_{L\,min}} = \frac{6 \times 10^3}{40} = 150\Omega$$

$$R_{L\,min} = \frac{V_Z}{i_{L\,min}} = \frac{6 \times 10^3}{75} = 80\Omega$$

b) Conforme foi visto, sendo $v_L = r_z\, i_z + V_z$ e como V_z é constante, a variação da saída Δv_L será dada pela variação da tensão na resistência r_z do Zener, ou seja:

$$\Delta v_L = r_z \Delta i_Z$$

Com os valores dados:

$$\Delta v_L = 7(5-40)\times 10^{-3}$$

Logo:

$$\Delta v_L = -0{,}245\,\text{V}$$

A variação Δv_L pode também ser calculada a partir da equação (4.5), fazendo-se $v_E = 0$ e , de acordo com (4.7), $r_s = r_z$, .

Tem –se dessa forma:

$$\Delta v_L = -r_z \Delta i_L = -7\times 35\times 10^{-3} = -\ 0{,}245\text{V}$$

Observa-se que o sinal negativo indica que um aumento da corrente na carga ocasiona uma diminuição na tensão de saída.

4.7.3. No circuito da Figura 4.17 são conhecidos $v_e = 6\,senwt$ V, V_{Z_1}= 2V e V_{Z_2}= 4V. Traçar a curva de v_L em função do tempo.

.

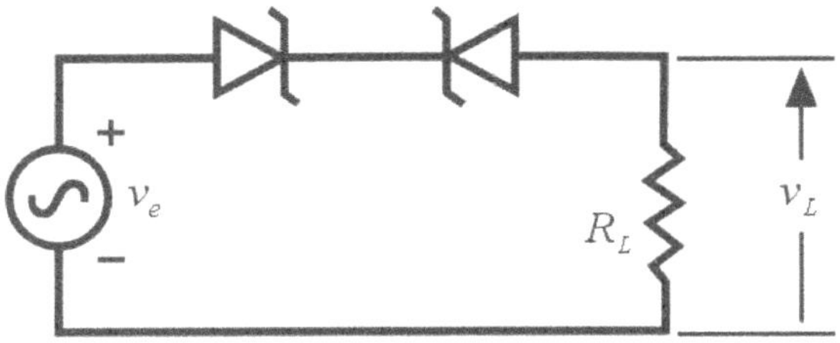

Figura 4.17 - Circuito do problema 4.3.

4.7.4. Traçar a tensão de saída v_L em função do tempo do circuito limitador da Figura 4.18, sendo conhecidos V_1= 2V, V_Z = 2V e v_e= 6 $senwt$ V,.

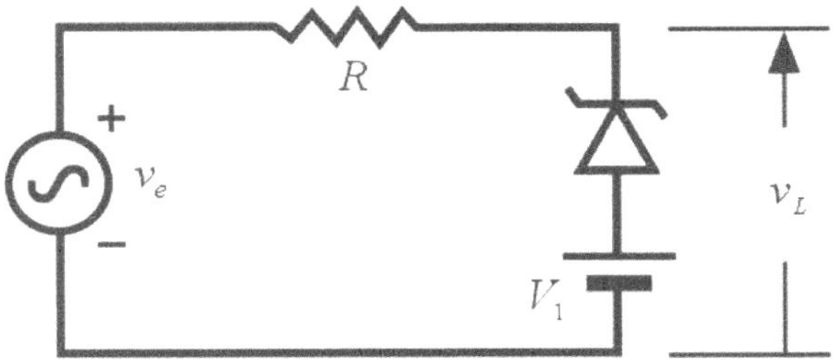

Figura 4.18 – Circuito do problema 4.4.

4.7.5. A tensão de entrada do circuito da Figura 4.19 é a senoide $v_e = 100\ sen wt$ V. Sabendo-se que os dois diodos desse duplo-limitador são iguais, com tensão de Zener $V_Z = 50$V, traçar o gráfico da saída v_L em função do tempo.

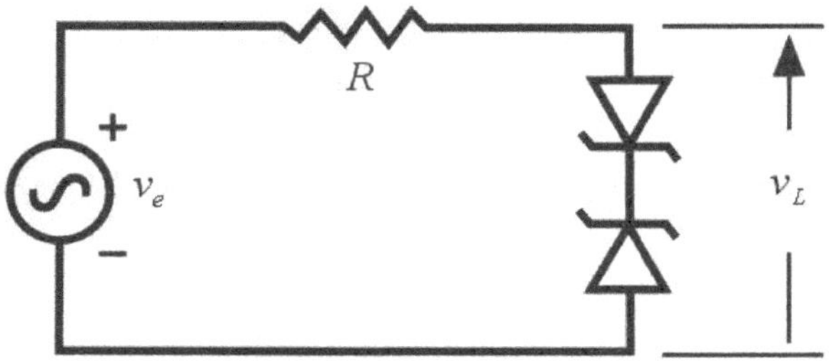

Figura 4.19 - Circuito do problema 4.5.

4.7.6. No circuito da Figura 4.20, são conhecidos $v_E = 2t$V/s, $V_{Z_1} = 6$V, $V_{Z_2} = 4$V. Traçar a tensão de saída v_L em função do tempo no intervalo $t = -6$s à $t = 6$s.

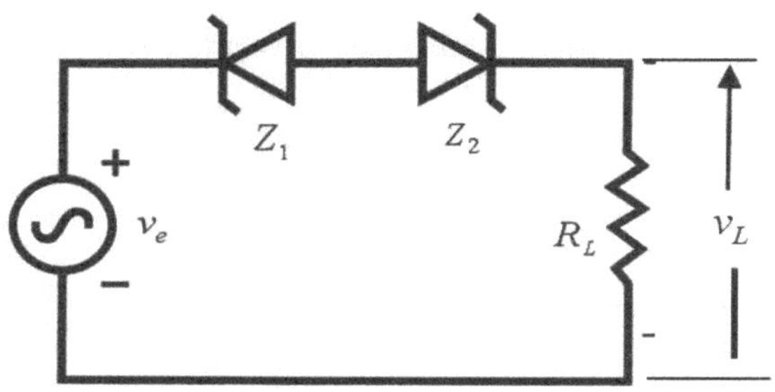

Figura 4.20 - Circuito do problema 4.6.

4.7.7. No circuito retificador da Figura 4.21, D_1 e D_2 são diodos do tipo Zener, com tensões $V_{Z_1} =$ 4V e $V_{Z_2} = 8$V, respectivamente. Sabendo-se que $R = R_L$, traçar o gráfico de v_l em função do tempo para uma tensão de entrada $v_e = 24\ sen wt$ V.

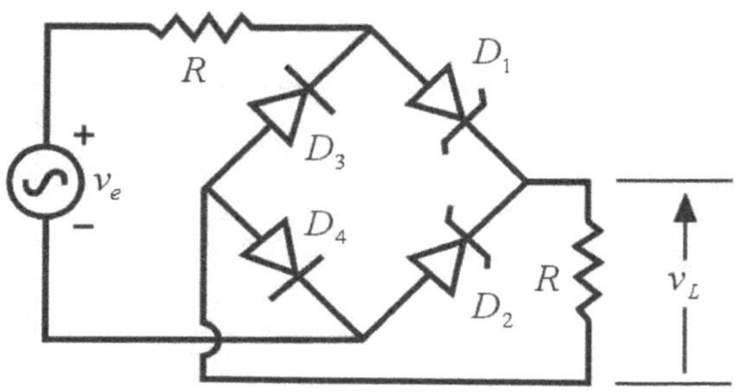

Figura 4.21 - Circuito do problema 4.7.

4.7.8. No circuito da Figura 4.22, a entrada é uma rampa definida pela função $v_e = 3t$ V/s. Sendo as tensões de Zener dos diodos D_1 e D_2, respectivamente, $V_{Z1} = 12V$ e $V_{Z2} = 6V$, traçar o gráfico da tensão de saída v_l em função do tempo.

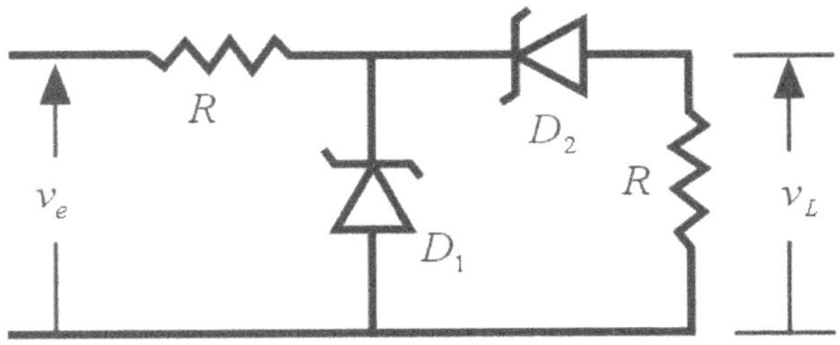

Figura 4.22 - Circuito do problema 4.8.

4.7.9. Sabendo-se que, no circuito da Figura 4.23, $v_e = 10\ senwt$ V e $V_Z = 4V$, traçar v_L em função do tempo.

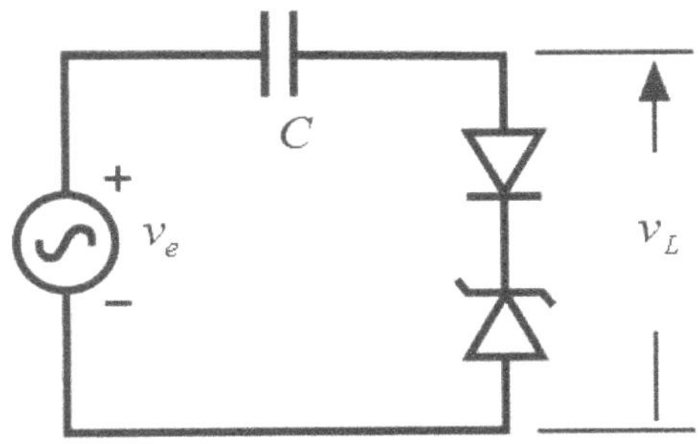

Figura 4.23 - Circuito do problema 4.9.

4.7.10. No circuito do regulador da Figura 4.13.a, são dados: $v_E = 12V$, $V_Z = 10V$, $r_z = 2\Omega$, $I_{Z\,max} = 50mA$ e $I_{Z\,min} = 2mA$.

a) determinar o menor valor de R de tal forma que a carga R_L possa ser retirada do circuito sem dano para o Zener;

b) com esse valor de R, determinar $R_{L\,min}$ para que o circuito opere na região de Zener;

c) determinar a diferença de tensão Δv_L entre o circuito aberto e carregado com $R_{L\,min}$.

4.7.11. No circuito da Figura 4.13.a, v_E pode variar entre 38 e 34V e R_L entre 300 e 600Ω. Sendo $I_{Z\,max} = 90mA$, $I_{Z\,min} = 2mA$, $V_Z = 24V$, determinar R para que o circuito opere na região de Zener.

4.7.12. Tem-se no circuito da Figura 4.13.a: $I_{Z\,max} = 100mA$, $I_{Z\,min} = 2mA$, $V_Z = 10V$, $R_L = 100\Omega$, $R = 40\Omega$ e $r_z = 2\Omega$. Determinar:

a) $v_{E\,max}$ e $v_{E\,min}$;

b) a variação Δv_L da tensão de saída.

4.7.13. O Zener do circuito da Figura 4.24 é utilizado para proteger o voltímetro contra tensões elevadas. Sendo $10\,\mu A$ a corrente de fundo de escala do medidor, $V_Z = 15V$, $I_{Z\,max} = 40mA$ e $I_{Z\,min} = 2mA$, calcular R para que o circuito suporte tensões de entrada de até 50V.

Figura 4.24 - Circuito do problema 4.13.

4.7.14. Conhece-se, no circuito da Figura 4.25: $v_e = 30sen\,2\pi ft$ V, $C = 10.000\,\mu F$, $R_1 = 100\Omega$, $R_2 = 5K\Omega$, $R_3 = 3K\Omega$, $R_4 = 4K\Omega$, $f = 1000Hz$, $V_{Z_1} = 30V$ e $V_{Z_2} = 10V$. Determinar I_1, I_2, I_3 e I_4.

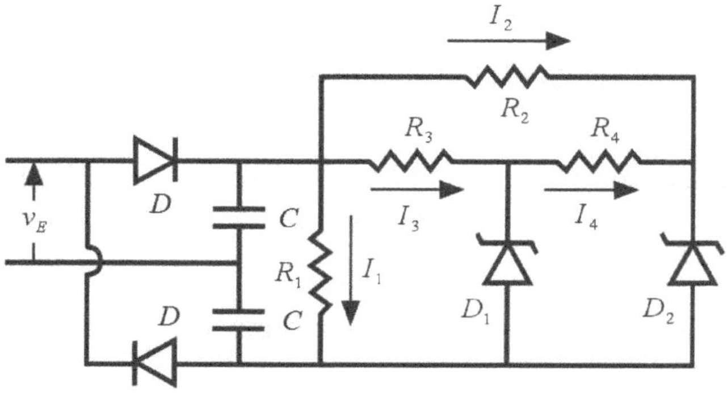

Figura 4.25 - Circuito do problema 4.14.

4.7.15. O equipamento, representado por um bloco no circuito da Figura 4.26, possui uma resistência de entrada de 30KΩ, e utiliza os diodos D_1 e D_2 para proteção contra tensões elevadas. Pede-se os mínimos valores de R_1 e R_2 para que o circuito suporte tensões na entrada de até 350V. São dados: $V_{Z_1} = 15V$, $I_{Z\,max_1} = 50mA$, $I_{Z\,min_1} = 1mA$, $V_{Z_2} = 50V$, $I_{Z\,max_2} = 100mA$ e $I_{Z\,min_2} = 2mA$.

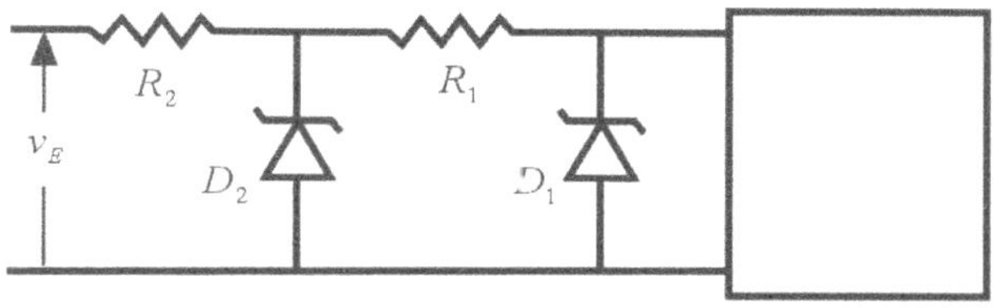

Figura 4.26 - Circuito do problema 4.15.

4.7.16. O circuito da Figura 4.27 utiliza os mesmos dados do problema 4.14. Da mesma forma, determinar as correntes I_1, I_2, I_3 e I_4.

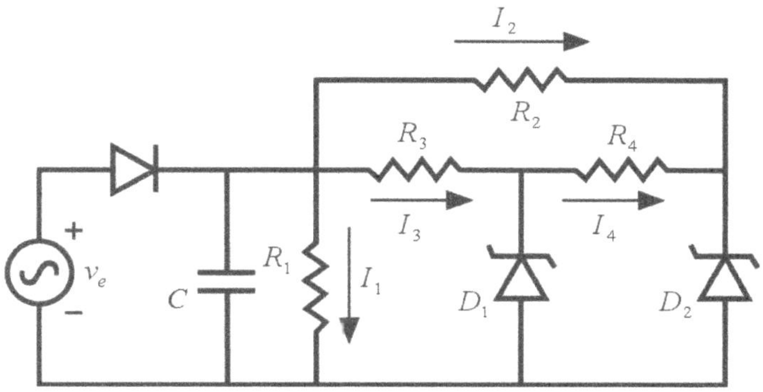

Figura 4.27 - Circuito do problema 4.16.

CAPÍTULO 5

TRANSISTOR BIPOLAR DE JUNÇÃO EM BAIXA FREQUÊNCIA

5.1 INTRODUÇÃO

Denominam-se *transistores bipolares de junção* os dispositivos do estado sólido formados por duas junções *p-n* construídas no mesmo cristal, de tal forma que apresentam três regiões de dopagem diferentes alternadamente dispostas.

Dependendo do material dessas regiões, obtêm-se o transistor do *tipo n-p-n*, formado por duas regiões de material do tipo *n* separadas por uma do tipo *p;* e o transistor do *tipo p-n-p*, formado por duas regiões do tipo *p* separadas por uma do tipo *n*, conforme representado nas Figuras 5.1.a e 5.1.b.

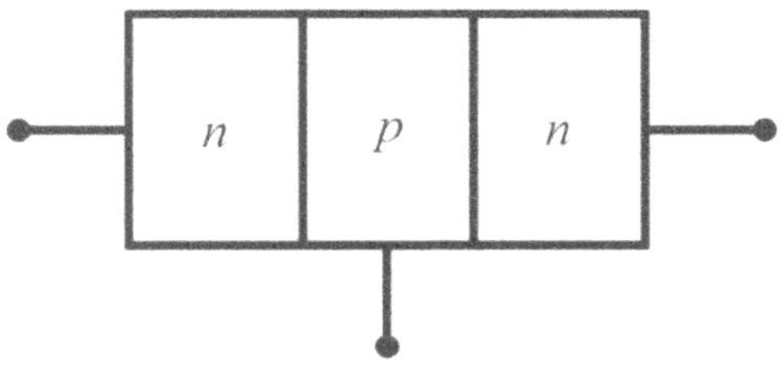

a) Transistor *n-p-n*

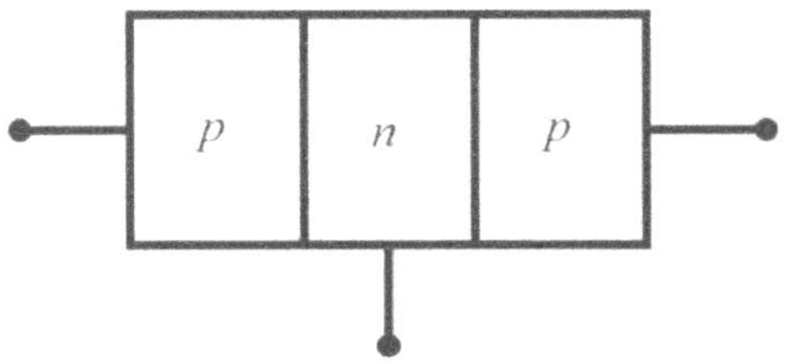

b) Transistor *p-n-p*

Figura 5.1 - Representação dos dois tipos de transistor.

A denominação bipolar decorre da própria operação desses dispositivos, na qual participam dois tipos de portadores de carga elétrica: os elétrons e as lacunas.

Os dispositivos cujo funcionamento depende de um único tipo de portador, como os transistores de junção a efeito campo, são denominados *unipolares*.

Como não foram consideradas as capacitâncias que ocorrem entre as diferentes regiões do transistor, as equações e os circuitos equivalentes obtidos aplicam-se unicamente às operações em baixa frequência.

5.2 TRANSISTOR *n-p-n*

Construção

Conforme se observa na Figura 5.1.a, o transistor *n-p-n* consta de duas junções *p-n*, formadas em um único cristal por uma região do tipo *p* entre duas regiões do tipo *n*.

A região do meio constitui a *base* do transistor, enquanto uma das regiões do tipo *n* forma o *emissor* e a outra, o *coletor*. A junção entre o emissor e a base é chamada de *junção do emissor* e a junção entre a base e o coletor, de *junção do coletor*.

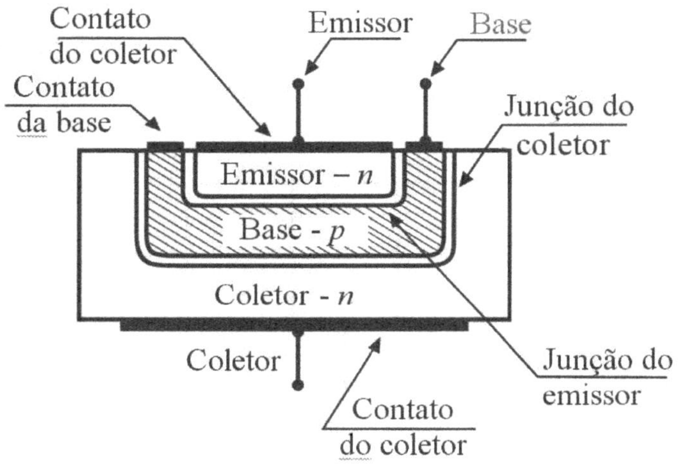

Figura 5.2 - Corte de um transistor bipolar *n-p-n*.

A Figura 5.2 representa um corte vertical de um transistor planar do tipo *n-p-n*, fabricado pelo processo de difusão, uma das técnicas utilizadas na construção de dispositivos semicondutores.

Sobre a superfície de um disco de material semicondutor do tipo *n*, chamado de *substrato*, coloca-se uma máscara de proteção, através da qual é feita a difusão gasosa de aceitadores, criando-se uma região do tipo *p*, que forma com a anterior a junção base-coletor.

Por um processo semelhante, agora com a difusão de doadores, obtém-se uma outra região do tipo *n*, que constitui o *emissor*.

Na superfície dessas regiões, realizam-se depósitos metálicos que formarão os contatos do emissor, da base e do coletor, nos quais serão soldados os três terminais do transistor.

Salienta-se que as dimensões físicas envolvidas são diminutas. Por exemplo, a espessura da base é da ordem de décimos de micron e a área das junções, de centenas a alguns milhares de micra quadrados.

Operação

Considerando-se que o transistor é composto por duas junções, na condição de equilíbrio aparecem duas barreiras de potencial, uma do emissor para a base e a outra, do coletor para a base, que são as barreiras dos diodos montados um contra o outro.

O transistor opera, normalmente, com a junção do emissor polarizada diretamente e a do coletor, inversamente.

Com tal polarização, diz-se que o transistor está *na região ativa direta.*

Devido à simetria de construção, o transistor pode, também, operar na *região ativa inversa* — com a junção do emissor polarizada inversamente e a do coletor, diretamente — funcionando o coletor como emissor e vice-versa.

Como as dimensões físicas e as concentrações de impurezas do emissor e do coletor não são iguais, os dois tipos de operação diferem, sendo inferior o desempenho na região ativa inversa.

Tendo em vista que os transistores são construídos para operar na região ativa direta, esta será referida unicamente como *região ativa.*

O circuito da Figura 5.3 contém um transistor *n-p-n* polarizado na região ativa. A linha cheia da Figura 5.4 representa a distribuição de potencial ao longo do transistor no equilíbrio, e a linha interrompida, a alteração que ocorre com a polarização. São também representados os deslocamentos dos portadores através das junções.

Em consequência dos potenciais de contato que se formam nas junções metal-semicondutor, conforme descrito no Capítulo II, as tensões de polarização aparecem diretamente aplicadas às junções. Dessa forma, a barreira da junção do emissor será reduzida de um valor v_{BE} e a do coletor, aumentada de um valor v_{CB}, conforme indicado na Figura 5.4.

Devido à polarização direta, a junção do emissor vai conduzir, aparecendo uma corrente formada pelos elétrons do emissor que se difundem para a base e pelas lacunas da base que se difundem para o emissor.

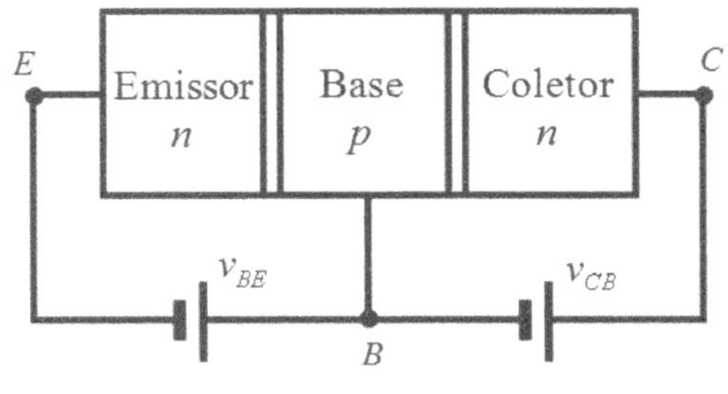

Figura 5.3 – Transistor polarizado na região ativa

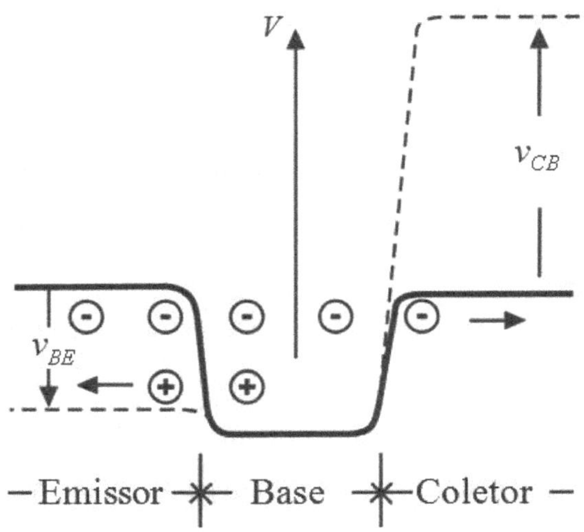

Figura 5.4 – Distribuição de potencial ao longo do transistor

Como a base é fracamente dopada, por construção, o movimento de lacunas é negligenciável, de tal forma que a corrente através dessa junção é *dominada pelos elétrons*.

Ao atravessarem a junção do emissor, os elétrons difundem-se pela base de maneira análoga ao que ocorre em um diodo polarizado diretamente.

Conforme mostrado na seção 1.10, à medida que se difundem, as lacunas em excesso recombinam-se com os portadores majoritários da base, tendendo sua concentração para o valor de equilíbrio. Ocorre que em um transistor a base é muito fina, também por construção, apresentando uma espessura bem menor que o comprimento de difusão das lacunas. Dessa forma, praticamente todas as lacunas que são injetadas na base alcançam a junção do coletor, de onde passam para o coletor, atraídas pelo potencial positivo dessa região.

É por causa dessa característica de construção que o transistor, embora formado por duas junções *p-n* em um mesmo cristal, não pode ser analisado como dois diodos montados um contra o outro. O pequeno comprimento da base impede que a concentração em excesso caia ao seu valor de equilíbrio, como ocorreria, caso fossem empregados dois diodos comuns. É exatamente essa pequena espessura que permite aos portadores injetados na junção do emissor atravessar uma segunda junção, fenômeno responsável pelas propriedades apresentadas pelo transistor.

As denominações de *emissor* e *coletor* decorrem da própria operação do transistor, ou seja: o emissor *emite* elétrons que são *coletados* pelo coletor.

Na Figura 5.5 estão indicadas as correntes nas diferentes regiões do transistor.

A corrente do emissor i_E é formada pela corrente i_{nE} de elétrons que passam para a base e pela corrente i_{pE} de lacunas que passam da base para o emissor.

Como essas correntes têm o mesmo sentido, uma vez que as cargas positivas e negativas deslocam-se em sentidos contrários, acorrente de emissor é dada pela soma da duas, ou seja:

$$i_E = i_{nE} + i_{pE}$$

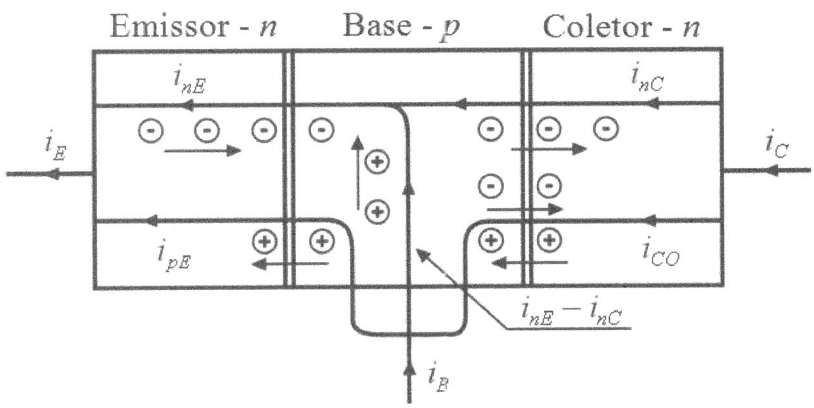

Figura 5.5 - Correntes em um transistor *n-p-n*.

A corrente de lacunas i_{pE}, conforme já analisado, é muito menor que i_{nE} em virtude da baixa concentração desses portadores na base.

A corrente de coletor compõe-se da corrente i_{nC}, formada pelos elétrons provenientes de emissor que se difundem através da base, e da corrente I_{CO} do diodo base-coletor polarizado inversamente, formada pelas lacunas que passam do coletor para a base e pelos elétrons que passam da base para o coletor, em virtude do campo elétrico existente nessa junção.

Igualmente ao que ocorre com a corrente de emissor, essas duas correntes têm o mesmo sentido, embora os portadores movimentem-se em sentidos contrários. Com isso, obtém-se para i_C:

$$i_C = i_{nC} + I_{CO} \tag{5.1}$$

Estando o emissor em aberto, ou seja, com $i_E = 0$, a corrente de coletor será formada unicamente por I_{CO}, de valor muitas vezes inferior a i_{nC}.

A corrente de base é formada pela soma da corrente das lacunas que chegam para realimentar a recombinação que ocorre nessa região com a corrente i_{pE}, menos a corrente I_{CO}. Devido ao pequeno valor dessas parcelas, a corrente de base é bem inferior às correntes do emissor e do coletor, sendo positiva em relação ao sentido convencionado na Figura 5.5

Finalizando: *em um transistor n-p-n a operando na região ativa as correntes entram no coletor e na base, saindo no emissor.* Tem-se, pois:

$$i_E = i_C + i_B$$

E, considerando-se o pequeno valor de i_B:

$$i_E \cong i_C \tag{5.2}$$

A corrente do coletor, dominada pelos elétrons emitidos pelo emissor e que se difundem através da base, pouco varia com a tensão entre o coletor e a base. Tal fato significa que todos os portadores que atravessam a base passam para o coletor sem grandes variações do potencial existente na junção. Para que isto ocorra, a junção do coletor é construída com dimensões bem maiores que a do emissor, de modo a apresentar baixa resistência à passagem da corrente.

Essa situação é verdadeira até mesmo quando a tensão coletor-base for nula, pois o próprio potencial de equilíbrio será suficiente para atrair para o coletor os portadores que chegam a essa junção. Somente quando a tensão v_{CB} for negativa, o que corresponde à junção polarizada diretamente e o transistor fora da região ativa, é que a corrente vai variar de forma violenta com a tensão.

Na região ativa, a junção do emissor encontra-se polarizada diretamente, significando que a tensão emissor-base é a própria tensão de joelho dessa junção.

Pequenas variações dessa tensão, da ordem de centésimos de volt, controlam a corrente do emissor e, consequentemente, a corrente do coletor. Já na junção do coletor, polarizada inversamente, as variações de tensão são elevadas, muitas vezes maiores que as de v_{BE}.

Como a corrente através das duas junções é aproximadamente a mesma, a potência na junção do emissor é bem menor que a potência na junção do coletor ou, em outras palavras, uma pequena potência de entrada controla uma elevada potência de saída.

Decorre dessa propriedade a grande variedade de aplicações do transistor, entre as quais sua utilização como amplificador de tensão e de potência.

Símbolo

O símbolo do transistor *n-p-n* está representado na Figura 5.6, na qual as letras *E*, *B* e *C* indicam os terminais do emissor, da base e do coletor, respectivamente.

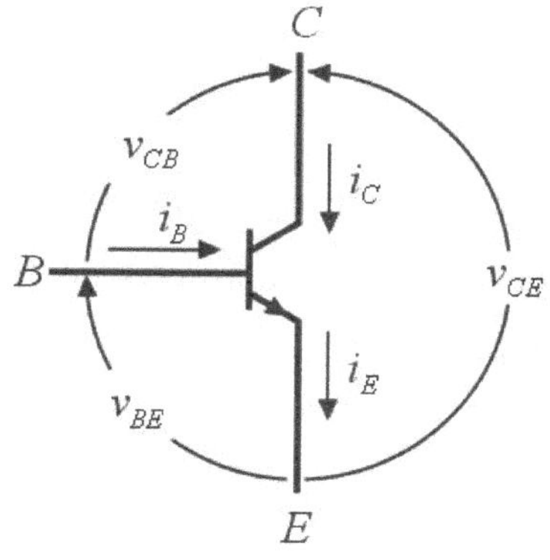

Figura 5.6 - Símbolo do transistor *n-p-n*.

A seta colocada no emissor representa o sentido real da corrente nesse terminal, a qual, conforme indicado na Figura 5.5 entra no coletor e na base, saindo no emissor. Assim, em relação aos sentidos convencionais na Figura 5.6 as correntes em um transistor *n-p-n* são positivas.

Para operação na região ativa, conforme foi visto, a junção do emissor deve ser polarizada diretamente, e a do coletor, inversamente, ou seja: o coletor deve ser feito positivo em relação à base, e a base, positiva em relação ao emissor.

Assim sendo, para o transistor *n-p-n* também as tensões v_{CB}, v_{CE} e v_{BE} são positivas.

5.3 TRANSISTOR *p-n-p*

O transistor *p-n-p* consta de duas junções *p-n* formadas por uma região de semicondutor do tipo *n* entre duas regiões do tipo *p*, conforme esquematizado na Figura 5.1.b.

Analogamente ao do tipo *n-p-n*, a região do meio forma a base, enquanto uma das regiões do tipo *p* forma o emissor e a outra, o coletor. A junção entre o coletor e a base é chamada de *junção do coletor*, e a junção entre o emissor e a base, de *junção do emissor*.

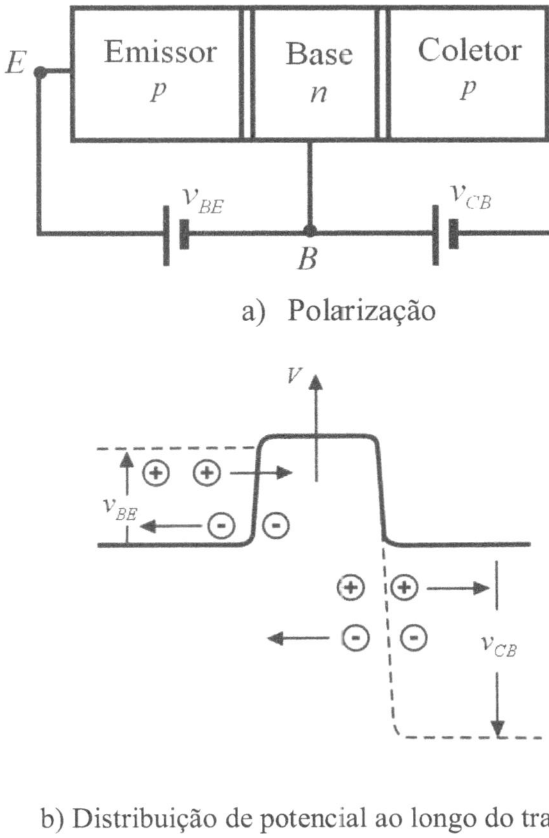

b) Distribuição de potencial ao longo do transistor

Figura 5.7 - Transistor *p-n-p* polarizada na região ativa.

Em equilíbrio, quando todos os terminais estão em aberto, a base apresenta um potencial superior ao do emissor e do coletor. Assim, para o transistor operar na região ativa, o emissor deve ser feito positivo em relação à base e o coletor, negativo, conforme representado na Figura 5.7.a. A curva em linha cheia da Figura 5.7.b corresponde à distribuição de potencial no equilíbrio, e a curva em linha interrompida, às alterações ocorridas com a polarização.

Devido à redução da barreira, a junção do emissor conduzirá, ocorrendo um movimento de lacunas do emissor para a base — que é a corrente i_{Pe}; e outro de elétrons da base para o emissor — que é a corrente de elétrons i_{nE}. A soma dessas duas correntes compõe a corrente do emissor i_E.

Tendo-se em vista que a base é fracamente dopada, a corrente de elétrons pode ser desprezada, ficando a corrente do emissor dominada pelas lacunas.

As lacunas injetadas na base difundem-se em direção à junção do coletor, de onde passam para o coletor, atraídas pelo potencial negativo dessa região.

Em consequência da pequena espessura da base, a recombinação nela ocorrida é desprezível. Dessa forma, praticamente todas as lacunas que chegam à base passam para o coletor.

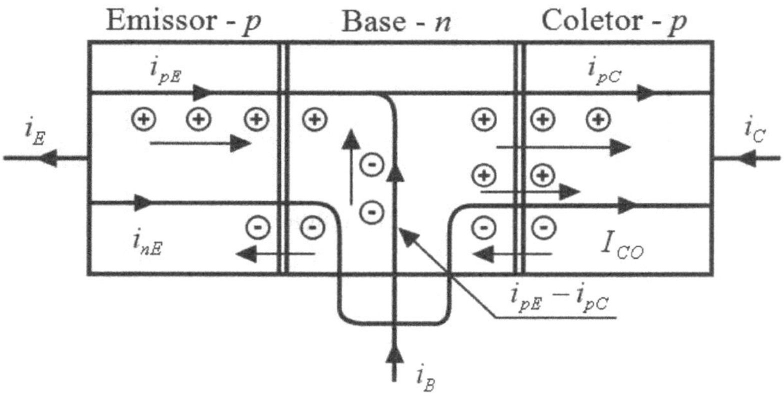

Figura 5.8 - Correntes em um transistor *p-n-p*.

Na Figura 5.8 estão representadas as correntes nas diferentes regiões de um transistor *p-n-p*.

A corrente I_{CO} é formada pelos elétrons que passam do coletor para a base e pelas lacunas que passam da base para o coletor. Trata-se da corrente do diodo coletor-base polarizado inversamente.

A corrente da base é formada pela corrente de elétrons i_{nE}, pela corrente I_{CO} através da junção do coletor e pelos elétrons que chegam para realimentar a recombinação que ocorre nessa região.

Como no caso do transistor *n-p-n*, essa corrente é bem inferior à corrente do emissor e do coletor, podendo ser desprezada.

Analogamente ao que ocorre no transistor *n-p-n*, a junção do emissor controla a corrente através do transistor. Essa corrente independe, praticamente, da tensão coletor-base aplicada.

Todos os demais resultados apresentados para o tipo *n-p-n* são válidos para o *p-n-p*, desde que sejam trocados entre si os elétrons pelas lacunas e invertidos os sentidos das tensões e correntes.

Símbolo

Na Figura 5.9 está representado o símbolo do transistor *p-n-p*, com os mesmos sentidos convencionados na Figura 5.6 para as correntes. A seta colocada no emissor indica o sentido real da corrente nesse terminal.

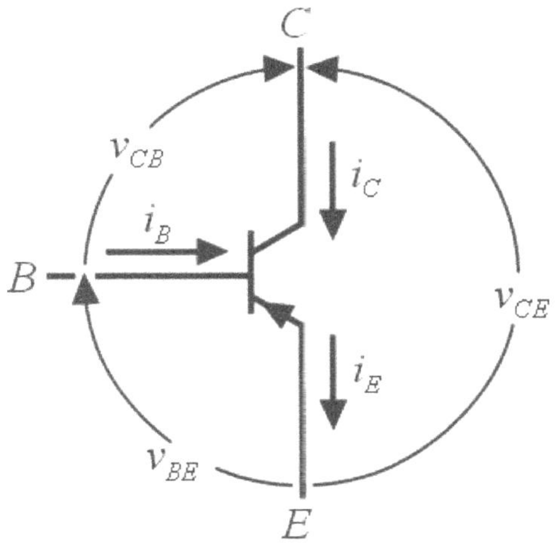

Figura 5.9 - Símbolo do transistor *p-n-p*.

Conforme se observa na Figura 5.8, em um transistor *p-n-p* a corrente entra no emissor, saindo no coletor e na base.

Dessa forma, i_E, i_C, i_B e I_{CO} são correntes negativas em relação aos sentidos que foram convencionados nas Figuras 5.8 e 5.9.

São também negativas as tensões v_{CB}, v_{CE} e v_{BE} para operação na região ativa, ou seja, o emissor deve ser feito positivo e o coletor negativo em relação à base.

Resumindo: ao contrário do *n-p-n*, no transistor *p-n-p* as tensões e correntes são negativas.

5.4 EQUAÇÕES DO TRANSISTOR

As chamadas equações do transistor, apresentadas sem demonstração nesta seção, fornecem as correntes i_E e i_C para quaisquer valores das tensões v_{CB} e v_{BE}.

Essas equações foram deduzidas de um modelo idealizado do transistor, no qual foram desprezadas as quedas de tensão no emissor e no coletor, ocorridas entre as junções e os terminais, considerando-se que essas regiões apresentam baixas resistências por serem fortemente dopadas.

Foram também desprezadas as quedas de tensão na base entre as duas junções e o terminal. Embora a resistência dessa região não seja tão pequena em virtude da fraca dopagem , a corrente flui através de uma seção transversal ao plano das junções e de reduzida área.

Como não foram consideradas as capacitâncias que ocorrem entre as diferentes regiões do transistor, essas equações são válidas unicamente para operação em baixa frequência.

Observa-se que os coeficientes dessas equações podem ser determinados conhecendo-se as áreas das junções, o comprimento da base, as constantes e comprimentos de difusão, e as concentrações de equilíbrio dos elétrons e das lacunas no emissor, base e coletor.

Transistor *p-n-p*

Mostrou-se na seção 2.5 que a corrente através de uma junção *pn* é dada pela soma da corrente de lacunas no lado *n* com a corrente de elétrons do lado *p*, avaliadas junto à região de carga espacial ($x=0$).

No caso do transistor *p-n-p*, os elétrons da base injetados no emissor difundem-se através de uma região com comprimento muito maior que o de difusão desse portador.

Como essa foi a condição adotada para o estudo da corrente em um diodo, a equação (2.11) aplica-se também na determinação dessa corrente.

Já para a corrente de lacunas do emissor injetada na base, a equação análoga (2.10) não será válida, devido à pequena largura da base, muito menor que o comprimento de difusão das lacunas. No seu cálculo aplica-se a equação (1.36), que fornece a concentração em excesso ao longo de *x*. As constantes que nela aparecem são as concentrações de lacunas no início e no final da base.

Manipulando-se essas duas equações e mantendo-se os sentidos convencionados na Figura 5.9, obtém-se para a corrente do emissor:

$$i_E = C_{11}\left(e^{v_{EB}/V_T} - 1\right) + C_{12}\left(e^{v_{CB}/V_T} - 1\right) \tag{5.3}$$

De maneira similar, deduz-se para a corrente de coletor:

$$i_C = C_{21}\left(e^{v_{EB}/V_T} - 1\right) + C_{22}\left(e^{v_{CB}/V_T} - 1\right) \tag{5.4}$$

Transistor *n-p-n*

No transistor *n-p-n* as junções do coletor e emissor são invertidas em relação ao *p-n-p*, com a base servindo de anodo comum, o que ocasiona a inversão do sinal de v_{EB} e v_{CB}.

Assim, com os sentidos das correntes indicados na Figura 5.6, deduzem-se as equações:

$$i_E = C_{11}\left(e^{-v_{EB}/V_T} - 1\right) + C_{12}\left(e^{-v_{CB}/V_T} - 1\right) \tag{5.5}$$

$$i_C = C_{21}\left(e^{-v_{EB}/V_T} - 1\right) + C_{22}\left(e^{-v_{CB}/V_T} - 1\right) \tag{5.6}$$

5.5 TIPOS DE MONTAGEM DO TRANSISTOR

De acordo com os terminais do transistor usados como entrada e como saída, existem três tipos de montagem: emissor-comum, base-comum e coletor-comum.

Na Figura 5.10 estão representadas essas montagens, notando-se que cada uma tem o nome do terminal comum à entrada e a saída. Como exemplo, na montagem emissor-comum, a entrada é feita entre a base e o emissor e a saída, entre o coletor e o emissor.

Cada montagem apresenta um conjunto de coeficientes que descreve o seu funcionamento, os quais diferem de uma montagem para outra. São esses coeficientes que definem a montagem mais adequada para uma dada aplicação.

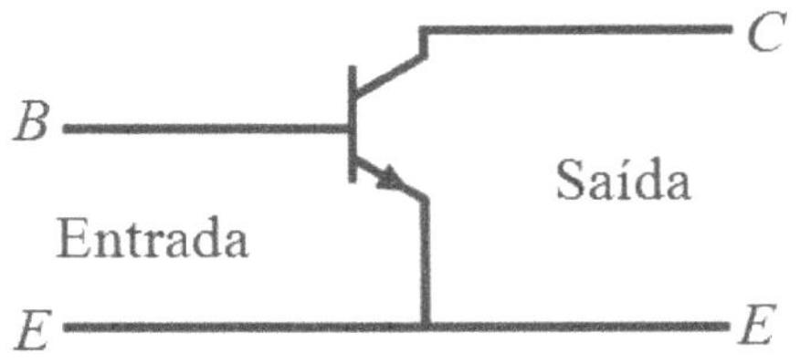

a) Montagem emissor-comum

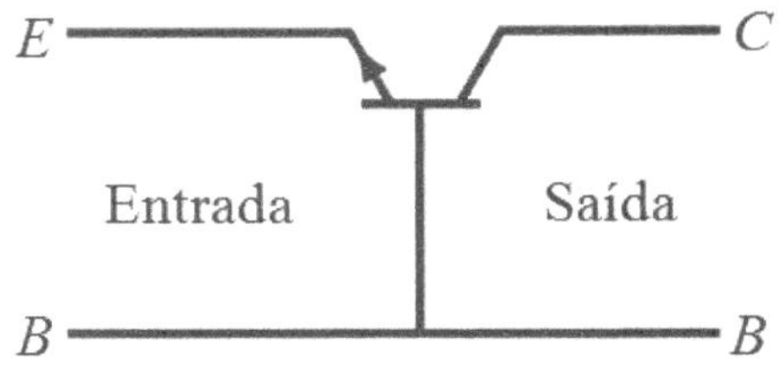

b) Montagem base-comum

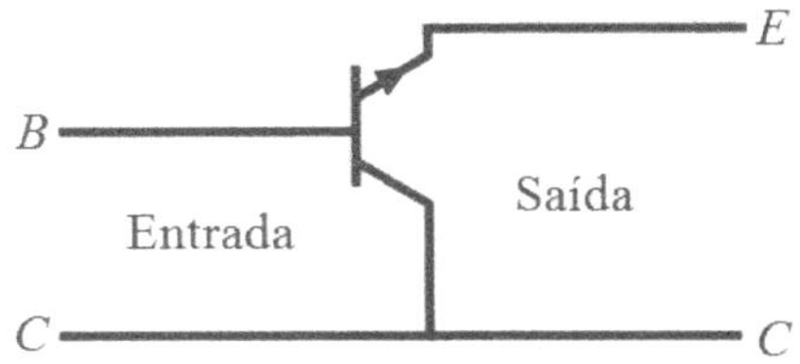

c) Montagem coletor-comum

Figura 5.10 - Tipos de montagem do transistor.

Embora a Figura 5.10 contenha somente transistores *n-p-n*, as montagens são as mesmas também para o tipo *p-n-p*. Nota-se que a montagem independe do tipo de transistor.

5.6 MONTAGEM BASE-COMUM

Conforme representado na Figura 5.10.b, na montagem base-comum a entrada é feita entre o emissor e a base e a saída, entre o coletor e a base.

Dessa forma, as variáveis de maior interesse—ou seja, as variáveis de entrada e saída através das quais o transistor se interliga com os outros componentes do circuito, e que são também as mais fáceis de serem medidas—são as correntes de emissor e coletor e as tensões emissor-base e coletor-base.

O estudo que se segue procura relacionar essas variáveis.

Equação de saída

Transistor n-p-n – Eliminando-se v_{EB} das equações (5.6) e (5.7), obtém-se para i_C:

$$i_C = \frac{C_{21}}{C_{11}} i_E + \left(C_{22} - \frac{C_{21}C_{12}}{C_{11}} \right)\left(e^{-v_{CB}/V_T} - 1 \right) \quad (5.7)$$

Com o emissor em aberto, isto é, $i_E = 0$, o transistor reduz-se unicamente à junção do coletor, podendo essa equação ser comparada à (2.13), deduzida para o diodo na seção 2.5.

Lembrando-se que I_{CO} é a corrente inversa da junção do coletor, e considerando-se os sentidos convencionados para as correntes na Figura 5.5, resulta da comparação:

$$C_{22} - \frac{C_{21}C_{12}}{C_{11}} = -I_{CO}$$

O coeficiente de i_E na equação (5.7) é chamado de *ganho estático na montagem base-comum*, normalmente representado por α_{DC}, ou seja:

$$\alpha_{DC} = \frac{C_{21}}{C_{11}}$$

Levando-se I_{CO} e α_{DC} na equação (5.7):

$$i_C = \alpha_{DC} i_E - I_{CO}\left(e^{-v_{CB}/V_T} - 1\right) \tag{5.8}$$

que é a equação da saída na montagem base-comum do transistor *n-p-n*.

Para um transistor *n-p-n* operar na região ativa, v_{CB} deve ser feito positivo, reduzindo-se a exponencial de (5.8) a um valor muito inferior à unidade. Obtém-se a equação:

$$i_C = \alpha_{DC} i_E + I_{CO} \tag{5.9}$$

Nessa expressão, de acordo com os sentidos da Figura 5.5, i_C, i_E e I_{CO} são positivos.

Notando-se que I_{CO} é muito menor que i_C, pode-se definir α_{DC} como sendo a relação entre a corrente de coletor e a de emissor estando o transistor operando na região ativa, ou seja:

$$\alpha_{DC} \cong \frac{i_C}{i_E} \tag{5.10}$$

Dessa forma, α_{DC} é um número positivo e próximo da unidade (da ordem de 0,98) devido à pequena recombinação que ocorre na base.

Transistor p-n-p – Procedendo-se de forma análoga, a partir das equações (5.3) e (5.4), deduz-se:

$$i_C = \alpha_{DC} i_E - I_{CO}\left(e^{v_{CB}/V_T} - 1\right) \tag{5.11}$$

que é a equação da saída na montagem base-comum para o transistor *p-n-p*.

Para operação na região ativa, v_{CB} deve ser feito negativo, resultando a mesma equação (5.9). A diferença é que as correntes i_C, i_E e I_{CO} são negativas em relação aos sentidos da Figura 5.8. No entanto, é positivo o ganho α_{DC}, também definido pela relação (5.10).

Curvas características de saída

Chamam-se *curvas características de saída* para montagem base-comum à família de curvas de i_C em função de v_{CB}, tendo i_E como parâmetro. São curvas de i_E constante.

Na Figura 5.11 está representado um dos circuitos utilizados para obtenção dessas curvas. A tensão coletor-base é fornecida pela fonte variável v_{CB}. A corrente i_E é fornecida pela fonte V_{EE}, também variável, em série com a resistência R_E, a qual deve apresentar valor suficientemente elevado para que se tenha V_{EE} muito maior que v_{BE}. Com essa condição:

$$i_E = \frac{V_{EE} - v_{BE}}{R_E} \cong \frac{V_{EE}}{R_E}$$

que equivale a uma fonte de corrente constante controlada por V_{EE}.

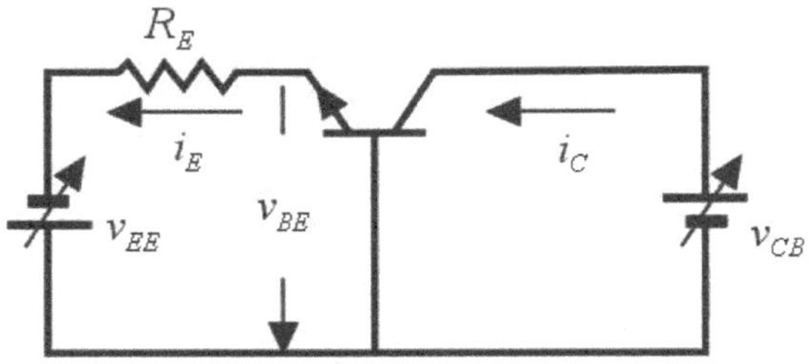

Figura 5.11 - Circuito para obtenção das curvas características de saída em base-comum.

A operação consiste em, mantido i_E constante, variar v_{CB} e medir i_C. Para cada valor fixado de i_E, obtém-se uma curva. Um conjunto típico dessas curvas está representado na Figura 5.13.

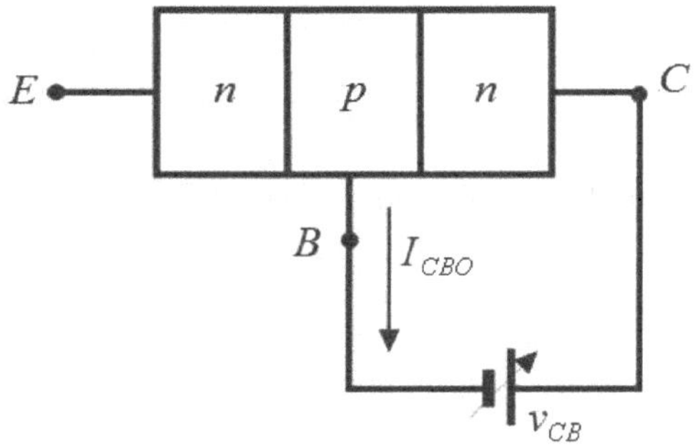

Figura 5.12 - Circuito para $i_E = 0$.

A curva para $i_E = 0$ corresponde ao circuito da Figura 5.12, no qual o emissor está em aberto, reduzindo-se o transistor ao diodo coletor-base. Nessa condição, para v_{CB} positivo, a corrente de coletor assume o valor I_{CBO}, que é a corrente de saturação desse diodo polarizado inversamente, significando as letras: corrente entre coletor e a base com o emissor em aberto (*out*). Com v_{CE} negativo o diodo está polarizado diretamente, passando a operação para o terceiro quadrante.

Tratando-se da corrente inversa de um diodo, I_{CBO} apresenta baixo valor, sendo da ordem de nanoampères para os transistores de silício de baixa potência. Essa curva confunde-se com o próprio eixo v_{CB} nas curvas fornecidas pelos fabricantes. A sua variação com v_{CB} é desprezível.

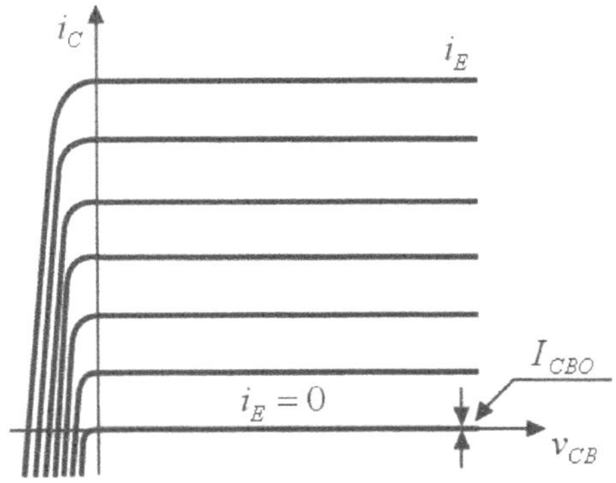

Figura 5.13 - Curvas características de saída na montagem base-comum.

Observa-se, na Figura 5.13, que as curvas i_E constante, no primeiro quadrante, aproximam-se de retas com pequena inclinação, que se estendem até $v_{CB} = 0$.

A partir desse ponto, para tensões negativas de v_{CB} de alguns décimos de volt, essas curvas caem rapidamente a zero, passando para o terceiro quadrante.

Na Figura 5.14.a está representado um transistor com a junção do coletor em curto (v_{CB}=0) e a junção do emissor polarizada diretamente.

A diferença de potencial ao longo deste transistor está representada na Figura 5.14.b.

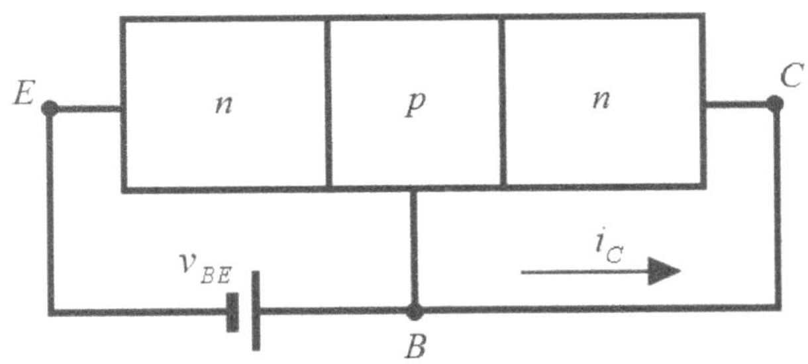

a) Transistor com $v_{CB} = 0$

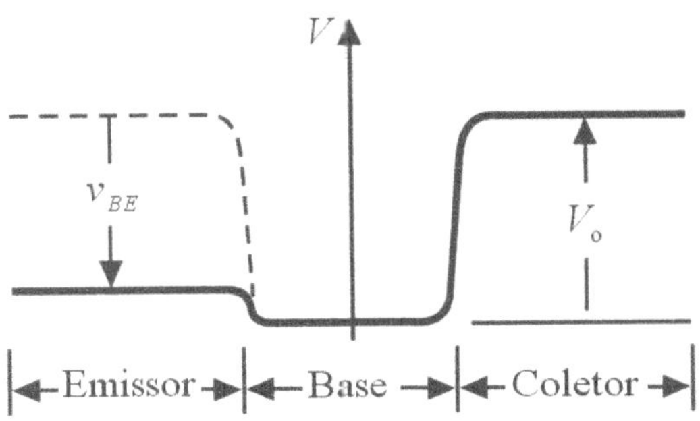

b) Distribuição de potencial

Figura 5.14 – Transistor com a junção do coletor em curto.

Na Figura 5.15 está representado o mesmo transistor com as duas junções polarizadas diretamente. Através dessas figuras será explicada a operação com tensões v_{CB} negativas, ou seja, a parte das curvas situadas no segundo e no terceiro quadrantes.

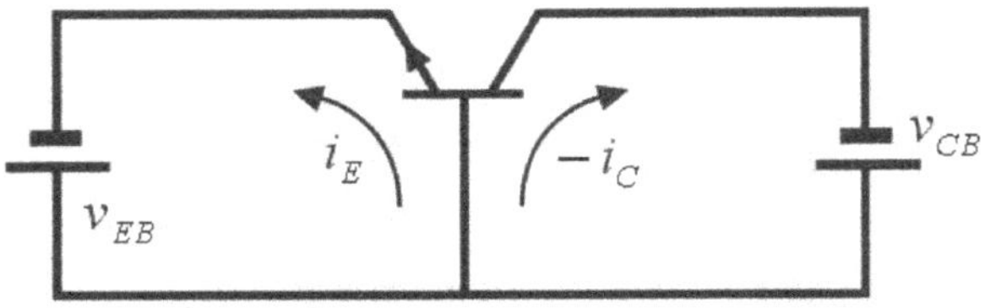

Figura 5.15 - Transistor com as duas junções polarizadas diretamente

Conforme foi analisado na Seção 2.4, quando os terminais de uma junção *p-n* são ligados em curto, o potencial de equilíbrio V_o é anulado pelo potencial de contato das junções metal-semicondutor. Assim, no caso da junção do coletor, quando v_{CB} for nulo ainda existirá a barreira de potencial V_o suficiente para atrair todos os elétrons que cruzam a base.

Somente quando v_{CB} se torna negativo, é que o potencial dessa junção começa a ser reduzido, deixando de atrair os elétrons provenientes do emissor. As duas junções encontram-se polarizadas diretamente, ocorrendo um grande aumento da concentração de elétrons na base, que ficará *saturada* desses portadores. A corrente i_C cairá rapidamente, chegando a zero e passando para o terceiro quadrante.

Nota-se que, mantendo-se i_E constante, a corrente de base, dada por $i_B = i_E - i_C$, crescerá rapidamente à medida que i_C decresce. Para $i_C = 0$, essa corrente será a própria corrente do emissor. No terceiro quadrante, com i_C negativo, ambas as junções estão polarizadas diretamente e as duas correntes se somam e fluem através do terminal da base, como indicado na Figura 5.15.

Na Figura 5.13, a região do primeiro quadrante situada acima da curva de $i_E = 0$ chama-se *região ativa* ou *de operação*. Nessa região, a junção do emissor encontra-se polarizada diretamente e a do coletor, inversamente.

A região situada também acima da curva de $i_E = 0$, mas com v_{CB} negativo, é a *região de saturação*. Nela as duas junções encontram-se polarizadas diretamente.

A região do primeiro quadrante situada entre essa curva é o eixo v_{CB}, na qual as duas junções encontram-se polarizadas inversamente, é a *região de corte*.

Essa região não aparece na maioria das características fornecidas pelos fabricantes, nas quais a curva de $i_E = 0$ confunde-se com o próprio eixo das tensões.

Nos circuitos lineares, como ocorre nos amplificadores de tensão, o transistor é utilizado na região ativa. Nos circuitos lógicos, funcionando como chave, são aproveitadas as propriedades do corte e da saturação.

Embora desenvolvida a partir de um modelo idealizado do transistor, a equação (5.8) apresenta uma surpreendente aproximação com os resultados obtidos experimental-mente. As diferenças explicam-se por fatores não considerados.

Assim, I_{CO} difere ligeiramente de I_{CBO}, porque o modelo utilizado não inclui a corrente de dispersão, que flui fora da área da junção, e a corrente dos portadores gerados pelas colisões na região de transição.

Na região ativa, que se situa no primeiro quadrante, v_{CB} é positivo. Conforme foi visto, o termo exponencial pode ser desprezado em face da unidade, resultando a equação (5.9).

Tal equação fornece retas de i_E constante horizontais, o que não corresponde exatamente as curvas obtidas experimentalmente, as quais apresentam pequenas variações de i_C com v_{CB}. Decorrem essas variações de dois fatores não considerados: a resistência da região do coletor fora da junção, de pequeno valor, e o chamado *efeito Early*, que consiste na diminuição do comprimento da base em consequência do alargamento da região de carga espacial, ocorrido com o aumento da polarização inversa.

Inversamente, para v_{CB} negativo, o termo exponencial da equação (5.8) torna-se maior que a unidade, obtendo-se para i_C:

$$i_C = \alpha_{DC} i_E - I_{CO} e^{-v_{CB}/V_T}$$

Observar-se, dessa expressão, que i_C cai exponencialmente com o aumento de v_{CB}, chegando azero e passando para o terceiro quadrante, o que também acontece com o transistor real.

Outra diferença ocorre com o ganho α_{DC}, que é considerado constante em toda a região ativa. Não sendo isso exatamente verdade no transistor real, nos quais ocorrem variações com v_{CB} e i_C, . Por esse motivo α_{DC} é definido como sendo a relação entre i_C e i_E em *um dado ponto da região ativa*.

O fato das curvas de saída na montagem base-comum continuarem praticamente horizontais até $v_{CB}=0$ permite a utilização do transistor com baixas tensões coletor-base. Essa utilização não é possível na montagem emissor-comum, na qual a região de saturação pertence ao primeiro quadrante, com tensões próximas de zero.

Os resultados apresentados são idênticos aos obtidos para o transistor *n-p-n*, a menos do sentido invertido das tensões e correntes, o que levaria a região ativa para o terceiro quadrante.

Para que isso não ocorra, as curvas características desses transistores são traçadas com os eixos invertidos, tal como realizado na Figura 5.16.

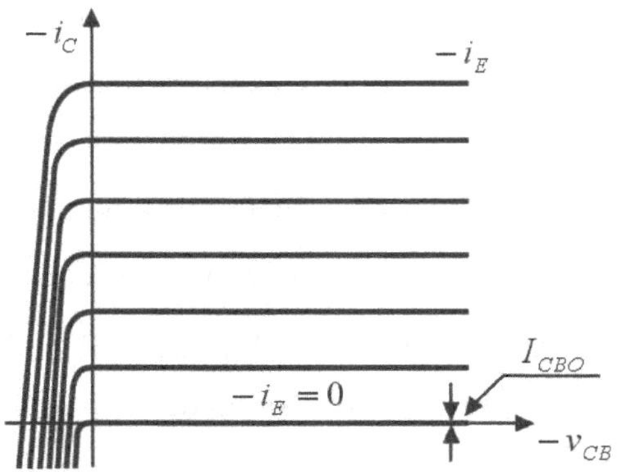

Figura 5.16 - Curvas características de saída em base-comum para o transistor *p-n-p*.

Curvas características de entrada

As curvas características de entrada relacionam a corrente de emissor com a tensão base-emissor, tendo a tensão coletor-base como parâmetro. Na sua obtenção utiliza-se o mesmo circuito da Figura 5.11, fixando-se valores de v_{CB} e levantando-se, para cada valor fixado, a curva de i_E função de v_{BE}.

A Figura 5.17 contém um conjunto dessas curvas.

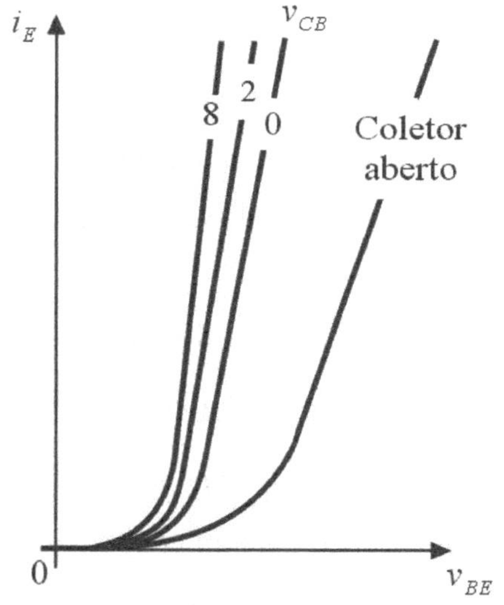

Figura 5.17 - Curvas característica de entrada em base-comum do transistor *n-p-n*.

Observa-se que, com o coletor em aberto, o transistor fica reduzido à junção do emissor, obtendo-se a curva de um diodo polarizado diretamente.

Para $v_{CB}=0$, ou seja, estando o coletor em curto com a base, existirá na junção do coletor o potencial de equilíbrio V_o que atraíra os portadores que se difundem através da base. Com isso, a corrente de emissor crescerá, deslocando-se a curva para a esquerda.

Aumentando-se v_{CB} a corrente de coletor cresce, como também a corrente de emissor, o que determina o aparecimento de novas curvas, as quais são bem próximas uma das outras em consequência da pequena variação de i_C com v_{CB}.

Ganho em corrente e resistência de saída em base-comum

Nas curvas características de saída em base-comum da Figura 5.18, o ponto *P*, chamado de *ponto de polarização*, foi fixado pelos valores constantes $i_C = I_C$ e $v_{CB} = V_{CB}$.

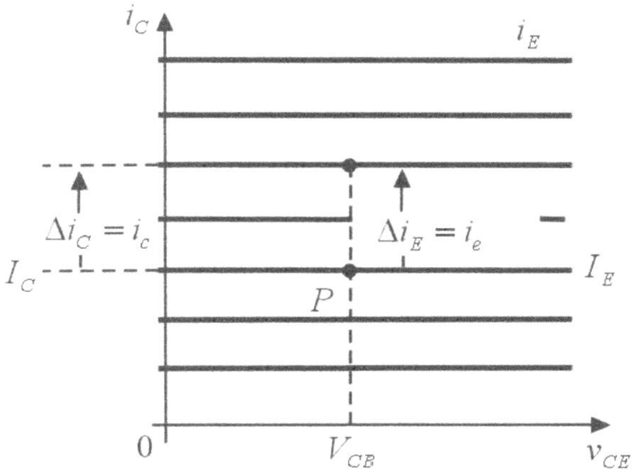

Figura 5.18 – Variação de i_E com v_{CB} constante.

Conforme mostrado nessa figura, mantendo-se V_{CB} constante e variando-se a corrente de emissor de Δi_E, a corrente de coletor sofrerá uma variação Δi_C.

A partir dessas variações, define-se ganho em corrente na montagem base-comum, representado por α, como sendo:

$$\alpha = -\frac{\Delta i_C}{\Delta i_E}\bigg|_{v_{CB} = V_{CB}}$$

Ou, fazendo-se $\Delta v_{CB} = 0$, o que significa V_{CB} constante:

$$\alpha = -\frac{\Delta i_C}{\Delta i_E}\bigg|_{\Delta v_{CB} = 0}$$

Considerando-se Δi_C, Δi_E e Δv_{CB} como pequenos sinais, ou seja: variações no entorno do ponto de polarização, pode-se utilizar a representação da Figura 5.19, na qual são mantidos os mesmos sentidos convencionados para o quadripolo.

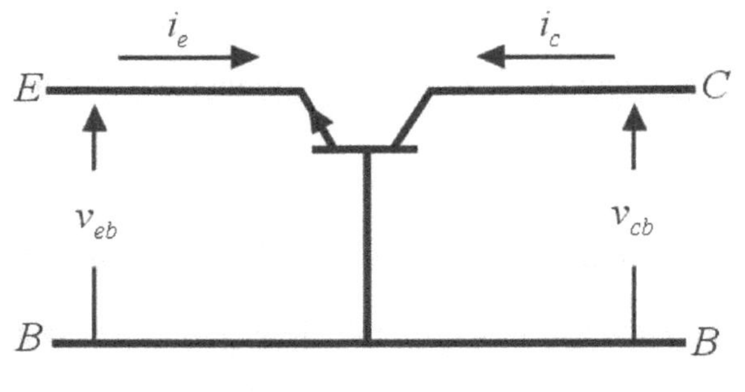

Figura 5.19 – Convenção para pequenos sinais na montagem base-comum.

Tomando-se $\Delta i_C = i_c$, $\Delta v_{CB} = v_{cb}$ e $\Delta i_E = -i_e$(uma vez que i_e tem sentido contrário ao convencionado no texto para i_E), resulta para α:

$$\alpha = \left.\frac{i_c}{i_e}\right|_{v_{cb}=0} \tag{5.12}$$

Sendo i_e e i_c aproximadamente iguais, com i_c inferior e defasado de 180º, o ganho α será sempre negativo, e inferior, e próximo da unidade (da ordem de –0,98).

Observa-se a diferença entre α *e* α_{DC}: o ganho α é um parâmetro para pequenos sinais, relacionando variações no entorno do ponto de polarização; α_{DC} é a relação entre as correntes totais do coletor e do emissor, medidas ambas nesse ponto. Acresce-se que α é negativo e α_{DC}, devido aos sentidos convencionados, positivo.

Nas curvas características da Figura 5.20, a escala de i_C foi expandida, de modo a aumentar a inclinação das curvas de i_E constante.

Sobre essas curvas foi escolhido o ponto *P* de operação, definido por $i_C = I_C$ e $v_{CB} = V_{CB}$.

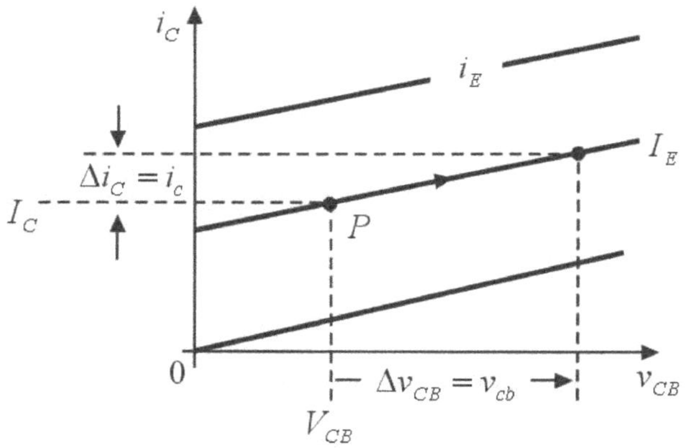

Figura 5.20 - Variação de V_{CB} com i_E constante.

Admitindo-se uma variação Δv_{CB}, sendo mantida a corrente de emissor constante, ocorrerá uma variação Δi_C da corrente de coletor, como indicado na figura.

Partindo-se dessas variações, define-se *resistência de saída* (ou *de coletor*) *em base-comum* como sendo:

$$r_{cb} = \left.\frac{\Delta v_{CB}}{\Delta i_C}\right|_{i_E = I_E} = \left.\frac{\Delta v_{CB}}{\Delta i_C}\right|_{\Delta i_E = 0}$$

Considerando-se os desvios Δv_{CB}, Δi_C e Δi_E como pequenos sinais, resulta:

$$r_{cb} = \left.\frac{v_{cb}}{i_c}\right|_{i_e = 0} \qquad (5.13)$$

Como pode ser observado, os parâmetros α e r_{cb}, definidos pelas expressões (5.12) e (5.13), são funções do ponto P de operação.

Dessa forma, variam com os valores de I_C e V_{CB} escolhidos.

Para um grande número de transistores, principalmente para os de baixa potência, as variações são pequenas, mantendo-se esses parâmetros aproximadamente constantes em toda a região de operação.

Equação da saída para pequenos sinais

Analisa-se agora a passagem de um ponto P_1, definido por I_C e V_{CB}, para um outro P_2, através das variações Δv_{CB} e Δi_E, como representado na Figura 5.21.

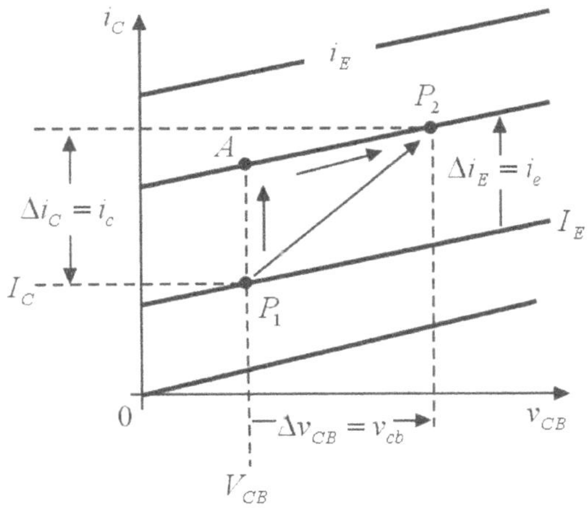

Figura 5.21 - Variação de i_C em função de i_E e v_{CB}.

A variação de P_1 para P_2 pode ser considerada como a soma da variação de P_1 para A, através de v_{CB} constante, com a variação de A para P_2 através da curva de i_E constante.

A primeira dessas variações será $-\alpha\Delta i_E$, de acordo com a definição de α, enquanto a segunda será $\dfrac{\Delta v_{CB}}{r_{cb}}$, de acordo com a definição de r_{cb}. A variação total Δi_C será:

$$\Delta i_C = -\alpha\ \Delta i_E + \frac{\Delta v_{CB}}{r_{cb}}$$

Fazendo-se $\Delta i_C = i_c$, $\Delta i_E = -i_e$ e $\Delta v_{CB} = v_{cb}$, como anteriormente, resulta:

$$i_c = \alpha\ i_e + \frac{v_{cb}}{r_{cb}} \tag{5.14}$$

Essa equação relaciona as variações de i_C, v_{CB} e i_E no entorno do ponto de operação. É conhecida como equação da saída para pequenos sinais na montagem base-comum.

O conceito de pequenos sinais é relativo: nos transistores que apresentam α e r_{cb} aproximadamente constantes em toda a região ativa, pequenos sinais são variações que podem abranger toda a região ativa. No caso desses parâmetros variarem consideravelmente, pequenos sinais são as pequenas variações restritas a um entorno do ponto de operação escolhido.

Resistência de entrada r_{ib}

Na Figura 5.22 está representada a curva característica de entrada para $v_{CB} = V_{CB}$. Sobre essa curva é fixado um ponto P' definido por I_E e V_{BE}.

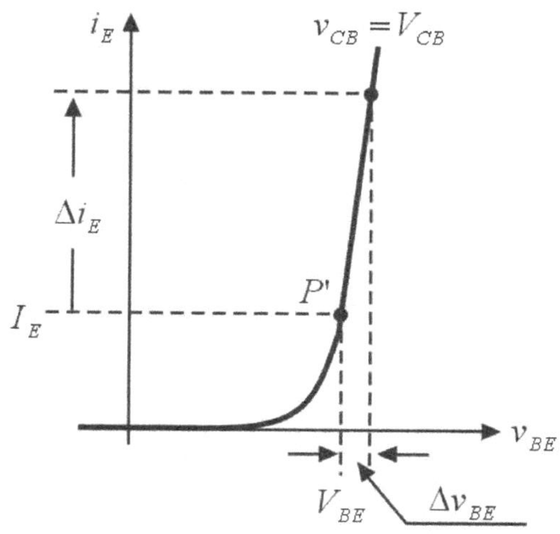

Figura 5.22 - Variação de i_E com v_{BE}.

Conforme representado nessa figura, uma variação Δv_{BE} da tensão base-emissor corresponde a uma variação Δi_E da corrente do emissor.

A resistência de entrada em base-comum é definida da forma:

$$r_{ib} = \left.\frac{\Delta v_{BE}}{\Delta i_E}\right|_{v_{CB} = V_{CB}} = \left.\frac{\Delta v_{BE}}{\Delta i_E}\right|_{\Delta v_{CB} = 0}$$

Como $\Delta v_{BE} = v_{be} = -\, v_{eb}$ e $\Delta i_E = -\, i_e$, resulta, em termos de pequenos sinais:

$$r_{ib} = \left.\frac{v_{eb}}{i_e}\right|_{v_{cb} = 0} \tag{5.15}$$

De onde decorre:

$$v_{eb} = r_{ib} i_e \tag{5.16}$$

que é a equação da entrada na montagem base-comum.

Observa-se, na Figura 5.17, que as curvas i_E função de v_{BE} pouco diferem para operação na região ativa, na qual as tensões coletor-base são positivas. Dessa forma, as variações de r_{ib} com V_{CB} são pequenas.

Para polarização perto do joelho, isto é, com baixos valores de v_{BE}, as variações de r_{ib} crescem com o ponto de operação escolhido.

Circuito equivalente para pequenos sinais

Na Figura 5.23 está representado o circuito para pequenos sinais na montagem base-comum, obtido das equações (5.14) e (5.16).

Nesse circuito, $\alpha\, i_e$ é uma fonte de corrente controlada. Como α é negativo, uma variação positiva de i_e corresponde a uma variação negativa de i_c.

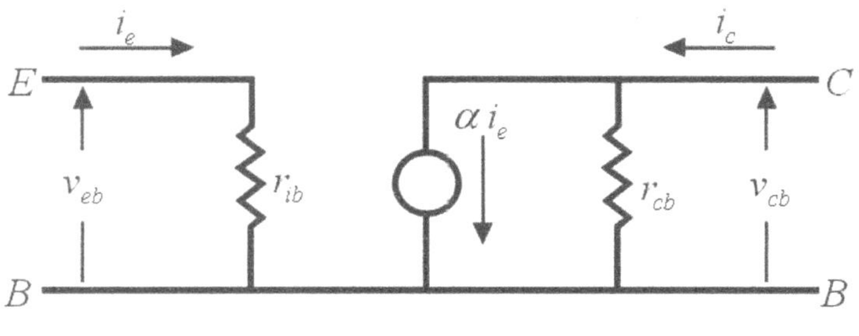

Figura 5.23 - Circuito equivalente do transistor em base-comum.

Equação para a corrente total i_C

Nas curvas características de saída em base-comum da Figura 5.24, os parâmetros α e r_{cb} são aproximadamente constantes em toda a região ativa.

Nessa figura, para maior clareza, a inclinação das retas de i_E constante, como também a corrente I_{CBO}, aparecem aumentadas.

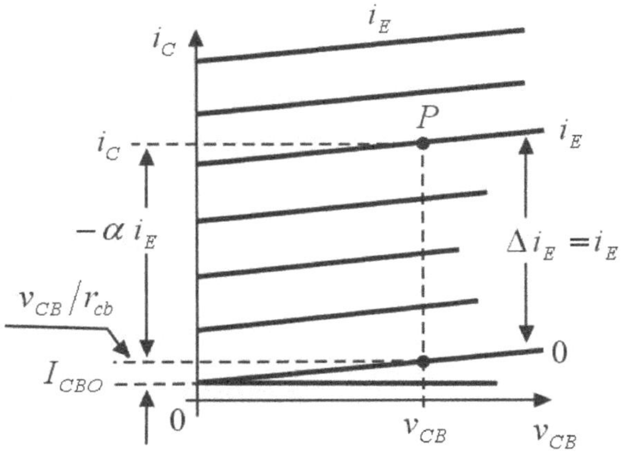

Figura 5.24 - Curvas características de saída em base-comum com α e r_{cb} constantes.

Verifica-se, facilmente, que a corrente total i_C, no ponto P da figura, fica determinada pela relação:

$$i_C = -\alpha\, i_E + \frac{v_{CB}}{r_{cb}} + I_{CBO} \tag{5.17}$$

Em consequência do valor elevado de r_{cb} e pequeno de I_{CBO}, os dois últimos termos do segundo membro dessa equação podem ser desprezados, obtendo-se:

$$i_C = -\alpha\, i_E \tag{5.18}$$

Observa-se que as equações (5.17) e (5.18) referem-se aos valores totais das correntes de coletor e emissor. Assim, caso, por exemplo, $i_E = 10\text{mA}$ e $\alpha = -0{,}97$, a corrente de coletor i_C valerá 9,7mA.

Obviamente, para transistores nos quais α e r_{cb} variam com o ponto de polarização, essas equações não são mais válidas.

5.7 SÍMBOLOS E CONVENÇÕES

Conforme até agora adotado, as letras minúsculas são utilizadas para os pequenos sinais. Como exemplo,

i_c representa uma variação da corrente do coletor, enquanto v_{cb}, uma variação da tensão coletor-base.

Para os valores de polarização e fontes de alimentação, ou seja, tensões e correntes constantes, são utiliza-das letras maiúsculas com índices também maiúsculos.

Desse modo, I_C e V_{CB} e Vcc representam os valores de polarização da corrente de coletor, da tensão coletor-base e da fonte respectivamente.

Os valores totais, formados pelos valores de polarização somados aos pequenos sinais, são representados por letras minúsculas com índices maiúsculos. Por exemplo, i_C e v_{BE} representam os valores totais da corrente de coletor e da tensão coletor-base, respectivamente.

Partindo-se dessas convenções, resulta o conjunto de símbolos:

i_C, i_B, i_E	valores totais das correntes de coletor, base e emissor;
I_C, I_B, I_E	valores constantes das correntes de coletor, base e emissor;
i_c, i_b, i_e	pequenas variações (pequenos sinais) das correntes de coletor, base e emissor;
v_{CE}, v_{CB}, v_{BE}	valores totais das tensões coletor-emissor, coletor-base e base-emissor;
V_{CE}, V_{CB}, V_{BE}	valores constantes das tensões coletor-emissor, coletor-base e base-emissor;
v_{ce}, v_{cb}, v_{be}	pequenas variações (pequenos sinais) das tensões coletor-emissor, coletor-base e base-emissor.

Observa-se que as tensões do tipo v_{BE} e v_{EB} diferem unicamente pelo sentido positivo convencionado. Assim, v_{BE} representa a diferença entre o potencial da base e o potencial do emissor, enquanto v_{EB}, a diferença entre o potencial do emissor e o potencial da base.

São também utilizados os símbolos V_{CC}, V_{BB} e V_{EE}, os quais representam as fontes de tensão constantes dos circuitos de polarização do coletor, da base e do emissor.

A mesma convenção é adotada na representação dos parâmetros do transistor. Dessa forma, os parâmetros relacionando os pequenos sinais são representados por letras minúsculas com índices também minúsculos. Já os parâmetros que relacionam os valores totais são representados por letras minúsculas com índices maiúsculos.

Exemplificando, h_{fe} é o ganho em corrente para pequenos sinais na montagem emissor comum, enquanto h_{FE} (que é o β_{DC} que será introduzido na seção 5.8) é a relação entre as correntes totais i_C e i_E.

Apesar de alguns autores definirem como positivas as correntes entrando nos terminais do transistor, adotou-se, no texto, os sentido das correntes indicadas na Figura 5.5. Com isso, são positivas as correntes reais entrando no coletor e na base, ou saindo no emissor, como ocorre no transistor *n-p-n*.

5.8 MONTAGEM EMISSOR-COMUM

Equação da saída para o transistor n-p-n

Na montagem emissor-comum, a entrada é feita entre a base e o emissor, e a saída, entre o coletor e o emissor. As variáveis de entrada são a corrente de base e a tensão base-emissor, e as variáveis de saída, a corrente de coletor e a tensão coletor-emissor.

A equação de saída nessa montagem será, portanto, uma equação de i_C função de i_E e v_{CE}.

De acordo com os sentidos adotados, tem-se:

$$v_{CB} = v_{CE} - v_{BE}$$

$$i_E = i_C + i_B$$

Substituindo-se essa variável na equação (5.8), obtém-se:

$$i_C = \frac{\alpha_{DC}}{1 - \alpha_{DC}} i_B - \frac{I_{CO}}{1 - \alpha_{DC}} \left(e^{-(v_{CE} - v_{BE})/V_T} - 1 \right)$$

Define-se *ganho estático em corrente na montagem emissor-comum*, representado por β_{DC}, como sendo:

$$\beta_{DC} = \frac{\alpha_{DC}}{1 - \alpha_{DC}} \tag{5.19}$$

Com essa definição, resulta para i_C:

$$i_C = \beta_{DC} i_B - (\beta_{DC} + 1) I_{CO} (e^{-(v_{CE} - v_{BE})/V_T} - 1) \tag{5.20}$$

Considerando-se $v_{CE} - v_{BE}$ maior que alguns décimos de volt, obtém-se para essa equação:

$$i_C = \beta_{DC} i_B + (\beta_{DC} + 1) I_{CO} \tag{5.21}$$

Uma vez que α_{DC} apresenta valores entre 0,94 e 0,99, o ganho β_{DC} será sempre elevado.

Curvas características de saída

Ao conjunto de curvas de i_C função de v_{CB}, tendo i_B como parâmetro, chama-se de *curvas características de saída na montagem emissor-comum*.

A Figura 5.25 contém um dos circuitos utilizados para obtenção dessas curvas. A tensão coletor-emissor é fornecida pela fonte de tensão variável v_{CE}. A corrente i_B é obtida através da fonte de tensão variável V_{BB} e da resistência R_B, que deve apresentar valor suficientemente elevado para que se tenha V_{BB} muito maior que v_{BE}.

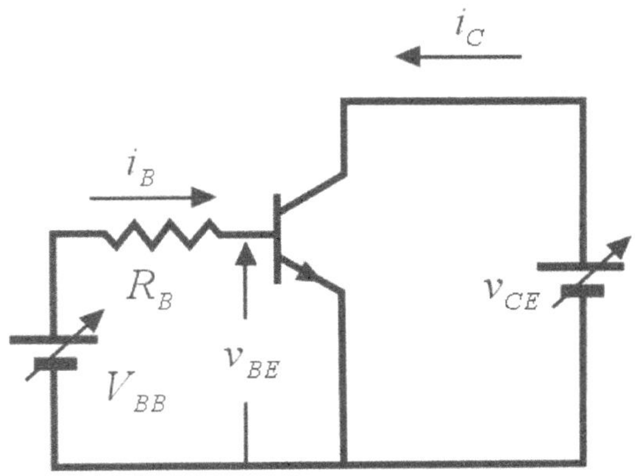

Figura 5.25 - Circuito para obtenção das curvas características de entrada e saída na montagem emissor-comum.

O procedimento é semelhante ao realizado na montagem base-comum: mantém-se i_B constante, varia-se v_{CE} e mede-se i_C. Para cada valor fixado de i_B, obtém-se uma curva.

Um conjunto típico dessas curvas encontra-se na Figura 5.26.

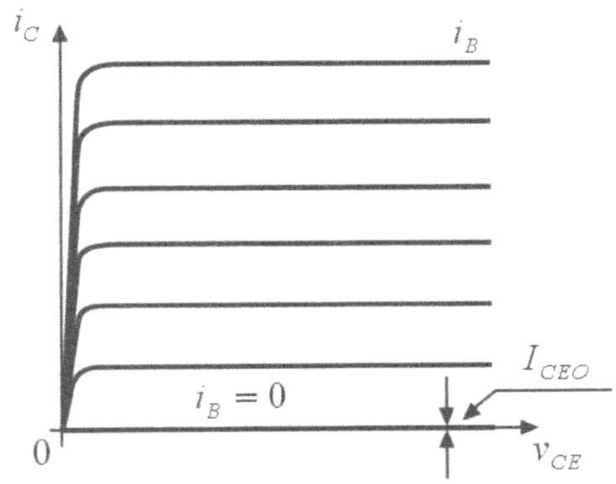

Figura 5.26 - Curvas características de saída na montagem emissor-comum.

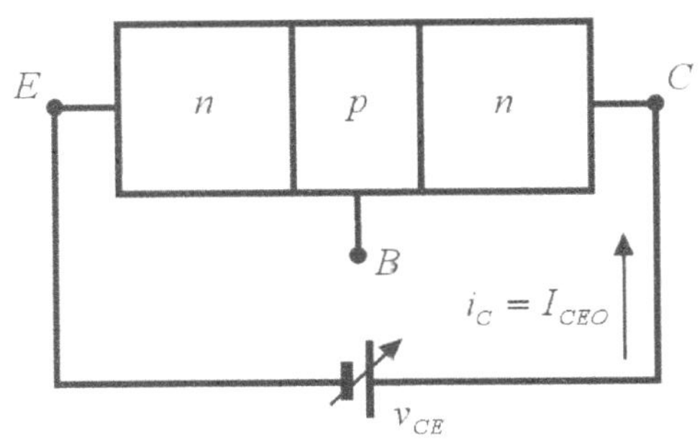

Figura 5.27 - Circuito com a base em aberto.

A primeira dessas curvas, traçada com $i_B = 0$, corresponde ao circuito da Figura 5.27, no qual a base encontra-se em aberto e a junção do coletor, polarizada inversamente.

Observa-se que o transistor está operando na região ativa, com a base flutuante, e sendo atravessado por uma pequena corrente, representada por I_{CEO}, denominada *corrente entre o coletor e o emissor com a base em aberto* (*out*). A tensão base-emissor é da ordem de 60mV.

Da mesma forma que I_{CBO}, I_{CEO} é quase constante, crescendo ligeiramente com a tensão de coletor. O seu valor, medido no transistor real, pouco difere do teórico $(\beta_{DC}+1)I_{CO}$, obtido da equação (5.21), fazendo-se $i_B = 0$. Todavia, embora $(\beta+1)$ vezes maior que I_{CO}, que é da ordem de nanoampère, ainda assim tem valor pouco significativo..

À semelhança do que ocorre na montagem base-comum, a região do primeiro quadrante situada a baixo da curva de $i_B = 0$, que poucas vezes aparece nas curvas fornecidas pelos fabricantes, devido ao seu pequeno valor, é a *região de corte*, na qual as duas junções encontram-se polarizadas inversamente e a corrente de base é negativa.

Destaca-se, nessa região, que para $i_E = 0$ tem-se: $i_B = -i_C = -I_{CBO}$, que é a própria corrente inversa da junção do coletor. Já para $i_C = 0$, i_B será a própria corrente inversa da junção do emissor.

Na Figura 5.28 a escala de tensões foi expandida de modo a realçar a região de saturação na montagem emissor-comum, que ocorre no primeiro quadrante tensões v_{CE}. Nessa região, a corrente de coletor tende a zero juntamente com a tensão coletor-emissor, para qualquer valor da corrente de base.

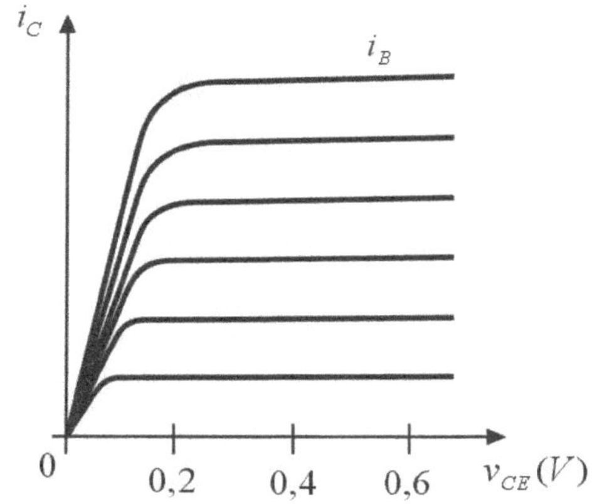

Figura 5.28 - Região de saturação na montagem emissor-comum.

Será mostrado, a seguir, que a saturação que ocorre nessa montagem tem a mesma causa da que ocorre em base-comum: a polarização direta da junção do coletor.

Com efeito, sendo $v_{CB} = v_{CE} - v_{BE}$, e estando a junção do emissor polarizada diretamente, com v_{BE} da ordem de 0,7V para o transistor de silício e 0,3V, para o de germânio, v_{CB} torna-se negativo a medida que v_{CE} aproxima-se de zero. A junção do coletor fica polarizada diretamente, deixando de atrair os elétrons provenientes do emissor.

Desse modo, i_C cai também a zero, como ocorre na montagem base-comum.

A diferença entre as duas montagens é que, em emissor-comum, as características de saída são curvas de i_B constante, ao contrário do que ocorre em base-comum, quando i_B devido ao seu pequeno valor cresce à medida que i_C cai.

Uma vez que $i_B = i_E - i_C$, e como a corrente de base é mantida constante, i_E cairá acompanhando i_C à medida que v_{CE} aproxima-se de zero.

A queda de i_E corresponderá a redução de v_{BE}. Para $i_C \cong 0$, a corrente do emissor será a própria corrente de base, de valor muito reduzido, e v_{BE}, quase nula, como também v_{CE}.

Calcula-se, a partir das equações do transistor, que para $i_C = 0$ a tensão v_{CE} é da ordem de 10mV, praticamente para qualquer i_B. Como esse valor é desprezível dentro das escalas normalmente utilizadas, praticamente todas as curvas de i_B constante passam pela origem.

A região do primeiro quadrante situada acima de $i_B = 0$ e fora da saturação é a *região ativa*, na qual as curvas de i_B constante são aproximadamente retas, igualmente dispostas e levemente inclinadas.

Observa-se que essa inclinação, ainda que pequena, é bem maior nessa montagem, na qual a resistência de coletor é $(\beta + 1)$ vezes maiores que na montagem base-comum, conforme será visto na Seção 5.9.

Curvas características de entrada

As curvas características de entrada na montagem emissor comum são curvas de i_E função de v_{BE} mantendo-se v_{CE} constante.

Para sua obtenção, utiliza-se o mesmo circuito da Figura 5.25, atribuindo-se valores a v_{CE} e levantando-se, para cada um desses valores, a curva de variação de i_B função de v_{BE}.

Na Figura 5.29 está representado um conjunto típico dessas curvas.

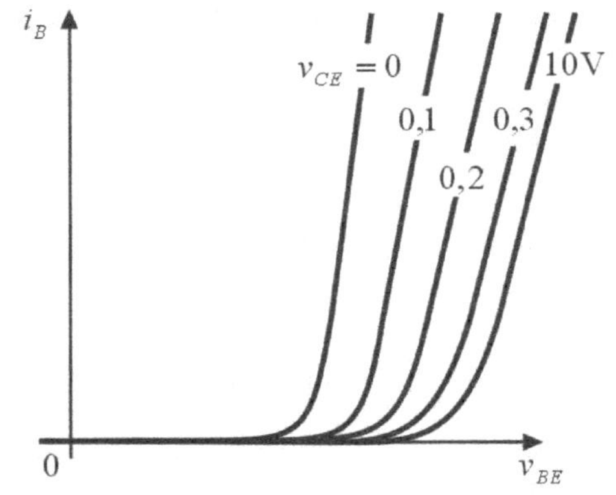

Figura 5.29 - Curvas características de entrada em emissor-comum.

Com $v_{CE} = 0$, condição representada no circuito da Figura 5.30, o coletor está em curto com o emissor, ficando ambas as junções polarizadas diretamente. Obtém-se, aproximadamente, a curva de um diodo polarizado diretamente.

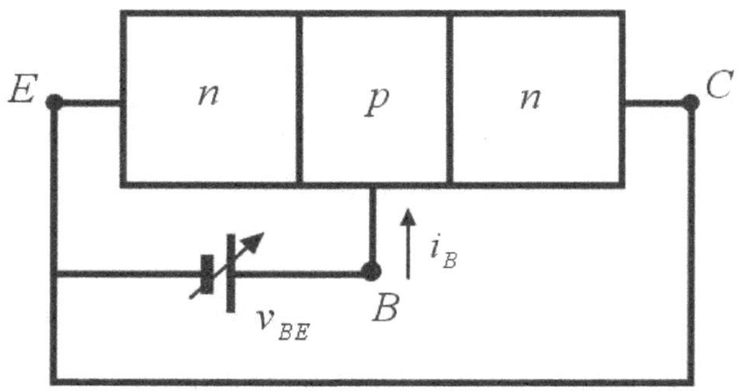

Figura 5.30 - Transistor com o coletor e o emissor em curto.

À medida que a tensão v_{CE} aumenta, a corrente de base diminui, uma vez que os elétrons provenientes do emissor são atraídos pelo coletor. Tal fato provoca o deslocamento das curvas para direita. Essa variação é bem sensível com tensões coletor-emissor de alguns décimos de volt, quando a junção do coletor permanece ainda polarizada diretamente.

Quando v_{CE} assume valores mais elevados, as curvas de v_{CE} constante quase se confundem. É que a partir desses valores a junção do coletor fica polarizada inversamente e a redução da corrente de base com o aumento de v_{CE} torna-se pequena. Essa redução deve-se, principalmente, à diminuição da largura da base, provocando a queda na recombinação que ocorre nessa região e, consequentemente, na componente da corrente de base que a realimenta.

Nota-se que, como na montagem base-comum, a entrada assemelha-se a um diodo, só ocorrendo condução quando ultrapassada a tensão de joelho do diodo base-emissor.

Para operação na região ativa, com tensões de v_{CE} maiores que alguns décimos de volt, essa tensão de joelho é da ordem de 0,7V para os transistores de silício e da ordem de 0,3V para os de germânio.

Uma vez ultrapassada a tensão de joelho, ocorrerão grandes variações da corrente de coletor para pequenas variações da tensão base-emissor. Assim, em um transistor de silício de baixa potência, toda a excursão na região ativa será obtida com variações de v_{BE} inferiores a um décimo de volt.

Ganho em corrente e resistência de saída em emissor-comum

Nas curvas características da Figura 5.31, foi fixado um ponto P de polarização, com coordenadas I_C e V_{CE}. Em seguida, mantendo-se v_{CE} constante ($v_{CE} = V_{CE}$), variou-se a corrente de base de Δi_B, resultando uma variação Δi_C da corrente do coletor.

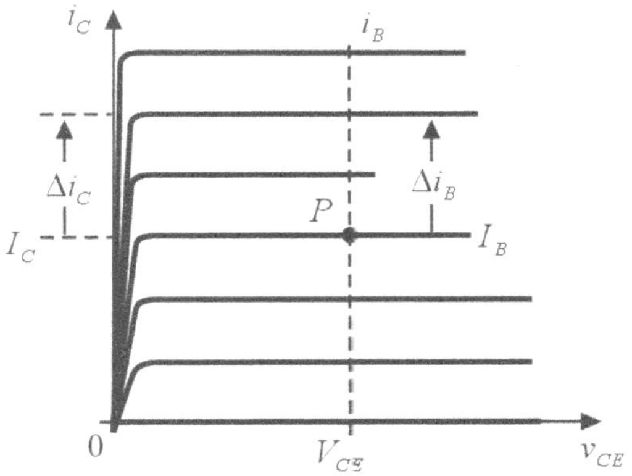

Figura 5.31 - Variação de i_B com v_{CE} constante.

A partir dessas variações, define-se *ganho em corrente em emissor-comum* como sendo:

$$\beta = \left.\frac{\Delta i_C}{\Delta i_B}\right|_{v_{CE} = V_{CE}} = \left.\frac{\Delta i_C}{\Delta i_B}\right|_{\Delta v_{CE} = 0}$$

Chamando-se, de acordo com a convenção adotada para pequenos sinais, Δi_C, Δi_B e Δv_{CE}, de i_c, i_b e v_{ce}, respectivamente, tem-se:

$$\beta = \left.\frac{i_c}{i_b}\right|_{v_{ce} = 0} \tag{5.22}$$

Analogamente ao que ocorre com o ganho em base comum, β é uma função do ponto de operação, variando com I_C e V_{CE}.

Em um grande número de transistores, principalmente nos de baixa potência, a variação de β é pequena. Para esses transistores, β pode ser considerado constante em todos os pontos das curvas características de saída, excetuando-se, logicamente, a região de saturação.

Nas curvas características de saída da Figura 5.32, traçadas com inclinação exagerada, marcou-se o ponto P_1 com coordenadas I_C e V_{CE}.

A partir desse ponto, e mantendo-se i_B constante, variou-se v_{CE} de Δv_{CE}, passando-se para o ponto P_2, que corresponde à corrente de coletor $I_C + \Delta i_C$.

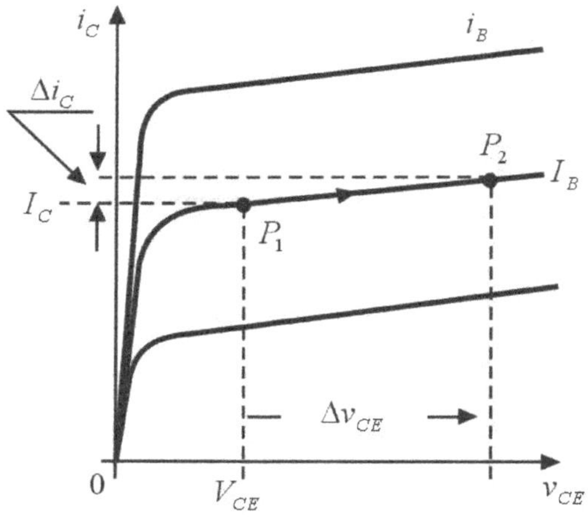

Figura 5.32 - Variação de v_{CE} com i_B constante.

Define-se resistência de coletor em emissor comum como sendo:

$$r_{ce} = \left.\frac{\Delta v_{CE}}{\Delta i_C}\right|_{i_B = I_B} = \left.\frac{\Delta v_{CE}}{\Delta i_C}\right|_{\Delta i_B = 0}$$

Em termos de pequenos sinais:

$$r_{ce} = \left.\frac{v_{ce}}{i_c}\right|_{i_b = 0} \quad (5.23)$$

São válidas as mesmas observações feitas para β, ou seja: r_{ce} varia com I_C e V_{CE}, sendo essa variação pequena para um grande número de transistores, principalmente para os de baixa potência.

Equação da saída em emissor-comum para pequenos sinais

Através da Figura 5.33 será analisada a passagem de um ponto P_1, definido por I_{C_1} e V_{CE_1}, para um ponto P_2, definido por I_{C_2} e V_{CE_2}, através das variações Δv_{CE} e Δi_B.

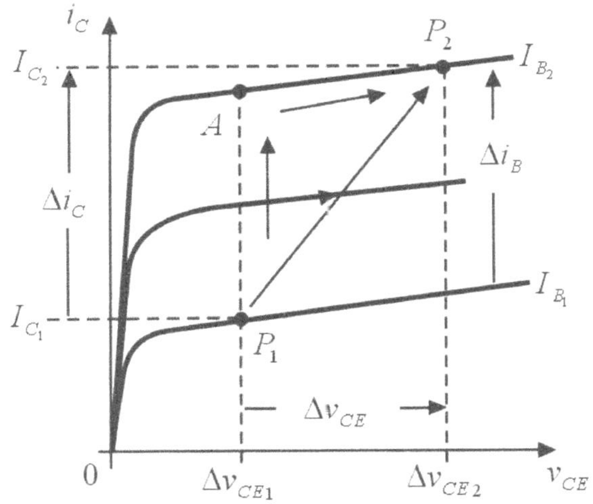

Figura 5.33 - Variação de i_B e v_{CE}.

A variação de P_1 para P_2 pode ser considerada como a soma da variação de P_1 para A, através de v_{CE} constante, com a variação de A para P_2, através da curva de i_B constante.

A primeira dessas variações será $\beta \Delta i_B$, de acordo com a definição de β, enquanto a segunda, $\Delta v_{CE} / r_{ce}$, de acordo com a definição de r_{ce}. A variação total Δi_C será:

$$\Delta i_C = \beta \Delta i_B + \frac{\Delta v_{CE}}{r_{ce}}$$

Substituindo-se as variações Δi_C, Δv_{CE} e Δi_B pelos símbolos adotados para pequenos sinais, resulta:

$$i_c = \beta i_b + \frac{v_{ce}}{r_{ce}} \tag{5.24}$$

Sendo essa uma equação análoga à (5.14), deduzida para a montagem base-comum, serão válidas as mesmas considerações então tecidas sobre o conceito de pequenos sinais.

Resistência de entrada r_{ie}

À semelhança do que foi para base-comum, sobre a curva característica $v_{CE} = V_{CE}$ representada na Figura 5.34, toma-se o ponto *P'* definido pelas coordenadas I_B e V_{BE}.

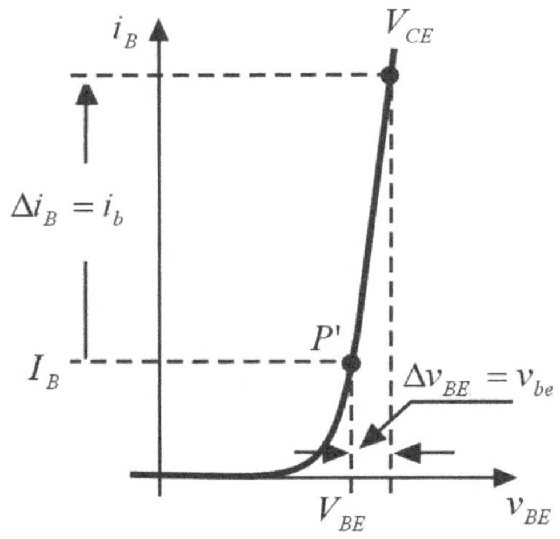

Figura 5.34 - Variação de i_B com v_{BE}.

Conforme indicado nessa figura, uma variação Δv_{BE} da tensão base-emissor corresponde à variação Δi_B da corrente de base.

Define-se resistência de entrada em emissor-comum, como sendo:

$$r_{ie} = \left.\frac{\Delta v_{BE}}{\Delta i_B}\right|_{v_{CE} = V_{CE}} = \left.\frac{\Delta v_{BE}}{\Delta i_B}\right|_{\Delta v_{CE} = 0}$$

Em termos de pequenos sinais:

$$r_{ie} = \left.\frac{v_{be}}{i_b}\right|_{v_{ce} = 0} \qquad (5.25)$$

De onde se tira:

$$v_{be} = r_{ie}\, i_b \qquad (5.26)$$

Ressaltou-se, anteriormente, que uma vez v_{CE} maior que alguns décimos de volt, as curvas características de entrada pouco se alteram.

Assim, para operação na região ativa a variação de r_{ie} com a tensão coletor-emissor é pequena. As maiores variações ocorrem para baixas correntes de base, ou seja, com polarização perto do joelho.

Circuito equivalente para pequenos sinais

Utilizando-se as equações (5.24) e (5.26), obtém-se o circuito equivalente da Figura 5.35, no qual βi_b representa uma fonte de corrente controlada pela corrente de entrada i_b.

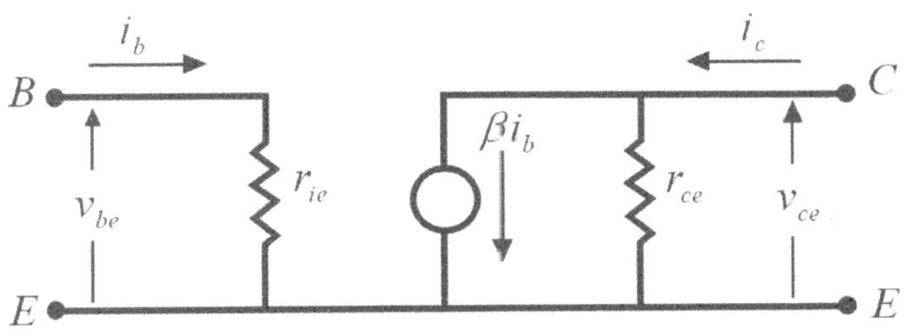

Figura 5.35 - Circuito equivalente para pequenos sinais na montagem emissor-comum.

Como no caso do circuito da Figura 5.23, deduzido para a montagem base-comum, o circuito apresentado é válido para variações no entorno do ponto de operação. Em outras palavras: é também um *circuito para pequenos sinais*.

Equação para corrente total i_C

As curvas características de saída da Figura 5.36 apresentam valores de β e r_{ce} que podem ser considerados aproximadamente constantes em toda a região ativa. Além disso, para maior clareza, a escala de i_C é expandida, de modo a realçar a inclinação das curvas de i_B constante e a corrente I_{CEO}.

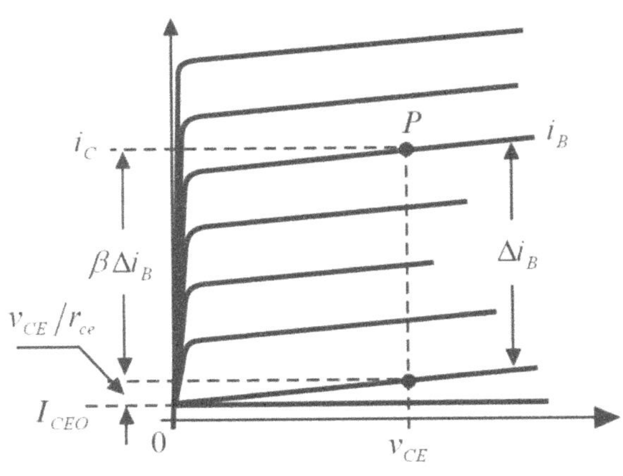

Figura 5.36 - Curvas características de saída em emissor-comum com β e r_{ce} constantes.

Facilmente se verifica que a corrente total i_C em um ponto P qualquer será dada pela equação:

$$i_C = \beta\, i_B + \frac{v_{CE}}{r_{ce}} + I_{CEO} \tag{5.27}$$

Ao contrário da equação (5.25), deduzida para pequenos sinais, esta equação refere-se aos valores totais i_C, i_B e v_{CE}, sendo válida unicamente dentro da condição já mencionada: β e r_{ce} aproximadamente constantes. Em consequência dos valores elevados de r_{ce} e pequeno de I_{CEO}, a equação (5.27) pode ser simplificada, resultando:

$$i_C = \beta\, i_B \tag{5.28}$$

5.9 RELAÇÕES ENTRE OS PARÂMETROS PARA BASE-COMUM E EMISSOR COMUM

Nesta seção serão deduzidas as relações entre os parâmetros para pequenos sinais nas montagens base-comum e emissor-comum. Serão também relacionadas as correntes de saturação I_{CEO} e I_{CBO}, definidas para cada uma dessas duas montagens.

Considerando-se os sentidos convencionados na Figura 5.37 para os pequenos sinais, chega-se às equações:

$$0 = i_c + i_e + i_b \tag{5.29}$$

$$v_{ce} = v_{cb} + v_{be} \tag{5.30}$$

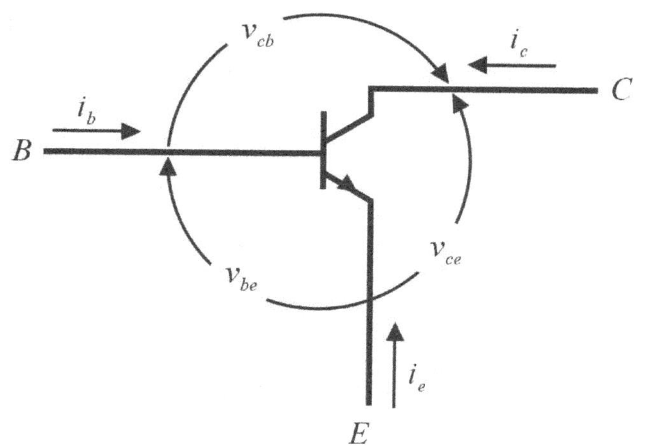

Figura 5.37 - Sentido convencionado para os pequenos sinais.

A Tabela 5.1 contém as equações para pequenos sinais deduzidas nas Seções 5.6 e 5.8 para as montagens base-comum e emissor-comum. Foram também incluídas as equações (5.29) e (5.30) que são comuns às duas montagens.

Como as equações apresentadas na Tabela 5.1 relacionam as tensões e correntes nos terminais de um mesmo transistor, as equações para base-comum serão válidas, também, para emissor-comum, embora apresentem a desvantagem de não relacionarem as variáveis de entrada e saída, fato que complica o tratamento matemático do circuito. Igualmente, com a mesma dificuldade, as equações para emissor-comum podem ser utilizadas para base-comum.

Tabela 5.1 - Equações para pequenos sinais

Base-comum	Emissor-comum
$i_c = \alpha\, i_e + \frac{v_{cb}}{r_{cb}}$ (5.14)	$i_c = \beta\, i_b + \frac{v_{ce}}{r_{ce}}$ (5.24)
$v_{eb} = r_{ib}\, i_e$ (5.16)	$v_{be} = r_{ie}\, i_b$ (5.26)
$0 = i_c + i_e + i_b$ (5.29) $v_{ce} = v_{cb} + v_{be}$ (5.30)	

A seguir, serão deduzidas as equações para base-comum, partindo-se das equações para emissor-comum. Das equações (5.24) e (5.30):

$$i_c = \beta\, i_b + \frac{v_{cb}}{r_{ce}} + \frac{v_{be}}{r_{ce}}$$

E com (5.26):

$$i_c = \beta\, i_b + \frac{v_{cb}}{r_{ce}} + \frac{r_{ie}}{r_{ce}}\, i_b$$

Sendo $i_b = -(i_e + i_c)$:

$$i_c = -\beta(i_e + i_c) + \frac{v_{cb}}{r_{ce}} - \frac{r_{ie}}{r_{ce}}(i_e + i_c)$$

De onde decorre:

$$i_c(1+\beta+\frac{r_{ie}}{r_{ce}})=-(\beta+\frac{r_{ie}}{r_{ce}})i_e+\frac{v_{cb}}{r_{ce}}$$

Considerando-se que a resistência de entrada r_{ie} é da ordem de centenas de Ohm e a de coletor, da ordem de dezenas de milhares de Ohm, o termo r_{ie}/r_{ce} pode ser desprezado, resultando a equação:

$$i_c=-\frac{\beta}{\beta+1}i_e+\frac{v_{cb}}{(\beta+1)r_{ce}}$$

Comparando-se essa equação com a (5.14), chega-se às relações:

$$\alpha=-\frac{\beta}{\beta+1} \quad (5.31)$$

$$r_{cb}=(\beta+1)r_{ce} \quad (5.32)$$

Substituindo-se i_e em (5.16):

$$v_{eb}=-r_{ib}(i_c+i_b)$$

E sendo i_c dado por (5.24):

$$v_{eb}=-r_{ib}[(\beta+1)i_b+\frac{v_{ce}}{r_{ce}}]$$

Como o termo em v_{ce} é muito menor que $(\beta+1)i_b$, devido à pequena inclinação das curvas de i_B constante na montagem emissor-comum, podendo ser desprezado, obtém-se:

$$v_{eb}=-r_{ib}(\beta+1)i_b$$

E, finalmente:

$$v_{be}=r_{ib}(\beta+1)i_b$$

Comparando-se com a equação (5.26), tem-se:

$$r_{ie}=r_{ib}(\beta+1) \quad (5.33)$$

Partindo-se das equações (5.17) e (5.27), deduzidas para a corrente total do coletor nas montagens base-comum e emissor-comum, será deduzida, a seguir, a relação entre as correntes de saturação I_{CEO} e I_{CBO}.

Fazendo-se $i_B = i_E - i_C$ e $v_{CE} = v_{CB} + v_{BE}$ na equação (5.27), deduz-se:

$$i_C = \frac{\beta}{\beta+1} i_E + \frac{v_{CB} + v_{BE}}{(\beta-1) r_{ce}} + \frac{I_{CEO}}{\beta+1}$$

Considerando-se o pequeno valor de v_{BE}, da ordem da tensão de joelho do diodo base-emissor:

$$i_C = \frac{\beta}{\beta+1} i_E + \frac{v_{CB}}{(\beta+1) r_{ce}} + \frac{I_{CEO}}{\beta+1}$$

Comparando-se com a equação (5.26), decorre:

$$I_{CBO} = \frac{I_{CEO}}{\beta+1} \qquad (5.34)$$

A Tabela 5.2 contém as relações entre os parâmetros para base-comum e emissor-comum.

Essas relações são fornecidas pelas equações (5.31), (5.32), (5.33) e (5.34), que foram deduzidas nesta seção, e por outras, facilmente delas derivadas.

Tabela 5.2 - Relações entre os parâmetros para base-comum e emissor-comum

Montagem	Parâmetro	Relação
Base-comum	α	$-\frac{\beta}{\beta+1}$
	r_{ib}	$\frac{r_{ie}}{\beta+1}$
	r_{cb}	$(\beta+1) r_{ce}$
	I_{CBO}	$\frac{I_{CEO}}{\beta+1}$
Emissor-comum	β	$-\frac{\alpha}{\alpha+1}$
	r_{ie}	$r_{ib}(\beta+1)$
	r_{ce}	$\frac{r_{cb}}{\beta+1}$
	I_{CEO}	$(\beta+1) I_{CBO}$

Entre os resultados apresentados nessa tabela destacam-se:

a) a resistência de entrada na montagem base comum é $\beta+1$ vezes menor que na montagem emissor-comum;

b) a resistência de saída na montagem base comum é $\beta+1$ vezes maior que na montagem emissor-comum;

c) a corrente de saturação na montagem emissor comum $\beta+1$ vezes maior que na montagem base-comum;

d) o ganho α é negativo e sempre em módulo inferior e próximo à unidade.

5.10 MONTAGEM COLETOR-COMUM

A montagem coletor-comum é analisada como um caso particular da montagem emissor-comum, não existindo nem parâmetros nem equações específicas. O seu estudo é incluído no Capítulo VII.

5.11 ANÁLISE PARA O TRANSISTOR *p-n-p*

A análise realizada neste capítulo estende-se também aos transistores *p-n-p*, com a única diferença que as tensões e correntes de polarização são negativas em relação aos sentidos convencionados.

Dessa forma, as baterias V_{CC}, V_{EE} e V_{BB}, utilizadas para polarizar o transistor na região ativa, devem ser invertidas no caso do transistor *p-n-p*.

No que se refere aos parâmetros, equações e circuitos para pequenos sinais, observa-se que independem do tipo de transistor, tendo em vista que relacionam os desvios ocorridos no entorno do ponto de polarização. Em outras palavras: aplicam-se, indiscriminadamente a um tipo ou outro.

5.12 AMPLIFICADOR EM BASE-COMUM

Nesta seção é analisado um amplificador em base-comum. O assunto é apresentado de modo a exemplificar os conceitos de pequenos sinais e polarização, como também o emprego das fórmulas e dos gráficos na análise do circuito.

No circuito utilizado, representado na Figura 5.38, a polarização do coletor é feita através da fonte de tensão constante V_{CC} e da resistência R_C, enquanto a polarização do emissor, através da resistência R_E e da fonte, também constante, V_{EE}.

O sinal de entrada é da forma $v_e = V_e\, coswt$. Observa-se que a polaridade das fontes coloca o transistor na região ativa, com a junção do emissor polarizada diretamente e a do coletor, inversamente.

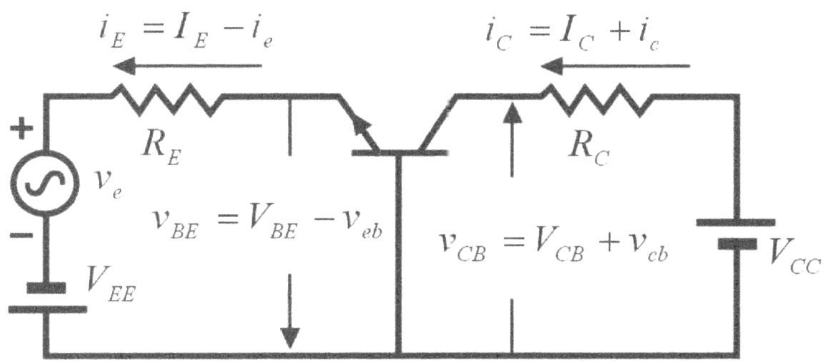

Figura 5.38 - Amplificador em base-comum.

Malha de saída

Para a malha de saída, formada por V_{CC}, R_C e pela junção coletor-base do transistor, obtém-se a equação:

$$V_{CC} = R_C i_C + v_{CB} \tag{5.35}$$

A reta definida por esta equação está representada na Figura 5.39, observando-se que passa pelos pontos P_1 e P_2, obtidos fazendo-se, respectivamente, $v_{CB} = 0$ e $i_C = 0$.

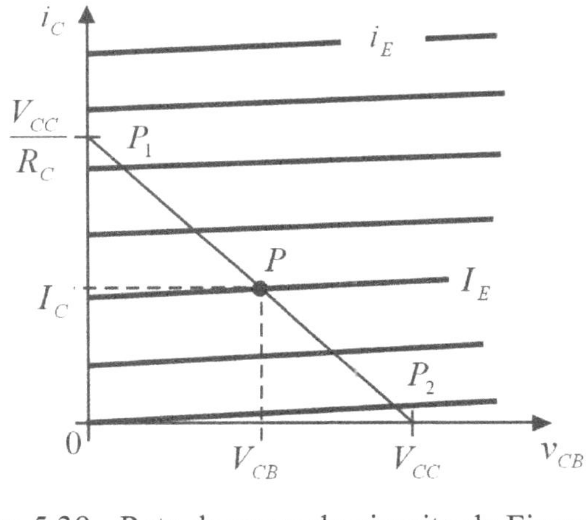

Figura 5.39 - Reta de carga do circuito da Figura 5.38.

Em consequência do sinal alternado v_e aplicado na entrada, a tensão e a corrente na saída apresentarão um valor constante somado a um componente alternado.

Assumindo-se que I_C e V_{CB} são valores constantes, as variáveis i_C e v_{CB} serão dadas pelas relações:

$$i_C = I_C + i_c$$

$$v_{CB} = V_{CB} + v_{cb}$$

Substituindo-se i_C e v_{CB} na equação (5.35):

$$V_{CC} = R_C I_C + V_{CB} + R_C i_c + v_{cb} \tag{5.36}$$

Na ausência de sinal na entrada, quando se tem $v_e = 0$, os sinais alternados i_c e v_{cb} serão nulos, reduzindo-se (5.36) à equação:

$$V_{CC} = R_C I_C + v_{CB} \tag{5.37}$$

Essa equação define o ponto de polarização do circuito, representado por P na Figura 5.39, o qual é determinado pelas coordenadas de polarização I_C e V_{CB}.

Subtraindo-se a equação (5.37) da equação (5.36), obtém-se:

$$0 = R_C i_c + v_{cb}$$

Logo:

$$v_{cb} = - R_C i_c$$

Substituindo-se i_c pelo valor dado na equação (5.14), tem-se:

$$v_{cb} = -R_C \alpha i_e - R_C \frac{v_{cb}}{r_{cb}}$$

Seguindo-se:

$$v_{cb} = -\frac{R_C r_{cb}}{r_{cb} + R_C} \alpha i_e$$

Ou, finalmente:

$$v_{cb} = -(R_C // r_{cb}) \alpha i_e \tag{5.38}$$

Malha de entrada

Para a malha de entrada, formada pelas fontes de tensão V_{EE} e v_e, pela resistência R_E e pela junção do emissor, obtém-se a equação:

$$V_{EE} - v_e = v_{BE} + R_E i_E \tag{5.39}$$

A Figura 5.40 contém a curva da corrente de emissor i_E função de v_{BE} para $v_{CB}=V_{CB}$. Contém também os eixos v_{eb} e i_e, que formam um sistema de coordenadas para pequenos sinais centrado em P', que é o *ponto de polarização da entrada*, o qual fica determinado quando da escolha do ponto de polarização da saída, através da fixação de I_E.

De acordo com os sentidos convencionados para as correntes do transistor, apresentados na Figura 5.6, a corrente i_E é considerada positiva saindo do emissor. Inversamente, para os pequenos sinais, seguindo a convenção adotada para os quadripolos, as correntes são consideradas positivas entrando nos terminais de entrada e de saída. Por esse motivo, os eixos das correntes têm sentidos contrários, significando que qualquer variação positiva de i_e corresponde a uma variação negativa de i_E.

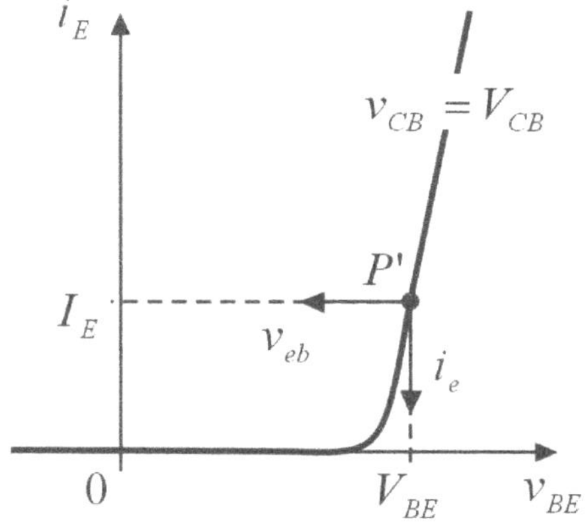

Figura 5.40 - Polarização da junção do emissor.

A partir dos sentidos indicados na figura, tem-se:

$$v_{BE} = V_{BE} - v_{eb}$$

$$i_E = I_E - i_e$$

A equação para a malha de entrada fica:

$$V_{EE} - v_e = V_{BE} + R_E I_E - v_{eb} - R_E i_e \tag{5.40}$$

Quando $v_e = 0$, os sinais alternados i_e e v_{eb} serão nulos, resultando:

$$V_{EE} = V_{BE} + R_E I_E \tag{5.41}$$

que é a equação do ponto de operação da entrada.

Subtraindo-se a equação (5.41) da equação (5.40):

$$v_e = v_{eb} - R_E i_e$$

Como, de acordo com a definição de r_{ib}, $v_{eb} = r_{ib} i_e$, decorre:

$$v_e = (r_{ib} + R_E)\, i_e \tag{5.42}$$

Ganho em tensão Av_e

Denomina-se *ganho em tensão* Av_e de um amplificador a relação entre a tensão na saída e a tensão de entrada.

Dividindo-se a equação (5.38) pela equação (5.42), resulta:

$$Av_e = \frac{v_{cb}}{v_e} = -\frac{\alpha(R_C // r_{cb})}{r_{ib} + R_E} \quad (5.43)$$

Considerando-se que α é negativo, v_{cb} e v_e terão o mesmo sentido.

Método geral

Embora a análise realizada tenha introduzido importantes conceitos, não foi seguido, por motivos didáticos, o método normalmente utilizado no tratamento dos circuitos a transistor.

Baseia-se, esse método, na divisão da análise em duas partes: *polarização*, que consiste na determinação do ponto de operação; e *pequenos sinais*, que consiste no estudo do comportamento do circuito para os sinais alternados.

A primeira delas realiza-se através do *circuito de polarização* representado na Figura 5.41, que foi obtido do circuito do amplificador fazendo-se $v_e = 0$.

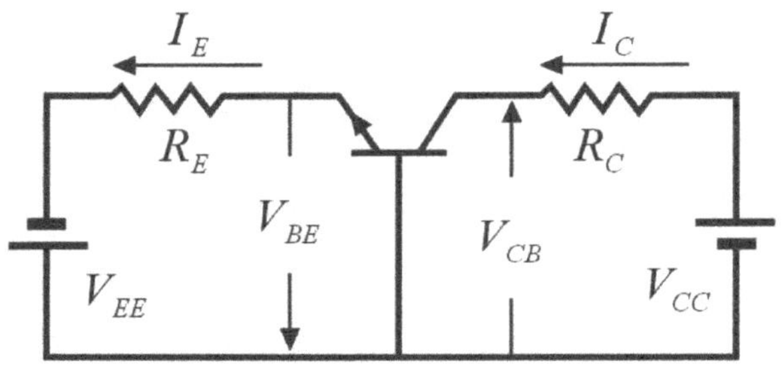

Figura 5.41 - Circuito de polarização do amplificador da Figura 5.38.

A malha de saída desse circuito fornece a equação:

$$V_{CC} = R_C I_C + V_{CB}$$

que é a mesma equação (5.35), diferindo as variáveis, as quais não mais apresentam os componentes alternados.

A reta definida por esta equação nas curvas características de saída, que é a mesma representada na Figura 5.39, é chamada de *reta de carga estática.*

Observa-se que o circuito de polarização independe do sinal aplicado, ficando determinado pelos valores de V_{CC}, V_{EE}, R_E e R_C.

A segunda dessas análises inicia-se pelo circuito para sinais alternados da Figura 5.42, obtido do circuito do amplificador colocando-se as fontes V_{CC} e V_{EE} em curto.

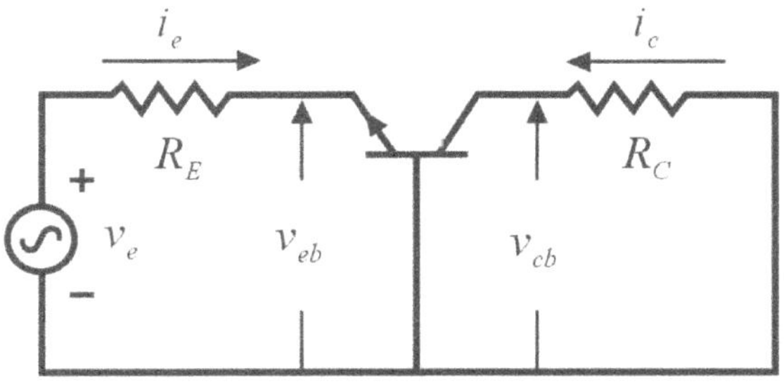

Figura 5.42 - Circuito para sinais alternados do amplificador da Figura 4.38.

O passo seguinte consiste da substituição do transistor pelo circuito equivalente para base-comum, representado na Figura 5.23, obtendo-se o *circuito equivalente para pequenos sinais* da Figura 5.43.

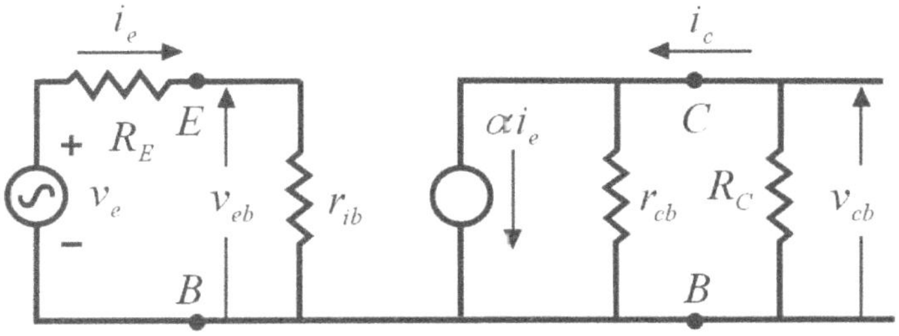

Figura 5.43 - Circuito equivalente para pequenos sinais do amplificador da Figura 5.38.

Partindo-se desse circuito, deduz-se:

$$v_{cb} = -(R_C \,//\, r_{cb})\,\alpha\, i_e$$

$$v_e = (R_E + r_{ib})\, i_e$$

O ganho Av_e é obtido dividindo-se v_{cb} por v_e, chegando-se ao mesmo resultado da equação (5.43).

Análise Gráfica

A análise gráfica do amplificador da Figura 5.38 é feita sobre as curvas características de saída e de entrada do transistor, dependendo o procedimento dos dados do circuito que são disponíveis.

Supondo-se, por exemplo, conhecidos V_{CC} e R_C, obtêm-se os pontos A e B que determinam a reta de carga traçada nas curvas características da Figura 5.44. Sobre essa reta localiza-se o ponto P de polarização, o qual corresponde aos valores V_{CB}, I_C e I_E.

Devido ao sinal na entrada, a corrente de emissor apresenta uma componente alternada, variando de forma senoidal entre I_{E_1} e I_{E_2}, conforme indicado na figura. Essa variação corresponde a um deslocamento do ponto P sobre a reta de carga, entre P_1 e P_2, o que equivale a uma excursão da tensão coletor-base e da corrente de coletor, também de forma senoidal.

Observa-se na Figura 5.44 que, quando a corrente do emissor passa pelo valor má-ximo I_{E_1}, o qual corresponde ao ponto P_1 da reta de carga, a corrente de coletor passa pelo máximo I_{C_1} e a tensão coletor-base pelo mínimo V_{CB_1}. Inversamente, quando a corrente de emissor passa pelo mínimo I_{E_2}, v_{CB} passa pelo máximo V_{CB_2} e i_C, pelo mínimo I_{C_2}.

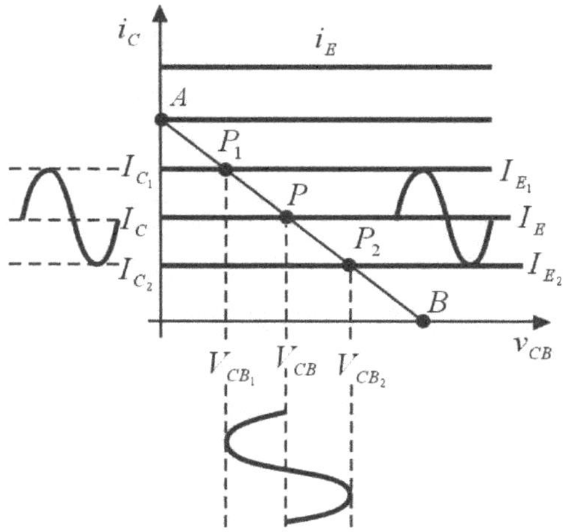

Figura 5.44 - Análise gráfica da saída.

Na Figura 5.45 estão representados i_C e v_{CB}, em função do tempo, observando-se que os sinais alternados aparecem superpostos aos valores de polarização. Além disso, estão defasados de 180°.

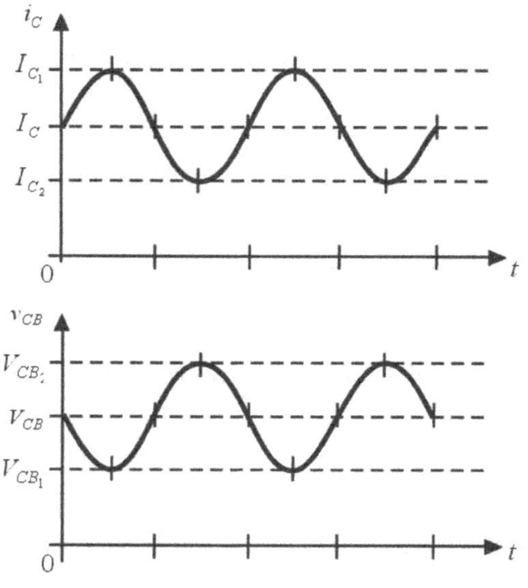

Figura 5.45 - Gráficos de i_C e v_{CB} em função do tempo.

Na análise do circuito de entrada, utiliza-se a curva da Figura 5.46, na qual a escala de v_{BE} aparece expandida de modo a realçar as variações ocorridas. Sobre esta curva, indicam-se o ponto P', correspondente a corrente de polarização I_E, e os pontos P_1' e P_2', obtidos a partir das ordenadas I_{E_1} e I_{E_2}. As abscissas desses pontos fornecem, respectivamente, os valores máximo e mínimo de v_{BE}, como mostrado na figura.

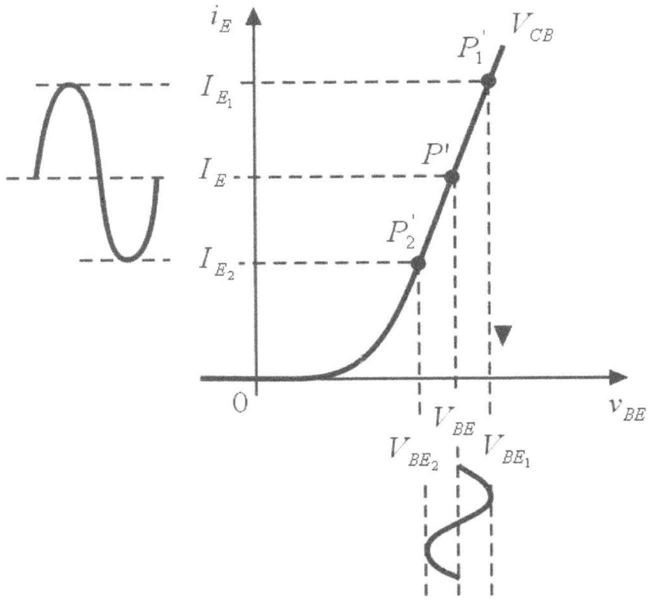

Figura 5.46 - Análise gráfica da entrada.

5.13 CORTE E SATURAÇÃO

No circuito da Figura 5.47, o coletor é alimentado pela fonte de tensão constante V_{CC} e a base, pela fonte variável v_E.

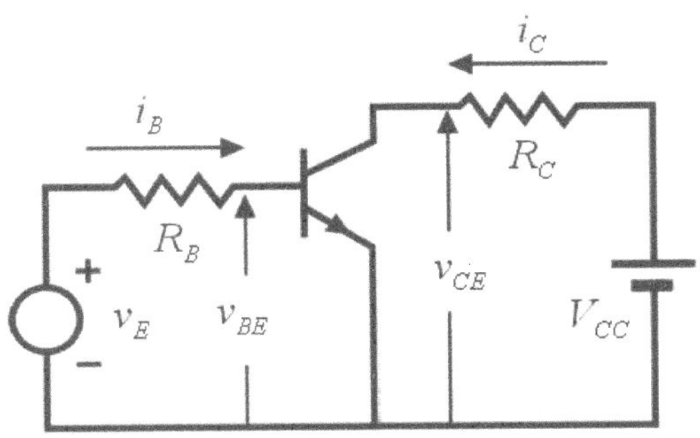

Figura 5.47 – Transistor operando no corte e na situação.

Da malha de saída desse circuito, tem-se:

$$V_{CC} = R_C i_C + v_{CE}$$

que é a equação da reta de carga traçada nas curvas características de saída da Figura 5.48.b.

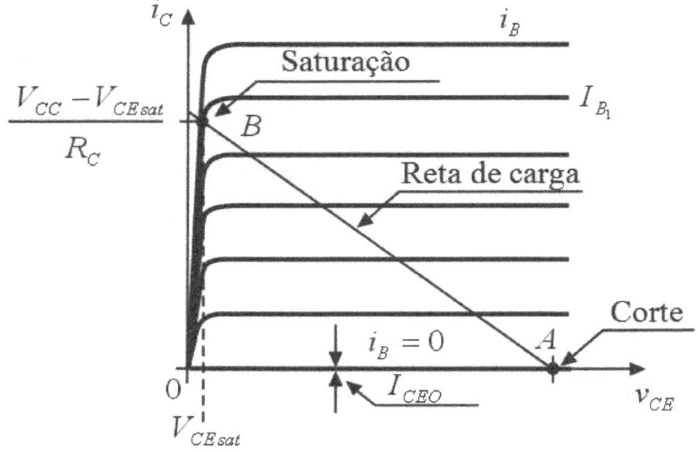

Figura 5.48 - Reta de carga estática do circuito da Figura 5.47

Corte

Acontece o corte em um transistor quando a tensão base – emissor v_{BE} for inferior a tensão de joelho dessa junção. Isso acontecendo, o transistor entrará na *região de corte*, operando no ponto A da Figura 5.48. A corrente de coletor apresentará valor muito pequeno, igual ou inferior à I_{CEO}, de tal forma que a queda de tensão em R_C poderá ser desprezada, ficando $V_{CC} = V_{CE}$. Diz-se que o transistor *está cortado*, equivalendo praticamente a um circuito aberto.

Saturação

Admitindo-se que o circuito da Figura 5.47 encontra-se no ponto *B* da Figura 5.48, um aumento da corrente de base não resultará em um correspondente aumento da corrente de coletor. Essa corrente permanecerá aproximadamente constante.

Esse modo de operação é chamado *saturação.*

Ocorrendo a saturação, v_{CE} apresentará um valor muito baixo, da ordem de 2 décimos de volt para os transistores de baixa potência, o qual dependerá da posição da reta de carga. Essa tensão, designada na figura por V_{CEsat}, é denominada *tensão de saturação coletor-emissor*, podendo ser desprezada na maioria das aplicações.

Durante a saturação, o transistor equivale a uma fonte de tensão v_{CEsat}. No entanto, devido ao pequeno valor dessa fonte, para maioria das aplicações pode ser considerado como um curto-circuito entre o coletor e o emissor, ficando a corrente limitada por R_C.

Tem-se, no ponto *B* da Figura 5.48:

$$i_C = \frac{V_{CC} - V_{CEsat}}{R_C}$$

A corrente I_{B_1} será o mínimo valor de i_B necessário para *saturar* o transistor. Um maior valor dessa corrente provoca apenas o aumento da carga em excesso armazenada na base. O transistor ficará *mais fortemente* saturado.

Em um transistor operando no corte e na saturação, como ocorre nos circuitos digitais, a carga em excesso na base reduz a máxima frequência de operação.

É que essa carga precisa ser removida antes que a corrente de coletor caia de valor, ocasionando um tempo de atraso entre o comando aplicado na base e a resposta na saída. Esse tempo será tanto maior quanto *mais saturado* estiver o transistor. Obviamente, no sentido inverso, essa carga precisa ser resposta para o transistor entrar na saturação.

5.14 TRANSISTOR COMO INVERSOR

O inversor é um circuito lógico que realiza a operação *complementação*, também chamada *inversão*, ou seja, é um circuito que apresenta na saída o complemento da entrada.

O inversor mais simples a transistor utiliza o mesmo circuito da Figura 5.47, trabalhando unicamente no corte e na saturação.

Com esse tipo de operação, tem-se $v_{CE} = V_{CEsat}$, quando o transistor estiver saturado, e $v_{CE} = V_{CC}$, quando cortado. São essas duas as tensões que correspondem, respectivamente, aos valores lógicos 0 e 1 da variável de saída.

A variável de entrada v_E deve apresentar no nível alto uma tensão suficientemente elevada para que se tenha na base uma corrente maior que a corrente I_{B1}, indicado na Figura 5.48, garantindo a saturação do transistor. No nível baixo, essa variável deve apresentar um valor inferior à tensão de joelho da junção do emissor, condição necessária para que o transistor opere no corte.

Exemplo 5.1 As Figuras 5.49.a e 5.49.b contém as curvas características de entrada e saída do transistor da Figura 5.47.a, que opera como inversor.

Considerando-se que a tensão de entrada v_E é a onda quadrada representada na Figura 5.49.c, e sabendo-se que V_{CC} = 15V e R_C = 750Ω:

a) Determinar R_B.

b) Traçar a tensão de saída v_{CE} em função do tempo.

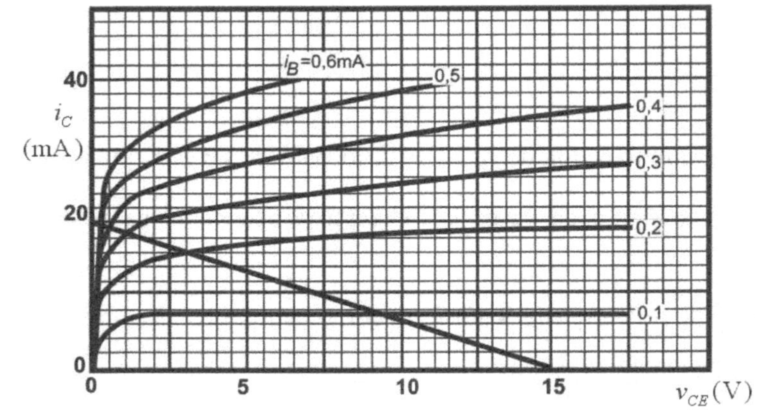

a) Curvas características de saída

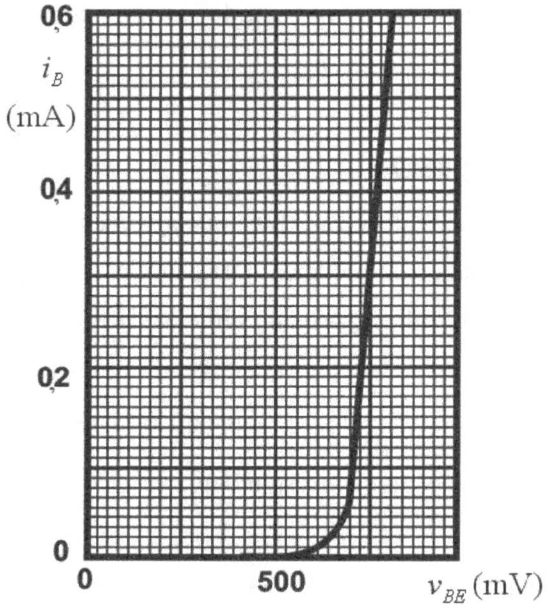

b) Curva característica de entrada

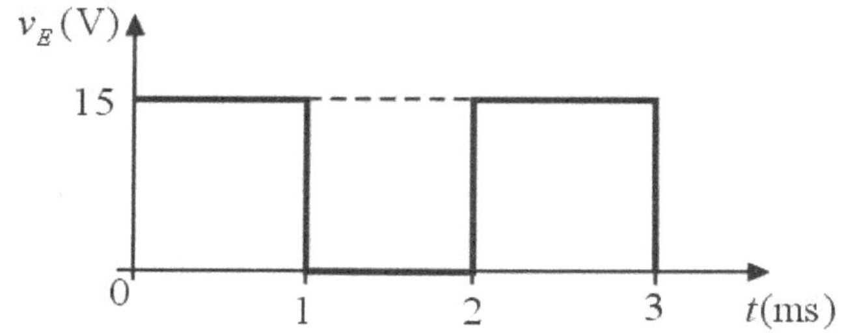

c) Tensão de entrada

Figura 5.49 - Exemplo 5.1 e Problemas 5.1 e 5.2.

Solução: Da malha de saída do circuito do inversor, deduz-se:

$$15 = 750 i_C + v_{CE}$$

que é a equação da reta de carga traçada nas curvas características de saída da Figura 5.49.a.

Observa-se, nessa curva, que, fazendo-se i_B = 0,5mA, o transistor estará saturado, apresentando uma tensão de saturação coletor-emissor de aproximadamente 0,2V.

Considerando-se que esse valor de i_B corresponde, na curva característica da Figura 5.49.b, a V_{BE} = 0,8V, tem-se, para a malha de entrada:

$$15 = R_B \times 0{,}5 \times 10^3 + 0{,}8$$

De onde decorre:

$$R_B = 28{,}4\text{K}\Omega$$

Nos intervalos em que v_{CE} = 0, o transistor estará cortado e a tensão de saída será a própria tensão V_{CC} da fonte.

A partir desses dois resultados, traça-se o gráfico de v_{CE} apresentado na Figura 5.50.

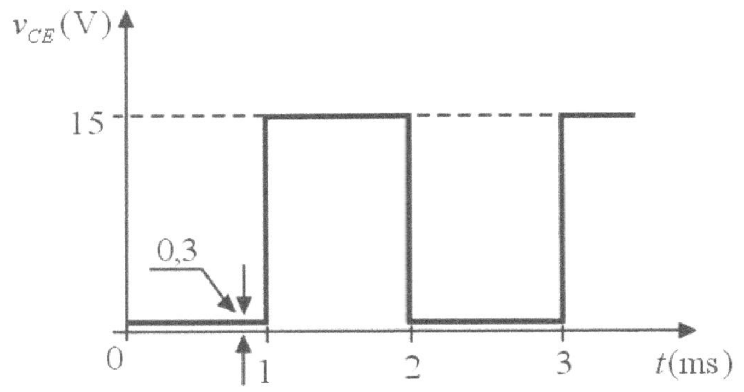

Figura 5.50 - Tensão de saída v_{CE}.

5.15 PROBLEMAS

5.15.1. Utilizando-se as curvas características de entrada e saída das Figuras 5.49.a e 5.49.b, determinar os parâmetros β, r_{ce} e r_{ie} no ponto de operação dado por I_C = 18mA e V_{CE} = 9V .

5.15.2. O amplificador em emissor-comum da Figura 5.51 utiliza o transistor do problema anterior no mesmo ponto de operação. Determinar R_C, R_B e o ganho em tensão $Av_e = v_{ce}/v_e$. , sendo conhecido as tensões V_{CC} = 20V e V_{BB} = 4V.

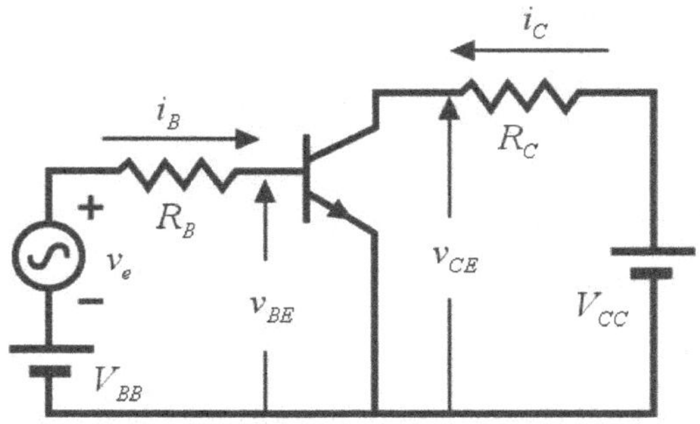

Figura 5.51 - Amplificador na montagem emissor-comum do Problema 5.2.

5.15.3. O transistor do amplificador da Figura 5.51 foi trocado pelo transistor *p-n-p* cujas curvas características de entrada e saída são dadas na Figura 5.52. Sabendo-se que $V_{CC} = -140\text{V}$ e $V_{BB} = -3\text{V}$, determinar R_C e R_B para que se tenha $I_C = -44\text{mA}$ e $V_{CE} = -60\text{V}$. Determinar, igualmente, os parâmetros β, r_{ce} e r_{ie} e o ganho $Av_e = v_{ce} / v_e$.

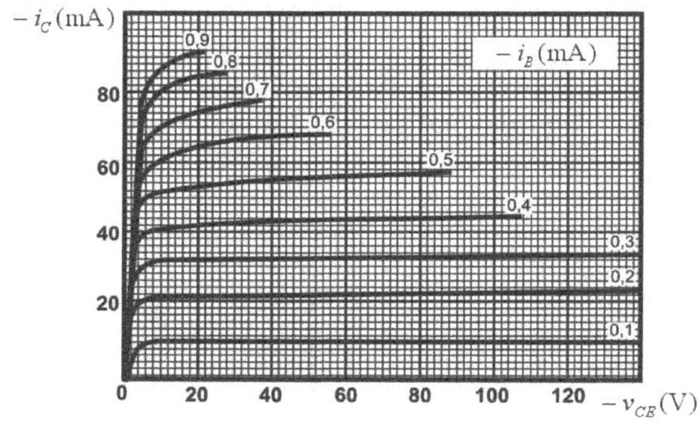

a) Saída

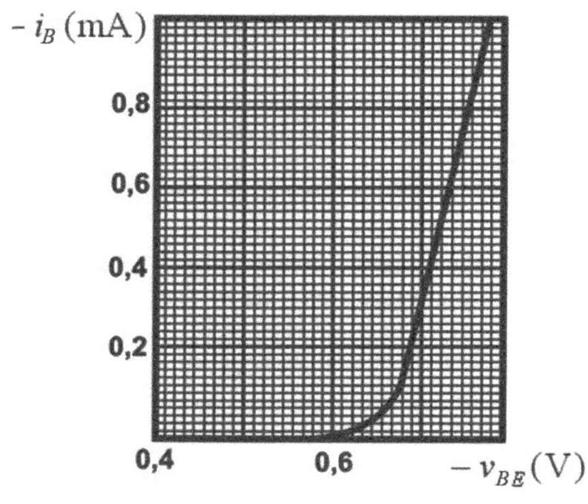

b) Entrada

Figura 5.52 - Curvas características do transistor do Problema 5.3.

5.15.4. Considerando-se que o transistor do problema anterior vai operar em base-comum, no mesmo ponto de operação, determinar α, r_{ib} e r_{cb}.

5.15.5. O amplificador da Figura 5.38 utiliza um transistor *p-n-p* com $\alpha = -0{,}98$, $r_{cb} = 890\text{K}\Omega$, $r_{ib} = 5{,}3\Omega$ e $V_{BE} = -0{,}68\text{V}$. Sabendo-se e que $V_{CC} = -24\text{V}$, $V_{EE} = -2\text{V}$, $R_C = 600\Omega$ e $V_{CB} = -12\text{V}$, determinar:

a) as correntes de polarização I_C e I_E;

b) o resistor R_E;

c) o ganho em tensão $Av_e = v_{cb}/v_e$.

5.15.6. O circuito da Figura 5.53.a utiliza o transistor cujas curvas características de saída constam da Figura 5.53.b. Considerando-se $V_{BE} = 0{,}70\text{V}$, determinar os valores de V_{CE} para $V_{BB} = 30{,}7\text{V}$; $20{,}7\text{V}$; $10{,}7\text{V}$ e $5{,}7\text{V}$. São dados $R_C = 200\Omega$, $R_B = 100\text{K}\Omega$ e $V_{CC} = 20\text{V}$

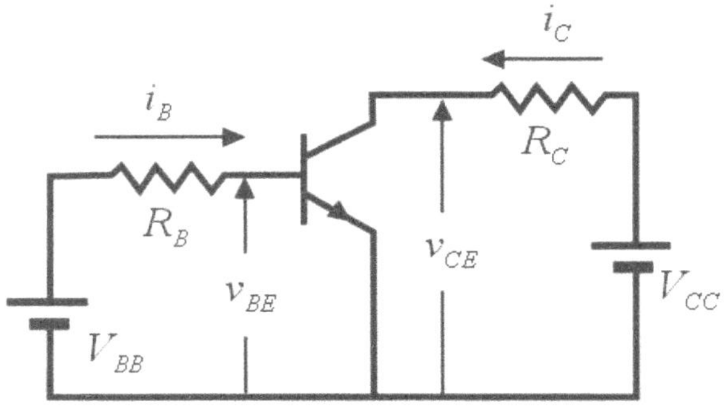

a) Circuito

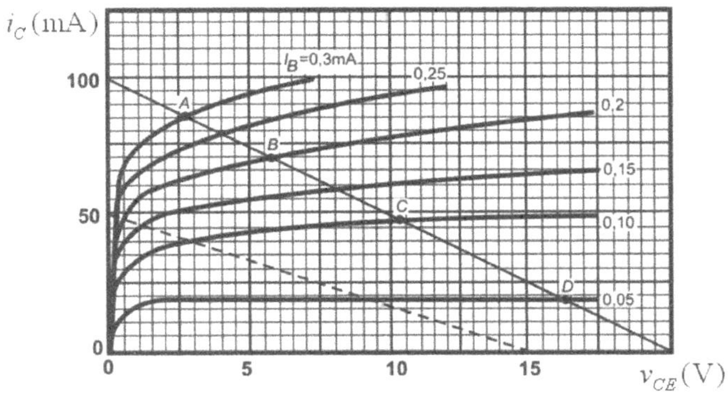

b) Curvas características de saída

Figura 5.53 - Problema 5.6.

Solução: Da malha de saída, obtém-se:

$$20 = 200i_C + v_{CE}$$

equação que define a reta de carga traçada em linha cheia nas curvas características da Figura 5.53.b.

Da malha de entrada:

$$V_{BB} = 100 \times 10^3 i_B + 0{,}70$$

De onde decorre:

$$I_B = \frac{V_{BB} - 0{,}70}{100} \text{mA}$$

Substituindo-se V_{BB} pelos valores fornecidos, obtém-se: I_B = 0,3mA, 0,2mA, 0,1mA e 0,05mA.

A interseção das curvas de I_B constante correspondentes aos valores acima calculados com a reta de carga determinará os pontos *A*, *B*, *C* e *D* indicados na figura.

Os valores solicitados de V_{CE} serão as abscissas dos pontos acima, ou seja: V_{CE} = 2,7V; 5,7V; 10,3V e 16,3V.

5.15.7. O circuito da Figura 5.54 utiliza o mesmo transistor *n-p-n* do Problema 5.6. Sabendo-se que V_{CC} = 15V, R_C = 300Ω e V_{BE} = 0,70V, e que *x* pode assumir o valor 15V ou 0V, determinar R_B para que o circuito funcione como um inversor.

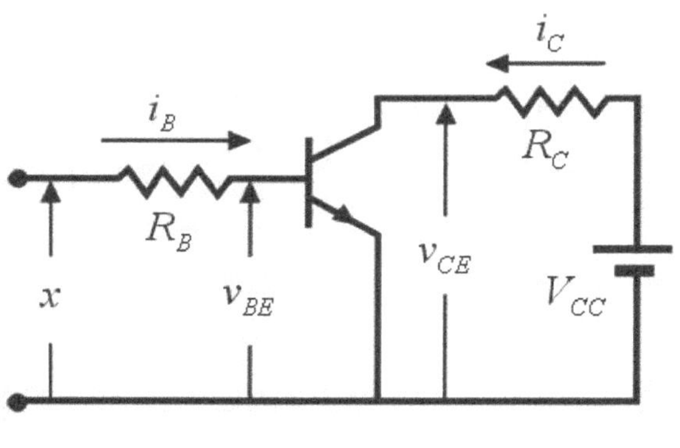

Figura 5.54 - Circuito de um inversor Problema 5.7.

Solução: Da malha de saída do circuito, obtém-se:

$$15 = 300i_C + v_{CE}$$

Esta equação corresponde à reta de carga traçada em linha interrompida na Figura 5.53.b. Observa-se que, para I_B = 0,25mA, ou maior, o transistor encontra-se saturado, com v_{CE} inferior à 0,05V.

Para este valor de I_B decorre:

$$R_B = \frac{15 - 0{,}70}{0{,}25} \times 10^3$$

Logo:

$$R_B = 57{,}2\text{K}\Omega$$

Com $x = 0$, o que corresponde à base em terra, o transistor estará cortado. A corrente através de R_C será nula e V_{CE} estará com a própria tensão de 15V da fonte V_{CC}.

5.15.8. O circuito lógico da Figura 5.55 é um *NAND*, formado por um circuito *AND* a diodo com um *inversor* na saída. Sabendo-se que é utilizado o transistor cujas características de saída são apresentadas na Figura 5.53.b, determinar os valores de z para as entradas x e y constantes da Tabela 5.3. São conhecidos: $V_{CC} = 15\text{V}$, $V_{BE} = 0{,}7\text{V}$, V_o=0,7V (tensão de joelho do diodo), R_{B1} = 31,5KW e R_{B2} = 40KW e R_C = 300Ω.

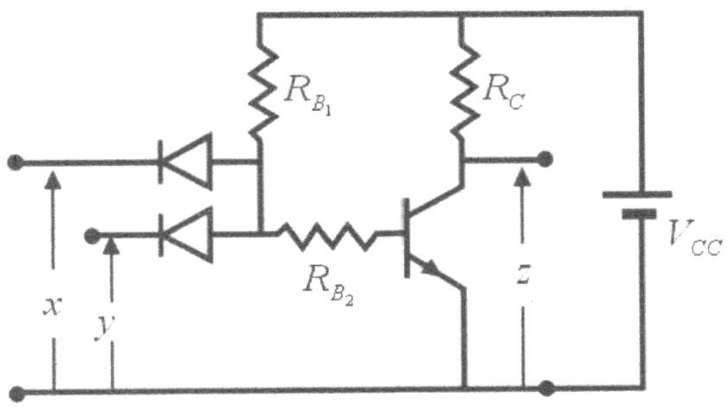

Figura 5.55 - Circuito do Problema 5.8.

Tabela 5.3 - Problemas 5.8, 5.9, 5.12 e 5.13

Entrada		Saída
x	y	z
0	0	
0	15V	
15V	0	
15V	15V	

5.15.9. O circuito lógico da Figura 5.56 é um *NOR* formado por um circuito *OR* a diodo na entrada e um circuito *inversor* na saída.

Sabendo-se que esse circuito utiliza o mesmo transistor da Figura 5.53.a, cujas curvas características de saída são apresentadas na Figura 5.53.b, e que são conhecidos $V_{CC} = 15\text{V}$, $V_{BE} = 0{,}7\text{V}$, V_o= 0,7V (tensão de joelho do diodo), R_{B1} = 68,5KW, R_{B2} = 100KW e R_C = 300 **Ω**, determinar os valores de z para as entradas x e y constantes da Tabela 5.3.

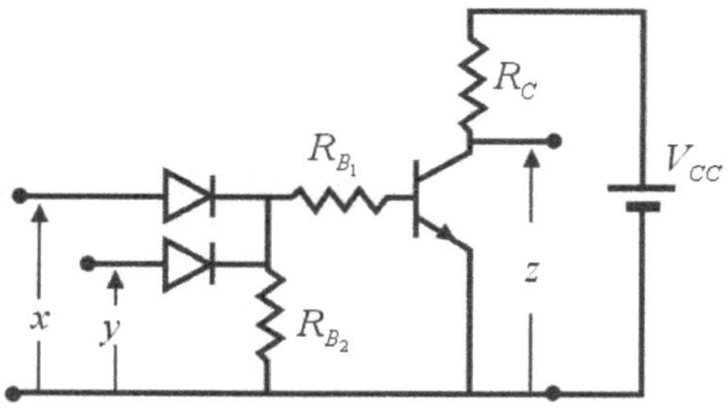

Figura 5.56 – Circuito *NOR* do Problema 5.9.

5.15.10 No amplificador em coletor-comum da Figura 5.57.a são dados , $V_{BB} = 12\text{V}$, $V_{BE} = 0{,}7\text{V}$, $\beta = 120$, $r_{ie} = 500\Omega$ e $r_{ce} = 37\text{K}\Omega$. Determinar:

a) R_B e R_E para que se tenha V_{CE} = 6V e I_C = 6mA;

b) O ganho. $Av_e = v_o / v_e$

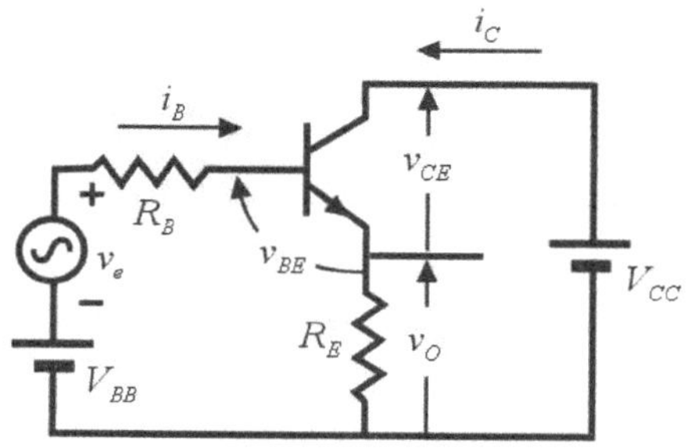

a) Amplificador

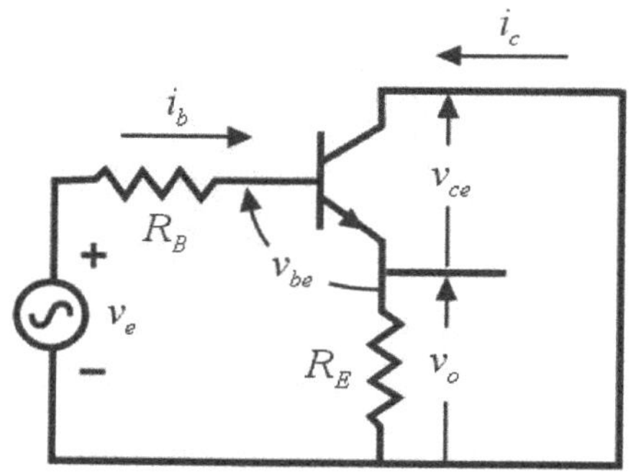

b) Circuito para sinais alternados

Figura 5.57 - Amplificador da montagem coletor-comum do Problema 5.10.

Solução:

a) Para $v_e = 0$, tem-se:

$$V_{CC} = V_{CE} + R_E(I_C + I_B)$$

Como $I_C \gg I_B$:

$$15 = 6 + R_E \times 6 \times 10^{-3}$$

De onde decorre:

$$R_E = 1{,}5\text{K}\Omega$$

Para a malha de entrada:

$$V_{BB} = R_B \frac{I_C}{\beta} + V_{BE} + R_E I_C$$

Com os valores dados:

$$12 = R_B \frac{6}{120} 10^{-3} + 0{,}70 + 1{,}5 \times 10^3 \times 6 \times 10^{-3}$$

Resultando:

$$R_B = 46\text{K}\Omega$$

b) Do circuito para sinais alternados, obtido do circuito do amplificador colocan-do-se V_{CC} e V_{BB} em curto, deduz-se:

$$v_e = R_B i_b + v_{be} + v_o$$

Como $v_{be} = r_{ie} i_b$:

$$v_e = (R_B + r_{ie}) i_b + v_o$$

Logo:

$$i_b = \frac{v_e - v_o}{46{,}5 \times 10^3}$$

Para a malha de saída:

$$v_o = R_E(i_b + i_c)$$

$$v_o = -v_{ce}$$

Sendo: $i_c = \beta i_b + \frac{v_{ce}}{r_{ce}}$, decorre:

$$v_o = R_E(\beta + 1) i_b - \frac{v_o R_E}{r_{ce}}$$

Deduzindo-se:

$$v_o = \frac{R_E(\beta+1)}{(1+\frac{R_E}{r_{ce}})} i_b$$

Com os valores conhecidos:

$$v_o = 174{,}4 \times 10^3 i_b$$

Logo:

$$v_o = \frac{174{,}4 \times 10^3}{46{,}5 \times 10^3}(v_e - v_o)$$

Concluindo:

5.15.11. Considerando-se que na Figura 5.58.a são conhecidos V_{CC} = 12V, $R_C = 1{,}2\text{K}\Omega$ $R_{B_1} = 40\Omega\text{K}$ $R_{B_2} = 10\Omega\text{K}$, $\beta = 50$ e $V_{BE} = 0{,}7\text{V}$, traçar o gráfico de v_o em função do tempo para a tensão de entrada representada na Figura 5.58.b.

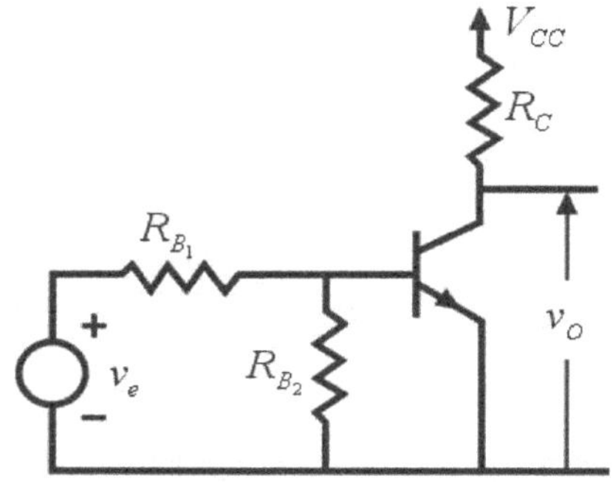

a) Circuito

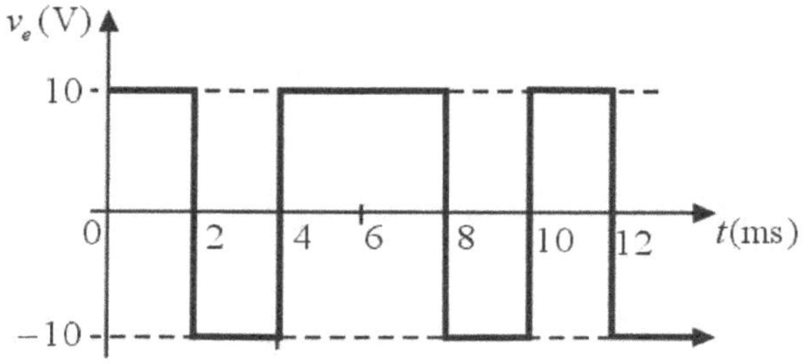

b) Tensão de entrada

Figura 5.58 - Problema 5.11.

5.15.12. O circuito da Figura 5.59 utiliza o transistor cujas curvas características de saída são apresentadas na Figura 5.53.b. Sendo 0,7V a tensão de joelho dos diodos, V_{BE} = 0,7V, R_C = 300Ω, $R_B = 64{,}5\text{K}\Omega$ e $V_{CC} = 15\text{V}$, completar a Tabela 5.3.

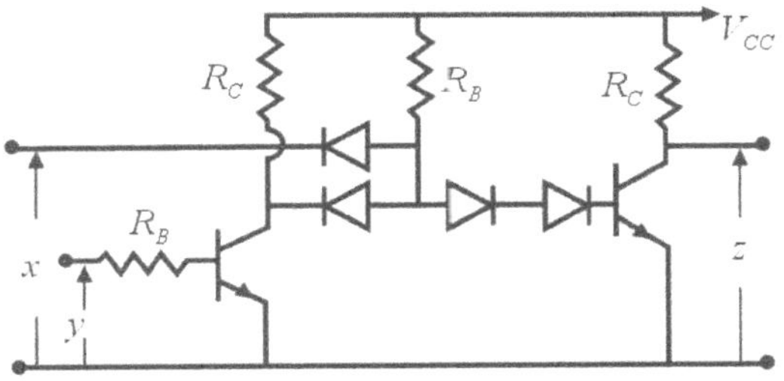

Figura 5.59 - Circuito do Problema 5.12.

5.15.13 O Circuito da Figura 5.60 utiliza o mesmo transistor do problema 5.6. Sendo 0,7V a tensão de joelho dos diodos, V_{BE} = 0,7V, $R_C = 300\Omega$, $R_{B_1} = 68\text{K}\Omega$, $R_{B_2} = 420\text{K}\Omega$ e $V_{CC} = 15\text{V}$, completar a Tabela 5.3.

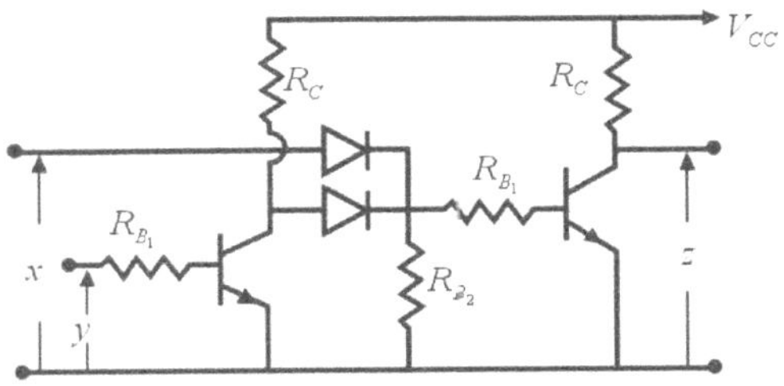

Figura 5.60 - Circuito do Problema 5.13.

5.15.14 O transistor da Figura 5.61 apresenta $V_{BE} = 0{,}7\text{V}$ e $\beta = 100$. Sabendo-se $V_{CC} = 10\text{V}$, $V_{BB} = 5\text{V}$, $I_C = 5\text{mA}$ e $V_{CE} = 3\text{V}$, determinar R_C e R_E.

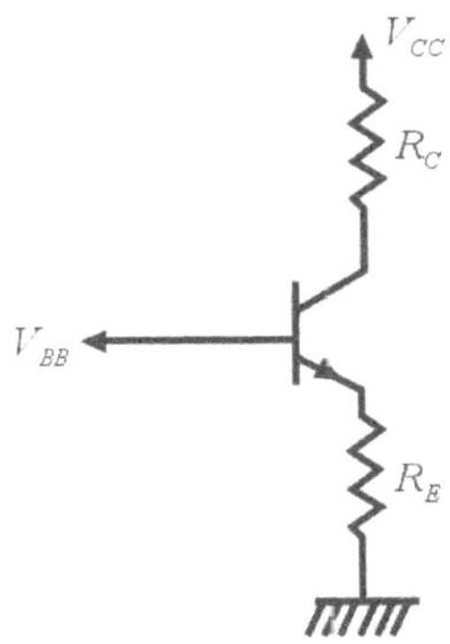

Figura 5.61 - Transistor do Problema 5.14.

5.15. 15. Na Figura 5.62 são conhecidos V_{EE} = 12V, V_{CE} = 4V, $\beta = 50$, $V_{BE} = 0{,}7\text{V}$, $R_C = R_E = 600\,\Omega$. Pede-se I_C e R_B.

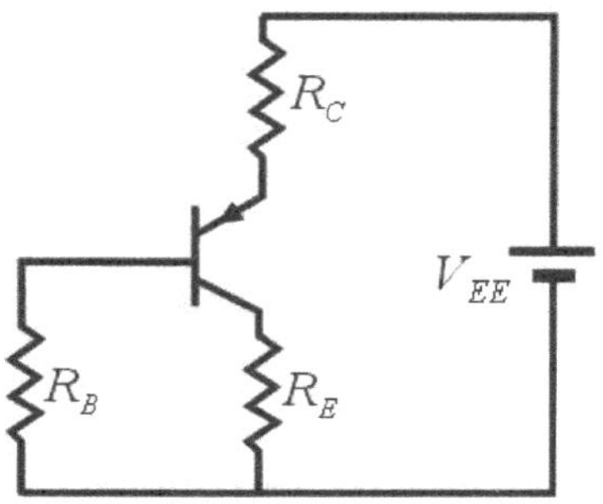

Figura 5.62 - Problema 5.15.

5.15.16. O diodo da Figura 5.63 opera na região de Zener. Sendo $V_{CC} = 10\text{V}$, $\beta = 60$, $R_B = 53\text{K}\Omega$, $V_{BE} = 0{,}7\text{V}$, $R_C = 500\Omega$ e $V_Z = 4\text{V}$, calcular V_{CE} e I_C.

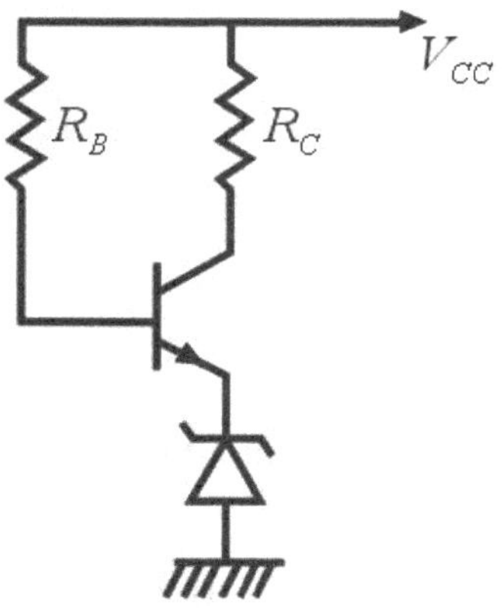

Figura 5.63 - Circuito do Problema 5.16.

5.15.17. Admitindo-se que o transistor da Figura 5.58 opera saturado, com $V_{CE\,sat} = 0{,}2\text{V}$, calcular as correntes I_C, I_B e I_E. São dados $V_{CC} = 9\text{V}$, $V_{BB} = 5\text{V}$, $\beta = 40$, $V_{BE} = 0{,}7\text{V}$, $R_C = 1{,}2\text{K}\Omega$ e $R_E = 1{,}0\text{K}\Omega$.

Solução: Tem-se, para a corrente do emissor:

$$I_E = \frac{5 - 0{,}7}{R_E} = \frac{4{,}3}{1{,}0} \times 10^{-3} = 4{,}3\text{mA}$$

Como o transistor encontra-se saturado:

$$I_C = \frac{9-(4{,}3+0{,}2)}{R_C} = \frac{4{,}5}{1{,}2}\times 10^{-3} = 3{,}75\text{mA}$$

Sendo $I_E = I_C + I_B$, resulta para a corrente de base:

$$I_B = I_E - I_C = (4{,}3-3{,}75)\text{mA}$$

Ou seja:

$$I_B = 0{,}55\text{mA}$$

Como o transistor opera saturado, essa corrente é superior a I_C/β (que vale $0{,}107\text{mA}$).

5.15.18. Conhece-se, no circuito da Figura 5.64, $V_{BE} = 0{,}7\text{V}$, $V_{CC} = 15\text{V}$, $V_Z = 4.7\text{V}$, $\beta = 200$, $R_B = 820\Omega$, $R_C = 500\Omega$ e $R_E = 400\Omega$. Determinar I_C e V_{CE}.

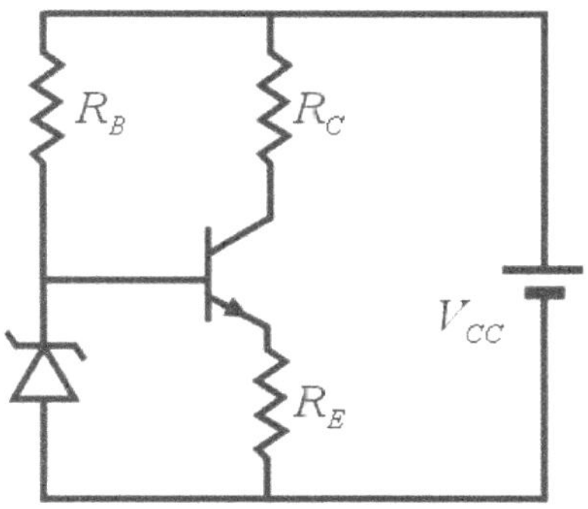

Figura 5.64 - Circuito do Problema 5.17.

CAPÍTULO 6

POLARIZAÇÃO

6.1 INTRODUÇÃO

Observou-se, no capítulo anterior, que o projeto de um circuito a transistor pode ser dividido em duas partes: *polarização* e *análise para sinais alternados*. Observou-se, também, que essas duas partes podem ser tratadas separadamente.

A polarização consiste na determinação do ponto de operação e no cálculo das *tensões e correntes de polarização* e das resistências e fontes que constituem o *circuito de polarização* do transistor.

A análise para sinais alternados trata das variações das correntes e tensões no entorno do ponto de polarização, ou seja, do comportamento do circuito para pequenos sinais.

Inicialmente serão estudados os fatores que devem ser considerados quando da polarização, a saber: influência da temperatura, tolerâncias de fabricação, valores-limite e região de trabalho.

Os dois primeiros desses fatores são responsáveis pelas variações dos parâmetros do transistor, provocando o deslocamento do ponto de operação, o que pode alterar seriamente o desempenho do circuito.

A seguir, com o objetivo de minimizar esses deslocamentos, serão analisados os circuitos de polarização série, paralela e misto. Para cada um desses circuitos, serão analisadas as condições de estabilidade do ponto de operação, considerando-se unicamente os deslocamentos provocados pelas variações de β, os quais predominam sobre os demais, como também deduzidas as ferramentas para o projeto, incluindo a dedução de fórmulas e exemplos de aplicação.

Os resultados obtidos, apesar das simplificações que foram utilizadas, são mais que satisfatórios para a quase totalidade das aplicações.

Ao contrário do circuito analisado na Seção 5.12, que emprega uma fonte para a junção do emissor e outra para a do coletor, os circuitos que serão apresentados neste capítulo utilizam uma única fonte. É através dessa fonte que as duas junções são polarizadas.

6.2 INFLUÊNCIA DA TEMPERATURA

Em um transistor, as mudanças de temperatura provocam variações na corrente I_{CBO}, na tensão base-emissor v_{BE} e no ganho em corrente β.

Variação de I_{CBO}

A corrente I_{CBO}, apresentada na Seção 5.6, compõe-se da corrente inversa da junção do coletor e da corrente de dispersão, que flui fora da área da junção.

O primeiro desses componentes é a própria corrente inversa do diodo, analisada na Seção 2.5. O segundo tem pouca influência, uma vez que apresenta valor e variação com a temperatura desprezíveis.

Verifica-se, experimentalmente, que I_{CBO} dobra aproximadamente a cada aumento de 10ºC da temperatura ambiente, tanto nos transistores de silício quanto nos de germânio.

O aumento de I_{CBO} provoca o deslocamento das curvas características de saída no sentido das correntes mais elevadas, o que tem pouca influência nos transistores de silício, para os quais I_{CBO} é da ordem de nA.

Já para os de germânio, que apresentam I_{CBO} da ordem de μA, pode ter alguma importância, principalmente se for usada a montagem emissor-comum, na qual a corrente de saturação I_{CEO} é $\beta + 1$ vezes maior que I_{CBO}, e se as variações da temperatura forem elevadas.

Variação de v_{BE}

Mostrou-se, no capítulo anterior, que na região ativa a junção base-emissor funciona como um diodo polarizado diretamente. É essa junção que controla toda a corrente através do diodo. Mostrou-se, também, que em decorrência da pequena recombinação ocorrida na base,as correntes do emissor e do coletor são aproximadamente iguais.

Dessa forma, os resultados da Seção 2.9 aplicam-se a essa junção, sendo válida a afirmação: em um transistor operando na região ativa, mantendo-se v_{BE} constante, a corrente de coletor cresce com o aumento da temperatura.

Inversamente, verifica-se experimentalmente que para I_C constante ocorre uma redução de V_{BE} com o aumento da temperatura, que é da ordem de 2mV/°C tanto para os transistores de silício quanto para os de germânio.

Variação do ganho β

A influência da temperatura sobre os ganhos β e β_{DC}, representados na maioria dos manuais, respectivamente, por h_{fe} e h_{FE}, é bastante complexa. Entre os fatores envolvidos inclui-se, como o principal, o próprio aumento da corrente de coletor com a temperatura.

Verifica-se, experimentalmente, que ambos esses parâmetros crescem com a temperatura, reduzindo-se essa variação para valores elevados da corrente de coletor.

6.3 TOLERÂNCIAS DE FABRICAÇÃO

Uma das dificuldades na fabricação dos transistores é a obtenção de parâmetros com valores, pelo menos aproximados. Normalmente ocorre grande espalhamento, o que se observa nos próprios dados fornecidos pelos fabricantes.

Assim, para os ganhos h_{fe} e h_{FE}, os manuais fornecem os valores mínimo e máximo de cada tipo de transistor, verificando-se máximos maiores até mesmo que o dobro ou o triplo dos valores mínimo.

No caso de I_{CBO}, que apresenta variações ainda maiores que as de h_{FE}, são fornecidos, normalmente, o valor máximo para cada tipo. Em alguns manuais é também incluído um valor típico, além do máximo.

Para V_{BE}, são fornecidos os valores mínimo, máximo e típico em uma temperatura T, em um dado ponto de polarização, definido por I_C e V_{CE}. Como exemplo, para $T = 25°C$, $I_C = 2mA$ e $V_{CE} = 5V$, tem-se:

$$V_{BE\,tip} = 620mV, \; V_{BE\,\mathbf{min}} = 550mV, \; V_{BE\,\mathbf{max}} = 700mV$$

Alguns manuais fornecem, também, as curvas de i_C função de v_{BE} para essas três condições, conforme ilustrado na Figura 6.1.

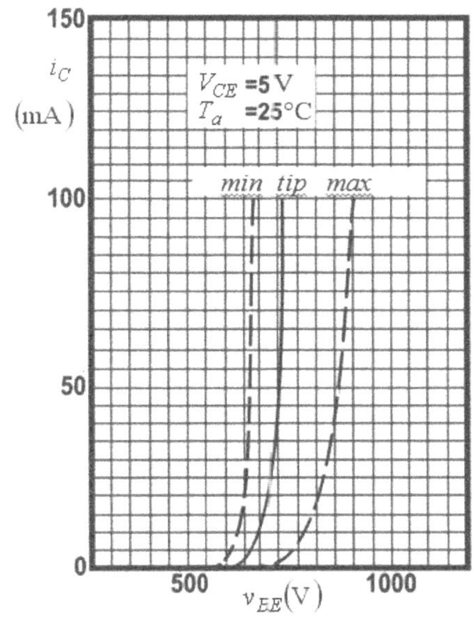

Figura 6.1 – Curvas mínima, típica e máxima de i_C função de v_{BE}.

6.4 VALORES-LIMITES

Como mencionado, entre os fatores a serem considerados na polarização, encontram-se os valores-limite estabelecidos pelo fabricante, os quais não podem ser ultrapassados, sob pena de destruição do transistor.

São esses valores a tensão de ruptura emissor-base, as tensões de ruptura coletor-emissor e coletor-base, a máxima corrente de coletor e a máxima potência na temperatura de operação do transistor.

Tensão de ruptura emissor-base

Quando um transistor opera na região ativa, a junção do emissor encontra-se polarizada diretamente. Entretanto, em certas aplicações – como em circuitos de chaveamento ou em amplificadores classe B e C – o transistor também opera no corte, quando então aparece uma polarização inversa nessa junção.

Como ocorre em qualquer diodo, essa tensão inversa será limitada pela ruptura da junção, que ocasiona o aumento súbito da corrente e a possível destruição do componente.

A tensão na qual ocorre a ruptura, chamada de *tensão de ruptura emissor-base*, é um dado do fabricante, que geralmente fornece o seu valor para o coletor em aberto, representado pelo símbolo BV_{EBO}.

Nesse símbolo, a letra B é tirada da palavra inglesa *breakdown*, enquanto V_{EBO} significa a tensão emissor-base com o coletor em aberto (*out*), ou seja, com $i_C = 0$.

Potência máxima

A potência fornecida a um transistor operando na região ativa será dissipada na junção do coletor, atravessada pela corrente i_C, e na junção do emissor, atravessada pela corrente i_E. Representando-se por P essa potência, tem-se:

$$P = v_{CB} i_C + v_{BE} i_E$$

Sendo $i_C \cong i_E$, resulta:

$$P = (v_{CB} + v_{BE}) i_C$$

Como v_{BE} é muito menor que v_{CB}, em decorrência da junção do emissor encontrar-se polarizada diretamente e a do coletor, inversamente, obtém-se:

$$P \cong v_{CE} i_C \tag{6.1}$$

Ou seja: *a potência fornecida ao transistor é praticamente dissipada na junção do coletor.*

Tal dissipação ocasiona o aquecimento dessa junção.

Caso a temperatura ultrapasse o valor máximo estabelecido pelo fabricante, a junção abre, inutilizando o transistor. Consequentemente, existirá um limite para a máxima potência que pode ser dissipada com segurança pelo transistor, o qual dependerá da temperatura máxima permissível para a junção do coletor, da temperatura ambiente e dos meios utilizados para dissipar o calor produzido.

Chamando-se de $P_{Max}(T)$ a potência máxima para a temperatura ambiente T, obtém-se a equação:

$$P_{Max}(T) = i_C v_{CE} \tag{6.2}$$

Os valores de i_C e V_{CE} que satisfazem essa equação determinam nas características de saída uma hipérbole eqüilátera, chamada de *curva de dissipação máxima para a temperatura T*, a qual limitará a região ativa do transistor, conforme representado na Figura 6.2.

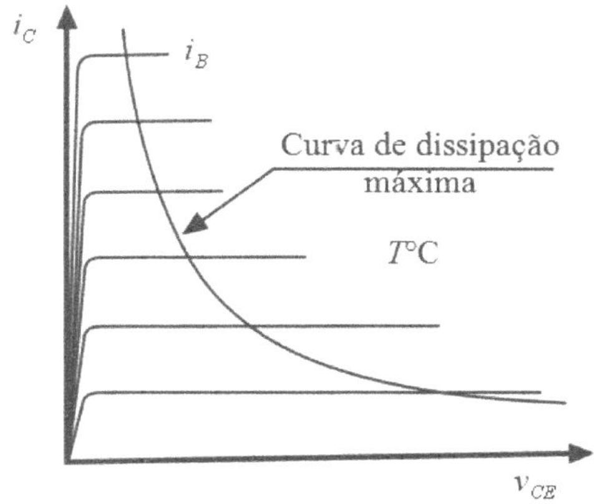

Figura 6.2 – Curva de dissipação máxima para a temperatura T.

Máxima corrente de coletor

O valor máximo da corrente de coletor, que pode circular em um transistor sem danificá-lo, é também um dado especificado pelo fabricante.

Conforme pode ser observado na Figura 6.2, para baixos valores da tensão coletor-emissor, a corrente máxima não corresponde à máxima dissipação permitida pelo fabricante. A limitação torna-se necessária por outros fatores, entre os quais a destruição com correntes elevadas dos fios internos de conexão e das próprias soldas existentes no transistor.

Em alguns casos, a limitação decorre da não linearidade do transistor, que cresce com a corrente de coletor, e tem como objetivo garantir o β mínimo especificado pelo fabricante.

Alguns transistores podem suportar, por algum tempo, picos de corrente com amplitudes maiores que o valor máximo especificado para operação contínua. Para esses casos, são fornecidas pelo fabricante a amplitude, a largura e a frequência máxima dos pulsos que o transistor suporta.

Tensão de ruptura coletor-base

Em um transistor operando na região ativa direta, a junção do coletor encontra-se polarizada no sentido inverso.

Aumentando-se gradativamente a tensão de polarização dessa junção, ao ser atingido um dado valor, chamado *tensão de ruptura*, a corrente de coletor crescerá consideravelmente para pequenas variações da tensão coletor-base.

O fenômeno acima descrito é o mesmo que ocorre com os diodos polarizados inversamente, analisado detalhadamente no Capítulo IV.

A Figura 6.3 contém um conjunto de curvas características de saída mostrando a ruptura da junção do coletor.

Conforme se observa, o maior valor da tensão de ruptura ocorre com o emissor em aberto, ou seja com $i_E = 0$. Essa tensão é denominada *tensão de ruptura coletor-base com o emissor em aberto*, sendo representada por BV_{CBO} ou $V_{(BR)CBO}$.

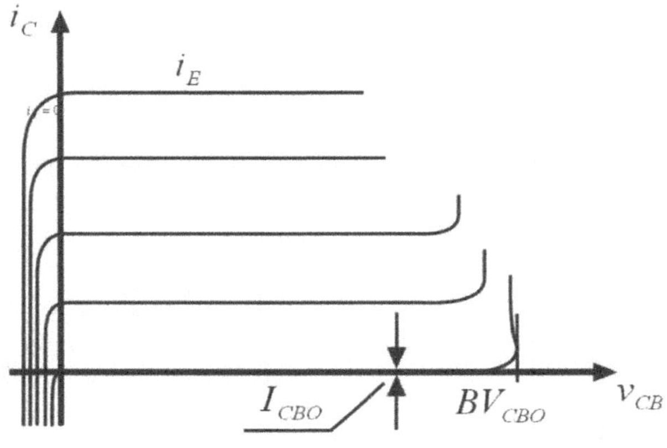

Figura 6.3 – Característica de saída em base-comum mostrando a ruptura da junção do coletor.

Para correntes de emissor diferentes de zero, a tensão de ruptura cairá de valor, acentuando-se a queda com o aumento dessa corrente.

Essa diminuição é causada pelo aumento do número de portadores que cruzam a junção do coletor, o que aumenta a probabilidade de choque e facilita a reação em cadeia que caracteriza a ruptura.

No lugar dessa tensão, alguns manuais fornecem a tensão logo onde se inicia a ruptura, representada por $V_{BCO\,max}$ e chamada *tensão máxima coletor-base com o emissor em aberto (out).*

Tensão de ruptura coletor-emissor

Também é especificada pelo fabricante *a tensão de ruptura coletor-emissor com a base em aberto*, isto é, com $i_B = 0$, que é representada por BV_{CEO} ou $V_{(BR)CEO}$.

Essa tensão é inferior a BV_{CBO} porque a corrente de portadores minoritários que cruza a junção do coletor é a corrente de saturação I_{CEO}, $(\beta + 1)$ vezes maior que I_{CBO}.

Conforme pode ser observado na Figura 6.4, a tensão de ruptura coletor-emissor decresce de valor com o aumento da corrente, em consequência do aumento do número de portadores que cruzam a junção do coletor, analogamente ao que ocorre com a tensão de ruptura coletor-base.

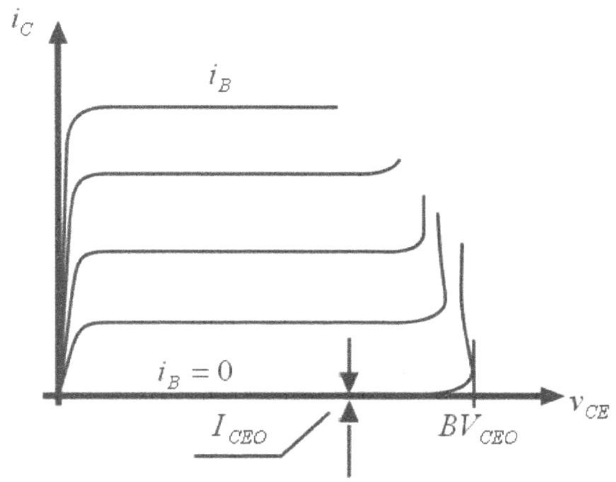

Figura 6.4 – Ruptura da junção do coletor na montagem emissor-comum.

No lugar de BV_{CEO}, alguns fabricantes fornecem a tensão onde se inicia a ruptura. Essa tensão, que é um pouco inferior a BV_{CEO}, é conhecida como *máxima tensão coletor-emissor com a base em aberto*, sendo representada por V_{CEOmax}.

Perfuração da base

A ruptura da junção do coletor pode também ser ocasionada pela *perfuração da base*, fenômeno que pode ocorrer com o aumento da região de carga espacial da junção do coletor, provocado pela elevação da tensão inversa de polarização coletor-base.

Em consequência desse aumento, a região de carga espacial penetrará cada vez mais na base, reduzindo a sua largura.

Nos transistores que apresentam a base muito fina, como, por exemplo, os transistores para alta frequência, a região de carga espacial da junção do coletor—para tensões de polarização muito elevadas—pode alcançar a junção do emissor, aparecendo um forte campo elétrico unindo o coletor ao emissor. Os portadores provenientes do emissor atravessarão a base fortemente acelerados por esse campo—e não por difusão, como normalmente ocorre.

Uma vez perfurada a base, a tensão do coletor não poderá mais ser elevada devido à violenta redução da resistência da junção, não sendo possível alcançar a tensão de avalanche.

Inversamente, uma vez ocorrida a avalanche, a tensão de perfuração da base não será atingida, ficando a tensão de coletor será limitada pelo efeito que primeiro ocorrer, fato que dependerá das características de construção do transistor.

6.5 REGIÃO DE TRABALHO

Os limites introduzidos na seção anterior determinam a *região de trabalho*, também chamada de *região de operação*, que pode ser definida como uma área limitada nas características de saída dentro da qual o transistor opera com segurança.

Conforme representado em hachuras na Figura 6.5, essa região é delimitada pela reta *BC*, que corresponde à corrente máxima de coletor, pela curva *CD* de dissipação máxima e pela reta *DE*, que corresponde à tensão de ruptura coletor-emissor.

Além desses limites, deve ser considerada a reta *AB*, que limita a região de saturação, e a própria corrente I_{CEO}, que determina o corte do transistor.

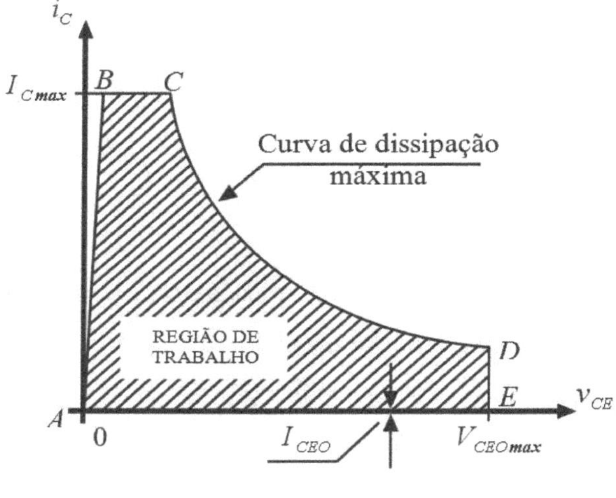

Figura 6.5 – Região de trabalho na montagem emissor-comum.

Observa-se que na montagem base-comum, em que a saturação ocorre no segundo quadrante, a região de trabalho estende-se até $v_{CB} = 0$.

6.6 CIRCUITO DE POLARIZAÇÃO COM I_B CONSTANTE

No circuito da Figura 6.6, conhecido como *circuito de polarização com I_B constante*, V_{CC} é a fonte de tensão utilizada para polarização das junções do coletor e da base.tensão utilizada para polarização das junções do coletor e da base.

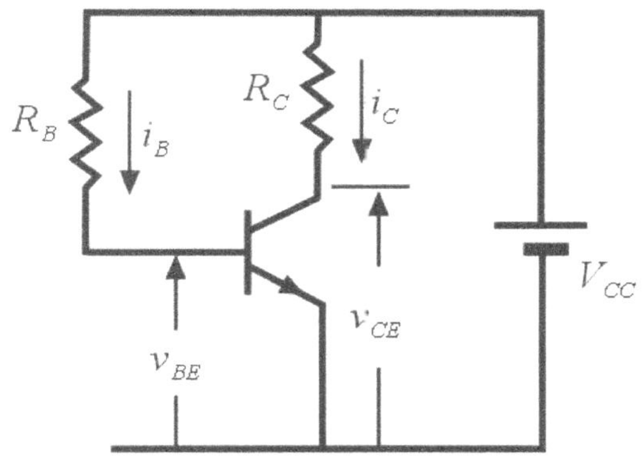

Figura 6.6 – Circuito de polarização com I_B constante.

Da malha de saída desse circuito, formada por V_{CC}, R_C e pela junção coletor-emissor, tem-se:

$$V_{CC} = R_C i_C + v_{CE} \tag{6.3}$$

Essa equação define a *reta de carga estática*.

Na Seção 6.13 será introduzida uma outra reta de carga, *a dinâmica*, que é a reta de carga do circuito para sinais alternados.

A Figura 6.7.contém as curvas características de saída com a região de operação delimitada. A reta de carga estática foi traçada dentro dessa região, para garantir a operação segura do transistor.

Observa-se que essa reta passa pelos pontos *A* e *B*, obtidos da equação (6.3) fazendo-se, respectivamente, v_{CE} e i_C iguais a zero.

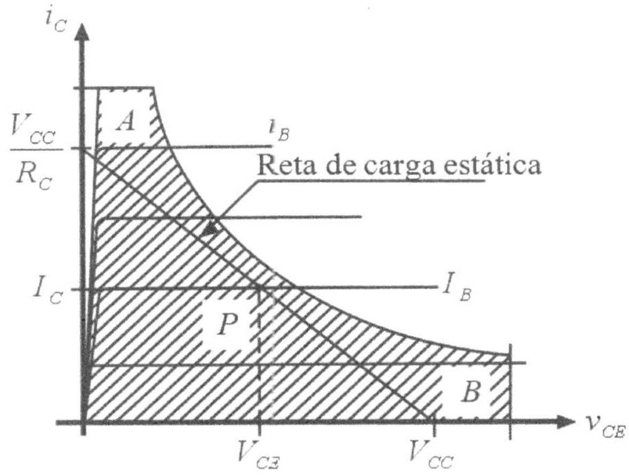

Figura 6.7 - Localização da reta de carga e do ponto de polarização

Uma vez conhecido I_B, passa-se para a malha de entrada, formada pela fonte de tensão V_{CC}, pela resistência R_B e pela junção base-emissor.

Levando-se o valor de I_B na curva característica de entrada da Figura 6.8, obtém-se a tensão V_{BE} de polarização.

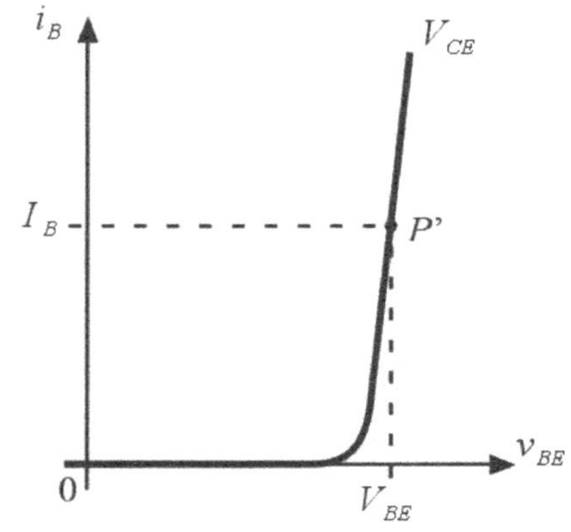

Figura 6.8 – Obtenção da tensão V_{BE} de polarização

Para a malha de entrada do circuito, resulta a equação:

$$V_{CC} = R_B i_B + v_{BE}$$

E para o ponto de polarização:

$$V_{CC} = R_B I_B + V_{BE}$$

Logo:

$$I_B = \frac{V_{CC} - V_{BE}}{R_B} \tag{6.4}$$

Observa-se que V_{BE} é bem menor que V_{CC}, da ordem de 0,2V para os transistores de germânio e 0,7V para os de silício, e que esses valores pouco variam de transistor para transistor ou com a temperatura. Assim, uma vez fixados V_{CC} e R_C, I_B permanecerá aproximadamente constante— justificando a denominação: *circuito de polarização com corrente de base constante*.

Considerando-se que a reta de carga estática é determinada unicamente por V_{CC} e R_C, não dependendo dos parâmetros do transistor, a variação de β com I_B constante provoca o deslocamento do ponto de operação, como exemplificado a seguir.

A Figura 6.9.a contém as curvas características de saída de um transistor que apresenta $\beta = 100$. Sobre essas curvas traça-se a reta de carga, definida por $V_{CC} = 6\text{V}$ e $R_C = 750\Omega$, e define-se o ponto P de operação, dado por $I_B = 40\mu\text{A}$, $V_{CE} = 3\text{V}$ e $I_C = 4\text{mA}$.

Admitindo-se que o transistor foi substituído por outro, com $\beta = 200$, e que a corrente de base permaneceu constante, o ponto P caminhará para $V_{CE} \cong 0$ e $I_C \cong 8\text{mA}$, conforme indicado na Figura 6.9.b.

Com essa nova polarização, o transistor deixará de operar linearmente, saturando para variações positivas da corrente de base.

A alteração do valor de β ocorre, também, por influência da temperatura, provocando, do mesmo modo, o deslocamento do ponto de operação.

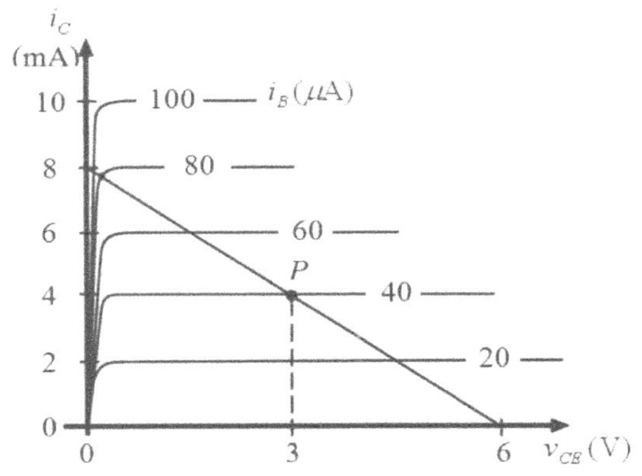

a) Transistor com $\beta = 100$

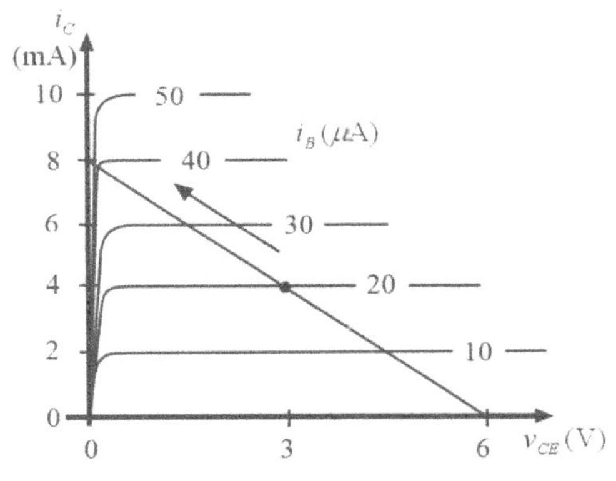

b) Transistor com $\beta = 200$

Figura 6.9 – Deslocamento do ponto de operação com a variação de β.

Como conclusão, o circuito com corrente de base constante, embora interessante do ponto de vista de simplicidade e economia, deve ser utilizado com bastante cautela, pois apresenta sensíveis variações na posição do ponto de operação em função das tolerâncias de fabricação e por influência da temperatura. Em uma produção em série, tal aspecto é bem negativo: alguns circuitos poderiam operar, enquanto outros, não.

Exemplo 6.1 Utilizando-se o circuito com I_B constante da Figura 6.6 e uma fonte *DC* de 12V, polarizar o transistor para operar na temperatura de 25°C. São dados: $I_C = 6\text{mA}$, $V_{CE} = 6\text{V}$, $\beta(25°\text{C}) = 100$ e $V_{BE} = 0{,}70\text{V}$.

Solução: De acordo com a equação (6.3), obtém-se:

$$12 = R_C \times 6 \times 10^{-3} + 6$$

De onde resulta:

$$R_C = 1\text{K}\Omega$$

Para I_B:

$$I_B = \frac{I_C}{\beta} = 0{,}06\text{mA}$$

Substituindo-se na equação (6.4) os valores de V_{CC}, V_{BE} e I_B, calcula-se, finalmente:

$$R_B = 190\text{K}\Omega$$

Exemplo 6.2 Mantendo-se os valores de R_B e R_C obtidos no exemplo anterior, calcular o ponto de operação na temperatura de 75°C, quando se tem $\beta(75°\text{C}) = 150$.

Solução: Como I_B permanece constante, obtém-se para I_C:

$$I_C = 150 \times 0{,}06\text{mA} = 9\text{mA}$$

Da equação para a malha de saída:

$$V_{CE} = 12 - R_C I_C$$

Logo:

$$V_{CE} = 3\text{V}$$

Na Figura 6.10 estão representados os pontos de operação para as temperaturas de 25 e 75°C, observando-se o deslocamento ocorrido.

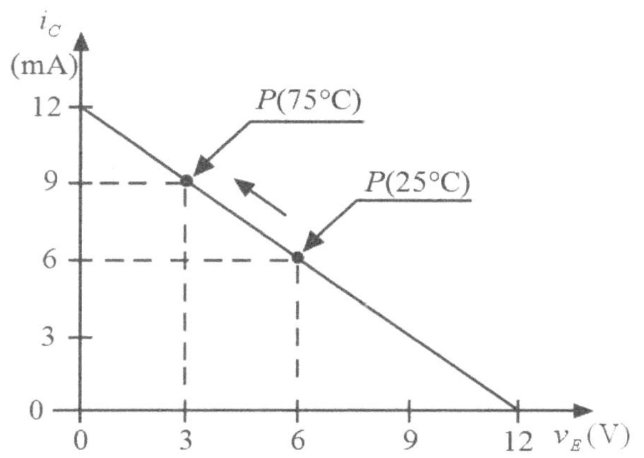

Figura 6.10 – Deslocamento do ponto de operação com o aumento da temperatura.

6.7 CIRCUITO SÉRIE DE POLARIZAÇÃO

Conforme mostrado na seção anterior, o ponto de operação, uma vez determinado, deve permanecer estável, apresentando variações desprezíveis com a troca de transistor ou mudanças da temperatura. Tal fato implica que a sua localização independa o mais possível dos parâmetros do transistor, como não ocorre no circuito com a corrente de base constante.

Um dos processos de obtenção dessa estabilidade consiste na *polarização com corrente de coletor constante*, que é o objetivo dos circuitos *série*, *paralelo* e *misto*, apresentados nessa seção e nas duas seguintes.

O circuito da Figura 6.11, que opera com corrente de coletor constante, é denominado *circuito série de polarização* em virtude da realimentação série que apresenta através da resistência R_E de emissor, comum aos circuitos de entrada e saída.

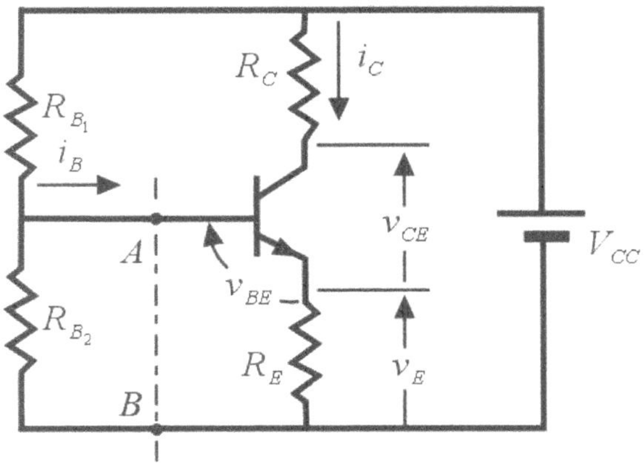

Figura 6.11 – Circuito série de polarização.

Devido à realimentação, supondo-se que β sofreu um aumento, por influência da temperatura ou por troca do transistor, ocorrerá um aumento de i_C e, consequentemente, de v_E. Essa variação de v_E provocará a redução de v_{BE} e, logicamente, de i_B, compensando o aumento de β e mantendo i_C aproximadamente constante.

Para a malha de saída desse circuito, obtém-se a equação:

$$V_{CC} = R_C i_C + v_{CE} + R_E(i_C + i_B) \tag{6.4}$$

Como $i_B \ll i_C$, resulta:

$$V_{CC} = (R_C + R_E)i_C + v_{CE} \tag{6.5}$$

Essa equação define a reta de carga estática do circuito, traçada na Figura 6.12, a qual cruza os eixos v_{CE} e i_c nos pontos:

$$v_{CE} = V_{CC}$$

$$i_C = \frac{V_{CC}}{R_C + R_E}$$

Observa-se que essa reta independe do transistor, ficando definida pelos resistores R_C e R_E, e pela fonte de tensão V_{CC}.

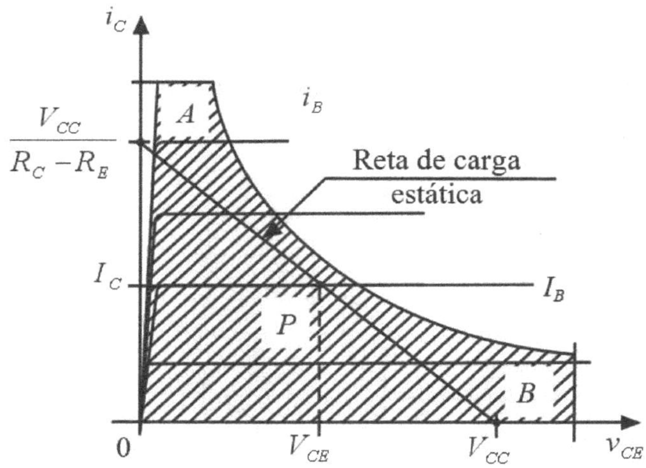

Figura 6.12 – Reta de carga estática do circuito da Figura 6.10.

Uma vez traçada a reta de carga, localiza-se o ponto P de operação, ficando então determinados os valores de polarização I_B, I_C e V_{CE}.

Na ausência de informação, pode-se tomar R_E da ordem de um terço de R_C, o que garantirá a estabilidade do ponto de operação sem uma redução demasiada da excursão na saída.

Aplicando-se Thevenin entre os pontos A e B da malha de polarização da base, formada pela fonte V_{CC} e pelo divisor R_{B_1} e R_{B_2}, obtém-se o circuito da Figura 6.13, no qual a tensão de circuito aberto V_B e a impedância com a fonte em curto R_B são dados pelas expressões:

$$V_B = \frac{V_{CC} R_{B_2}}{R_{B_1} + R_{B_2}}$$

$$R_B = R_{B_1} // R_{B_2} = \frac{R_{B_1} R_{B_2}}{R_{B_1} + R_{B_2}} \tag{6.6}$$

Ou, ainda:

$$V_B = \frac{V_{CC} R_B}{R_{B_1}} \tag{6.7}$$

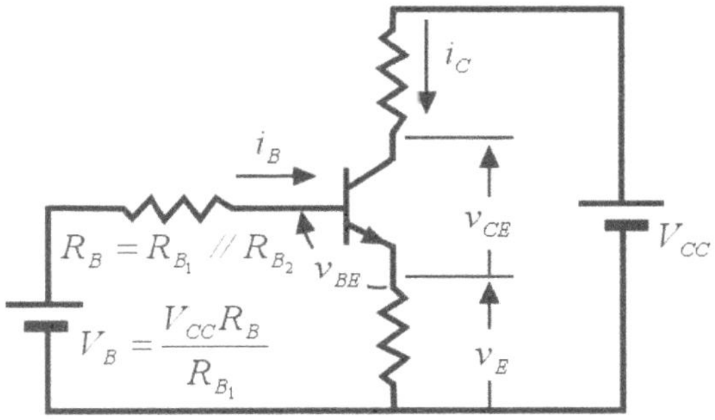

Figura 6.13 – Circuito equivalente ao da Figura 6.10.

A malha de entrada do circuito da Figura 6.13 fornece a equação:

$$V_B = \frac{V_{CC} R_B}{R_{B_1}} = R_B i_B + R_E (i_C + i_B) + v_{BE}$$

E, no ponto de polarização, quando se tem:

$$i_B = I_B = \frac{I_C}{\beta} \qquad v_{BE} = V_{BE}$$

$$V_B = R_B \frac{I_C}{\beta} + R_E \left(I_C + \frac{I_C}{\beta} \right) + V_{BE} \tag{6.8}$$

Resultando:

$$I_C = \frac{V_B - V_{BE}}{R_E + \dfrac{R_E + R_B}{\beta}}$$

Sabendo-se que V_{BE} pouco varia com a temperatura e com a troca de transistor, como anteriormente mencionado, e que apresenta valor bem inferior à V_B, deduz –se da expressão acima que a condição para I_C constante é que ele independa de β, ou seja é necessário que se tenha:

$$R_E \gg \frac{R_E + R_B}{\beta}$$

Considerando-se nessa equação que $R_B \gg R_E$, vale a simplificação:

$$R_B \ll \beta R_E \tag{6.9}$$

que é *a condição de I_C constante.*

Essa desigualdade contém limitações a serem consideradas: valores elevados de R_E restringem os valores de R_C o que reduz a excursão em tensão do coletor, comprometendo também o ganho em tensão e em potência do amplificador..

Por outro lado, a redução de R_B é limitada, não podendo assumir valores muito pequenos para não carregar a entrada do circuito, comprometendo também o ganho do circuito, o que será analisado na Seção 6.10.

Uma solução de compromisso, usualmente adotada na prática, é considerar a desigualdade (6.9) satisfeita adotando-se R_B da ordem de 0,1 βR_E.

Lembrando-se que R_E e I_C ficam conhecidos quando do traçado da reta de carga e da escolha do ponto de operação na malha de saída, uma vez fixado R_B a equação (6.8) permite o cálculo de V_B, a partir do qual são determinados R_{B_1} e R_{B_2}.

A Figura 6.14 contém uma versão simplificada do circuito da Figura 6.11, no qual o divisor de tensão que polariza a base foi substituído pela resistência R_B ligada diretamente a V_{CC}.

Notando-se que esse circuito é equivalente ao da Figura 6.13, desde que a fonte V_B seja substituída por V_{CC}, a condição para I_C constante será dada pela mesma desigualdade (6.9).

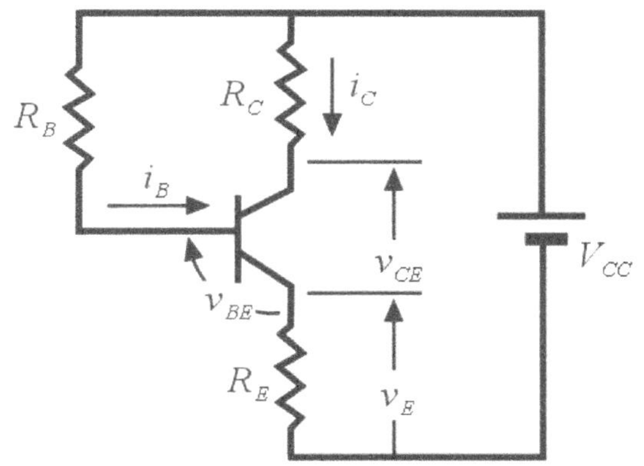

Figura 6.14 – Circuito série simplificado.

A desvantagem em relação ao circuito anterior decorre do pequeno valor de I_B, obrigando que se tenha R_B elevado para manter a polarização correta da base, o que impede que a condição de I_C constante seja satisfeita. Apesar disso, uma menor variação de I_C é obtida em relação ao circuito com I_B constante.

Exemplo 6.3 Polarizar o circuito série da Figura 6.11, sendo dados: $\beta = 100$, $r_{ie} = 200\Omega$, $V_{BE} = 0{,}7\,\text{V}$, $R_C = 800\Omega$, $V_{CE} = 6\,\text{V}$, $I_C = 6\,\text{mA}$ e $V_{CC} = 12\,\text{V}$.

Solução: Para o ponto de polarização definido por $V_{CE} = 6\,\text{V}$ e $I_C = 6\,\text{mA}$, obtém-se a equação:

$$12 = (R_C + R_E) \times 6 \times 10^{-3} + 6$$

De onde decorre:

$$R_C + R_E = 1000\Omega$$

E ainda:

$$R_E = 200\Omega$$

A condição para I_C constante, dada pela desigualdade (6.9), impõe:

$$R_B \ll 100 \times 200 = 20{,}0\text{K}\Omega$$

Por outro lado, deve-se ter R_B muito maior que r_{ie}, que é a impedância de entrada do transistor, para não prejudicar o ganho do circuito, ou seja:

$$R_B \gg 200\Omega$$

Tomando-se $R_B = 2\text{K}\Omega$, ficam satisfeitas as duas condições.

Levando-se os valores conhecidos na equação (6.8), tem-se:

$$V_B = 2 \times 10^3 \times \frac{6 \times 10^{-3}}{100} + 200\left(6 \times 10^{-3} + \frac{6 \times 10^{-3}}{100}\right) + 0{,}7$$

Logo:

$$V_B = 2{,}03\,\text{V}$$

Das equações (6.6) e (6.7), tira-se:

$$R_{B_1} = 12\text{K}\Omega$$

$$R_{B_2} = 2{,}4\text{K}\Omega$$

Com $\beta = 100$, resulta:

$$I_B = \frac{I_C}{\beta} = 0{,}06\text{mA}$$

O circuito obtido está representado na Figura 6.15, juntamente com os valores que foram calculados para as tensões e correntes.

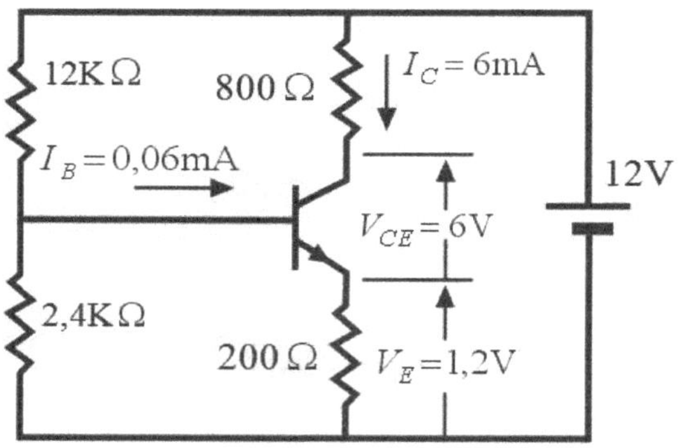

Figura 6.15 – Circuito obtido para o Exemplo 6.3.

Exemplo 6.4 O circuito da Figura 6.16 utiliza um transistor *p-n-p* de silício com $\beta = 50$.

Conhecendo-se $V_{EE} = 12\text{V}$, $R_C = 400\Omega$ e $R_E = 200\Omega$, determinar a resistência R_B para que o circuito apresente $V_{CE} = -6\text{V}$.

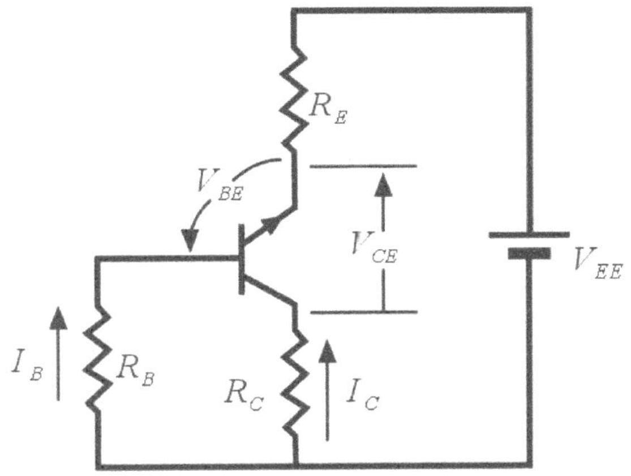

Figura 6.16 – Circuito do Exemplo 6.4.

Solução: Com os sentidos convencionados na figura, deduz-se para a malha de saída:

$$V_{CC} = -R_E \times \left(I_C + \frac{I_C}{\beta} \right) - V_{CE} - R_C I_C$$

Substituindo-se pelos valores dados:

$$12 = -200\left(I_C + \frac{I_C}{50} \right) + 6 - 400 I_C$$

De onde resulta:

$$I_C = -10\text{mA}$$

E para I_B:

$$I_B = \frac{I_C}{\beta} = -0{,}2\text{mA}$$

A malha de entrada do circuito fornece a equação:

$$V_{CC} = -R_E (I_C + I_B) - V_{BE} - R_B I_B$$

Tomando-se $V_{BE} = -0{,}7\text{V}$, uma vez que o transistor é de silício, e considerando-se os valores conhecidos, resulta para essa equação:

$$12 = 200 \times 10{,}2 \times 10^{-3} + 0{,}7 + R_B \times 0{,}2 \times 10^{-3}$$

Obtendo-se, finalmente:

$$R_B = 46{,}3\text{K}\Omega$$

Observação: Uma vez que esse valor de R_B, imposto pela polarização, não satisfaz a condição (6.9) de I_C constante, variações do ponto de operação são esperadas.

Como exemplo, para $\beta = 100$, tem-se:

$$12 = -200\left(I_C + \frac{I_C}{100}\right) + 0{,}7 - 46{,}3 \times 10^3 \times \frac{I_C}{100}$$

Resultando:

$$I_C = 17\text{mA}$$

Para V_{CE}:

$$12 = -200 \times 17 \times 10^{-3}\left(1 + \frac{1}{100}\right) - V_{CE} - 400 \times 17 \times 10^{-3}$$

De onde decorre:

$$V_{CE} = -1{,}8\text{V}$$

6.8 CIRCUITO PARALELO DE POLARIZAÇÃO

O circuito paralelo de polarização, representado na Figura 6.17, é também um circuito com corrente de coletor constante, diferindo do anterior pela realimentação empregada.

No circuito série, a realimentação ocorre em consequência da variação de corrente através da resistência R_E colocada em série com as malhas de entrada e saída. No circuito paralelo, uma amostra da tensão de saída atua em paralelo com a entrada.

Devido a essas duas características, os circuitos série e paralelo são também denominados circuitos de polarização com *realimentação em corrente* e *em tensão*, respectivamente.

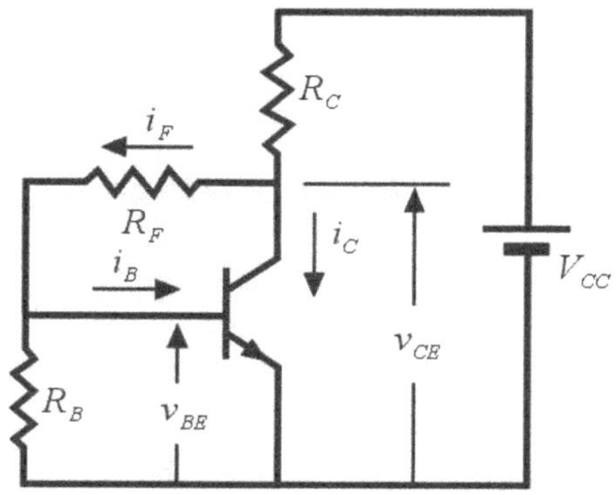

Figura 6.17 – Circuito paralelo de polarização.

Da malha de saída desse circuito, resulta a equação:

$$V_{CC} = R_C(i_C + i_F) + v_{CE}$$

Uma primeira condição de projeto refere-se ao ganho do circuito, o qual ficará prejudicado pela realimentação introduzida através de R_F. Para que isso não ocorra deve-se ter:

$$R_F \gg R_C \tag{6.10}$$

Satisfeita essa desigualdade, fica válida a simplificação:

$$V_{CC} = R_C i_C + v_{CE}$$

Como essa equação é idêntica à (6.3), deduzida da malha de saída do circuito com I_B constante, o mesmo procedimento pode ser utilizado para traçado da reta de carga e escolha do ponto de operação.

Do circuito da Figura 6.17, obtém-se as equações:

$$\begin{gathered} V_{CC} = R_C\, i_C + R_C\, i_F + R_F\, i_F + v_{BE} \\ i_F = \frac{v_{BE}}{R_B} + i_B = \frac{v_{BE}}{R_B} + \frac{i_C}{\beta} \end{gathered} \tag{6.11}$$

A partir das quais e considerando-se (6.10):

$$V_{CC} = \left(R_C + \frac{R_F}{\beta}\right) i_C + \left(\frac{R_F}{R_B} + 1\right) v_{BE}$$

Na Seção 6.2 mencionou-se que as variações de v_{BE} são muito pequenas, sendo da ordem de 2mV/ °C em função da temperatura e inferiores a 100mV em relação às tolerâncias de fabricação. Mencionou-se, também, que as variações de β são bem maiores, principalmente as tolerâncias de fabricação, com máximos maiores até mesmo que o dobro ou o triplo dos valores mínimos. Em decorrência, as variações do termo em v_{BE} da equação acima podem ser desprezados. Com isso, para que i_C independa de β é necessário que se tenha:

$$R_F \ll \beta R_C \tag{6.12}$$

que é *a condição de* i_C *constante.*

Observa-se que, no projeto do circuito, o traçado da reta de carga e a escolha do ponto de polarização fornecem R_C, I_C e V_{CE}. A resistência R_F é escolhida dentro das condições (6.10) e (6.12). A partir desses valores, e de v_{BE} —que é da ordem de 0,7V para os transistores de silício e de 0,3 para os de germânio, a equação (6.11) permite a determinação de R_B.

No circuito paralelo da Figura 6.36.a, que será apresentado na seção 6.11, a realimentação é eliminada através do capacitor C_F, colocado para terra. Esse capacitor funciona como um curto-circuito para sinais alternados, impedindo que o sinal de saída atue na entrada.

O circuito paralelo da Figura 6.18 difere do anterior por não apresentar o divisor de tensão para a base.

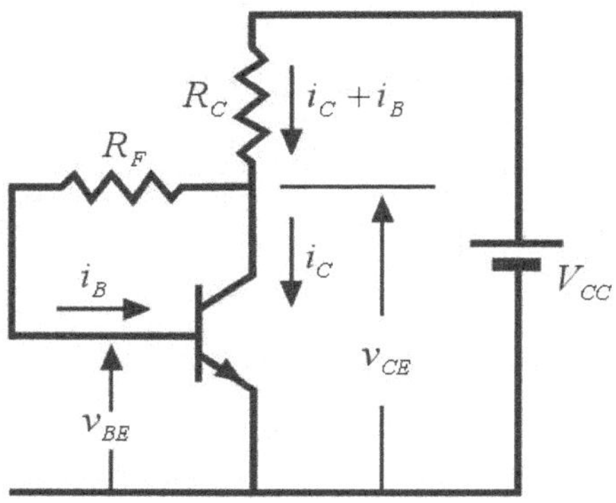

Figura 6.18 – Circuito paralelo sem o divisor de tensão para a base.

Deduz-se, para esse circuito:

$$V_{CC} = R_C(i_C + i_B) + R_F i_B + v_{BE}$$

E como $i_B = \dfrac{i_C}{\beta}$:

$$V_{CC} = \left(R_C + \frac{R_C + R_F}{\beta} \right) i_C + v_{BE} \tag{6.13}$$

A corrente i_C independerá de β, caso se tenha:

$$R_C \gg \frac{R_C + R_F}{\beta} \tag{6.14}$$

De onde resulta a *condição de I_C constante*:

$$R_F \ll \beta R_C \tag{6.15}$$

Essa desigualdade impõe uma polarização com valor muito baixo de V_{CE}, próxima da saturação, tal como será mostrado no Exemplo 6.5.

Visto que R_F fica determinado com a polarização, para valores mais elevados de V_{CE} a condição (6.15) não é obedecida. Com isso, o ponto de polarização sofrerá deslocamentos, os quais devem ser compatíveis com a aplicação dada ao circuito.

Exemplo 6.5 No circuito de polarização da Figura 6.18, são conhecidos: $V_{CC} = 12\text{V}$, $R_C = 1\text{K}\Omega$, $V_{BE} = 0{,}7\text{V}$ e $\beta = 100$.

Tomando-se R_F de forma que se tenha I_C constante, determinar I_C e V_{CE}.

Solução: Da condição (6.15):

$$R_F = 0{,}1\beta R_C = 0{,}1 \times 100 \times 10^3$$

Logo:

$$R_F = 10\text{K}\Omega$$

Da equação (6.13):

$$12 = \left(10^3 + \frac{10^3 + 10 \times 10^3}{100}\right) I_C + 0{,}7$$

Resultando:

$$I_C = 10{,}18\text{mA}$$

Da malha de saída:

$$12 = R_C\left(I_C + \frac{I_C}{\beta}\right) + V_{CE}$$

Com os valores conhecidos, calcula-se:

$$V_{CE} = 1{,}718\text{V}$$

Exemplo 6.6 Considerando-se os mesmos dados do exemplo anterior:

a) determinar R_F para que se tenha $V_{CE} = 6\text{V}$;

b) para o valor de R_F calculado, verificar a condição de I_C constante;

c) calcular a nova posição do ponto de operação para $\beta = 200$.

Solução: a) Da Figura 6.18 obtém-se a equação:

$$V_{CC} = R_C(I_C + I_B) + V_{CE}$$

Substituindo-se:

$$12 = 10^3\left(I_C + \frac{I_C}{100}\right) + 6$$

Obtendo-se:

$$I_C = 5{,}94\text{mA}$$

Ainda da figura:

$$V_{CE} = R_F\,\frac{I_C}{\beta} + V_{BE}$$

Seguindo-se:

$$R_F = 79{,}1\text{K}\Omega$$

b) Sendo $\beta R_C = 100\text{K}\Omega$ apenas da ordem de R_F, a condição de I_C constante não fica obedecida.

c) Tomando-se $\beta = 200$ e $R_F = 79{,}1\text{K}\Omega$ na equação (6.13), tem-se:

$$12 = \left(10^3 + \frac{10^3 + 79{,}1 \times 10^3}{200}\right)I_C + 0{,}7$$

De onde se calcula:

$$I_C = 8{,}07\text{mA}$$

E para V_{CE}:

$$12 = 10^3\left(8{,}07 \times 10^{-3} + \frac{8{,}07 \times 10^{-3}}{200}\right) + V_{CE}$$

Logo:

$$V_{CE} = 3{,}9\text{V}$$

Na Figura 6.19 está traçada a reta de carga referente ao Exemplo 6.6, com a localização dos pontos de polarização para $\beta = 100$ e $\beta = 200$.

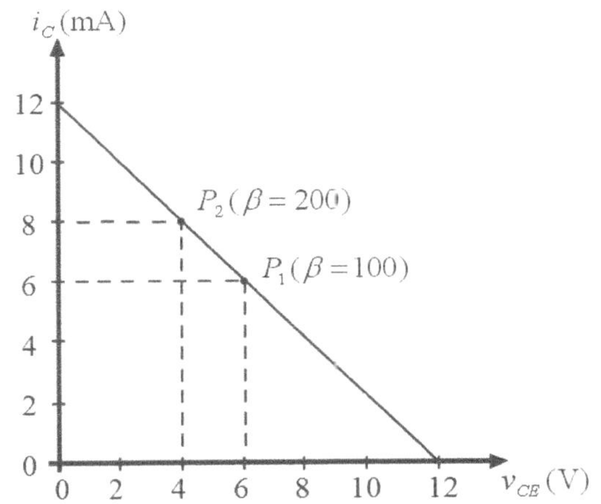

Figura 6.19 – Reta de carga do Exemplo 6.6.

6.9 CIRCUITO MISTO DE POLARIZAÇÃO

O *circuito misto de polarização,* apresentado na Figura 6.20, utiliza os dois tipos anteriores de realimentação: a série, através da resistência R_E ligada ao emissor; e a paralela, através da resistência R_F colocada entre o coletor e a base.

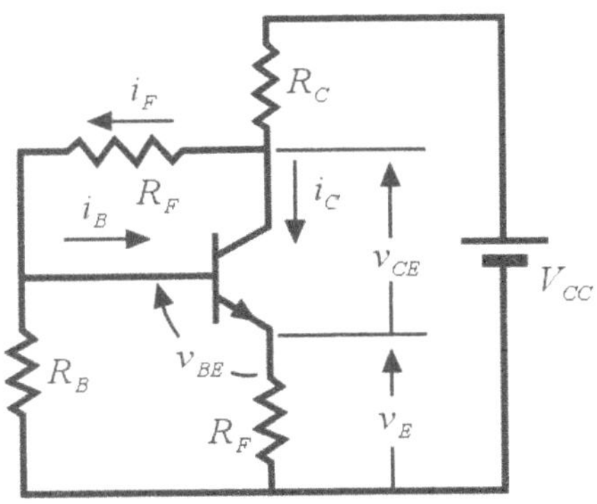

Figura 6.20 – Circuito misto de polarização.

Para a malha de saída desse circuito, tem-se:

$$V_{CC} = R_C(i_C + i_F) + v_{CE} + R_E\left(i_C + \frac{i_C}{\beta}\right)$$

Fazendo-se, como no circuito da Figura 6.16, $i_F \ll i_C$, e sendo $\beta \gg 1$, resulta:

$$V_{CC} = (R_C + R_E)i_C + v_{CE} \tag{6.16}$$

que é a mesma equação da malha de saída do circuito série de polarização, apresentado na Seção 6.6.

Da malha de entrada:

$$V_{CC} = R_C(i_C + i_F) + R_F i_F + V_{BE} + R_E\left(i_C + \frac{i_C}{\beta}\right)$$

E com as mesmas condições anteriores:

$$V_{CC} = (R_C + R_E)i_C + R_F i_F + v_{BE}$$

E para i_F:

$$i_F = \frac{v_{BE} + v_E}{R_B} + \frac{i_C}{\beta} = \frac{v_{BE}}{R_B} + \left(\frac{R_E}{R_B} + \frac{1}{\beta}\right)i_C$$

Substituindo-se i_F na equação da entrada:

$$V_{CC} = \left(R_C + R_E + \frac{R_F R_E}{R_B} + \frac{R_F}{\beta}\right)i_C + v_{BE}\left(\frac{R_E}{R_B} + 1\right)$$

Deduz-se, dessa expressão, que a condição para i_C constante ,ou seja, independente de β, é que se tenha:

$$\frac{R_F}{\beta} \ll R_C + R_E + \frac{R_F R_E}{R_B} \qquad (6.17)$$

Uma das condições que satisfaz essa desigualdade é:

$$R_F \ll \beta(R_C + R_E) \qquad (6.18)$$

O circuito da Figura 6.20 é obtido do anterior, retirando-se a resistência de base R_B.

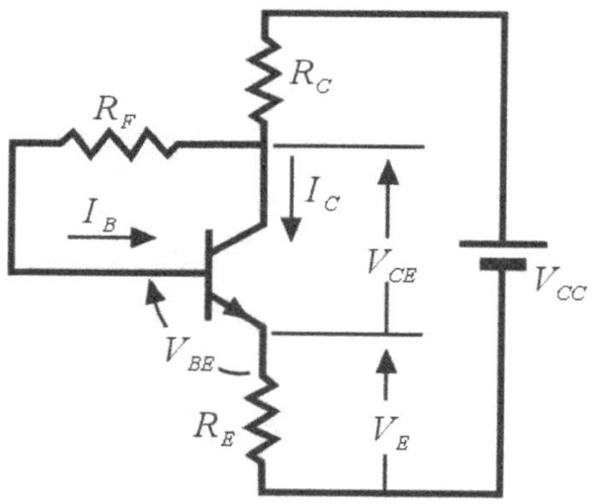

Figura 6.21 – Circuito misto sem o divisor de tensão para a base.

Com isso, a condição para i_C constante desse circuito será a mesma desigualdade (6.18), no caso derivada de (6.17) tomando-se R_B infinito.

Exemplo 6.7 Polarizar o circuito misto da Figura 6.20 para que se tenha $V_{CE} = 8\text{V}$ e $I_C = 12\text{mA}$. São dados $\beta = 120$, $V_{CC} = 20\text{V}$ $V_{BE} = 0{,}7\text{V}$ e $R_E = 300\Omega$.

Solução: Substituindo-se na equação (6.16) os valores conhecidos:

$$20 = (R_C + 300) \times 12 \times 10^{-3} + 8$$

Decorrendo:

$$R_C = 700\Omega$$

Utilizando-se a condição (6.19):

$$R_F = 0{,}1\beta(R_C + R_E) = 0{,}1 \times 120 \times (700 + 30)$$

Logo:

$$R_F = 12\text{K}\Omega$$

Ainda do circuito:

$$V_{CE} = R_F I_F + V_{BE}$$

Ou seja:

$$8 = 12 \times 10^3 I_F + 0{,}7$$

Resultando:

$$I_F = 0{,}608\text{mA}$$

Da equação 6.17:

$$0{,}608 \times 10^{-3} = \frac{0{,}7 + 300 \times 12 \times 10^{-3}}{R_B} + \frac{12 \times 10^{-3}}{120}$$

E, finalmente:

$$R_B = 8{,}46\text{K}\Omega$$

6.10 CONSIDERAÇÕES

Em relação aos circuitos de polarização apresentados, cabem as seguintes considerações:

1 – Caso, nos exemplos utilizados fossem empregados transistores *p-n-p*, adotar-se-iam idênticos procedimentos, diferindo unicamente as tensões e correntes, que seriam negativas.

2 – Como nos circuitos de polarização que empregam uma única fonte o transistor opera com o emissor ligado ao terra, diretamente ou através de uma resistência, utilizam-se nas suas análises as curvas características e parâmetros da montagem emissor-comum.

No entanto, em base-comum, a reta de carga dinâmica é traçada nas curvas características dessa montagem. O ponto de polarização deva ser transferido para essas curvas.

3 – Desprezaram-se, na análise desses circuitos, os deslocamentos do ponto de operação ocorridos por influência de I_{CEO} e V_{BE}. Consideraram-se, unicamente, aqueles provocados pelas variações de β, os quais apresentam valores muito superiores.

4 – Dentro da precisão com que se trabalha em eletrônica, na quase totalidade das aplicações as desigualdades muito menor e muito maior equivalem, respectivamente, a dez vezes menor e a dez vezes maior. Tal critério foi utilizado nos exemplos apresentados neste capítulo.

5 – Devido ao elevado valor de β, muito maior que a unidade, a corrente I_B foi desprezada em face de I_C, ou seja:

$$I_C + I_B = I_C + \frac{I_C}{\beta} \cong I_C$$

7 – Dos circuitos de polarização apresentados, o mais empregado é o série, em virtude da simplicidade de projeto, estabilidade aceitável do ponto de operação e nenhuma interferência no circuito para sinais alternados — a menos da redução da excursão de tensão na saída.

6.11 AMPLIFICADOR UTILIZANDO O CIRCUITO SÉRIE

Uma vez polarizado o transistor, o tipo de montagem é determinado pelos terminais escolhidos como entrada e saída. Dessa forma, o mesmo circuito de polarização pode servir para operação em emissor-comum, base-comum ou coletor-comum, dependendo da forma como são ligados o gerador de entrada e a carga do transistor.

Nesta seção, serão analisados os amplificadores nas três montagens que utilizam o mesmo circuito série de polarização. Serão também analisadas as implicações da polarização sobre o comportamento do circuito para sinais alternados.

Montagem emissor-comum

O amplificador da Figura 6.22.a opera na montagem emissor-comum, alimentado pelo gerador $v_e = V_e senwt$, que apresenta uma resistência de saída r_e, e carregado com R_L, que é a carga sobre a qual o amplificador atua. Como exemplo, R_L pode ser a resistência dinâmica de um alto falante ou a resistência de entrada de um segundo estágio amplificador.

Nessa figura, C_B e C_C devem ser suficientemente grandes para apresentar impedância desprezível na frequência w do sinal aplicado, de modo a permitir o acoplamento do gerador de entrada e da carga R_L com o circuito, sendo denominados, respectivamente, *capacitores de acoplamento da base* e *do coletor*.

Por outro lado, apresentando impedância infinita para correntes contínuas, esses capacitores mantêm as tensões de polarização do coletor e da base, impedindo que qualquer corrente *DC* passe através do gerador e da carga.

De forma análoga, C_E, denominado *capacitor de desacoplamento do emissor*, deve também apresentar impedância desprezível, de tal forma que a impedância formada por R_E em paralelo com C_E será praticamente um curto para a componente alternada da corrente do emissor e valerá R_E para a componente *DC* de polarização.

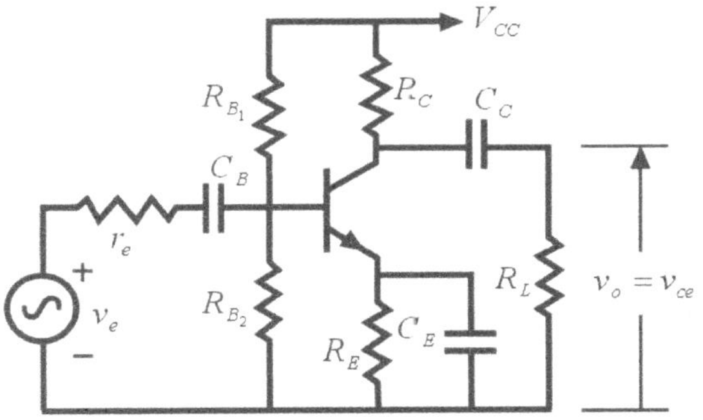

a) Circuito do amplificador

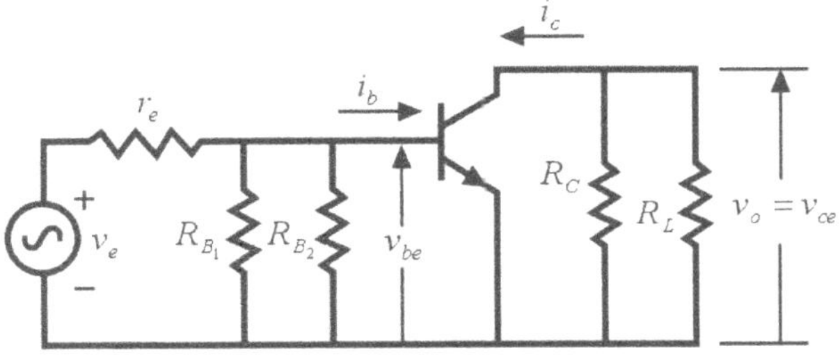

b) Circuito para sinais alternados

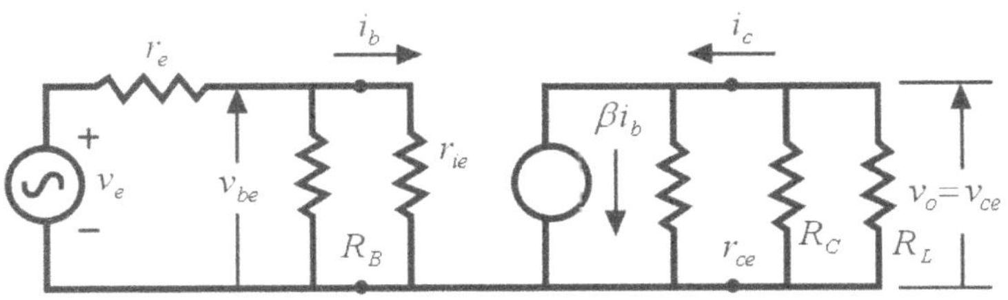

c) Circuito equivalente para sinais alternados

Figura 6.22 – Amplificador em emissor-comum utilizando o circuito série.

Como não ocorrem variações de tensão na fonte de polarização, V_{CC} comporta-se como um curto-circuito para sinais alternados.

Assim, na análise do comportamento para sinais alternados do amplificador, pode ser utilizado o circuito da Figura 22.b, obtido do anterior colocando-se a fonte V_{CC} e os capacitores em curto.

Finalmente, substituindo-se na Figura 22.b o transistor pelo circuito equivalente para emissor-comum da Figura 5.35, e as resistências em paralelo R_{B_1} e R_{B_2} por $R_B = R_{B_1} // R_{B_2}$, obtém-se o *circuito equivalente para sinais alternados* da Figura 22.c.

Observando-se nessa figura que R_B aparece em paralelo com a resistência de entrada r_{ie} do transistor, a condição necessária para o circuito de polarização não carregar a entrada do amplificador, prejudicando o seu desempenho, é que se tenha:

$$R_B \gg r_{ie} \tag{6.19}$$

Essa desigualdade garante que a parcela da corrente de entrada que é desviada por R_B fique desprezível, mantendo o valor de i_b e, consequentemente, não reduzindo ganho do amplificador.

Obedecida a condição (6.19), e sendo r_{ce} normalmente muito maior que R_C // R_L, o circuito da Figura 6.22.c pode ser simplificado, obtendo-se o da Figura 6.23.

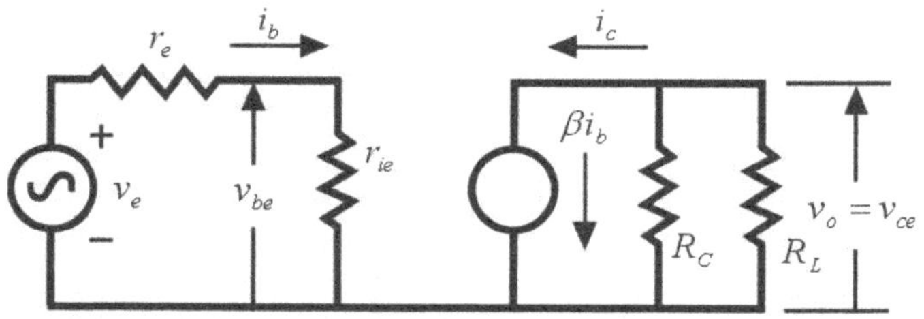

Figura 6.23 – Circuito para sinais alternados simplificado.

Deduz-se, da malha de saída desse circuito:

$$v_o = v_{ce} = -\beta i_b (R_L // R_C)$$

E da malha de entrada:

$$v_e = (r_e + r_{ie}) i_b$$

Dividindo-se essas duas expressões, resulta para o ganho Av_e do circuito:

$$Av_e = \frac{v_o}{v_e} = -\frac{\beta(R_L // R_C)}{r_e + r_{ie}} \qquad (6.20)$$

Determinação dos capacitores – No circuito da Figura 6.24.a, os capacitores C_B e C_C estão representados. Aplicando-se Thevenin aos pontos *A* e *B* desse circuito, chega-se ao circuito da Figura 6.24.b.

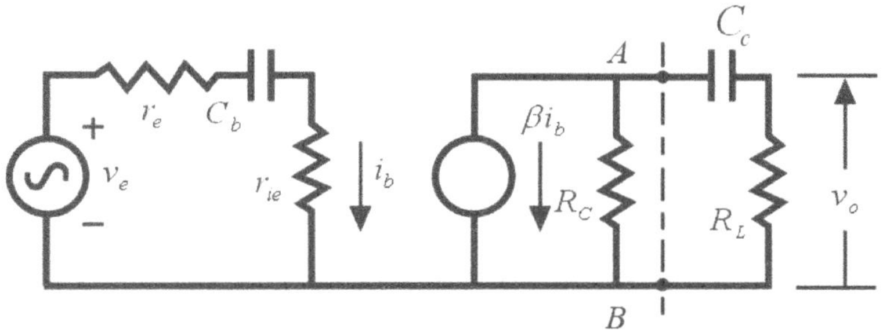

a) Circuito com C_B e C_C representados

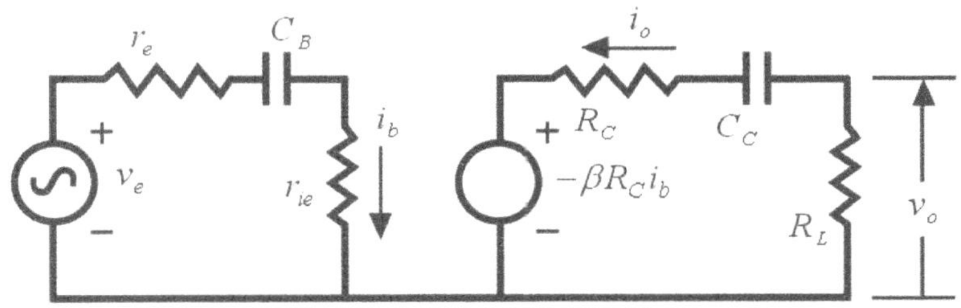

b) Circuito com fonte de tensão na saída

Figura 6.24 – Circuitos para determinação de C_B e C_C.

Serão deduzidas, a partir desse último circuito, as condições que C_B e C_C devem apresentar para não alterar o ganho do circuito.

Para a corrente de base, tem-se:

$$i_b = \frac{v_e}{r_e + r_{ie} + \dfrac{1}{jwC_B}}$$

Dessa expressão, para que C_B possa ser considerado um curto-circuito, deve-se ter:

$$\frac{1}{wC_B} \ll r_e + r_{ie}$$

Resultando a condição:

$$C_B \gg \frac{1}{w\left(r_e + r_{ie}\right)} \tag{6.21}$$

A corrente i_o que circula na carga R_L será:

$$i_o = \frac{\beta R_C i_b}{R_C + R_L + \dfrac{1}{jwC_C}}$$

Para que essa corrente independa da frequência, é necessário que se tenha:

$$R_C + R_L \gg \frac{1}{wC_C}$$

De onde decorre a condição:

$$C_C \gg \frac{1}{w\left(R_C + R_L\right)} \tag{6.22}$$

A determinação de C_E parte do circuito da Figura 6.25, do qual se tem:

$$v_e = \left(r_e + r_{ie}\right)i_b + \left(R_E \,//\, \frac{1}{jwC_E}\right)(\beta + 1)i_b$$

$$v_o = -\beta\left(R_C \,//\, R_L\right)i_b$$

Dessas expressões resulta:

$$Av_e = \frac{v_o}{v_e} = -\frac{\beta\left(R_C \,//\, R_L\right)}{r_e + r_{ie} + \left(R_E \,//\, \dfrac{1}{jwC_E}\right)(\beta + 1)}$$

Para que o ganho independa de R_E, é necessário:

$$R_E \ll \frac{1}{wC_E}$$

E para que independa de C_E:

$$r_e + r_{ie} \gg \frac{\beta + 1}{wC_E}$$

Deduz-se dessas duas desigualdades:

$$C_E \gg \frac{\beta + 1}{w(r_e + r_{ie})}, \frac{1}{wR_E} \tag{6.23}$$

Não sendo fixa a frequência, como acontece nos amplificadores de áudio, toma-se, para determinação de C_B, C_C e C_E, a menor das frequências, o que assegura a desigualdade para as demais.

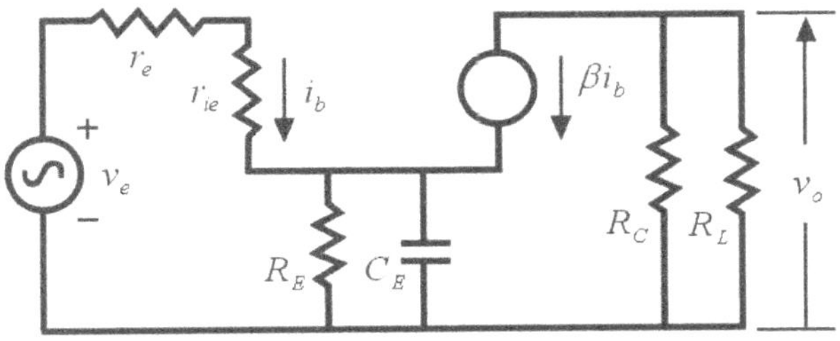

Figura 6.25 – Circuito equivalente com C_E e R_E representados.

Montagem base-comum

Na Figura 6.26 representou-se um amplificador na montagem base-comum, o qual emprega o mesmo circuito série de polarização do caso anterior. A diferença ocorre no ponto em que é acoplado o gerador v_e de entrada e no capacitor C_B que desacopla a base.

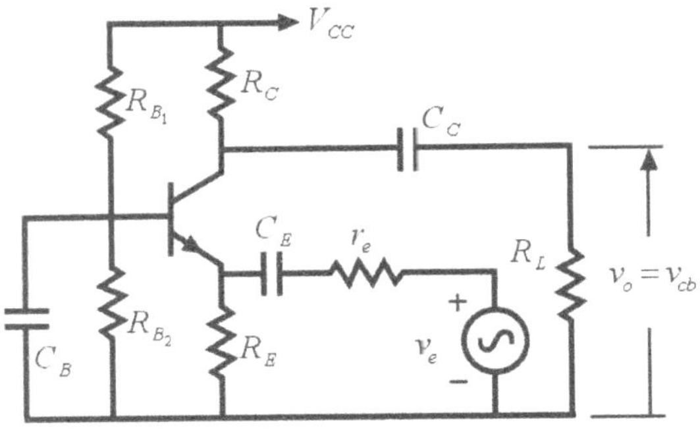

Figura 6.26 – Amplificador sem base-comum com o circuito série de polarização.

Como o capacitor apresenta impedância infinita para correntes contínuas, C_B, C_C e C_E mantêm as tensões de polarização. Impedem, também, que as correntes de polarização passem através do gerador de entrada e da resistência R_L.

A Figura 6.27.a contém o circuito para sinais alternados, obtido do anterior colocando-se a fonte V_{CC} e os capacitores em curto. No circuito da Figura 6.27.b, o transistor foi substituído pelo circuito equivalente para base-comum apresentado na Figura 5.23.

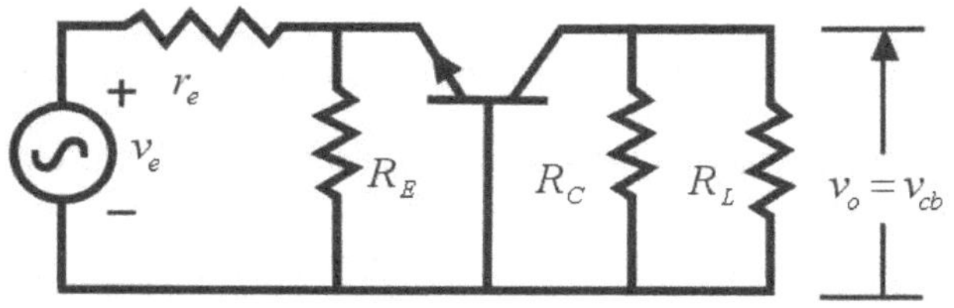

a) Circuitos para sinais alternados

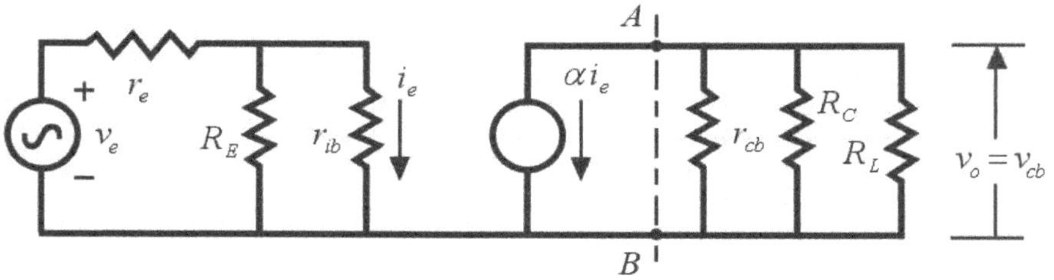

b) Circuito equivalente

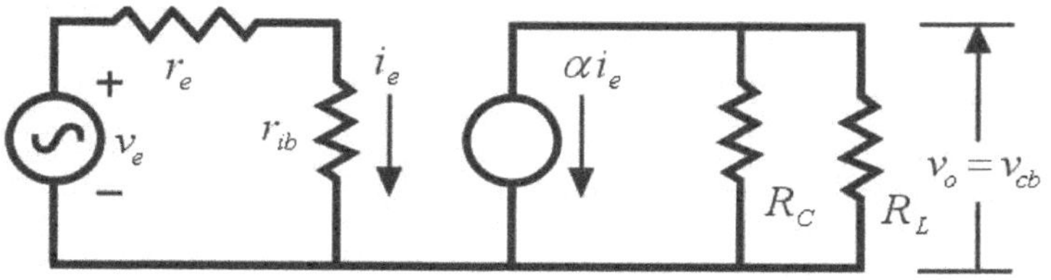

c) Circuito com $R_E \gg r_{ib}$ e $r_{cb} \gg R_L \,//\, R_C$

Figura 6.27 – Circuitos referentes ao amplificador da figura 6.25.

Observando-se que R_B foi desacoplado pelo capacitor C_B, nenhuma restrição ao seu valor torna-se necessária.

Lembrando-se que no projeto do circuito de polarização é necessário que se tenha $R_B \gg r_{ie}$, de modo a não reduzir o ganho do amplificador, e considerando-se que $r_{ib} = r_{ie}/(\beta + 1)$ é da ordem de 0hm e, portanto, muito menor que R_E, e que $r_{cb} = r_{ce}(\beta + 1)$ é muito maior que $R_C \,//\, R_L$, o circuito da Figura 6.27.b reduz-se ao da Figura 6.27.c.

Decorre desse último circuito:

$$v_e = (r_e + r_{ib})i_e$$

$$v_o = -\alpha i_e (R_C \;//\; R_L)$$

E para o ganho $Av_e = \dfrac{v_o}{v_e}$:

$$Av_e = -\frac{\alpha\,(R_C \;//\; R_L)}{r_e + r_{ib}}$$

Lembrando-se que α é aproximadamente -1:

$$Av_e \cong \frac{R_C \;//\; R_L}{r_e + r_{ib}}$$

Determinação dos capacitores – No circuito da Figura 6.28.a os capacitores C_E e C_C estão representados.

Aplicando-se Thevenin à fonte de corrente $\alpha\, i_e$ em paralelo com R_C resulta o da Figura 6.28.b, do qual decorrem as condições:

$$C_E \gg \frac{1}{w(r_e + r_{ib})} \tag{6.24}$$

$$C_C \gg \frac{1}{w(R_C + R_L)} \tag{6.25}$$

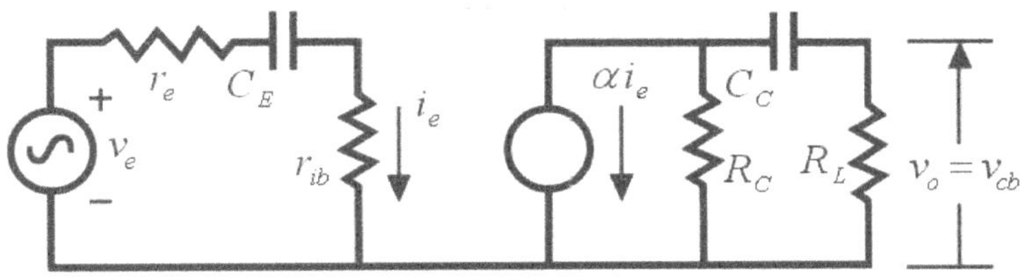

a) Circuito com C_E e C_C representados

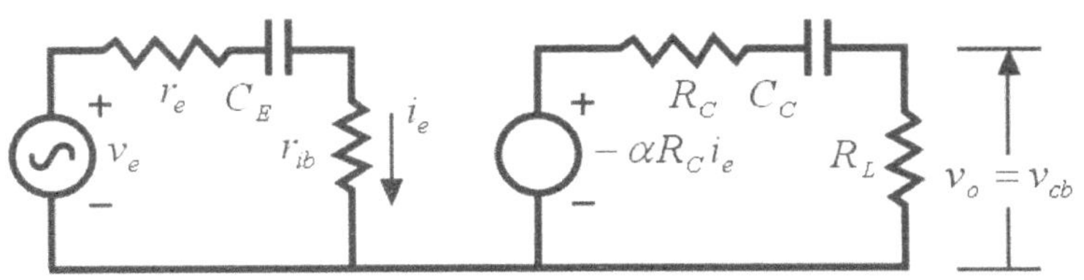

b) Circuito, aplicando-se Thevenin

Figura 6.28 – Circuitos para determinação de C_E e C_C.

As condições impostas a C_B serão deduzidas a partir da Figura 6.29, na qual r_{cb} foi desprezado devido ao seu elevado valor, enquanto R_B representa a resistência formada por R_{B_1} em paralelo com R_{B_2}.

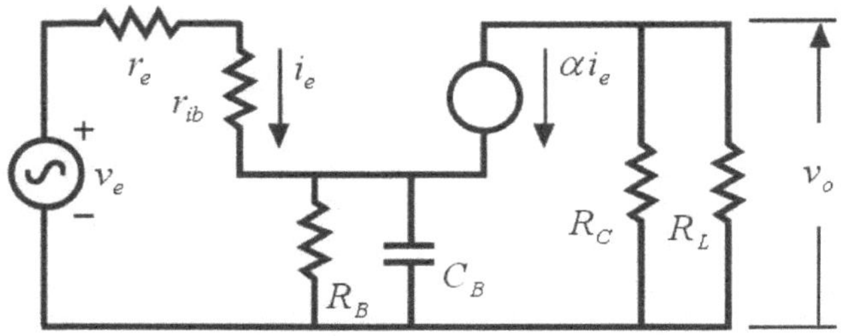

Figura 6.29 – Circuito com R_B e C_B representados.

Como esse circuito é análogo ao da Figura 6.25, deriva-se para C_B:

$$C_B \gg \frac{\alpha+1}{w(r_e+r_{ib})}, \frac{1}{wR_B}$$

E como:

$$\alpha+1=\frac{1}{\beta+1}$$

Resulta, finalmente:

$$C_B \gg \frac{1}{w(r_e+r_{ib})(\beta+1)}, \frac{1}{wR_B} \tag{6.26}$$

Montagem coletor-comum

Na Figura 6.30.a está representado o circuito de um amplificador na montagem coletor-comum, que utiliza o mesmo circuito série de polarização.

Nessa figura, C_C mantém o coletor em terra para sinais alternados, enquanto C_B e C_E acoplam ao circuito o gerador v_e e a carga R_L, respectivamente.

Na Figura 6.30.b está representado o circuito para sinais alternados, no qual a resistência de carga R_L aparece em paralelo com R_E.

Demonstra-se, que essa montagem reflete na entrada a impedância formada pela carga R_L em paralelo com R_E multiplicada pelo ganho β do transistor ou, em outras palavras: apresenta uma impedância de entrada dada pelo produto $\beta(R_L // R_E)$.

Uma vez que R_B aparece em paralelo com essa impedância, para que a entrada do amplificador não fique carregada, deve-se ter:

$$R_B \gg \beta(R_L // R_E) \qquad (6.27)$$

Substituindo-se, na Figura 6.30.b, o transistor pelo circuito equivalente da montagem emissor-comum, chega-se ao da Figura 6.30.c, no qual R_B foi desprezado.

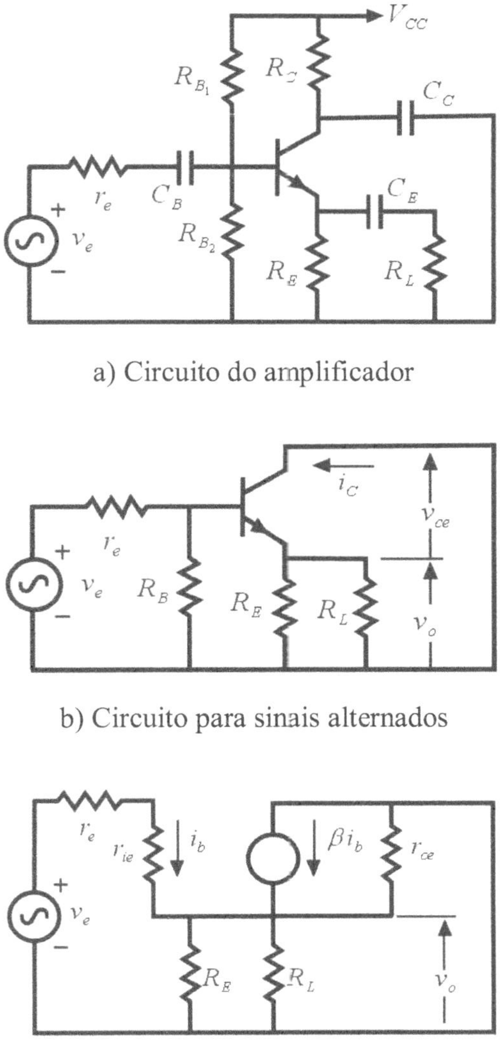

a) Circuito do amplificador

b) Circuito para sinais alternados

c) Circuito equivalente para sinais alternados

Figura 6.30 – Amplificador em coletor-comum com o circuito série de polarização.

Observar-se na Figura 6.30.c que as resistências R_L e R_E aparecem em paralelo. Assim, uma vez que r_{ce} é muito maior que $R_L // R_E$, deduz-se desse circuito:

$$v_e = [r_e + r_{ie} + (R_E // R_L)(\beta + 1)]i_b$$

$$v_o = (R_E // R_L)(\beta + 1)i_b$$

Resultando, para o ganho:

$$Av_e = \frac{v_o}{v_e} = \frac{(R_E // R_L)(\beta + 1)}{r_e + r_{ie} + (R_E // R_L)(\beta + 1)} \tag{6.28}$$

Em virtude da baixa impedância de saída e elevada impedância de entrada que apresentam, os amplificadores na montagem coletor-comum trabalham com cargas pequenas e fontes de elevada impedância de saída. Assim, admitindo-se $R_L \ll R_E$ e $r_{ie} \ll r_e$ – e como β é muito maior que a unidade - na maioria das aplicações é válida a simplificação:

$$Av_e = \frac{v_c}{v_e} = \frac{\beta R_L}{r_e + r_{ie} + \beta R_L} \tag{6.29}$$

Observa-se que Av_e é positivo e menor e, caso se tenha $r_e + r_{ie} \ll \beta R_L$, próximo da unidade.

Determinação dos capacitores - Do circuito da Figura 6.31.a, no qual o capacitor C_B está representado:

$$v_e = \left[r_e + r_{ie} + \left(\frac{1}{jwC_B} + R_E // R_L \right)(\beta + 1) \right] i_b$$

Considerando-se no circuito da Figura 6.31.b – no qual C_E está representado - R_E muito maior que a impedância formada por C_E em série cm R_L, obtém-se a equação:

$$v_e = \left[r_e + r_{ie} + \left(\frac{1}{jwC_E} + R_E // R_L \right)(\beta + 1) \right] i_b$$

Para que C_B e C_E possam ser considerados curto-circuitos na menor frequência de operação do amplificador, são necessárias as condições:

$$C_B \gg \frac{1}{w[r_e + r_{ie} + (R_E // R_L)(\beta + 1)]} \qquad C_E \gg \frac{1}{w\left[\dfrac{r_e + r_{ie}}{\beta + 1} + R_E // R_L \right]}$$

E, com as mesmas considerações feitas para o ganho:

$$C_B \gg \frac{1}{w(r_e + \beta R_L)} \tag{6.30}$$

$$C_E \gg \frac{1}{w\left(\frac{r_e}{\beta}+R_L\right)} \tag{6.31}$$

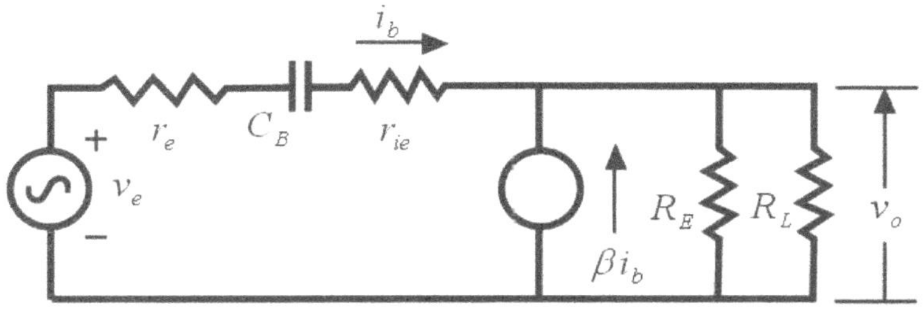

a) Circuito com C_B representado

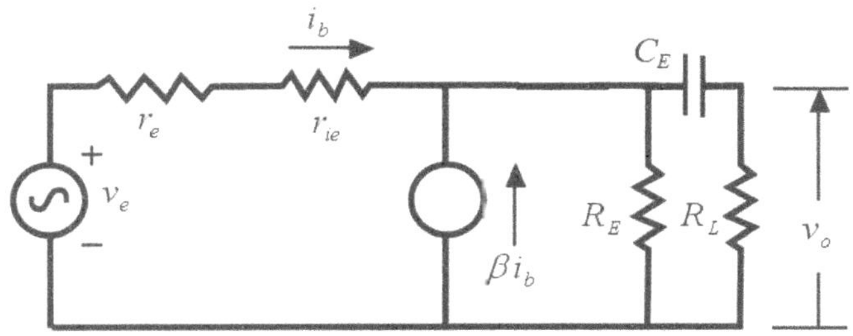

b) Circuito com C_E representado

Figura 6.31 – Circuitos para determinação de C_B e C_E.

No circuito para sinais alternados da Figura 6.32 estão representados R_C e C_C.

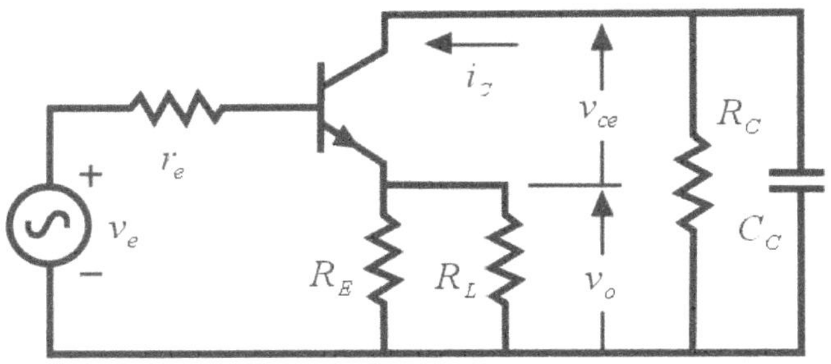

Figura 6.32 – Circuito para determinação de C_C.

Lembrando-se que $i_c \gg i_b$, deduz-se da malha de saída desse circuito:

$$v_{ce} = -\left(R_C // \frac{1}{jwC_C} + R_E // R_L\right) i_c$$

Para que o circuito trabalhe com o coletor em terra, é necessário:

$$R_E // R_L \gg R_C // \frac{1}{wC_C} \tag{6.32}$$

Na Figura 6.33 está representado um outro circuito para montagem coletor-comum, o qual difere do anterior porque o coletor foi ligado diretamente à V_{CC}.

O tratamento para esse circuito é idêntico ao anterior, diferindo unicamente o traçado da reta de carga estática, no caso definida unicamente por R_E.

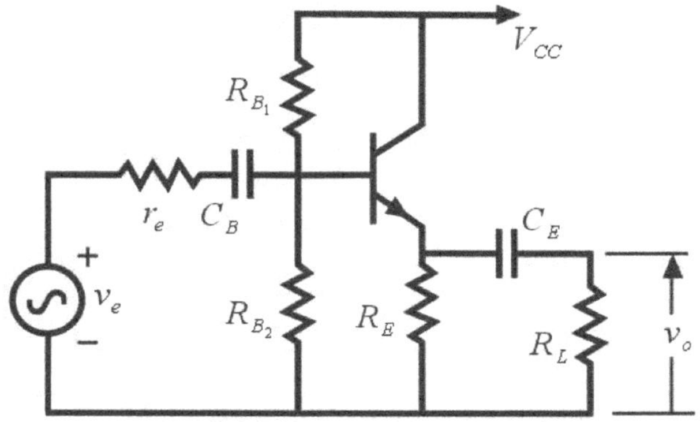

Figura 6.33 – Montagem coletor-comum com o coletor ligado diretamente à V_{CC}.

6.12 AMPLIFICADOR UTILIZANDO O CIRCUITO PARALELO DE POLARIZAÇÃO

O circuito da Figura 6.34 é um amplificador na montagem emissor-comum que utiliza o circuito paralelo de polarização.

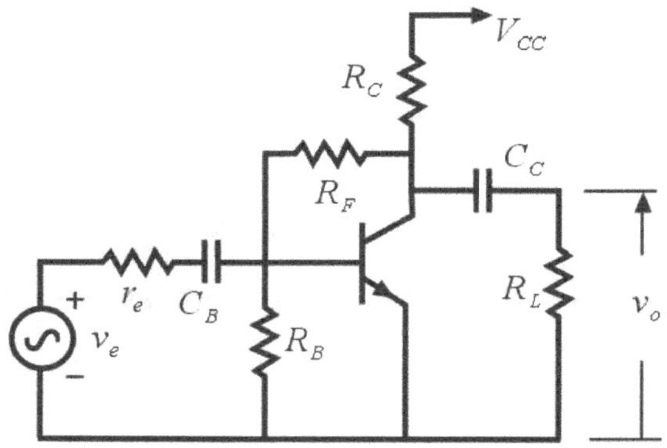

Figura 6.34 – Amplificador utilizando o circuito paralelo de polarização.

Considerando-se C_B, C_C e V_{CC} em curto, obtém-se o circuito para sinais alternados da Figura 6.35

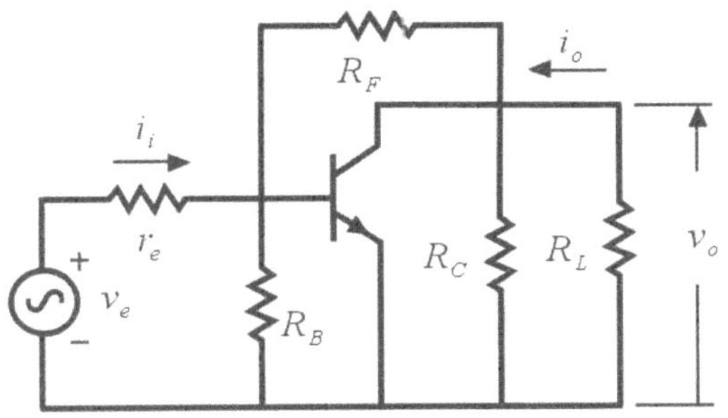

Figura 6.35 - Circuito para sinais alternados

Determinação dos capacitores – Uma vez que na malha de entrada C_B aparece em série com resistência de saída r_e do gerador e com a impedância de entrada Z_i, do amplificador, a condição necessária para que o ganho independa da frequência é que se tenha:

$$r_e + Z_i \gg \frac{1}{wC_B}$$

De onde decorre:

$$C_B \gg \frac{1}{w(r_e + Z_i)} \tag{6.33}$$

Analogamente, para a malha de saída, onde C_C aparece em série com a impedância de saída Z_o do amplificador e com a carga R_L, deduz-se:

$$C_C \gg \frac{1}{w(R_L + Z_o)} \tag{6.34}$$

Demonstra-se, quando do estudo do circuitos com realimentação, assunto não incluído neste livro, que a resistência R_F reduz o ganho e as impedâncias de entrada e saída do amplificador.

A condição para a estabilidade do ponto de operação impede que se tenha R_F suficientemente elevado para evitar os efeitos da realimentação. Assim sendo, uma redução do ganho será sempre esperada, a qual deve ser avaliada de acordo com a aplicação a ser dada ac amplificador.

Para eliminar a realimentação, no circuito da Figura 6.36.a, R_F foi substituído por dois resistores ligados em série, na ligação dos quais foi colocado um capacitor para a terra. Na Figura 6.36.b está representado o circuito para sinais alternados, com os capacitores e V_{CC} em curto. Observa-se que esse circuito reduz-se ao da Figura 6.22.b, tomando-se $R_B = R_{B_1}$ e $R_{F_1} = R_{B_2}$, diferindo unicamente a resistência R_{F_2}, que aparece em paralelo com a saída.

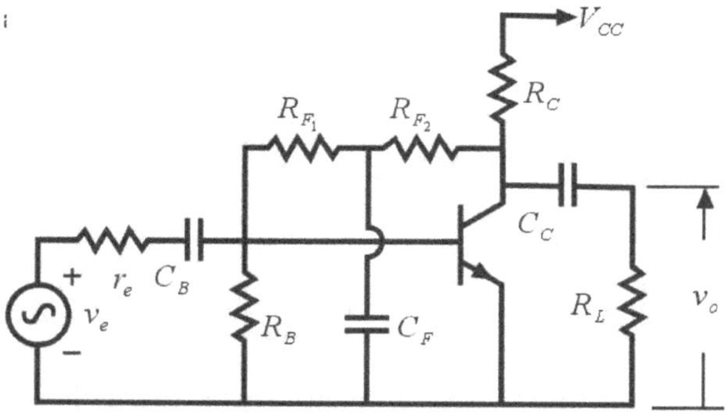

a) Circuito

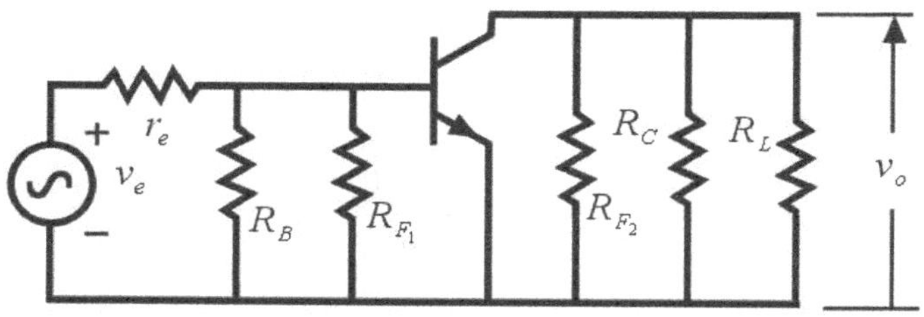

b) Circuito para sinais alternados

Figura 6.36 – Amplificador sem realimentação utilizando o circuito paralelo de polarização.

6.13 AMPLIFICADOR UTILIZANDO O CIRCUITO MISTO DE POLARIZAÇÃO

O amplificador em emissor-comum da Figura 6.37 utiliza o circuito misto de polarização da Figura 6.20. Como o capacitor C_E desacopla a resistência R_E, obtém-se o mesmo circuito para sinais alternados da Figura 6.35, sendo válidas, portanto, as mesmas condições (6.33) e (6.34).

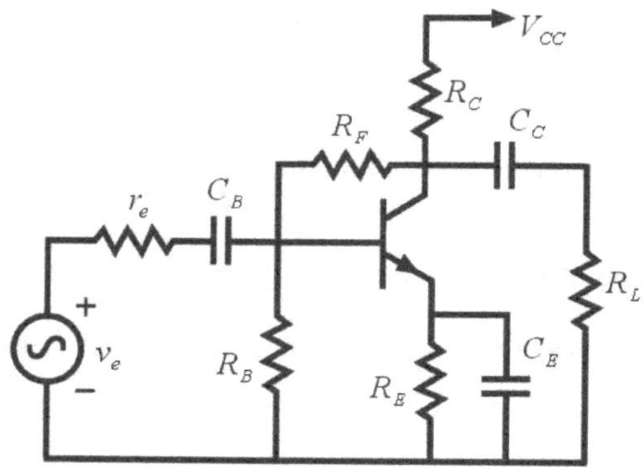

Figura 6.37 – Amplificador em emissor-comum utilizando o circuito misto de polarização.

6.14 RETA DE CARGA DINÂMICA E ESTÁTICA

Introduziu-se, quando do estudo da polarização, o conceito de *reta de carga estática*, que é a reta de carga do circuito de polarização. Nesta seção, esse conceito será ampliado, com a definição da reta de carga do circuito para sinais alternados, denominada *reta de carga dinâmica.*

Nos itens que se seguem essas duas retas serão analisadas para os amplificadores com resistência no coletor, com indutor e com transformador no coletor.

Amplificador com resistência no coletor

A Figura 6.38 contém um amplificador na montagem emissor-comum com resistência no coletor, no qual o resistor R_L, a ele acoplado através do capacitor C_C, representa a sua carga.

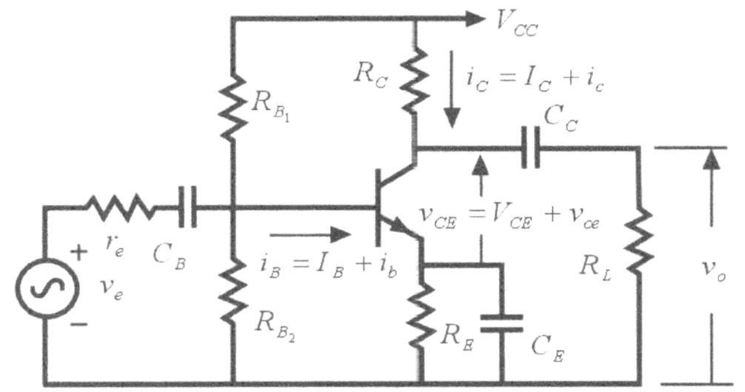

Figura 6.38 – Amplificador em emissor-comum com resistência no coletor.

Colocando-se os capacitores e V_{CC} em curto, obtém-se o circuito para sinais alternados da Figura 6.39.

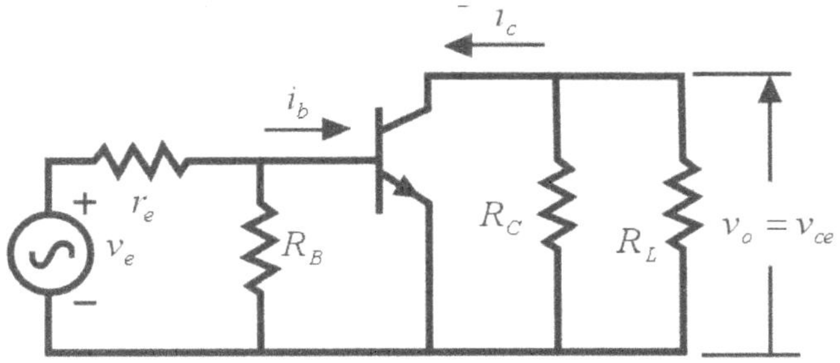

Figura 6.39 – Circuito para sinais alternados.

Para as correntes de polarização (com $w=0$), os capacitores apresentam impedância infinita, resultando o circuito série de polarização da Figura 6.11, do qual se deduziu a equação (6.5), aqui repetida:

$$V_{CC} = (R_C + R_E)i_C + v_{CE}$$

Conforme foi visto, essa equação define a *reta de carga estática*, traçada na Figura 6.40, que cruza o eixo v_{CE} no ponto V_{CE} e o eixo i_C, no ponto $V_{CC}/(R_C + R_E)$.

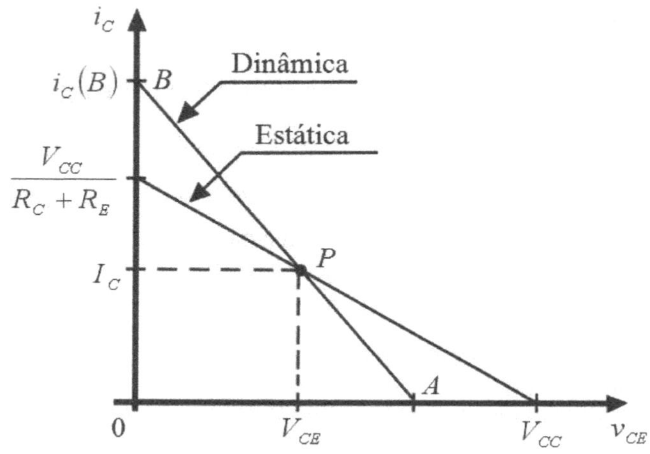

Figura 6.40 – Retas de carga estática e dinâmica.

Para o ponto P de polarização indicado nessa figura, obtém-se a equação:

$$V_{CC} = (R_E + R_C)I_C + V_{CE}$$

Observa-se que a reta de carga estática é definida pelos valores de V_{CC}, R_C e R_E, não dependendo nem do ponto de operação nem do transistor.

Observa-se, também, que o ponto de polarização fica determinado pela escolha de $I_C = \beta I_B$.Dessa forma, qualquer variação de I_B provoca o seu deslocamento, o que irá ocorrer sobre a reta estática.

Do circuito para sinais alternados representado na Figura 6.39, obtém-se:

$$v_{ce} = -(R_C \, // \, R_L)i_c$$

que é a equação da reta de carga dinâmica.

A declividade dessa reta é dada pela expressão:

$$\frac{i_c}{v_{ce}} = -\frac{1}{R_C \, // \, R_L} \tag{6.35}$$

A reta dinâmica relaciona as variações v_{ce} e i_c no entorno do ponto de polarização. Quando essas variações forem nulas, a corrente de coletor e a tensão coletor-emissor assumem os valores I_C e V_{CE} de polarização, implicando em que as duas retas cruzem-se no ponto P de polarização. Em outras palavras: *a reta de carga dinâmica apresenta a declividade dada por (6.35) e cruza a reta estática no ponto P de polarização*, conforme representado na Figura 6.40.

Para essa reta deduz-se a equação:

$$i_C = I_C - \frac{v_{CE} - V_{CE}}{R_C // R_L}$$

São importantes os pontos em que a reta dinâmica cruza os eixos v_{CE} e i_C indicados na Figura 6.40, respectivamente, por A e B.

Deduz-se para esses pontos:

$$v_{CE}(A) = V_{CE} + (R_C // R_L) I_C \quad (6.36)$$

$$i_C(B) = I_C + \frac{V_{CE}}{R_C // R_L} \quad (6.37)$$

Observa-se que uma variação da corrente de polarização da base I_B provoca o deslocamento do ponto P de polarização sobre a reta de carga estática. Em consequência, a reta dinâmica desloca-se paralelamente, acompanhando o ponto.

O modelo adotado para pequenos sinais corresponde a um sistema de coordenadas centrado em P e formado pelos eixos v_{ce} e i_c.

Esse sistema encontra-se representado na Figura 6.41, juntamente com a reta de carga dinâmica.

Sobre esta reta ocorrem as variações da saída, provocadas pela variação senoidal da corrente de base, também representadas na figura.

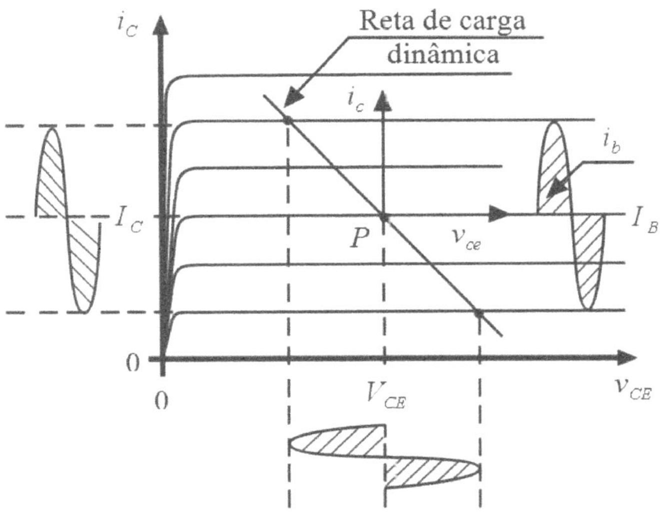

Figura 6.41 – Sistema de coordenadas para pequenos sinais.

Circuito com indutância

Quando se objetiva maior potência de saída, os esquemas de polarização apresentados não são adequados porque parte da corrente de coletor passa por R_C, reduzindo a potência entregue à carga R_L.

Uma solução muito utilizada consiste na substituição de R_C por uma indutância L, conforme realizado no circuito da Figura 6.42.a.

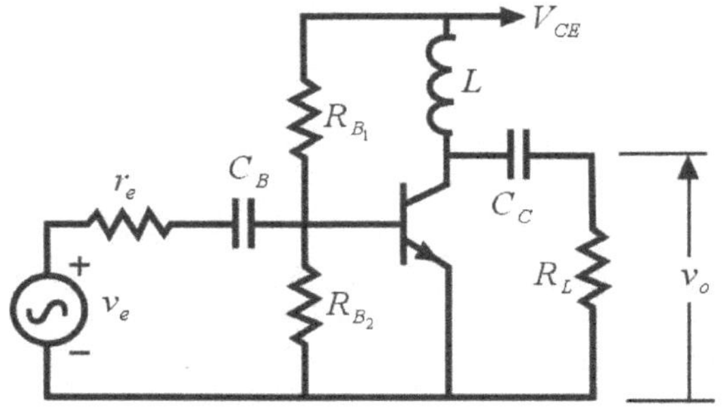

a) Circuito do amplificador

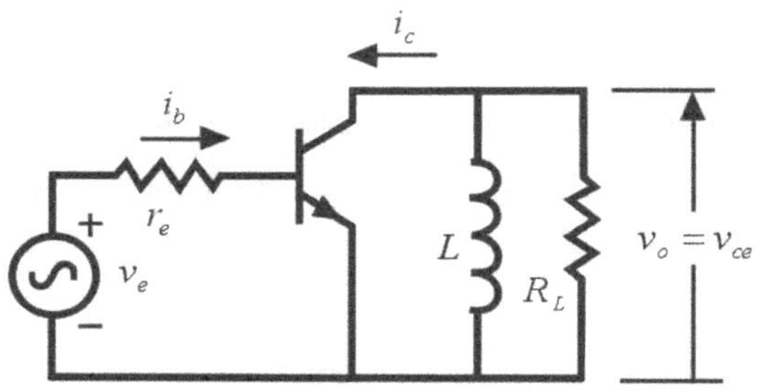

b) Circuito para sinais alternados

Figura 6.42 – Amplificador com indutância no coletor.

Como a indutância apresenta impedância nula para correntes contínuas, não ocorrerá queda de tensão em L, ficando a tensão V_{CE} de polarização igual a V_{CC} para qualquer valor de I_C.

Tal fato implica uma reta de carga estática vertical, passando por $V_{CE} = V_{CC}$, conforme traçado nas curvas características da Figura 6.43.

O circuito para sinais alternados do amplificador está representado na Figura 6.42.b, para o qual foi suposto $R_B \gg r_{ie}$.

Deve-se ter, para que a indutância não influencie o ganho do amplificador:

$$wL \gg R_L \tag{6.38}$$

Atendida essa condição, pode-se supor a indutância como um circuito aberto, resultando para a saída do da circuito para sinais alternados da Figura 6.42.b:

$$v_{ce} = -R_L i_c$$

Dessa equação decorre a declividade $-1/R_L$ reta de carga dinâmica, que cruza a reta estática no ponto P de operação, conforme traçado na Figura 6.43.

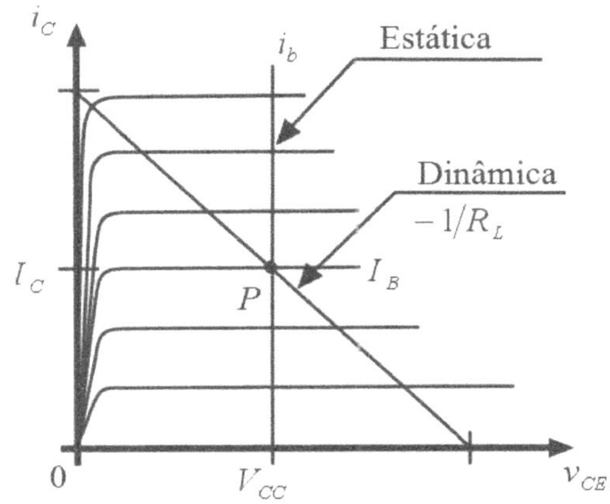

Figura 6.43 – Retas de cargas dinâmica e estática do amplificador da Figura 6.42.a.

Outra vantagem da utilização do indutor, além de aumentar a eficiência do amplificador, consiste em possibilitar excursões na saída com amplitudes maiores que a própria tensão V_{CC} da fonte de alimentação.

Caso seja utilizado o circuito série, a presença de R_E ligado ao emissor altera a posição da reta de carga estática, que não mais será a vertical traçada por V_{CC}, passando a ser definida pela equação:

$$V_{CC} = R_E i_C + v_{CE}$$

Observa-se que essa resistência deve apresentar baixo valor, conforme mostrado quando da apresentação do circuito de polarização.

Circuito com transformador

O amplificador da Figura 6.44 utiliza outra solução para evitar a dissipação de potência, que consiste no emprego de um transformador ligado entre a fonte V_{CC} e o coletor. Com essa solução, a polarização do coletor é feita através do primário do transformador, cuja impedância para correntes contínuas é nula. Dessa forma, a tensão V_{CC} aparece diretamente no terminal do coletor, com ocorre com o circuito com indutor.

A carga R_L é ligada diretamente ao secundário, que se encontra eletricamente isolada para tensões de polarização—podendo, por conseguinte, ser referenciado a qualquer terra.

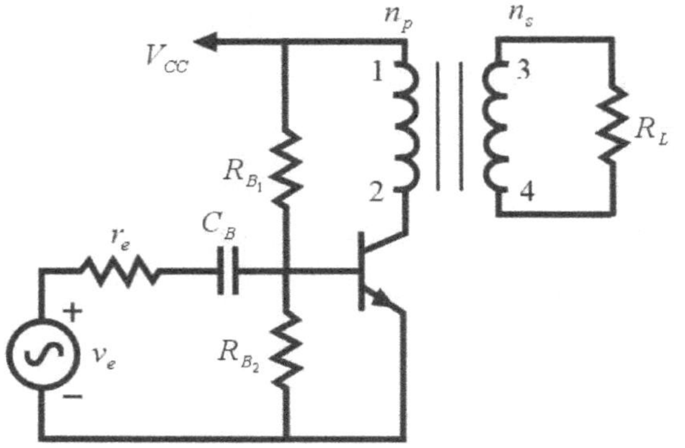

Figura 6.44 – Amplificador com transformador na saída

Na Figura 6.45 representou-se um transformador ideal—isto é, um transformador no qual são desprezadas todas as perdas ocasionadas pelas resistências dos fios e pelo fluxo de dispersão—que está ligado a uma carga R_L e possui n_p espiras no enrolamento do primário e n_s no do secundário.

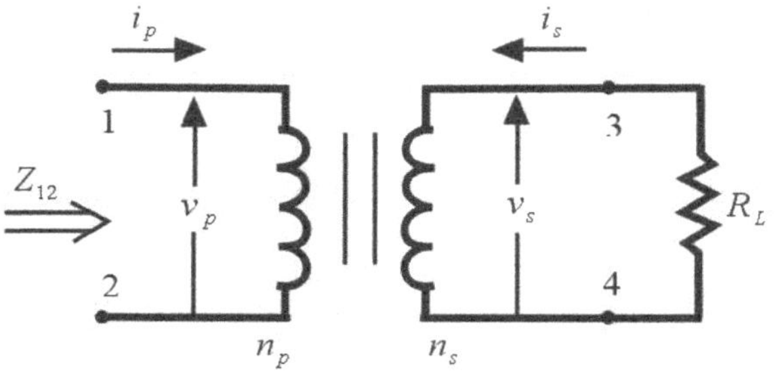

Figura 6.45 –Transformador ideal com carga R_L.

De acordo com a definição de transformador ideal, têm-se as relações:

$$\frac{v_p}{v_s} = \frac{n_p}{n_s} = N \tag{6.39}$$

$$\frac{i_p}{i_s} = \frac{n_s}{n_p} = \frac{1}{N} \tag{6.40}$$

Ligando-se ao secundário uma carga R_L, a impedância Z_{12} refletida no primário será dada pela relação:

$$Z_{12} = \frac{v_p}{i_p} = N^2 \frac{v_s}{i_s} = N^2 R_L \tag{6.41}$$

Ou seja: *a impedância do secundário reflete-se no primário multiplicada pelo quadrado da relação de espiras do transformador.*

A Figura 6.46 contém o circuito para sinais alternados do amplificador com transformador, obtido do circuito da Figura 6.44 colocando-se V_{CC} em curto e substituindo-se o transformador pela resistência da carga refletida no primário $Z_{12} = N^2 R_L$. Nota-se que essa resistência define a declividade da reta de carga dinâmica.

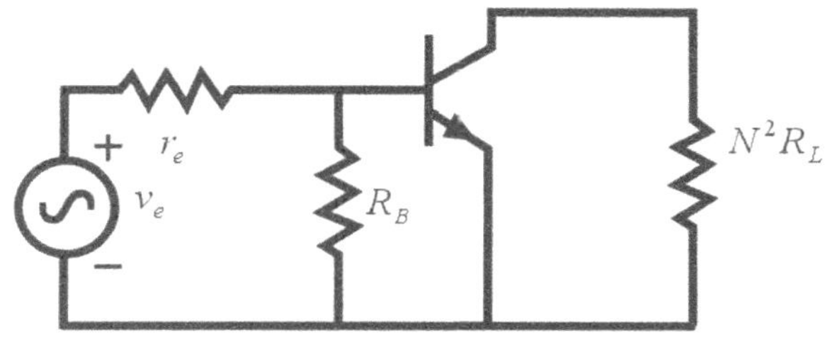

Figura 6.46 – Circuito para sinais alternados com $R_B = R_{B_1} // R_{B_2}$

Nas características de saída representadas na Figura 6.47, foram traçadas as retas de carga estática e dinâmica do amplificador com transformador. Como occrre no amplificador com indutância, a reta de carga dinâmica é a vertical traçada por V_{CC}, sobre a qual se encontra fixado o ponto P de polarização, através da corrente de base. Qualquer variação dessa corrente desloca esse ponto, o que ocorre sobre essa reta.

A reta de carga estática passa pelo ponto P, tendo sua declividade definida a por $1//N^2 R_L$. Observa-se que essa reta desloca-se paralelamente, acompanhando os deslocamentos de P.

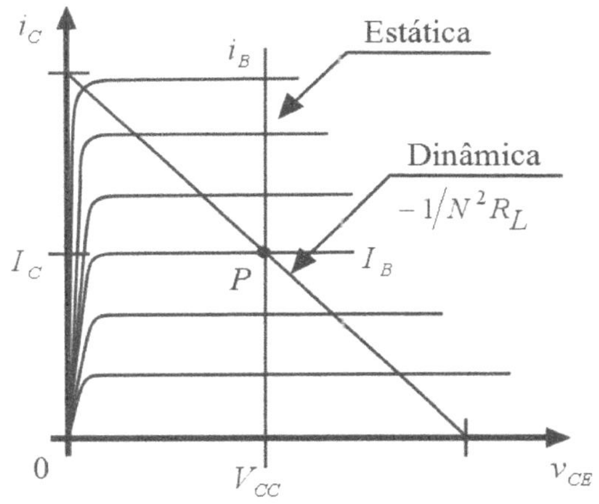

Figura 6.47 – Retas de carga estática e dinâmica do circuito da Figura 6.44.

A reflexão da carga no primário multiplicada por N^2 constitui uma outra vantagem de saída em transformador, pois permite uma melhor localização da reta dinâmica dentro da região de operação do transistor, mediante a escolha de uma relação de espiras adequada. Possibilita por exemplo, a obtenção da máxima potência de saída do amplificador com pequenos valores de R_L.

6.15 LOCALIZAÇÃO DO PONTO DE OPERAÇÃO

Na Figura 6.48 estão representadas as curvas características de saída de um transistor *n-p-n* na montagem emissor-comum. Sobre essas curvas foi traçada uma reta de carga dinâmica, que passa pelo ponto P de polarização e corta os eixos i_C e v_{CE} nos pontos A e B.

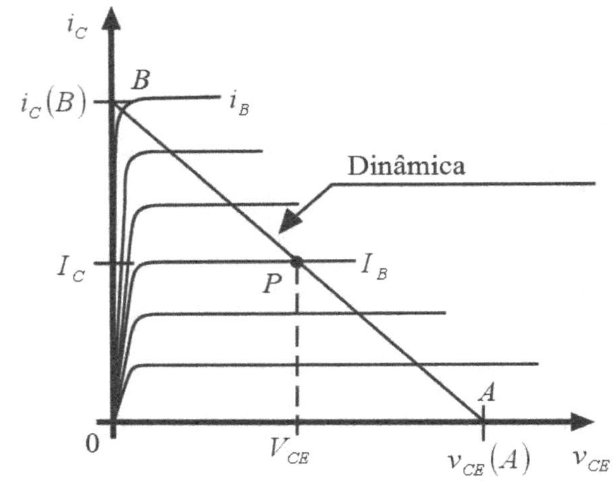

Figura 6.48 – Reta de carga dinâmica.

Conforme mostrado na seção anterior, é sobre a reta dinâmica que ocorrem os deslocamentos comandados pelas variações da corrente de base na entrada do amplificador.

Em relação a esses deslocamentos, será analisada a localização do ponto de operação para a máxima excursão, para ocorrência da saturação e do corte, e para máxima potência do sinal de saída.

Máxima excursão na saída

Nas características da Figura 6.49, fixou-se o ponto de polarização para a máxima excursão na de saída.

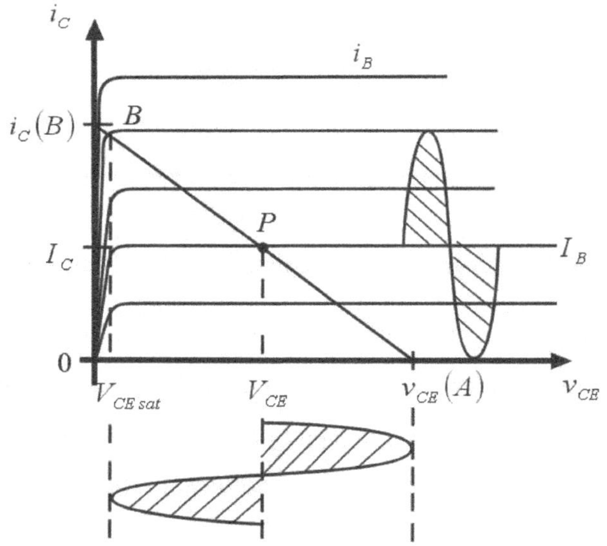

Figura 6.49 – Polarização para máxima excursão na saída.

Observa-se na figura, que para a máxima excursão a tensão V_{CE} de polarização localiza-se no ponto médio de $v_{CE}(A)$ e $V_{CE\,sat}$, ou seja:

$$V_{CE} = \frac{v_{CE}(A) + V_{CEsat}}{2}$$

Como a tensão de saturação é pequena, inferior a 0,2V para os transistores de baixa potência e da ordem de 0,5V para os transistores de média e alta potência, o valor de V_{CEsat} pode ser desprezado. A máxima excursão será obtida com o circuito polarizado no meio da reta de carga dinâmica, ou seja:

$$V_{CE} = \frac{v_{CE}(A)}{2} \qquad (6.42)$$

E o máximo valor de pico correspondente será dado pela expressão:

$$V_P = \frac{v_{CE}(A) - V_{CEsat}}{2}$$

ou, desprezando-se V_{CEsat}, pela metade da tensão $v_{CE}(A)$.

Saturação

Ocorre a saturação quando o ponto de polarização é localizado perto da região de saturação, o que corresponde a baixos valores de v_{CE}, como mostrado na Figura 6.50

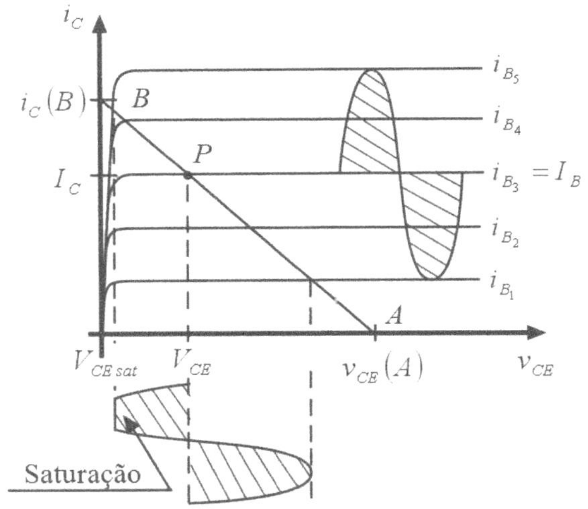

Figura 6.50 - Polarização perto da saturação

Com essa polarização, quando a corrente de base for superior a i_{B_5}, o transistor satura, reduzindo-se a saída à tensão de saturação V_{CEsat}, de forma análoga ao que ocorre com o inversor analisado na Seção 5.14. Abaixo desse valor, opera normalmente, reproduzindo a forma senoidal do sinal de entrada.

Na Figura 6.51 está representada a tensão v_{CE} de saída, mostrando a distorção introduzida pela saturação.

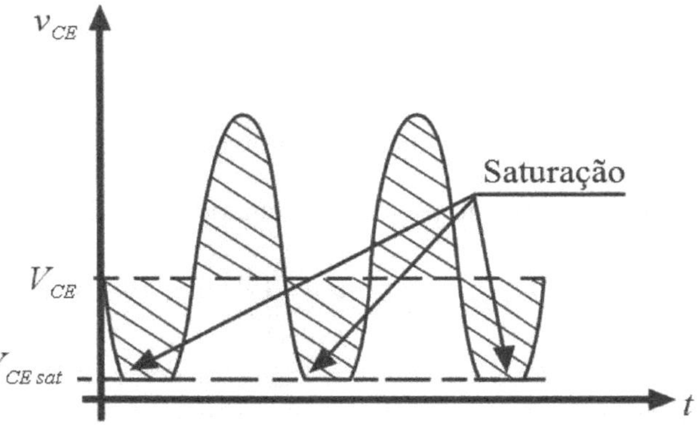

Figura 6.51 – Tensão v_{CE} em função do tempo

Corte

Ocorre o corte quando a polarização é realizada com tensões de v_{CE} próximas de $v_{CE}(A)$, que é o caso representado na Figura 6.52.

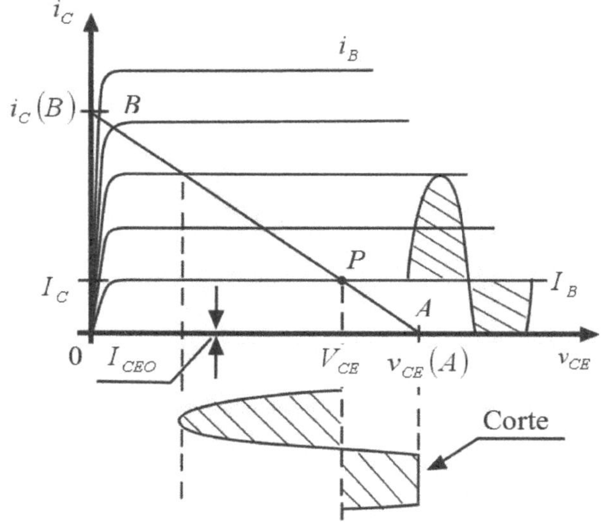

Figura 6.52 – Polarização perto do corte

Observa-se, na figura, que para valores de i_B positivos o circuito opera normalmente, reproduzindo a forma do sinal na base. Para $i_B = 0$, o circuito entra na *região do corte*, reduzindo-se i_C a um valor desprezível, que é a própria corrente de saturação I_{CBO}. O transistor comporta-se como um circuito aberto.

Na Figura 6.53 está representada a tensão de saída v_{CE} em função do tempo, observando-se a distorção introduzida pelo corte.

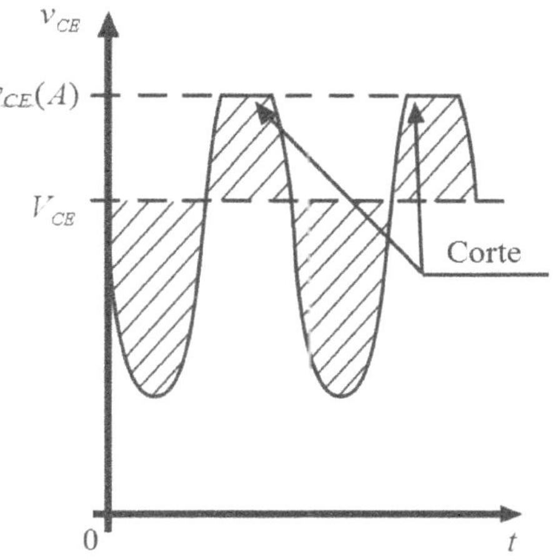

Figura 6.53 – Tensão v_{CE} em função do tempo

Máxima potência de saída

A reta de carga dinâmica traçada na Figura 6.54 tangencia a curva de dissipação máxima no ponto P. Será mostrado que essa é a condição para a máxima potência de saída

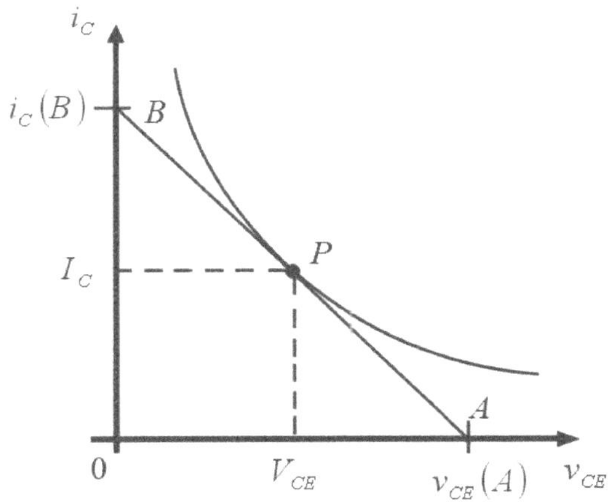

Figura 6.54 – Polarização para a máxima potência de saída.

De acordo com a expressão (6.2), a hipérbole de dissipação máxima é definida pela equação:

$$i_C = \frac{P_{max}(T)}{v_{CE}}$$

A declividade da tangente a essa curva é dada pela derivada:

$$\frac{di_C}{dv_{CE}} = -\frac{P_{max}(T)}{v_{CE}^2}$$

E como, para o ponto P de tangência, $P_{max}(T) = V_{CE} I_C$, decorre:

$$\frac{di_C}{dV_{CE}} = -\frac{I_C}{V_{CE}}$$

A tangente à hipérbole passando por $v_{CE}(A)$ é dada pela equação:

$$i_C = -\frac{I_C}{V_{CE}}\left[v_{CE} - v_{CE}(A)\right]$$

Para o ponto de tangência, no qual $i_C = I_C$ e $v_{CE} = V_{CE}$, resulta:

$$I_C = -\frac{I_C}{V_{CE}}\left[V_{CE} - v_{CE}(A)\right]$$

Deduzindo-se:

$$v_{CE} = \frac{v_{CE}(A)}{2} \tag{6.43}$$

Conclui-se que a potência de saída será máxima quando se polarizar o circuito no ponto de tangência da reta de carga dinâmica com a hipérbole de dissipação máxima. Esse ponto divide a reta de carga ao meio, o que corresponde à máxima excursão de tensão e de corrente na saída.

6.16 PROBLEMAS

6.16.1 No circuito da Figura 6.55 o transistor está polarizado com I_B constante. Sendo dados: R_C=1,2KΩ, $\beta(25°C) = 50$, $V_{BE} = -0{,}7V$, $v_e = V_e senwt$, $r_e = 500\Omega$, $r_{ie} = 500\Omega$ e r_{ce}=68KΩ, determinar:

a) o valor de R_B para que se tenha $V_{CE} = -6V$;

b) o valor de V_e para a máxima excursão do sinal na saída.

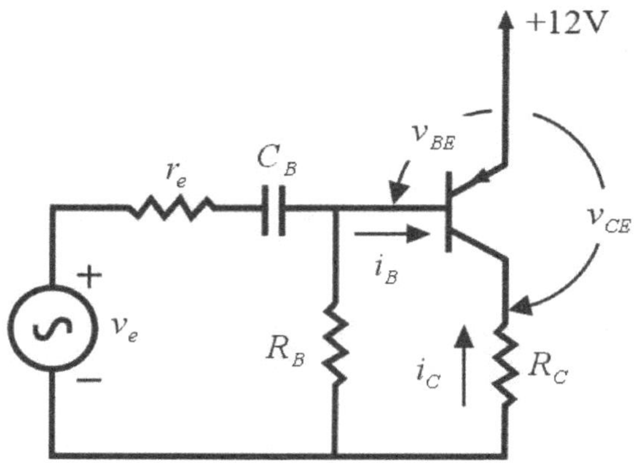

Figura 6.55 – Circuito referente ao problema 6.1.

Solução: a) Para o ponto de polarização, obtém-se a equação:

$$12 = -V_{CE} - 1{,}2 \times 10^3 I_C$$

Com $V_{CE} = -6\text{V}$:

$$I_C = -\frac{6}{1{,}2} \times 10^3 = -5\text{mA}$$

Sendo $\beta(25°\text{C}) = 50$, obtém-se para I_B:

$$I_B = \frac{I_C}{\beta} = -0{,}1\text{mA}$$

Para a malha de entrada:

$$12 = -V_{BE} - R_B I_B$$

Ou ainda:

$$12 = 0{,}7 + R_B 0{,}1 \times 10^{-3}$$

De onde decorre:

$$R_B = 113\text{K}\Omega$$

b) Na Figura 6.56 está representado o circuito para sinais alternados, no qual R_B » r_{ie} e r_{ce} » R_C.

Desprezando-se R_B, a corrente i_b será dada pela relação:

$$i_b = \frac{v_e}{r_e + r_{ie}}$$

Para v_{ce}:

$$v_{ce} = -\beta i_b R_C$$

$$v_{ce} = -\frac{\beta R_C v_e}{r_e - r_{ie}}$$

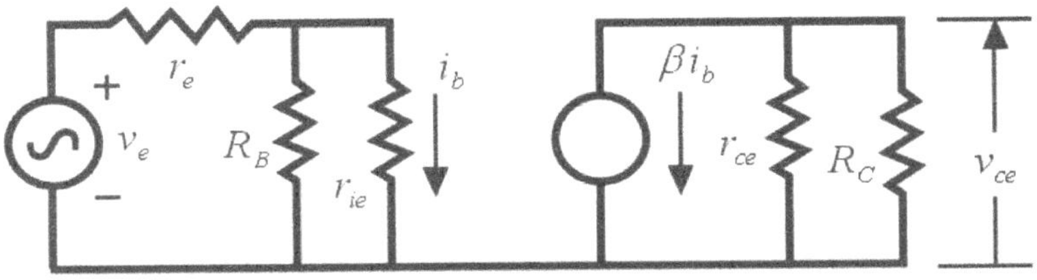

Figura 6.56 – Circuito equivalente para sinais alternados.

$$v_{ce} = -60v_e$$

Ou ainda:

$$v_{ce} = -60V_e senwt = 60V_e sen(wt + 180)$$

Comparando-se com o resultado anterior:

$$6 = 60V_e$$

E, ainda:

$$V_e = 100\text{mV}$$

Na Figura 6.57 está representado o sinal de saída para a máxima excursão, a qual corresponde a um valor de pico de 6V.

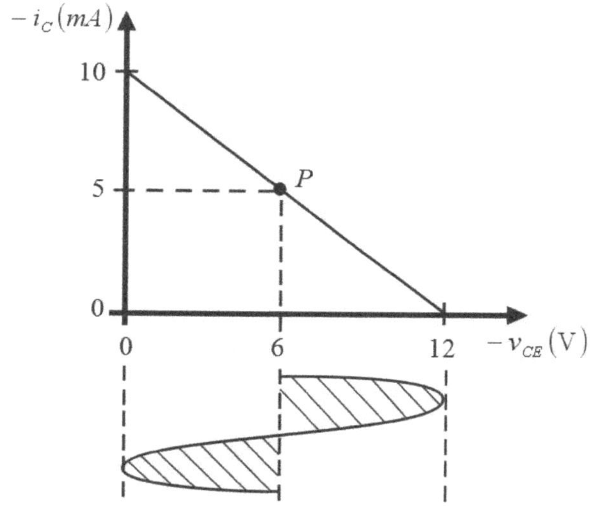

Figura 6.57– Saída com a máxima amplitude.

6.16.2. Mantendo-se, no circuito da Figura 6.55, $V_e = 100\text{mV}$ e $R_B = 113\text{K}\Omega$, mostrar o que ocorre na temperatura de 75°C, quando se tem $\beta(75°\text{C}) = 75$.

Solução: Como a corrente I_B permaneceu constante, obtém-se para I_C e v_{ce}:

$$I_C = -0{,}1 \times 75\text{mA} = -7{,}5\text{mA} \qquad V_{CE} = -12 + 1{,}2 \times 10^3 \times 7{,}5 \times 10^{-3} = -3\text{V}$$

Ou seja, o ponto de operação deslocar-se para I_E = -7,5mA e V_{CE} = -3V

Com esse deslocamento, mantendo-se na entrada $V_e = 100\text{mV}$, ocorrerá a saturação do sinal de saída, conforme mostrado no gráfico da Figura 6.58.

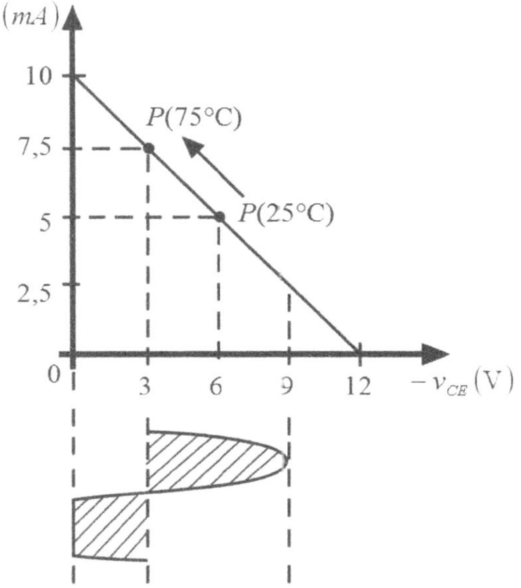

Figura 6.58 – Deslocamento do ponto de operação. Problema 6.2.

6.16.3. No circuito do amplificador na montagem emissor – comum da Figura 6.38, determinar os resistores de polarização R_E, R_{B1} e R_{B2}. São conhecidos: $R_C = 800\Omega$, $R_L = 800\Omega$, $r_{ie} = 200\Omega$, $\beta(25°C) = 100$, $V_{CC} = 12V$, $I_C = 6mA$, $V_{CE} = 6V$, $V_{BE} = 0{,}7V$ e $r_e = 200\Omega$.

Solução: Para o ponto de polarização:

$$V_{CC} = (R_C + R_E)I_C + V_{CE}$$

Substituindo-se pelos dados fornecidos:

$$12 = (800 + R_E) \times 6 \times 10^{-3} + 6$$

De onde resulta:

$$R_E = 200\Omega$$

A resistência $R_B = R_{B_1} // R_{B_2}$ deve satisfazer às condições:

$$R_B \gg r_{ie} = 200\Omega, R_P \ll \beta R_E = 20K\Omega$$

Será adotado:

$$R_B = 2K\Omega$$

Substituindo-se na equação (6.8) os valores conhecidos, obtém-se:

$$R_{B_1} = 11{,}8\text{K}\Omega$$

Para R_{B_2}:

$$2 = \frac{R_{B_2} \times 11{,}8}{R_{B_2} + 11{,}8}$$

Finalmente:

$$R_{B_2} = 2{,}4\text{K}\Omega$$

6.16.4. Considerando-se ainda o problema anterior, e sendo $f = 20\text{Hz}$ a menor frequência de operação do circuito, determinar C_E, C_B e C_C.

Solução: Tem-se, de acordo com as expressões (6.21), (6.22) e (6.23):

$$C_B \gg \frac{1}{2\pi \times 20(200 + 200)} = 20\mu\text{F}$$

$$C_C \gg \frac{1}{2\pi \times 20(800 + 800)} = 5\mu\text{F}$$

Serão adotados:

$$C_B = 200\,\mu\text{F}, \qquad C_C = 50\mu\text{F}, \qquad C_E = 20.000\,\mu\text{F}$$

6.16.5 Considerando-se que a temperatura em que opera o amplificador em emissor-comum do Problema 6.3 passe dos 25ºC para 75°C, quando se tem $\beta(75°\text{C}) = 150$, determinar o deslocamento que ocorre com o ponto de operação.

Solução: Da equação (6.8):

$$\frac{12 \times 2 \times 10^3}{11{,}8 \times 10^3} = 2 \times 10^3 \frac{I_C}{150} + 0{,}70 + 200\left(1 + \frac{1}{150}\right) I_C$$

De onde resulta:

$$I_C = 6{,}21\text{mA}$$

Para a malha de saída:

$$12 = (800 + 200) \times 6{,}21 \times 10^3 + V_{CE}$$

Obtendo-se para V_{CE}:

$$V_{CE} = 5{,}79\text{V}$$

E para ΔI_C e ΔV_{CE}:

$$\Delta I_C = 0{,}2\text{Ma},$$

$$\Delta V_{CE} = -0{,}21\text{V}$$

6.16.6. Considerando-se, no amplificador sem carga da Figura 6.59, a tensão v_{CE} de saturação semelhante a zero, determinar os valores de R_C e R_E de forma a se obter uma excursão máxima na saída de 10V pico a pico. São dados: $V_{CC} = 12\text{V}$ e $I_C = 5\text{mA}$.

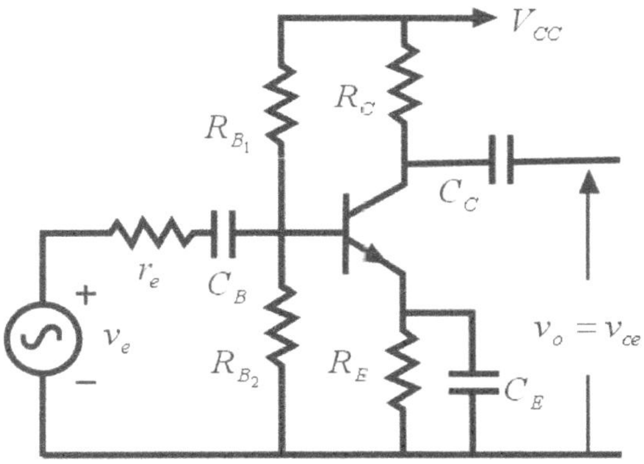

Figura 6.59- Circuito do amplificador do Problema 6.6

Solução: O amplificador do problema utiliza o circuito série de polarização da Figura 6.11, cuja reta de carga estática é dada pela equação (6.5).

Essa reta corta o eixo v_{CE} em 12V e o eixo i_C em $12/(R_C+R_E)$.

Da malha de saída do circuito da Figura 6.60, obtido do circuito do amplificador colocando-se C_B, C_E, C_C e V_{CC} em curto, decorre:

$$i_C = -\frac{1}{R_C} v_{ce} \tag{6.44}$$

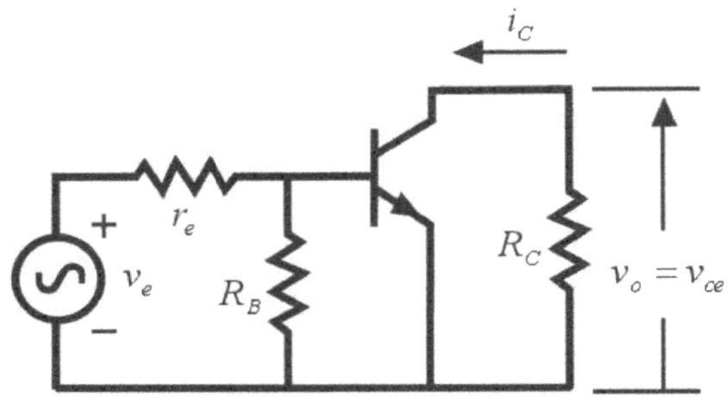

Figura 6.60 – Circuito para sinais alternados com $R_B = R_{B_1} // R_{B_2}$

A reta de carga dinâmica, apresentada na seção 6.13, tem como declividade o coeficiente de v_{CE} equação (6.44). Como essa reta passa pelo ponto de polarização, definido por I_C e V_{CE}, sua equação será:

$$i_C = I_C - \frac{v_{CE} - V_{CE}}{R_C}$$

Na Figura 6.61 estão traçadas essas duas retas. Observa-se que a reta de carga dinâmica corta o eixo v_{CE} em $V_{CE} = 10\text{V}$, condição para a excursão máxima pedida. Além disso, a polarização ocorre no meio dessa reta, com $V_{CE} = 5\text{V}$ e $I_C = 5\text{mA}$ (valor dado).

Para o ponto *B* da figura, em que a reta dinâmica corta o eixo i_C, deduz-se:

$$i_C(B) = I_C + \frac{V_{CE}}{R_C}$$

Com os valores conhecidos, deduz-se:

$$10 \times 10^{-3} = 5 \times 10^{-3} + \frac{5}{R_C}$$

Resultando:

$$R_C = 1000\Omega$$

No ponto de operação, a equação (6.5) reduz-se a:

$$V_{CC} = (R_C + R_E)I_C + V_{CE}$$

Substituindo-se:

$$12 = (1000 + R_E)5 \times 10^{-3} + 5$$

Finalmente: $$R_E = 400\Omega$$

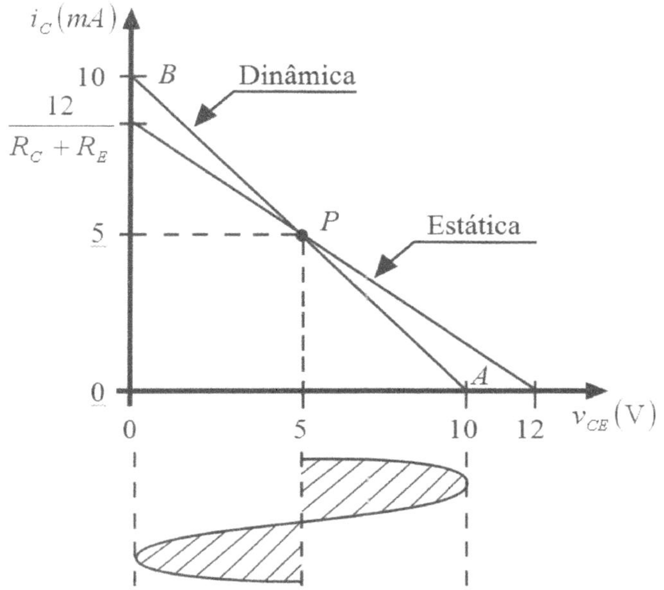

Figura 6.61 – Polarização para excursão máxima na saída de 10V pico a pico.

6.16.7. No circuito do amplificador na montagem emissor-comum da Figura 6.38 são conhecidos: $V_{CC} = 12V$ e $I_C = 5\text{mA}$. Admitindo-se $R_L = 2400\Omega$, calcular os valores de R_C e R_E para que se tenha na saída uma excursão máxima de 8V pico a pico.

Solução: Na Figura 6.62 contém as retas de carga dinâmica e estática correspondentes à excursão máxima de 8V pico a pico. O ponto de polarização encontra-se no meio da reta dinâmica, com $V_{CE} = 4\text{V}$ e $I_C = 5\text{mA}$

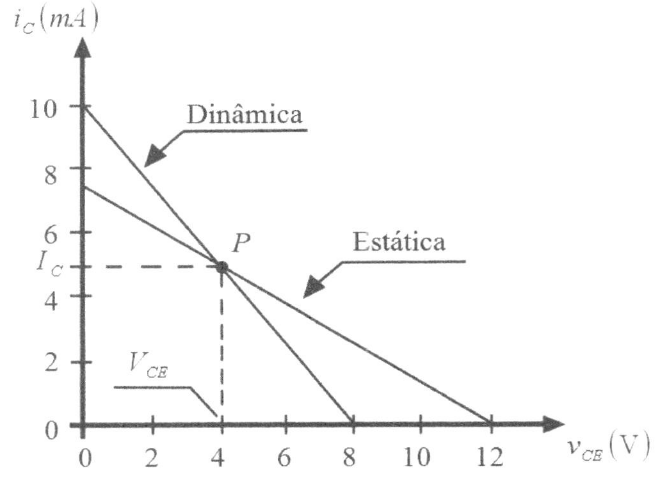

Figura 6.62 – Retas de carga estática e dinâmica do Problema 6.7.

Da reta dinâmica, tem-se:

$$10 \times 10^{-3} = \frac{8}{R_C \,//\, R_L}$$

$$R_C \,//\, R_L = 800$$

E como $R_L = 2400\Omega$, calcula-se:

$$R_C = 1200\Omega$$

Ainda da equação (6.5), para o ponto de polarização:

$$12 = (1200 + R_E)5 \times 10^{-3} + 4$$

Obtendo-se:

$$R_E = 400\Omega$$

6.16.8. Conhece-se, no circuito com indutor da Figura 6.42.a, $R_L = 1200\Omega$ e $V_{CC} = 12\text{V}$. Determinar a corrente I_C de polarização para que se tenha a máxima excursão na saída.

Solução: Apresentando a indutância impedância nula para a corrente de polarização, a reta estática será a vertical traçada por $V_{CC} = 12\text{V}$, conforme ilustrado na Figura 6.63

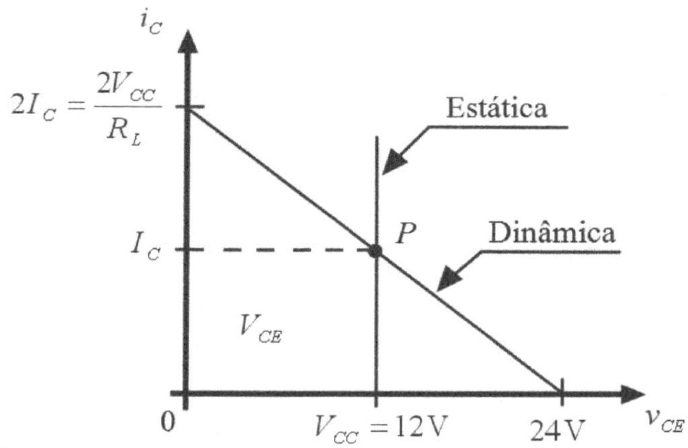

Figura 6.63 – Retas de carga dinâmica e estática do Problema 6.8.

Para a excursão máxima, a reta dinâmica deve cruzar o eixo v_{CE} em $v_{CE} = 2V_{CC}$, passando pelo ponto de polarização e por i_C=2 V/R_L=2I_C. Dessa forma

$$I_C = \frac{12}{1000} = 12\text{mA}$$

6.16.9. O circuito da Figura 6.64 opera na temperatura de 25ºC. São dados: $R_C = 600\Omega$, $\beta(25°C) = 50$, $V_{BE} = 0{,}7V$, $v_e = V_e sen wt$, $r_e = 500\Omega$, $r_{ie} = 500\Omega$, $r_{ce} = 68K\Omega$ e $V_{CC} = 12V$.

a) Determinar R_B para que se tenha $V_{CE} = 6V$.

b) Determinar a amplitude V_e do sinal de entrada para que se tenha a excursão máxima na saída.

c) Mantendo-se os valores de R_B e V_e calculados em a e b, traçar v_{CE} em função do tempo para a temperatura de 75ºC, quando se tem $\beta(75°C) = 75$.

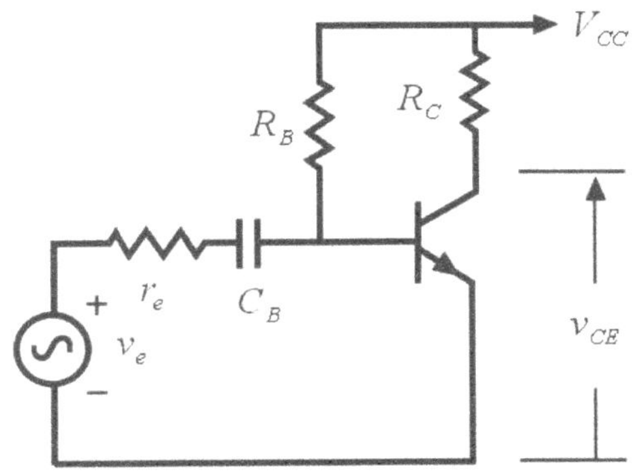

Figura 6.64 – Amplificador do Problema 6.9.

6.16.10. O circuito série de polarização da Figura 6.65 utiliza um transistor *p-n-p*, alimentado pela fonte de tensão $V_{CC} = 12V$. Sendo fornecidos para esse circuito: $R_C = 800\Omega$, $R_E = 390\Omega$, $R_{B_1} = 8{,}42K\Omega$, $R_{B_2} = 2{,}62K\Omega$, $\beta = 40$ e $V_{BE} = -0{,}65V$, determinar os valores de V_{CE} e I_C do ponto de polarização.

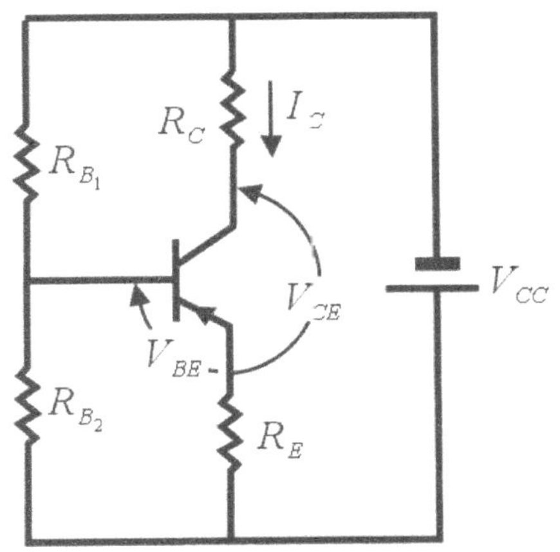

Figura 6.65 – Circuito do Problema 6.11.

6.16.11. O amplificador na montagem coletor-comum da Figura 6.66 utiliza o transistor cujas curvas características de saída são apresentadas na Figura 6.67.

Sabendo-se que esse circuito é alimentado pela fonte de tensão $V_{CC} = 18{,}5\text{V}$, e que são conhecidos $V_{BB} = 12\text{V}$, $R_E = 185\Omega$, $V_{CE} = 10\text{V}$, $V_{BE} = 0{,}7\text{V}$ e $r_{ie} = 200\Omega$, determinar a partir das curvas características da figura:

a) a resistência R_B;

b) a corrente de polarização I_C;

c) o ganho em tensão $Av_e = v_o / v_e$

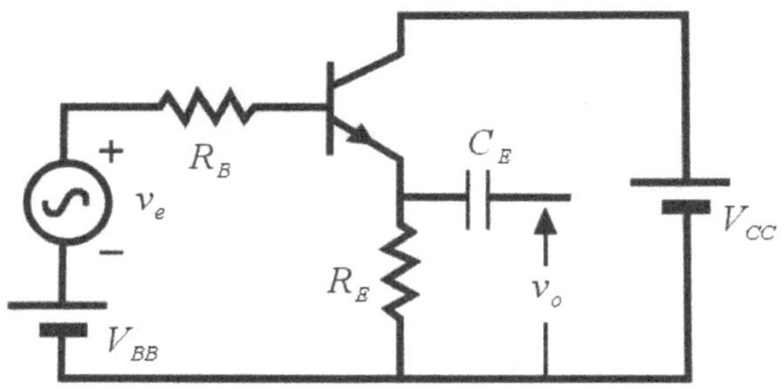

Figura 6.66 – Amplificador do Problema 6.12.

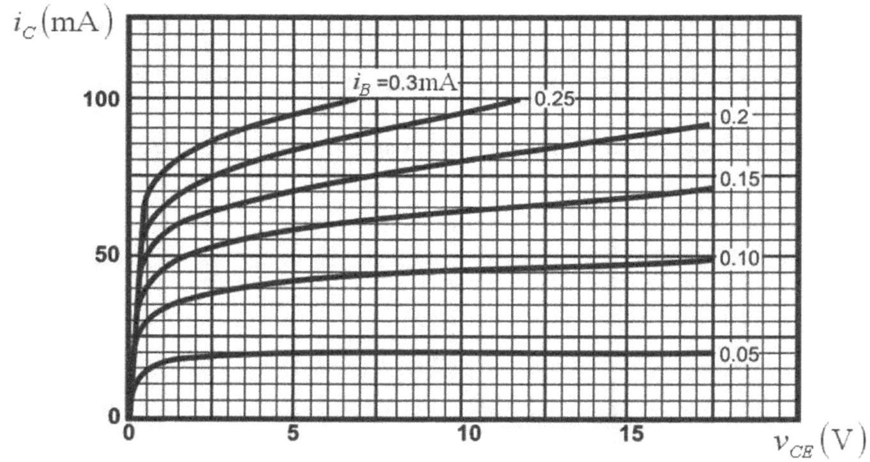

Figura 6.67 – Curvas características de saída de transistor do Problema 6.12.

6.16.12. No circuito de polarização misto sem divisor de tensão para a base da Figura 6.21 são conhecidos: $\beta = 100$, $V_{BE} = 0{,}7\text{V}$, $R_E = 584\Omega$, $I_C = 5\text{mA}$, $V_{CC} = 12\text{V}$ e $V_{CE} = 4\text{V}$. Determinar R_F e R_C:

6.16.13. Para o circuito da Figura 6.68, são dados $V_{CC} = 12\text{V}$, $R_E = 500\Omega$, $R_L = 10\Omega, R_{B_2} = 18\text{K}\Omega$, $\beta = 200$ e $V_{BE} = 0{,}7\text{V}$. Determinar R_{B_1}, a relação de espiras $N = n_p / n_s$ e as coordenadas do ponto de operação para que se tenha uma excursão máxima no coletor de 16V pico a pico.

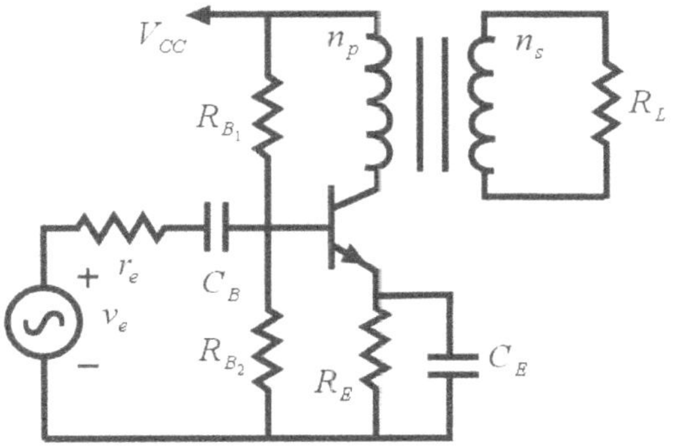

Figura 6.68 – Amplificador do Problema 6.13.

6.16.14. No circuito da Figura 6.69.a são conhecidos: $V_{CC} = 12\text{V}$, $R_C = 1200\Omega$, $R_{B_1} = 40\text{K}\Omega$, $\beta = 54$, $R_{B_2} = 10\text{K}\Omega$ e $V_{BE} = 0{,}7\text{V}$. Traçar o gráfico de v_o em função do tempo quando a tensão v_e for da forma representada na Figura 6.69.b.

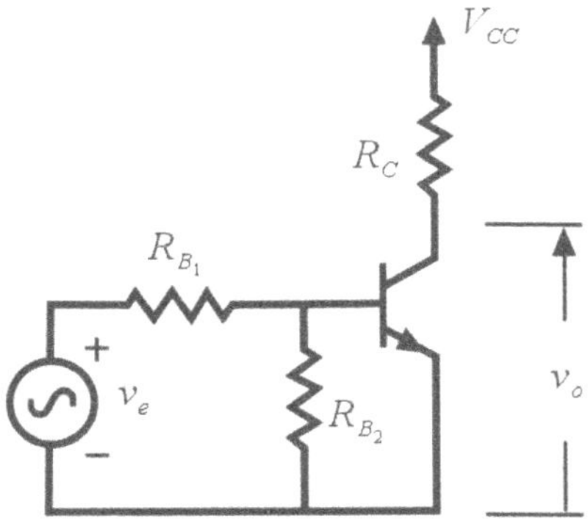

a) Circuito

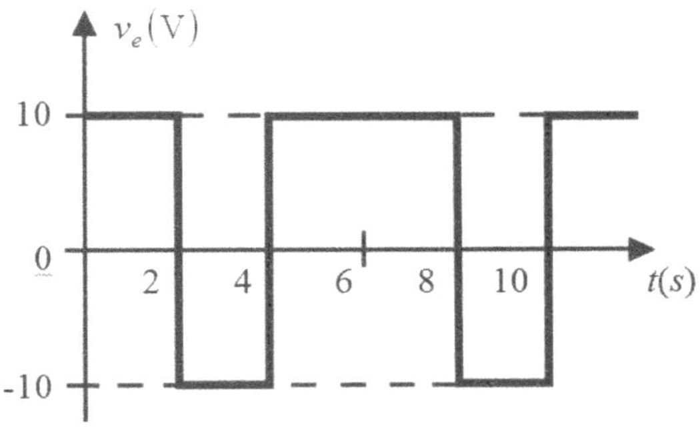

b) v_e em função do tempo

Figura 6.69 – Circuito e tensão de entrada do Problema 6.14.

6.16.15. No amplificador com transformador da Figura 6.44 são conhecidos: $N = n_p / n_s = 4$, $R_L = 80\Omega$, $V_{CC} = 8\text{V}$, $V_{BE} = 0{,}7\text{V}$, $r_e = 200\Omega$, $r_{ie} = 400\Omega$, $r_{ce} = 68\text{K}\Omega$ e $\beta = 50$. Pede-se:

a) O valor de R_B para que se tenha a excursão máxima na saída;

b) O ganho em tensão. $Av_e = v_o / v_e$.

6.16.16. Traçar a região de trabalho nas curvas características da Figura 6.70. Conhece-se: $V_{CEO\max} = 30\text{V}$, $I_{C\max} = 70\text{mA}$ e $P_{\max} = 0{,}35\text{W}$.

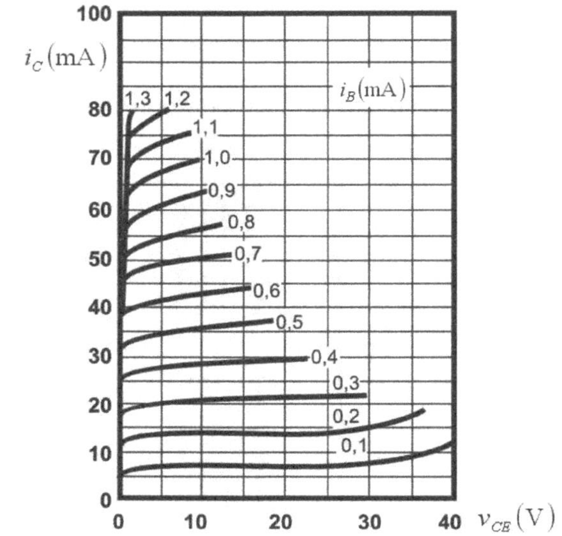

Figura 6.70 – Curvas características do transistor do Problema 6.16.

6.16.17. O amplificador da Figura 6.42.a emprega o transistor cujas curvas características de saída são apresentadas na Figura 6.70. Utilizando-se a região de trabalho traçada no problema anterior e sendo $R_{B_2} = 4{,}7\text{K}\Omega$, $V_{CC} = 10\text{V}$, determinar R_L e $R_B = R_{B1} + R_{B2}$ para que se tenha a máxima potência de saída.

6.16.18. O amplificador da Figura 6.30.a utiliza o transistor cujas curvas de saída constam da Figura 6.71. São dados: $R_C = 1200\Omega$ $R_E = 600\Omega$, $V_{CE} = 40\text{V}$ e $V_{CC} = 100\text{V}$. Admitindo-se que a corrente de base seja uma senoide com 0,4mA de amplitude, traçar v_{CE} em função do tempo para: a) R_C = 1200Ω e b) R_L infinito.

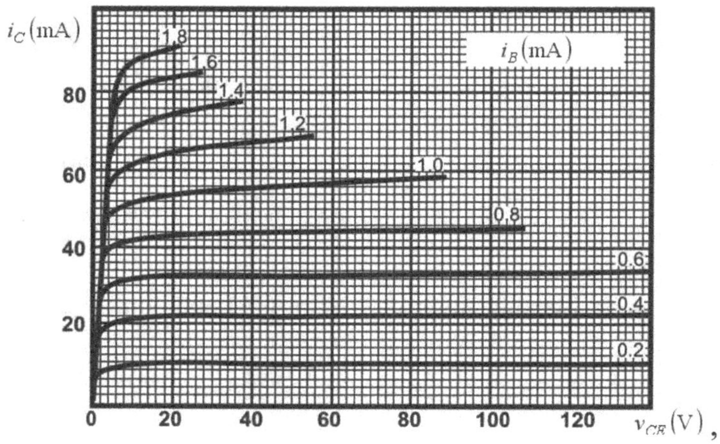

Figura 6.71 – Curvas características de saída do transistor do Problema 6.18.

6.16.19. A tensão de saída v_{CE} do circuito da Figura 6.72.a tem a forma representada na Figura 6.72.b. Sabendo-se que v_e é uma onda dente de serra, R_C =1000Ω e V_{CC} =12V, determinar as coordenadas V_{CE} e I_C do ponto de operação.

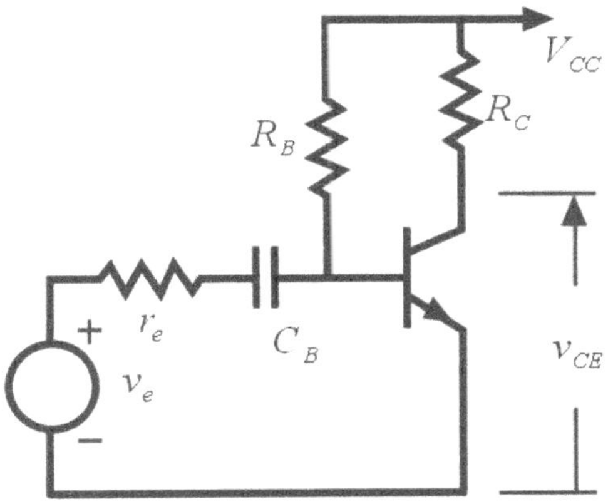

a) Circuito

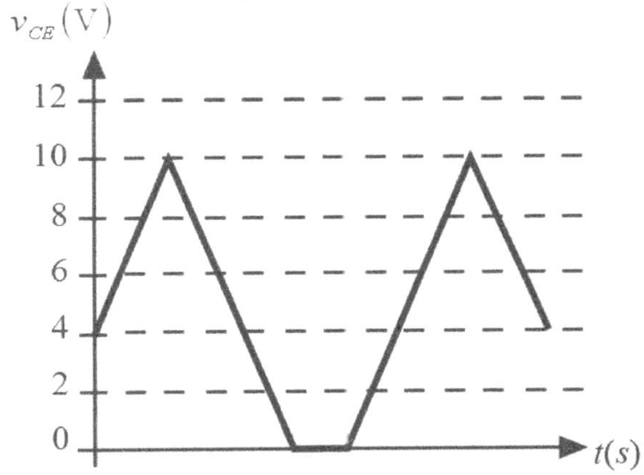

b) Tensão v_{CE}

Figura 6.72 – Circuito e tensão de saída do Problema 6.19.

6.16.20. Sabendo-se que no circuito do problema anterior é mantida a mesma amplitude do sinal de entrada, e que V_{BE} = 0,7V e β = 60, determinar um novo valor para R_B tal que a tensão de saída não sofra nenhuma distorção.

CAPÍTULO 7

O TRANSISTOR COMO QUADRIPOLO

7.1 O QUADRIPOLO

Denomina-se quadripolo qualquer circuito com dois terminais de entrada e dois de saída, conforme representado no esquema da Figura 7.1, no qual estão indicados os sentidos convencionados para as tensões e correntes na entrada e saída.

Figura 7.1 – Quadripolo.

Essas quatro variáveis relacionam-se entre si por um sistema de duas equações, cujos parâmetros irão depender das variáveis consideradas independentes.

Às seis possíveis escolhas correspondem os conjuntos de parâmetros do quadripolo, apresentados na Tabela 7.1, em função das variáveis independentes e com as designações normalmente adotadas.

Tabela 7.1 - Parâmetros do quadripolo

Designação dos Parâmetros	Variáveis Independentes
Parâmetros "*z*"	i_I , i_O
Parâmetros "*y*"	v_I , v_O
Parâmetros "*h*"	i_I , v_O
Parâmetros "*g*"	v_I , i_O
Parâmetros "*ABCD*"	v_O , i_O
Parâmetros "*A'B'C'D*"	v_I , i_I

Cabe salientar que nem sempre existe uma total liberdade para definição das variáveis independentes. Como exemplo, em um quadripolo formado por um transformador ideal, nem ambas as correntes nem ambas as tensões podem ser escolhidas como variáveis independentes, porque estão ligadas pela relação de espiras entre o primário e o secundário. Somente uma das tensões e uma das correntes podem ser escolhidas, ficando as outras como variáveis dependentes.

Nas seções 7.2, 7.3 e 7.4, serão estudados os três primeiros desses conjuntos, normalmente os mais empregados. Em seguida, a partir dos circuitos equivalentes para pequenos sinais apresentados no Capítulo V, o transistor será enquadrado como quadripolo, fazendo-se comum um dos seus três terminais à entrada e saída. Serão, então, determinados os parâmetros híbridos do transistor em função dos parâmetros já definidos.

Uma vez que as equações serão deduzidas para pequenas variações no entorno do ponto de polarização, serão obtidos, como resultado, os parâmetros e circuitos equivalentes para pequenos sinais, à semelhança do que foi feito no Capítulo V.

Observa-se que será mantida a nomenclatura até agora utilizada, ou seja, v_I, v_O, i_I e i_O representam as tensões e correntes totais, enquanto v_i, v_o, i_i e i_o, as variações de tensão e corrente na entrada e saída do quadripolo. Essas variáveis serão chamadas, simplesmente, de *tensões* e *correntes*, uma vez que os valores de polarização não serão considerados. Quanto aos parâmetros, serão representados por letras minúsculas, com índices, que serão as letras *i*, *o*, *f* e *r*, também minúsculas, iniciais das palavras inglesas *in*, *out*, *forward* e *reverse*.

7.2 PARÂMETROS z

Os *parâmetros z*, também chamados de *parâmetros impedância*, utilizam as correntes de entrada e de saída como variáveis independentes. As tensões são expressas como funções dessas variáveis através do sistema de equações:

$$v_I = f_I\,(i_I\,,\, i_O)$$
$$v_O = f_O\,(i_I\,,\, i_O)$$

Admitindo-se que nem sempre essas equações são lineares, o processo de linearização adotado é o desenvolvimento em série de Taylor no entorno de um ponto, desprezando-se os termos de ordem superior à primeira.

Considerando-se esse ponto definido por $i_I = I_I$ e $i_O = I_O$, para os desvios $\Delta\, i_I$ e $\Delta\, i_O$ das variáveis independentes, obtém-se:

$$\Delta v_I = \left.\frac{\partial v_I}{\partial i_I}\right|_{I_O} \Delta\, i_I + \left.\frac{\partial v_I}{\partial i_O}\right|_{I_I} \Delta\, i_O$$

$$\Delta v_O = \left.\frac{\partial v_O}{\partial i_I}\right|_{I_O} \Delta\, i_I + \left.\frac{\partial v_O}{\partial i_O}\right|_{I_I} \Delta\, i_O$$

Fazendo-se:

$$\left.\frac{\partial v_I}{\partial i_I}\right|_{I_O} = z_i,\ \left.\frac{\partial v_I}{\partial i_O}\right|_{I_I} = z_r,\ \left.\frac{\partial v_O}{\partial i_I}\right|_{I_O} = z_f,\ \left.\frac{\partial v_O}{\partial i_O}\right|_{I_I} = z_o$$

E considerando-se Δv_I, Δv_O, Δi_I e Δi_O como pequenos sinais, representados, respectivamente, por v_i, v_o, i_i e i_o, resulta o sistema:

$$v_i = z_i i_i + z_r i_o$$

$$v_o = z_f i_i - z_o i_o \qquad (7.1)$$

Ou, na forma matricial:

$$\begin{pmatrix} v_i \\ v_o \end{pmatrix} = \begin{pmatrix} z_i & z_r \\ z_f & z_o \end{pmatrix} \begin{pmatrix} i_i \\ i_o \end{pmatrix} \qquad (7.2)$$

As equações desse sistema definem os *parâmetros impedância* do quadripolo e fornecem as tensões de entrada e saída em função das correntes.

A matriz dois por dois que aparece na equação matricial é denominada *matriz impedância* ou, simplesmente, *matriz z*.

Admitindo-se, nas equações (7.1), a corrente de saída nula, ou seja: $i_o = 0$, obtém-se:

$$z_i = \left.\frac{v_i}{i_i}\right|_{i_0 = 0} \qquad (7.3)$$

$$z_f = \left.\frac{v_o}{i_i}\right|_{i_0 = 0} \qquad (7.4)$$

A relação (7.3) define o parâmetro z_i, denominado *impedância de entrada*, o qual relaciona a tensão e a corrente de entrada do quadripolo quando a corrente de saída é nula. A expressão (7.4) define o parâmetro z_f, denominado *impedância de transferência direta*, o qual relaciona a tensão de saída com a corrente de entrada quando a corrente de saída é nula.

Com a corrente de entrada nula, ou seja: $i_i = 0$, tem-se as relações

$$z_r = \left.\frac{v_i}{i_o}\right|_{i_i = 0} \qquad (7.5)$$

$$z_o = \left.\frac{v_o}{i_o}\right|_{i_i = 0} \qquad (7.6)$$

A relação (7.5) define o parâmetro z_r, conhecido como *impedância de transferência reversa*, que relaciona a tensão de entrada com a corrente de saída quando a corrente de entrada é nula.

A relação (7.6) define o parâmetro z_o, denominado *impedância de saída*, o qual relaciona a tensão e corrente na saída, quando a corrente de entrada é nula.

As equações (7.1) correspondem ao circuito equivalente da Figura 7.2, no qual $z_f i_i$ e $z_r i_o$ são fontes de tensão controladas pelas correntes de entrada e de saída, respectivamente.

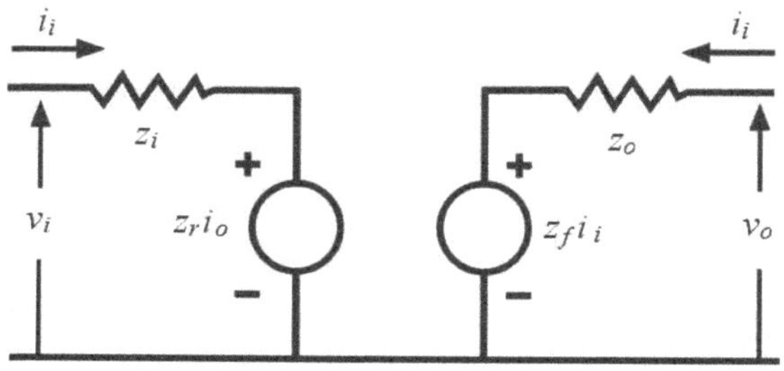

Figura 7.2 - Circuito equivalente a parâmetros z do quadripolo.

Observa-se que z_f fornece a ação da entrada sobre a saída, conhecida como *transmissão direta*, enquanto z_r fornece a ação da saída sobre a entrada, chamada de *transmissão reversa*.

Exemplo 7.1 Determinar os parâmetros impedância e o circuito equivalente do quadripolo da Figura 7.3.

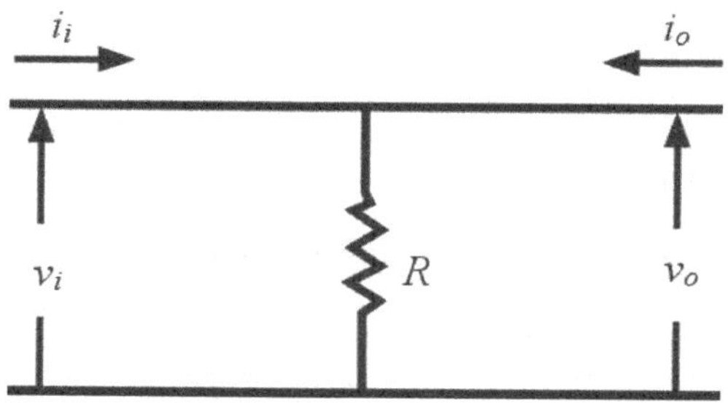

Figura 7.3 - Quadripolo do exemplo 7.1.

Solução: Com $i_o = 0$, o que corresponde à saída em aberto, tem-se:

$$z_i = \left.\frac{v_i}{i_i}\right|_{i_0 = 0} = \frac{R\, i_i}{i_i} = R$$

$$z_f = \left.\frac{v_o}{i_i}\right|_{i_0 = 0} = \frac{R\, i_i}{i_i} = R$$

Com $i_i = 0$, o que corresponde à entrada em aberto, resulta:

$$z_r = \left.\frac{v_i}{i_o}\right|_{i_i = 0} = \frac{R\,i_o}{i_o} = R$$

$$z_o = \left.\frac{v_o}{i_o}\right|_{i_0 = 0} = \frac{R\,i_o}{i_o} = R$$

Com esses resultados:

$$v_i = Ri_i + Ri_o$$

$$v_o = Ri_i + Ri_o$$

Equações que fornecem o circuito equivalente a parâmetros z da Figura 7.4.

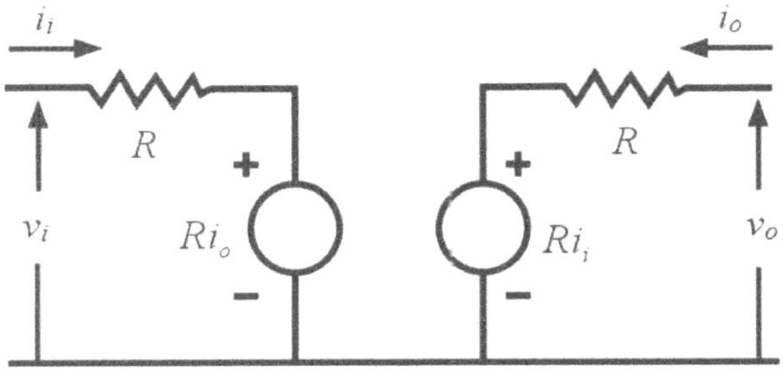

Figura 7.4 - Circuito equivalente a parâmetros z do quadripolo da Figura 7.3.

7.3 PARÂMETROS y

Os *parâmetros y*, também chamados *parâmetros admitância*, utilizam as tensões de entrada e saída como variáveis independentes. As correntes são expressas como funções dessas variáveis, através do sistema de equações:

$$i_I = f_I\,(v_I\,,\,v_O)$$

$$i_O = f_O\,(v_I\,,\,i_O)$$

Para pequenos sinais, de forma análoga ao que foi feito na seção anterior, chega-se às expressões:

$$i_i = y_i v_i + y_r v_o \tag{7.7}$$

$$i_o = y_f v_i + y_o v_o$$

Ou, na forma matricial:

$$\begin{pmatrix} i_i \\ i_o \end{pmatrix} = \begin{pmatrix} y_i & y_r \\ y_f & y_o \end{pmatrix} \begin{pmatrix} v_i \\ v_o \end{pmatrix} \tag{7.8}$$

Considerando-se a tensão de saída nula, ou seja: $v_o = 0$, decorrem das equações (7.7):

$$y_i = \left.\frac{i_i}{v_i}\right|_{v_0 = 0} \tag{7.9}$$

$$y_f = \left.\frac{i_o}{v_i}\right|_{v_0 = 0} \tag{7.10}$$

As relações (7.9) e (7.10) definem, respectivamente, a *admitância de entrada* y_i e a *admitância de transferência direta* y_f.

E, com a entrada em curto, ou seja: $v_i = 0$:

$$y_r = \left.\frac{i_i}{v_o}\right|_{v_i = 0} \tag{7.11}$$

$$y_o = \left.\frac{i_o}{v_o}\right|_{v_i = 0} \tag{7.12}$$

As equações (7.11) e (7.12) definem, respectivamente, a *admitância de transferência reversa* y_r e a *admitância de saída* y_o.

As equações (7.7) podem ser expressas pelo circuito equivalente da Figura 7.5, no qual $y_r v_o$ e $y_f v_i$ são fontes de correntes controladas, respectivamente, pelas tensões de saída e de entrada.

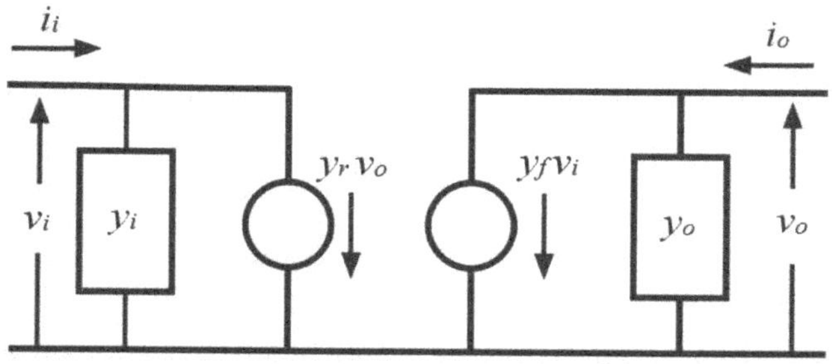

Figura 7.5 - Circuito equivalente a parâmetros *y* do quadripolo.

Exemplo 7.2 Determinar os parâmetros admitância do quadripolo da Figura 7.6.

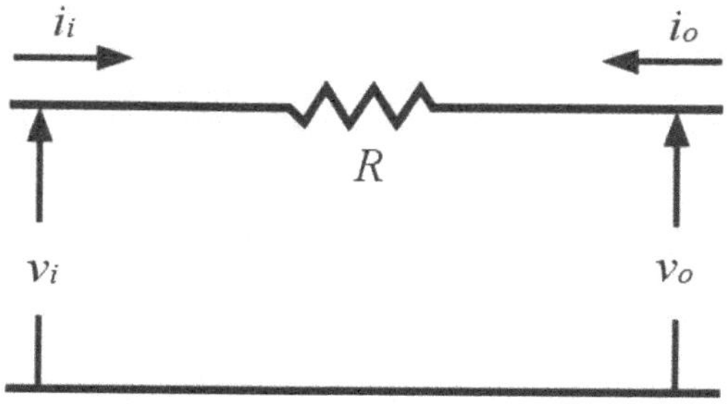

Figura 7.6.-.Quadripolo do Exemplo 7.2.

Solução: Com a saída em curto:

$$y_i = \frac{i_i}{v_i}\bigg|_{v_0=0} = \frac{i_i}{R\,i_i} = \frac{1}{R}$$

$$y_i = \frac{i_i}{v_i}\bigg|_{v_0=0} = \frac{i_i}{R\,i_i} = \frac{1}{R}$$

$$y_f = \frac{i_0}{v_i}\bigg|_{v_0} = 0 = -\,\frac{i_0}{R i_0} = -\,\frac{1}{R}$$

Com a entrada em curto:

$$y_r = \frac{i_i}{v_o}\bigg|_{v_i=0} = -\,\frac{i_o}{R\,i_o} = -\,\frac{1}{R}$$

$$y_o = \frac{i_o}{v_o}\bigg|_{v_i=0} = \frac{i_o}{R\,i_o} = \frac{1}{R}$$

Com esses resultados, constrói-se o circuito da Figura 7.7, que é equivalente ao quadripolo dado.

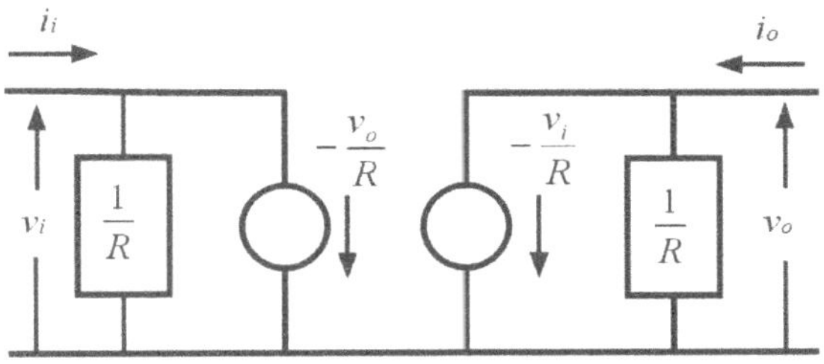

Figura 7.7 - Circuito equivalente a parâmetros y do quadripolo do Figura 7.6.

Colocando-se, nesse circuito, a saída em curto ($v_o = 0$), observa-se que a fonte de corrente da malha de entrada terá valor nulo, equivalendo a um circuito aberto Com isso: $v_i = R_L i_i$. Inversamente, com a entrada em curto, é a fonte de corrente da malha de saída que terá valor nulo, equivalendo a um circuito aberto, e com isso: $v_o = R_L i_o$.

7.4 PARÂMETROS *h*

Para os *parâmetros h*, também chamados de *parâmetros híbridos*, são definidas como variáveis independentes a corrente de entrada i_i e a tensão v_o. A tensão de entrada v_i e a corrente de saída i_o são expressas como funções dessas variáveis.

De forma análoga, chega-se ao sistema:

$$v_i = h_i\, i_i + h_r v_o$$

$$i_o = h_f i_i + h_o v_o \qquad (7.13)$$

Ou, na forma matricial:

$$\begin{pmatrix} v_i \\ i_o \end{pmatrix} = \begin{pmatrix} h_i & h_r \\ h_f & h_o \end{pmatrix} \begin{pmatrix} i_i \\ v_o \end{pmatrix} \tag{7.14}$$

Com a saída em curto, tem-se as relações:

$$h_i = \left.\frac{v_i}{i_i}\right|_{v_0 = 0} \tag{7.15}$$

$$h_f = \left.\frac{i_o}{i_i}\right|_{v_0 = 0} \tag{7.16}$$

Essas equações definem a *impedância de entrada* h_i e a *razão de transferência direta de corrente* h_f, também chamada de *ganho em corrente*, parâmetro este que relaciona as correntes de entrada e de saída do quadripolo quando a tensão de saída é nula.

Com a entrada em aberto, resulta:

$$h_r = \left.\frac{v_i}{v_o}\right|_{i_i = 0} \tag{7.17}$$

$$h_o = \left.\frac{i_o}{v_o}\right|_{i_i = 0} \tag{7.18}$$

Essas equações definem a *razão de transferência de tensão inversa* h_r e a *admitância de saída* h_o.

As equações (7.13) correspondem ao circuito equivalente da Figura 7.8, no qual $h_r v_o$ é uma fonte de tensão controlada pela tensão de saída e $h_f i_i$, uma fonte de corrente controlada pela corrente de entrada.

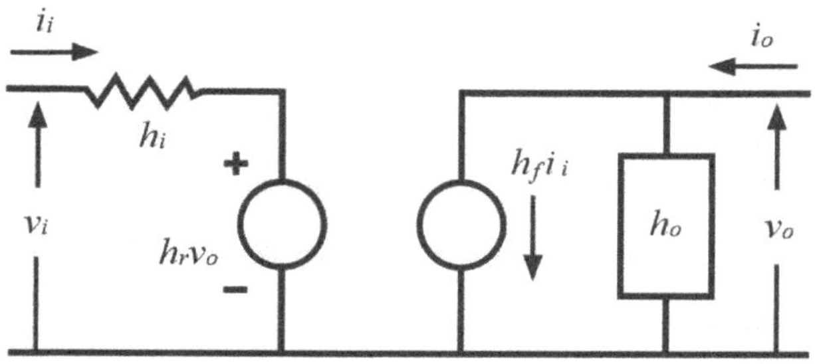

Figura 7.8 - Circuito equivalente a parâmetros híbridos do quadripolo.

Observa-se que h_f e h_r são parâmetros adimensionais, uma vez que relacionam, respectivamente, as correntes e tensões do quadripolo. Por outro lado, h_i é uma impedância e h_o, uma admitância.

7.5 MUDANÇA DE PARÂMETROS

É possível a mudança de parâmetros, isto é, um circuito representado por certo sistema de parâmetros ser representado por outro. Essa passagem pode ser feita por meio de manipulação algébrica ou a partir das equações de definição, conforme mostrado no exemplo seguinte.

Exemplo 7.3 São dados os parâmetros z de um dado circuito, ou seja, é conhecida a matriz:

$$Z = \begin{pmatrix} z_i & z_r \\ z_f & z_o \end{pmatrix}$$

Deseja-se determinar os parâmetros admitância desse circuito.

Solução: Partindo-se do sistema a parâmetros z:

$$\begin{pmatrix} v_i \\ v_o \end{pmatrix} = \begin{pmatrix} z_i & z_r \\ z_f & z_o \end{pmatrix} \begin{pmatrix} i_i \\ i_o \end{pmatrix}$$

Obtém-se:

$$i_i = \frac{\begin{vmatrix} v_i & z_r \\ v_o & z_o \end{vmatrix}}{\begin{vmatrix} z_i & z_r \\ z_f & z_o \end{vmatrix}} = \frac{z_o v_i - z_r v_o}{z_i z_o - z_f z_r}$$

$$i_o = \frac{\begin{vmatrix} z_i & v_i \\ z_f & v_o \end{vmatrix}}{\begin{vmatrix} z_i & z_r \\ z_f & z_o \end{vmatrix}} = \frac{-z_f v_i + z_i v_o}{z_i z_o - z_f z_r}$$

Fazendo-se:

$$\Delta z = z_i z_o - z_f z_r$$

Decorre:

$$\begin{pmatrix} i_i \\ i_o \end{pmatrix} = \begin{pmatrix} \dfrac{z_o}{\Delta z} & -\dfrac{z_r}{\Delta z} \\ -\dfrac{z_f}{\Delta z} & \dfrac{z_i}{\Delta z} \end{pmatrix} \begin{pmatrix} v_i \\ v_o \end{pmatrix}$$

Comparando-se com a matriz dos parâmetros admitância:

$$y_i = \frac{z_o}{\Delta z}, \quad y_r = -\frac{z_r}{\Delta z}, \quad y_f = -\frac{z_f}{\Delta z}, \quad y_o = \frac{z_i}{\Delta z}$$

Com idêntico procedimento, seriam deduzidas as demais relações de transformação entre os parâmetros *z*, *y* e *h*. Essas relações são apresentadas na Tabela 7.2.

Tabela 7.2 - Relações entre os parâmetros impedância, admitância e híbridos

Impedância	Admitância	Híbridos
$z_i = \frac{y_o}{\Delta y} = \frac{\Delta h}{h_o}$	$y_i = \frac{z_o}{\Delta z} = \frac{1}{h_i}$	$h_i = \frac{\Delta z}{z_o} = \frac{1}{y_i}$
$z_f = -\frac{y_f}{Dy} = -\frac{h_f}{h_o}$	$y_f = -\frac{z_f}{Dz} = \frac{h_f}{h_i}$	$h_f = -\frac{z_f}{z_o} = \frac{y_f}{y_i}$
$z_r = -\frac{y_r}{\Delta y} = \frac{h_r}{h_o}$	$y_r = -\frac{z_r}{\Delta z} = -\frac{h_r}{h_i}$	$h_r = \frac{z_r}{z_o} = -\frac{y_r}{y_i}$
$z_o = \frac{y_i}{\Delta y} = \frac{1}{h_o}$	$y_o = \frac{z_i}{\Delta z} = \frac{\Delta h}{h_i}$	$h_o = \frac{1}{z_o} = \frac{\Delta y}{y_i}$
$\Delta z = z_i z_o - z_f z_r$	$\Delta y = y_i y_o - y_f y_r$	$\Delta h = h_i h_o - h_f h_r$
$\Delta z = \frac{1}{\Delta y} = \frac{h_i}{h_o}$	$\Delta y = \frac{1}{\Delta z} = \frac{h_o}{h_i}$	$\Delta h = \frac{z_i}{z_o} = \frac{y_o}{y_i}$

Observa-se que nem sempre um quadripolo pode ser representado em todos os tipos de parâmetros. Com exemplo, no quadripolo da Figura 7.3, a matriz dos parâmetros *Z* é dada por:

$$Z = \begin{pmatrix} R & R \\ R & R \end{pmatrix}$$

Sendo o determinante dessa matriz nulo, isto é: $\Delta z = z_i z_o - z_f z_r = 0$, esse quadripolo não pode ser representado pelos parâmetros admitância. A mesma conclusão seria obtida notando-se que nesse quadripolo $v_i = v_o$, o que impede que ambas essas variáveis sejam tomadas como independentes.

7.6 PARÂMETROS HÍBRIDOS DO TRANSISTOR

Para o transistor, os parâmetros mais utilizados são os híbridos, principalmente em baixas frequências. São esses, também, os parâmetros normalmente encontrados nos manuais, a partir dos quais podem ser determinados os parâmetros impedância e admitância, conforme mostrado na seção anterior.

Uma vez que o transistor pode ser usado em três montagens diferentes, para cada uma delas haverá um conjunto de parâmetros, os quais são diferenciados por dois índices: o primeiro indicando o parâmetro, e o segundo, o tipo de montagem. Nas deduções que se seguem serão utilizados os circuitos equivalentes a parâmetros híbridos para as montagens emissor-comum e base-comum introduzidos no Capítulo V.

Montagem emissor-comum

A Figura 7.9.a contém um transistor na montagem emissor-comum, com os mesmos sentidos das tensões e correntes convencionados para o quadripolo. Na Figura 7.9.b esse transistor foi substituído pelo circuito equivalente em baixas frequências para essa montagem, apresentado na Figura 5.35.

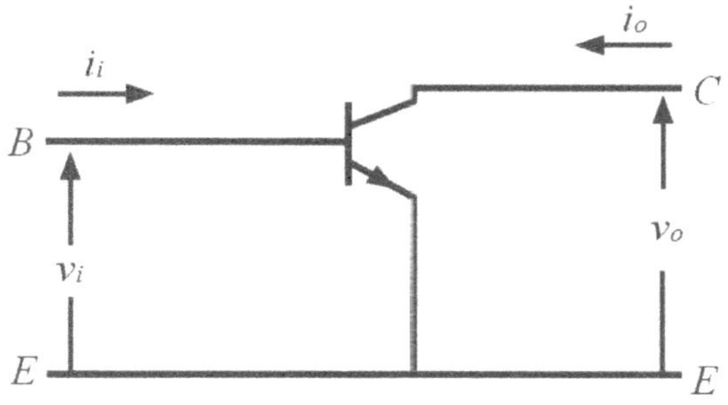

a) Montagem emissor-comum

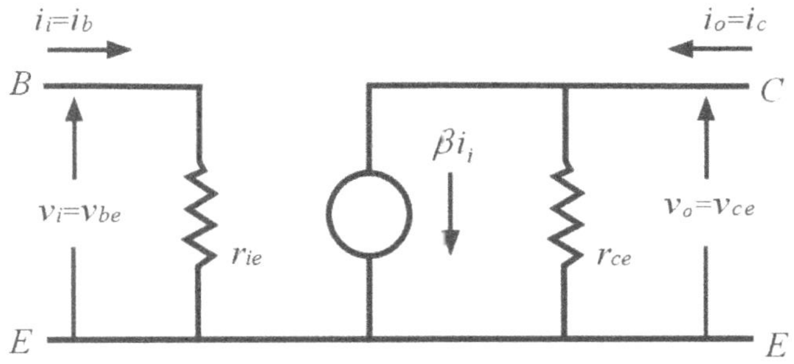

b) Circuito equivalente

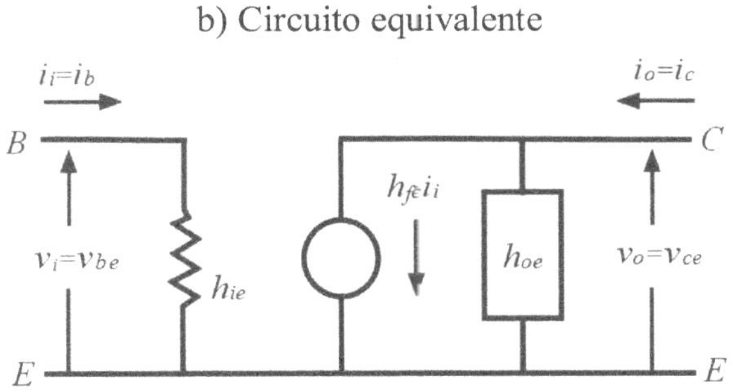

c) Circuito a parâmetros híbridos

Figura 7.9 - Transistor como quadripolo: montagem emissor-comum.

Do circuito da Figura 7.9.b, decorrem as equações:

$$v_i = r_{ie} i_i$$

$$i_o = \beta i_i + \frac{1}{r_{ce}} v_o$$

Comparando-se com as equações (7.13), que definem os parâmetros híbridos, obtém-se:

$$h_{ie} = r_{ie}, \qquad h_{fe} = \beta, \qquad h_{re} = 0, \qquad h_{oe} = \frac{1}{r_{ce}} \tag{7.19}$$

O termo $h_{re} = 0$ significa que não existe transmissão reversa, ou seja, a saída não atua sobre a entrada. Tal não ocorre em frequências mais altas, quando se tem h_{re} diferente de zero.

O circuito equivalente a parâmetros híbridos para essa montagem está representado na Figura 7.9.c.

Montagem base-comum

Na Figura 7.10.a está representado um transistor na montagem base-comum. Na Figura 710.b, o transistor foi substituído pelo circuito equivalente para base-comum, apresentado na Figura 5.21.

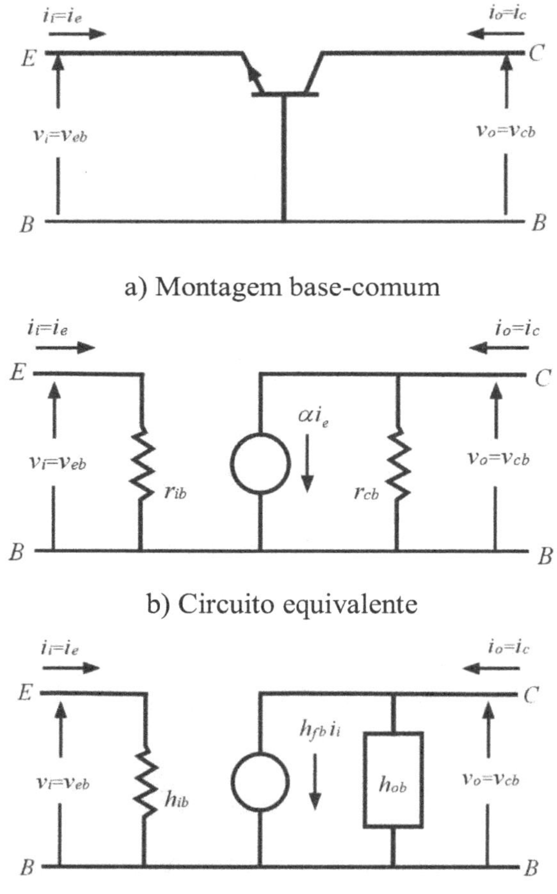

c) Circuito a parâmetros híbridos

Figura 7.10 - Transistor como quadripolo: montagem base-comum.

Do circuito da Figura 7.10.b, decorrem as equações:

$$v_i = r_{ib} i_i, \qquad i_o = a\, i_e + \frac{1}{r_{cb}} v_o$$

Comparando-se com as equações (7.13):

$$h_{ib} = r_{ib}, \qquad h_{fb} = \alpha, \qquad h_{rb} = 0, \qquad h_{ob} = \frac{1}{r_{cb}} \tag{7.20}$$

Nota-se que, para baixas frequências onde o circuito apresentado é válido, a transmissão reversa é nula.

Geralmente os parâmetros para base-comum são obtidos a partir dos parâmetros híbridos para emissor-comum, normalmente fornecidos pelos fabricantes. Assim, das relações apresentadas na Tabela 5.2, deduz-se:

$$h_{ib} = \frac{h_{ie}}{h_{fe}+1}, \qquad h_{fb} = -\frac{h_{fe}}{h_{fe}+1}, \qquad h_{rb} = 0, \qquad h_{ob} = \frac{h_{oe}}{h_{fe}+1} \tag{7.21}$$

Na Figura 7.10.c está representado o circuito a parâmetros híbridos dessa montagem.

Montagem coletor-comum

Na Figura 7.11.a está representado o quadripolo formado por um transistor na montagem coletor-comum. Na Figura 7.11.b, o transistor foi substituído pelo circuito equivalente a parâmetros híbridos para emissor-comum, normalmente utilizados no estudo dessa montagem.

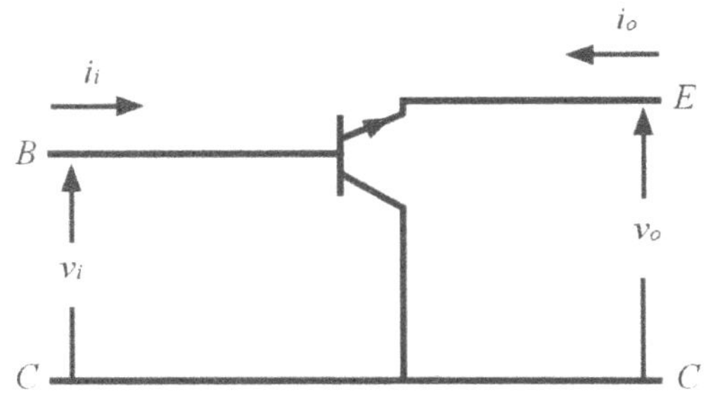

a) Montagem coletor-comum

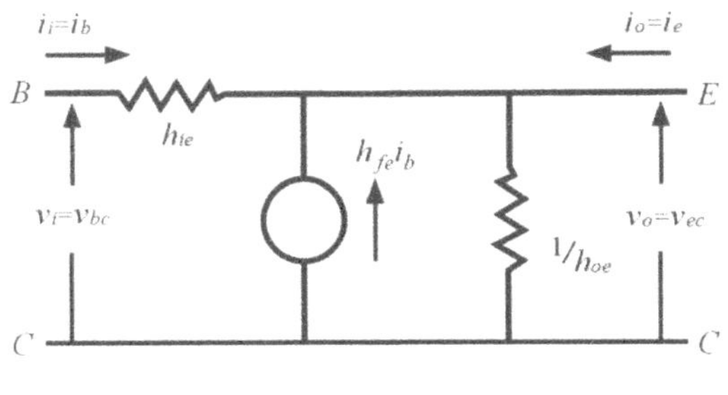

b) Circuito equivalente

Figura 7.11 - Transistor na montagem coletor-comum.

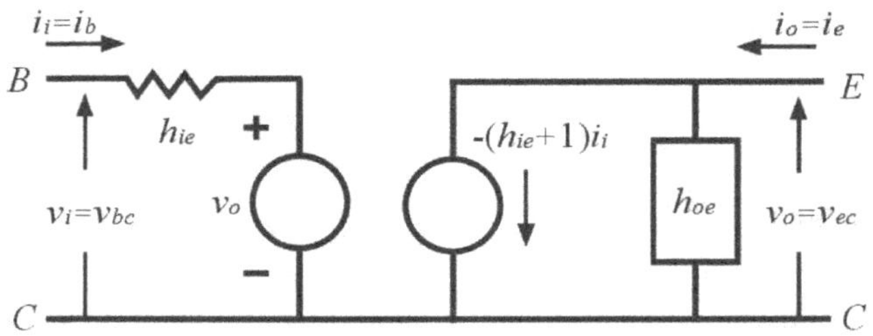

c) Circuito a parâmetros híbridos

Figura 7.12 – Circuito a parâmetros híbridos do transistor na montagem coletor-comum.

Colocando-se a saída do circuito da Figura 711.b em curto, ou seja: $v_o = 0$, a fonte $h_{fe}i_b$ ficará curto-circuitada, resultando as equações:

$$v_i = h_{ie} i_i \, , \; i_o = -(h_{fe}+1) i_i .$$

Das quais decorrem:

$$h_{ic} = \left.\frac{v_i}{i_i}\right|_{v_0 = 0} = \frac{h_{ie} i_b}{i_b} = h_{ie}$$

$$h_{fc} = \left.\frac{i_0}{i_i}\right|_{v_0 = 0} = - \frac{(h_{fe}+1)}{i_b} = - (h_{fe}+1)$$

E, com a entrada em aberto, isto é: $i_i = i_b = 0$, deduz-se:

$$h_{rc} = \left.\frac{v_i}{v_o}\right|_{i_o = 0} = \frac{v_i}{v_i} = 1$$

$$h_{oc} = \left.\frac{i_o}{v_o}\right|_{i_o = 0} = h_{oe}$$

Observa-se que o parâmetro h_c é diferente de zero, o que significa a existência da *transmissão reversa*, ou seja: a tensão de saída v_o atua na malha de entrada.

A Figura 7.12 apresenta o circuito equivalente para essa montagem, utilizando os parâmetros híbridos para emissor-comum.

Resumo

A Tabela 7.3 contém os parâmetros híbridos para as três montagens em função dos parâmetros introduzidos no Capítulo V e dos parâmetros híbridos para emissor-comum, que são os parâmetros geralmente fornecidos pelos fabricantes.

Tabela 7.3 - Parâmetros híbridos do transistor

Montagem emissor-comum			
h_{ie}		r_{ie}	$r_{ib}(1+\beta)$
h_{fe}		β	$-\alpha/(1+\alpha)$
h_{re}		0	0
h_{oe}		$1/r_{ce}$	$(1+\beta)/r_{cb}$
Montagem base-comum			
h_{ib}	$h_{ie}/(1+h_{fe})$	$r_{ie}/(1+\beta)$	r_{ib}
h_{fb}	$-h_{fe}/(1+h_{fe})$	$-\beta/(1+\beta)$	α
h_{rb}	0	0	0
h_{ob}	$h_{oe}/(1+h_{fe})$	$1/r_{ce}(1+\beta)$	$1/r_{cb}$
Montagem coletor-comum			
h_{ic}	h_{ie}	r_{ie}	$r_{ib}(1+\beta)$
h_{fc}	$-(1+h_{fe})$	$-(1+\beta)$	$-1/(1+\alpha)$
h_{rc}	1	1	1
h_{oc}	h_{oe}	$1/r_{ce}$	$(1+\beta)/r_{cb}$

7.7 CONEXÃO DARLINGTON

O circuito da Figura 7.13, formado por dois transistores do tipo *n-p-n* ligados com o coletor em comum, equivale a um transistor simples, conhecido como *Conexão Darlington*, cuja característica principal é apresentar, na montagem emissor-comum, impedância de entrada e ganho em corrente elevados.

Serão deduzidos, a seguir, os parâmetros híbridos para essa conexão na montagem emissor-comum, em função dos parâmetros híbridos dos dois transistores nessa mesma montagem.

Na Figura 7.14.a está representado o circuito equivalente a parâmetros híbridos dessa conexão, o qual está representado na Figura b com a saída em curto, e na Figura c, com a entrada em aberto, ou seja, com $i_i = 0$.

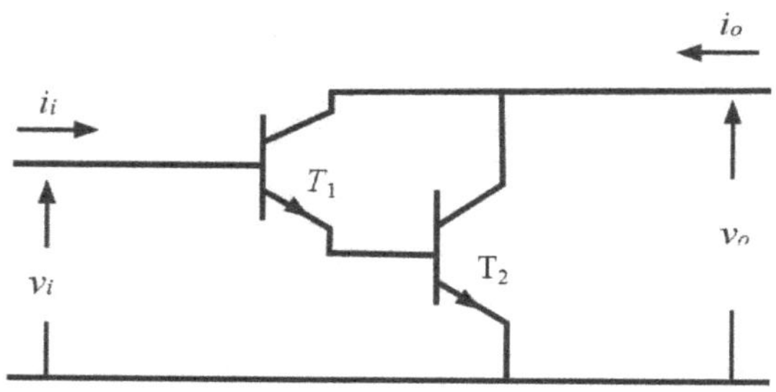

Figura 7.13 - Conexão Darlington na montagem emissor-comum.

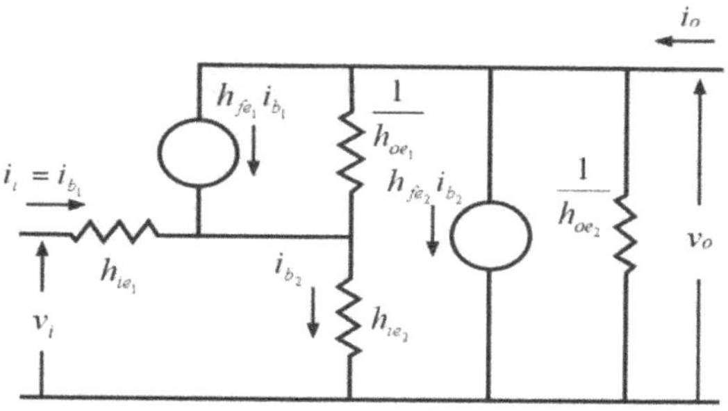

a) Circuito equivalente

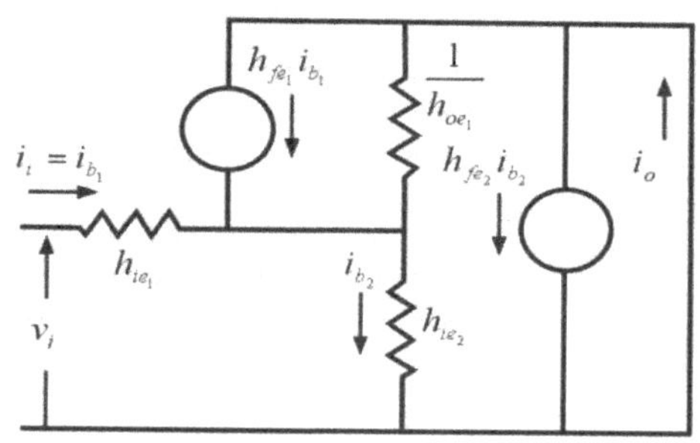

b) Circuito com a saída em curto

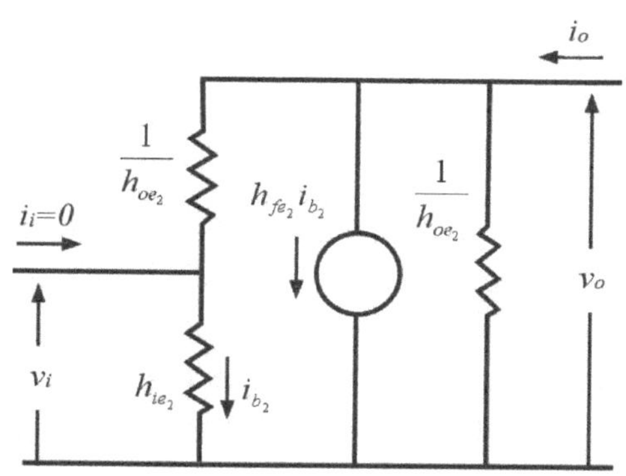

c) Circuito com a entrada em aberto

Figura 7.14 - Circuitos para determinação dos parâmetros da conexão Darlington.

Do circuito da Figura 7.14.b:

$$v_i = h_{ie_1} i_{b_1} + \left(h_{ie_2} \ // \ \frac{1}{h_{oe_1}} \right) (1 + h_{fe_1}) i_{b_1}$$

, sendo $h_{ie_2} \ll 1/h_{oe_1}$ e >> 1:

$$v_i = [\, h_{ie_1} + h_{ie_2} (1 + h_{fe_1})] \, i_{b_1} \cong h_{ie_2} h_{fe_1} i_{b_1}$$

Logo:

$$h_i = \left. \frac{v_i}{i_i} \right|_{v_0 = 0} = h_{ie_2} h_{fe_1}$$

Para a saída, lembrando-se que a corrente através de $1/h_{oe_1}$ é desprezível, tem-se:

$$i_o = h_{fe_1} i_{b_1} + h_{fe_2} i_{b_2}$$

E como $i_{b_2} \cong (1 + h_{fe_1}) i_{b_1}$:

$$i_o = (h_{fe_1} + h_{fe_2} + h_{fe_1} h_{fe_2}) i_{b_1}$$

Uma vez que $h_{fe_1} + h_{fe_2} \ll h_{fe_1} h_{fe_2}$, resulta:

$$h_f = \left. \frac{i_o}{i_i} \right|_{v_0 = 0} \cong h_{fe_1} h_{fe_2}$$

Do circuito da Figura 7.14.c, que corresponde à entrada em aberto, tem-se:

$$v_i = \frac{h_{ie_2} v_o}{h_{ie_2} + \dfrac{1}{h_{oe_1}}}$$

Visto que h_{ie_2} é desprezível em face de $1/h_{oe_2}$, tem-se:

$$h_r = \left. \frac{v_i}{v_o} \right|_{i_i = 0} = h_{ie_2} h_{oe_1} \cong 0$$

E para a corrente de saída:

$$i_o = (1 + h_{fe_2}) i_{b_2} + h_{oe_2} v_o$$

$$i_{b_2} \cong v_o h_{ce_2}$$

Dessas duas equações:

$$i_o = [\, (1 + h_{fe_2}) h_{oe_2} + h_{oe_2}] \ v_o$$

Finalmente:

O circuito obtido encontra-se na Figura 7.15.

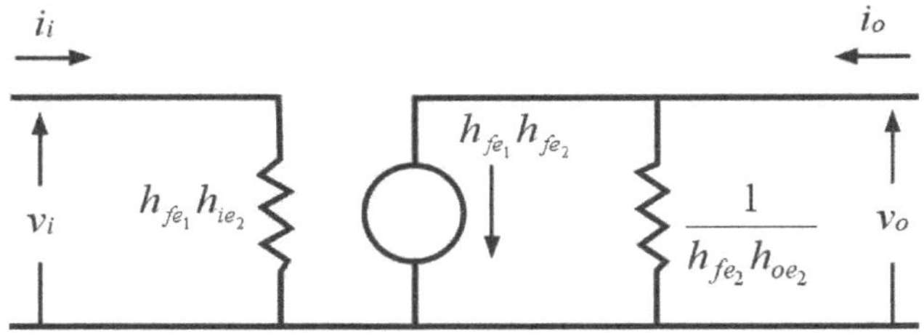

Figura 7.15 - Circuito equivalente da conexão Darlington em emissor-comum.

7.8 PROBLEMAS

7.8.1. Determinar os parâmetros y do quadripolo representado na Figura 7.16.

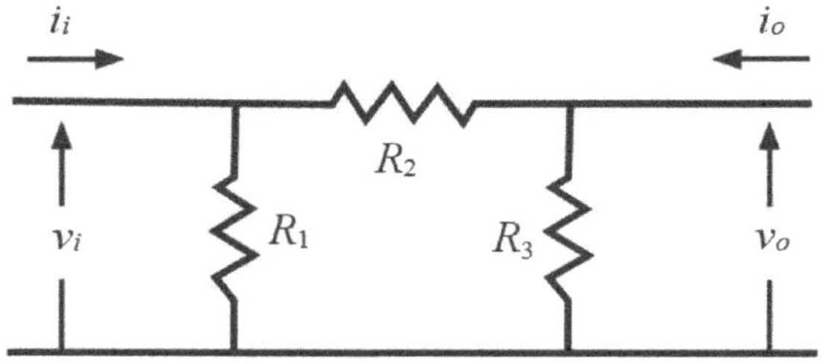

Figura 7.16 - Quadripolo referente ao Problema 7.1.

Solução: Colocando-se a saída em curto ($v_o = 0$), as resistências R_1 e R_2 ficam em paralelo, e i_o será a própria corrente de curto:

$$i_i = \frac{R_1 + R_2}{R_1 R_2} v_i, \qquad i_o = -\frac{v_i}{R_2}$$

Ou seja:

$$y_i = \frac{i_i}{v_i}\bigg| v_0 = 0 = \frac{R_1 + R_2}{R_1 R_2}, \qquad y_i = \frac{i_i}{v_i}\bigg| v_0 = 0 = -\frac{1}{R_2}$$

De forma análoga, tomando-se a entrada em curto:

$$i_o = \frac{R_2 + R_3}{R_2 R_3} v_o, \qquad i_i = -\frac{v_o}{R_2}$$

Resultando:

$$= y_r = \left.\frac{i_i}{v_o}\right|_{v_i=0} = -\frac{1}{R_2} \qquad y_o = \left.\frac{i_o}{v_o}\right|_{v_i=0} = \frac{R_2 + R_3}{R_2 R_3}$$

7.8.2. Determinar os parâmetros híbridos do quadripolo representado na Figura 7.17.

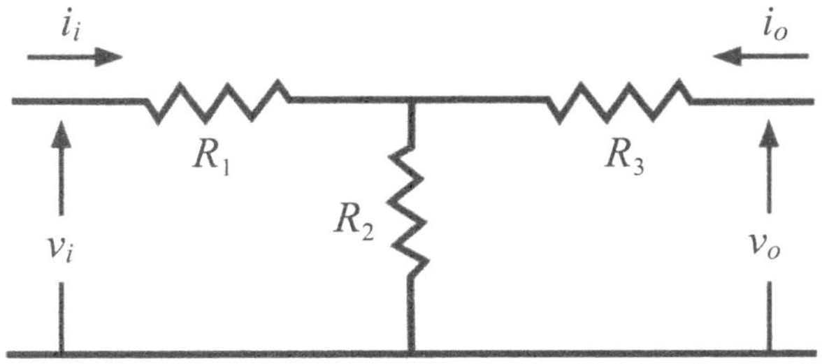

Figura 7.17 - Quadripolo referente ao Problema 7.2

Solução: Com a saída em curto R_2 e R_3 ficam em paralelo e i_o será a corrente através do curto, sendo válido:

$$v_i = \left(R_1 + \frac{R_2 R_3}{R_2 + R_3}\right) i_i \qquad (i_i + i_o)R_2 = -R_3 i_o$$

$$h_i = \left.\frac{v_i}{i_i}\right|_{v_o=0} = R_i + \frac{R_2 R_3}{R_2 + R_3} \qquad h_f = \left.\frac{i_o}{i_i}\right|_{v_o=0} = -\frac{R_2}{R_2 + R_3}$$

Para a entrada em aberto, ou seja, $i_i = 0$, tem-se:

$$i_o = \frac{v_o}{R_2 + R_3} \qquad v_i = R_2 i_o = \frac{R_2 v_o}{R_2 + R_3}$$

$$h_r = \left.\frac{v_i}{v_o}\right|_{v_i=0} = \frac{R_2}{R_2 + R_3} \qquad h_o = \left.\frac{i_o}{v_o}\right|_{v_i=0} = \frac{1}{R_2 + R_3}$$

7.8.3. No amplificador da Figura 7.18., os dois transistores são iguais. Determinar os parâmetros híbridos desse circuito. Sabendo-se que $h_{re} \cong 0$, .

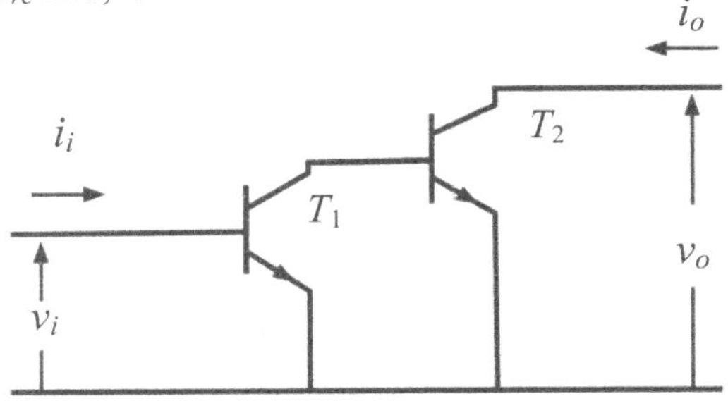

Figura 7.18- Amplificador do Problema 7.3

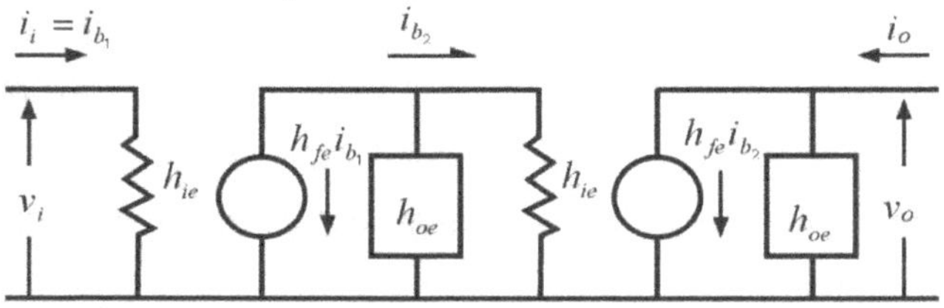

a) Circuito equivalente

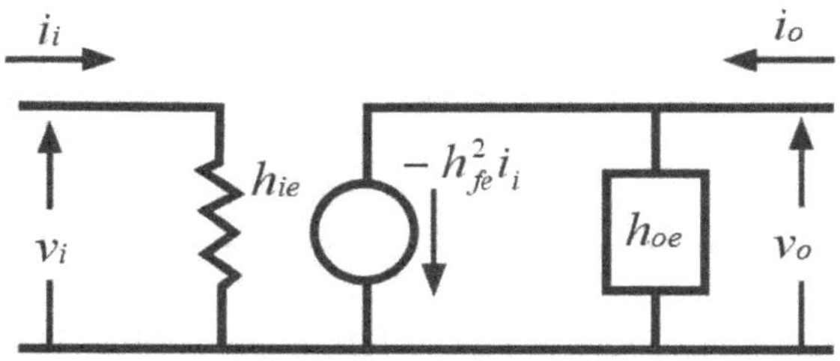

b) Circuito a parâmetros híbridos

Figura 7.19 - Circuitos referentes ao Problema 7.3.

Solução: O primeiro passo consiste na substituição dos transistores pelo circuito a parâmetros híbridos da Figura 7.8, resultando o circuito da Figura 7.19.a. Sabendo-se que $1/h_{oe} \gg h_{ie}$, tem-se:

$$i_{b_2} = -h_{fe}\, i_{b_1}$$

$$h_{fe}\, i_{b2} = -h_{fe}^2 i_{b1}$$

Com esse resultado, o circuito da Figura 7.19.a reduz-se ao da Figura 7.19.b, que é o próprio circuito a parâmetros híbridos do amplificador.

7.8.4. Determinar os parâmetros híbridos do amplificador da Figura 7.20.

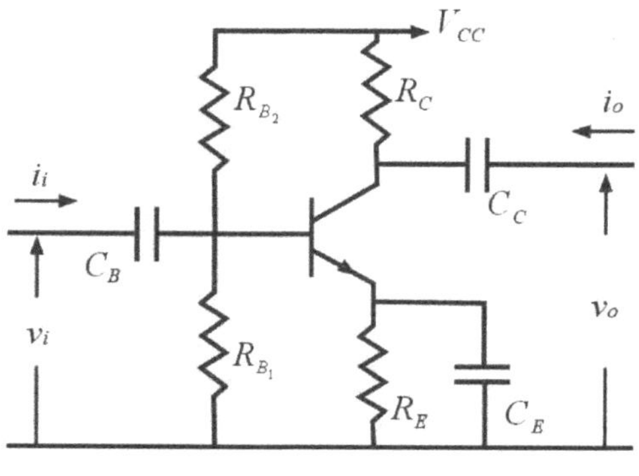

Figura 7.20 – Circuito do amplificador.

Solução: O primeiro passo consiste na obtenção do circuito para sinais alternados da Figura 7.21.a, o que é feito colocando-se os capacitores e a fonte V_{CC} em curto.

O segundo passo consiste na substituição do transistor pelo circuito a parâmetros híbridos da Figura 7.8.c, resultando o circuito da Figura 7.21.b.

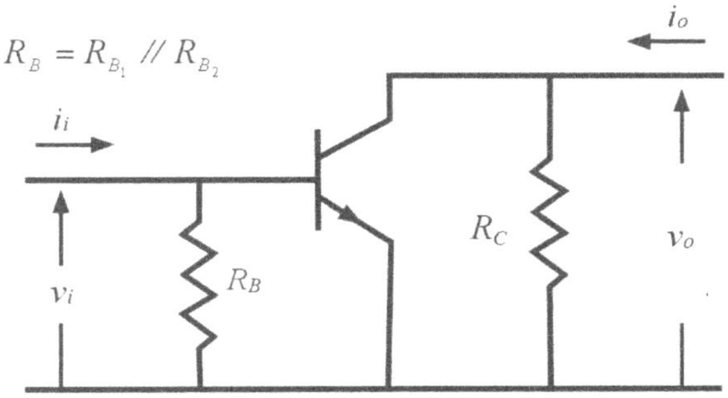

a) Circuito para sinais alternados

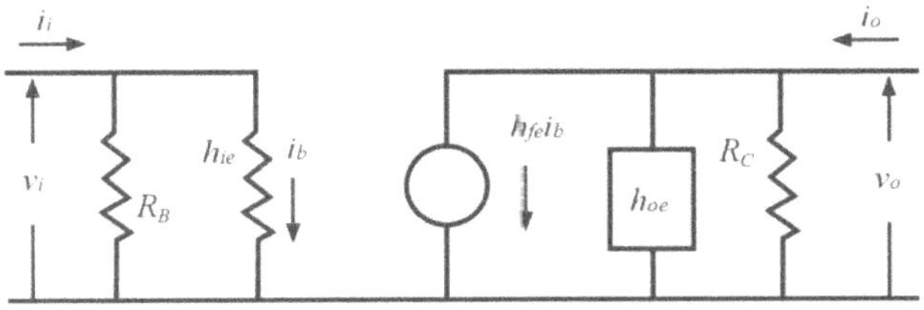

b) Circuito equivalente

Figura 7.21 - Circuitos referentes ao Problema 7.4.

Admitindo-se a saída em curto no circuito da Figura 7.21.b, deduz-se para a entrada:

$$v_i = (R_B \,//\, h_{ie})\, i_i$$

$$i_b = \frac{v_i}{h_{ie}} = \frac{R_B \,//\, h_{ie}}{h_{ie}} i_i$$

E para a saída, onde i_o é a corrente de curto:

$$i_o = h_{fe} i_b = \frac{h_{fe} R_B}{h_{ie} + R_B} i_i$$

Desses resultados:

$$h_i = \left.\frac{v_i}{i_i}\right|_{v_o = 0} = R_B \,//\, h_{ie}$$

$$h_f = \left.\frac{i_o}{i_i}\right|_{v_o = 0} = \frac{h_{fe} R_B}{h_{ie} + R_B}$$

Com a entrada em aberto, isto é, $i_i = 0$, tem-se: $v_i = 0$. Em decorrência, a fonte de corrente da malha de saída terá valor nulo, equivalendo a um circuito aberto, sendo válida a equação:

$$v_o = i_o \left(R_C // \frac{1}{h_{oe}} \right)$$

Seguindo-se:

$$h_r = \left. \frac{v_i}{v_o} \right|_{i_i = 0} = 0$$

$$h_o = \left. \frac{i_o}{v_o} \right|_{i_i = 0} = \frac{R_C h_{oe} + 1}{R_C}$$

Como normalmente $R_C \ll 1/h_{oe}$ e no projeto do circuito deve-se tomar $R_B \gg h_{ie}$ para que a maior parte da corrente de entrada não passe por R_B, reduzindo o ganho do circuito, essas expressões podem ser simplificados, resultando:

$$h_i = h_{ie}, \qquad h_r = 0, \qquad h_f = h_{fe}, \qquad h_o = \frac{1}{R_C}$$

7.8.5. Determinar os parâmetros híbridos do circuito para sinais alternados da Figura 7.22.

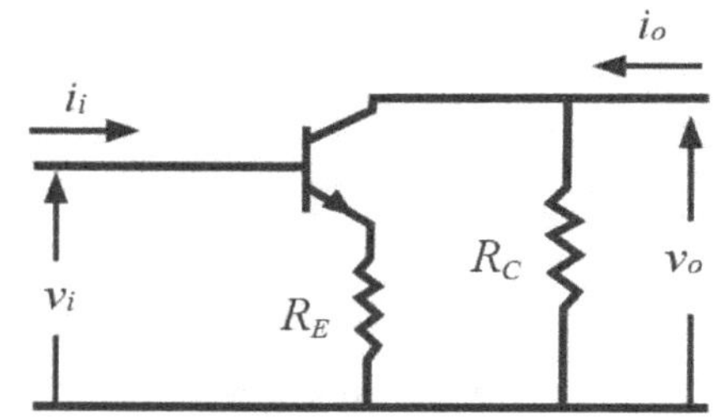

Figura 7. 22 - Circuito do Problema 7.5.

Solução: Substituindo-se o transistor pelo circuito equivalente da Figura 7.8, chega-se ao circuito equivalente da Figura 7.23.

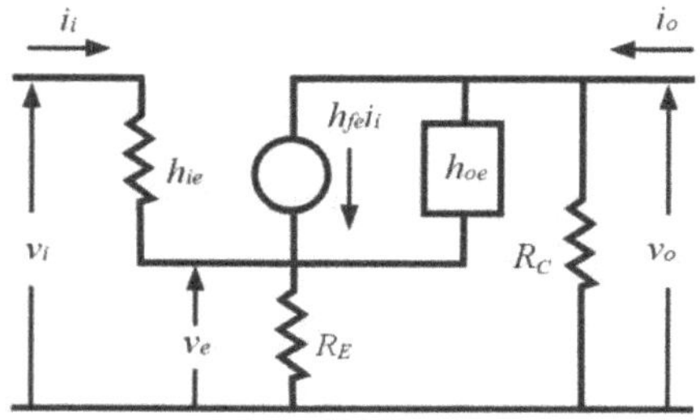

Figura a 7.23 - Circuito equivalente ao da Figura 7.21.

Tomando-se, nesse circuito, a entrada em aberto ($i_i = 0$), e lembrando-se, mais uma vez, que uma fonte de corrente nula equivale a um circuito aberto, obtém-se as expressões:

$$v_i = v_e = \frac{R_E v_o}{\frac{1}{h_{oe}} + R_E}, \qquad v_o = \left[R_C // \left(\frac{1}{h_{oe}} + R_E \right) \right] i_o$$

Devido ao elevado valor de $1/h_{oe}$, tem-se $1/h_{oe} \gg R_C$, R_E. Dessa forma, são válidas as simplificações:

$$v_i = h_{oe} R_E v_o \cong 0 \qquad v_o = \left[R_C // \frac{1}{h_{oe}} \right] i_o \cong R_C i_o$$

Das quais se tira:

$$h_r = \left. \frac{v_i}{v_o} \right|_{i_i = 0} \cong 0$$

A Figura 7.24 reproduz o mesmo circuito da figura anterior, excetuando-se a saída, colocada em curto.

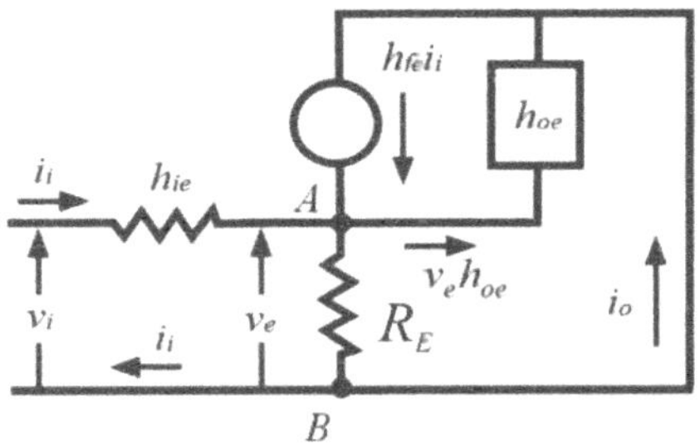

Figurara 7.24 - Circuito com a saída em curto.

A partir desse circuito:

$$v_i = h_{ie} i_i + \left(R_E // \frac{1}{h_{oe}} \right) (h_{fe} + 1) i_i \cong [h_{ie} + (h_{fe} + 1) R_E] i_i$$

$$h_i = \left. \frac{v_i}{i_i} \right|_{v_o = 0} = h_{ie} + (h_{fe} + 1) R_E$$

Para as correntes nos pontos A e B da figura:

$$i_i + h_{fe} i_i = \frac{v_e}{R_E} + \frac{v_e}{\frac{1}{h_{oe}}} \cong \frac{v_e}{R_E}, \qquad i_i + i_o = \frac{v_e}{R_E}$$

Manipulando essas equações:

$$i_o = h_{fe} i_i \qquad h_f = \left. \frac{i_o}{i_i} \right|_{v_0 = 0} = h_{fe}$$

Na Figura 7.25 está representado o circuito obtido.

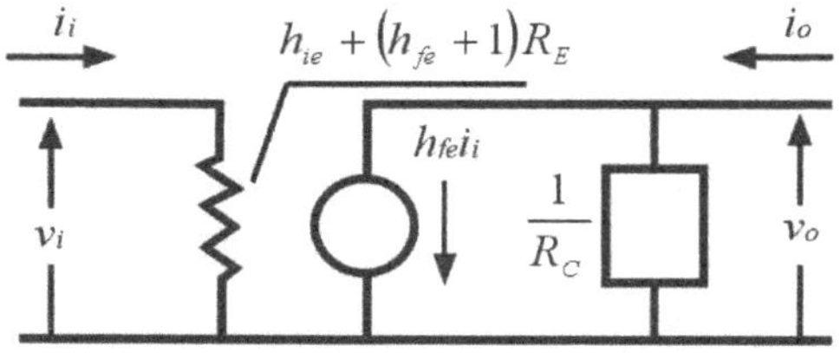

Figura 7.25 - Quadripolo a parâmetros híbridos do circuito da Figura 7.22.

7.8.6. Adotando-se o circuito a parâmetros híbridos da Figura 7.8, e sendo $h_{re} \cong 0$ e $R_E \ll 1/h_{oe}$, determinar os parâmetros híbridos do amplificador da Figura 7.26.

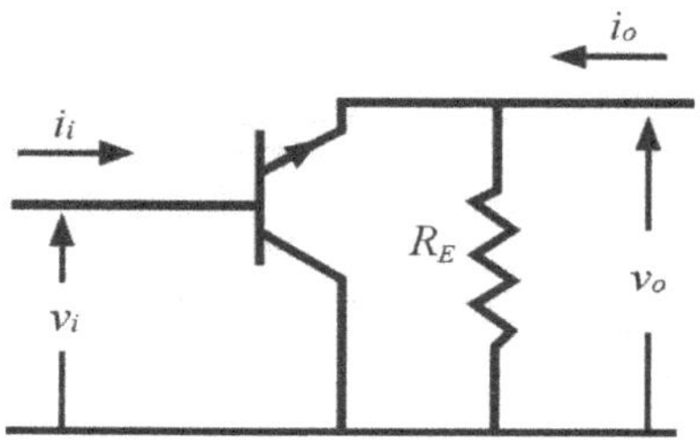

Figura 7.26 - Transistor na montagem emissor-comum.

7.8.7. Deduzir a matriz dos parâmetros híbridos do circuito para sinais alternados da Figura 7.27, admitindo-se que os dois transistores são iguais e que se tem: $1/h_{oe} \gg h_{ib}$, $1/h_{ob} \gg R_C$, $h_{fb} \cong -1$

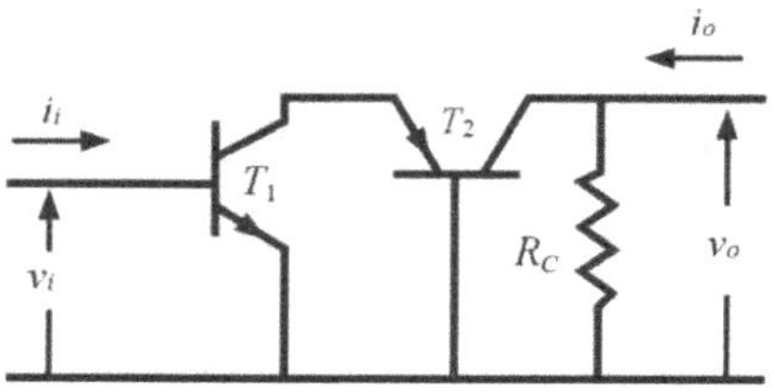

Figura 7.27 – Circuito do problema 7.7.

7.8.8. Determinar os parâmetros híbridos do circuito para sinais alternados da Figura 7.28, sabendo-se que os dois transistores são iguais e que R_E.« $1/h_{oe}$ e h_{fe} » 1.

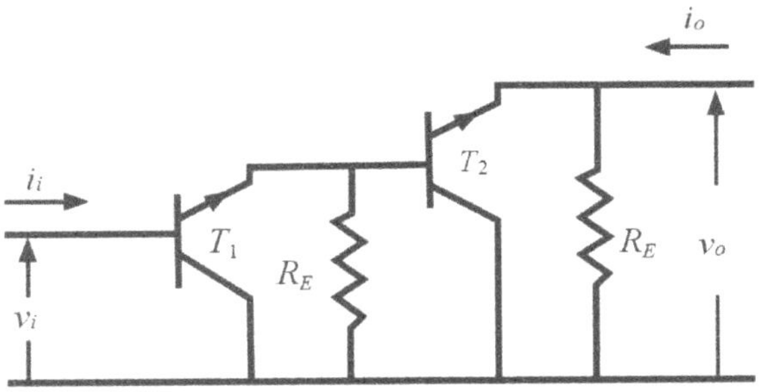

Figura 7.28 - Quadripolo referente ao Problema 7.8.

7.8.9. O transistor da Figura 7.29 é dado por seus parâmetros híbridos, com $h_{ie} \cong 0$. Admitindo-se que h_{ie} e R_C são muito menores que $1/h_{oe}$ e R_F, e h_{fe} » 1, determinar os parâmetros híbridos desse circuito.

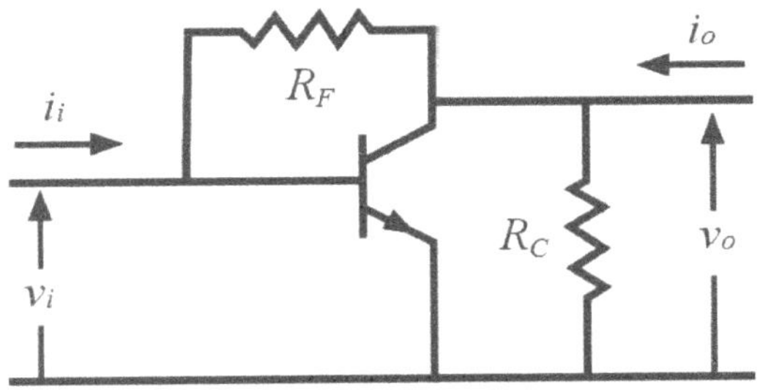

Figura 7.29- Circuito do Problema 7.9.

7.8.10. Determinar a matriz dos parâmetros híbridos do amplificador da Figura 7.30, sendo dados: $h_{ie} = 220\Omega$, $h_{re} \cong 0$, h_{fe} = 50, $h_{oe} = 21\,\mu A/V$, $R_C = 1000\Omega$, , , $R_{E_1} = 20\Omega$, $R_{E_2} = 180\Omega$ e $V_{CC} = 12V$.

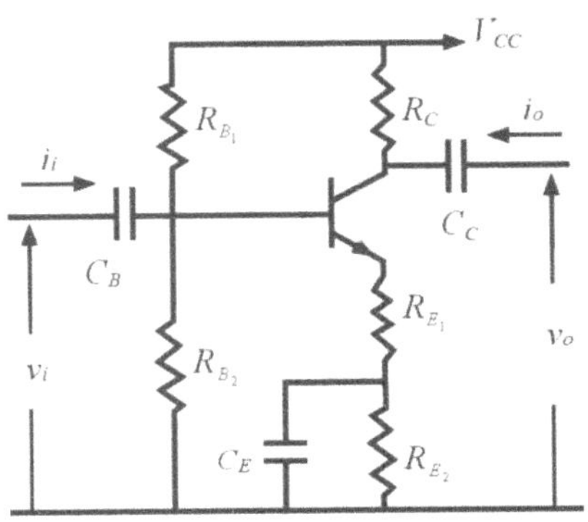

Figura 7.30 - Amplificador do Problema 7.10.

7.8.11. No circuito da Figura 7.31, os dois transistores são iguais, e os capacitores são curtos-circuitos para sinais alternados. Conhecendo-se h_{ie} = 220Ω, $h_{re} \cong 0$, h_{fe} = 80, $h_{oe} = 58\mu A/V$, $R_C = 800\Omega$, $R_E = 150\Omega$, $R_{B_1} = 22K\Omega$, $R_{B_2} = 150K\Omega$, $R_{B_3} = 143K\Omega$ e $V_{CC} = 12V$, determinar os parâmetros híbridos desse circuito.

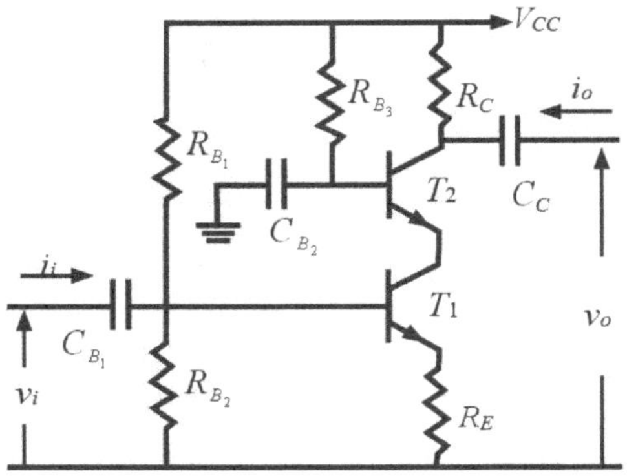

Figura 7.31- Circuito do Problema 7.11.

7.8.12 Sabendo-se que os dois transistores da Figura 7.32 são iguais e que $h_{ie} = 270\Omega$, $h_{re} \cong 0$, $h_{fe} = 100$, $h_{oe} = 33\mu A/V$, $R_{B_1} = 8{,}2K\Omega$, $R_{B_2} = 5{,}6K\Omega$, $R_{B_3} = 4{,}7K\Omega$, $R_C = 1{,}2K\Omega$, $R_E = 680\Omega$ e $V_{CC} = 12V$, determinar os parâmetros híbridos desse circuito.

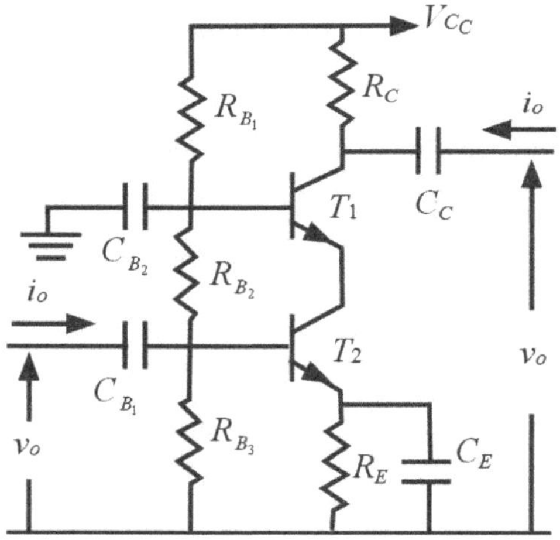

Figura 7.32 - Circuito do Problema 7.12.

CAPÍTULO 8

O TRANSISTOR COMO AMPLIFICADOR

8.1 INTRODUÇÃO

Os amplificadores aqui estudados destinam-se unicamente ás operações com pequenas potências e em baixas frequências, uma vez que utilizam os circuitos equivalentes do transistor desenvolvidos no Capítulo V.

Como os amplificadores são circuitos com quatro terminais, é possível representá-los por qualquer um dos circuitos equivalentes do quadripolo introduzidos no capítulo anterior. No presente capítulo, adotar-se-ão os parâmetros híbridos, os mais empregados nos circuitos a transistor.

Iniciando o capítulo, serão definidos os principais coeficientes que caracterizam o desempenho desses amplificadores, a saber: as impedâncias de entrada e de saída, os ganhos em tensão, em corrente e em potência. Serão também deduzidas as expressões a parâmetros híbridos desses coeficientes, as quais estarão reunidas na Tabela 8.1.

Embora não sendo aqui deduzidas, constarão também da tabela essas expressões em função dos parâmetros impedância e admitância.

Observa-se que para outros tipos de amplificadores, novos coeficientes precisam ser considerados. Assim, por exemplo, para os amplificadores de alta potência, banda larga ou de rádio frequência, são também importantes a eficiência, faixa de passagem, distorção e intermodulação.

A seguir, serão analisados os amplificadores nas montagens emissor-comum, base-comum e coletor-comum, consistindo essa análise na construção do circuito equivalente a parâmetros híbridos para cada uma das montagens. Utilizando-se esses circuitos, serão deduzidas as expressões dos coeficientes desses amplificadores, expressões essas que comporão a Tabela 8.1

Finalizando o capítulo serão abordados as características especiais de cada montagem com o seu emprego mais adequado, os processos de medida dos coeficientes e as ligações em série dos amplificadores.

8.2 COEFICIENTES DO AMPLIFICADOR

A Figura 8.1 contém um amplificador, representado por um quadripolo, ligado à resistência de carga R_L e ao gerador de entrada $v_e = V_e \, sen \, wt$, de resistência de saída r_e. Foram também representados na figura os sentidos das tensões e correntes de entrada e saída desse amplificador.

É a partir desse circuito que serão definidos os coeficientes acima mencionados.

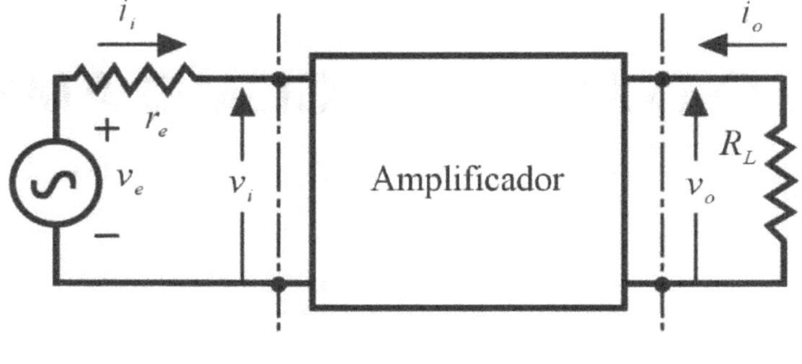

Figura 8.1 - Amplificador ligado à carga R_L e ao gerador v_e, de resistência de saída r_e.

Impedância de entrada Z_i

Define-se *impedância de entrada* Z_i de um amplificador como sendo a relação entre a tensão de entrada v_i e a corrente de entrada i_i, estando a carga R_L ligada ao circuito, como mostrado na Figura 8.1.

De acordo com essa definição:

$$Z_i = \frac{v_i}{i_i} \tag{8.1}$$

A Figura 8.2 contém o circuito para determinação de Z_i.

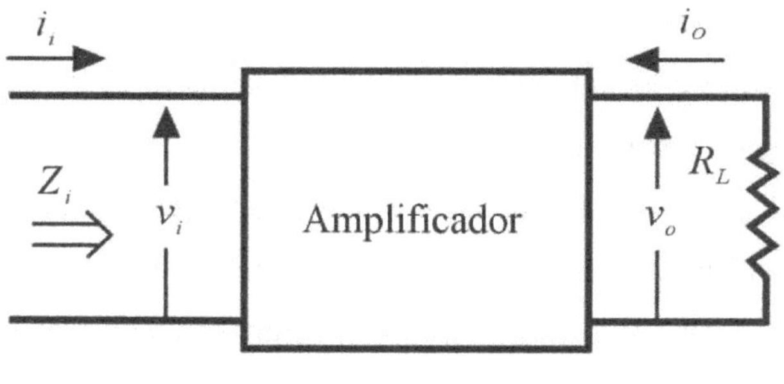

Figura 8.2 - Circuito para determinação de Z_i.

Define-se, também, *admitância* de entrada Y_i, que é o inverso da impedância de entrada, ou seja:

$$Y_i = \frac{1}{Z_i} \tag{8.2}$$

Impedância de saída Z_o

A *impedância de saída* Z_o é definida como a relação entre a tensão de saída v_o e a corrente i_o, fazendo-se v_e igual a zero e mantendo-se r_e no circuito, conforme mostrado na Figura 8.3.

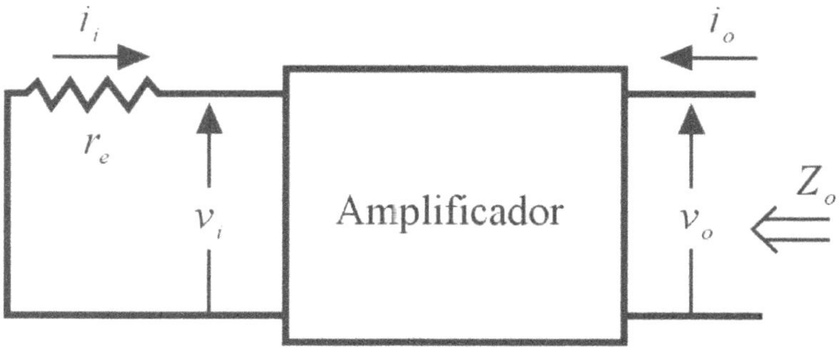

Figura 8.3 - Circuito para determinação de Z_o .

De acordo com a definição:

$$Z_o = \frac{v_o}{i_o} \tag{8.3}$$

Define-se *admitância de saída* Y_o como sendo:

$$Y_o = \frac{1}{Z_o} \tag{8.4}$$

Ganho em tensão A_v

Define-se *ganho em tensão* A_v como sendo a relação entre a tensão de saída v_o e a tensão v_i na entrada do amplificador, ou seja:

$$A_v = \frac{v_c}{v_i} \tag{8.5}$$

Define-se, também, o *ganho em tensão* A_{ve} , que é a relação entre a tensão de saída v_o e a tensão v_e do gerador, ou seja:

$$A_{ve} = \frac{v_o}{v_e} \tag{8.6}$$

Ganho em corrente A_c

Define-se *ganho em corrente* A_c como sendo a relação entre a corrente i_o fornecida à carga e a corrente de entrada i_i, ou seja:

$$A_c = -\frac{i_o}{i_i} \tag{8.7}$$

O sinal negativo dessa expressão decorre do sentido convencionado para a corrente i_o na Figura 8.1, que é considerada positiva entrando no quadripolo.

Uma vez que se tem:

$$i_o = -v_o / R_L$$

$$i_i = v_i / Z_i$$

Decorre:

$$A_c = A_v \frac{Z_i}{R_L} \tag{8.8}$$

Ganho em potência A_p

Define-se *ganho em potência* A_p como a relação entre a potência entregue à carga e a potência disponível na entrada do amplificador, ou seja:

$$A_p = -\frac{v_o i_o}{v_e i_i} = A_v A_c \tag{8.9}$$

Define-se, também, o *ganho de transferência* A_t, que é a relação entre a potência na carga e a potência fornecida pelo gerador v_e, ou seja:

$$A_t = -\frac{v_o i_o}{v_e i_i} = A_{ve} A_c \tag{8.10}$$

8.3 DETERMINAÇÃO DOS COEFICIENTES DO AMPLIFICADOR

Nesta seção serão deduzidas as fórmulas para cálculo dos coeficientes do amplificador em função de seus parâmetros híbridos.

Será utilizado nas deduções o circuito da Figura 8.4, no qual o amplificador foi representado pelo circuito do quadripolo a parâmetros híbridos.

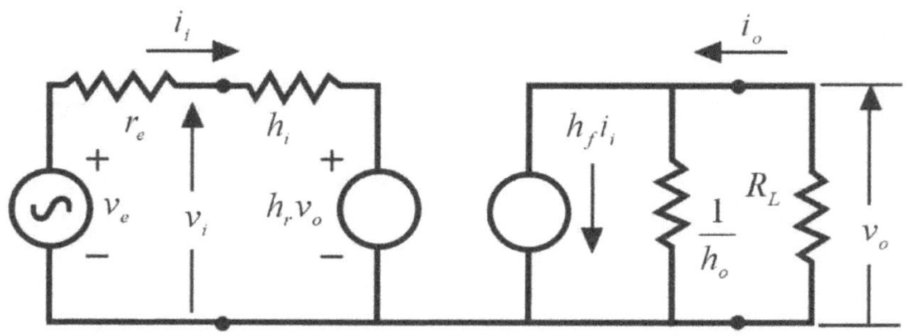

Figura 8.4 - Circuito equivalente ao da Figura 8.1.

Ganho em tensão A_{ve}

Para a malha de entrada do circuito da Figura 8.4, tem-se:

$$v_e = (r_e + h_i)i_i + h_r v_o$$

De onde decorre:

$$i_i = \frac{v_e - h_r v_o}{r_e + h_i}$$

E também:

$$v_o = -\frac{h_f i_i}{h_o + \frac{1}{R_L}}$$

Fazendo-se:

$$G_L = \frac{1}{R_L}$$

Resulta:

$$v_o = -\frac{h_f i_i}{h_o + G_L} = \frac{h_f h_r v_o - h_f v_e}{(r_e + h_i)(h_o + G_L)}$$

E, finalmente:

$$A_{ve} = \frac{v_o}{v_e} = -\frac{h_f}{(r_e + h_i)(h_o + G_L) - h_r h_f} \tag{8.11}$$

O termo $h_f h_r$ representa a ação da saída sobre a entrada, isto é, *a realimentação*. Nos circuitos sem realimentação, com $h_r = 0$:

$$A_{ve} = -\frac{h_f}{(r_e + h_i)(h_o + G_L)} \tag{8.12}$$

Ganho em tensão A_v

Quando $r_e = 0$, tem-se: $v_e = v_i$. Nesse caso A_{ve} reduz-se ao próprio ganho A_v, ou seja:

$$A_v = \frac{v_o}{v_i} = -\frac{h_f}{h_i(h_o + G_L) - h_r h_f} \tag{8.13}$$

E para $h_r = 0$:

$$A_v = \frac{v_o}{v_i} = -\frac{h_f}{h_i(h_o + G_L)} \tag{8.14}$$

Ganho em corrente A_c

Da malha de saída do circuito da Figura 8.4, deduz-se as equações:

$$v_o = -\frac{h_f i_i}{h_o + G_L}$$

$$i_o = -\frac{v_o}{R_L}$$

Dessas duas equações:

$$i_o = \frac{h_f i_i}{R_L(h_o + G_L)} = \frac{h_f i_i}{1 + h_o R_L}$$

Finalmente:

$$A_c = -\frac{i_o}{i_i} = -\frac{h_f}{1 + h_o R_L} \tag{8.15}$$

Impedância de entrada Z_i

Na Figura 8.5 está representado o circuito utilizado para determinação da impedância de entrada Z_i.

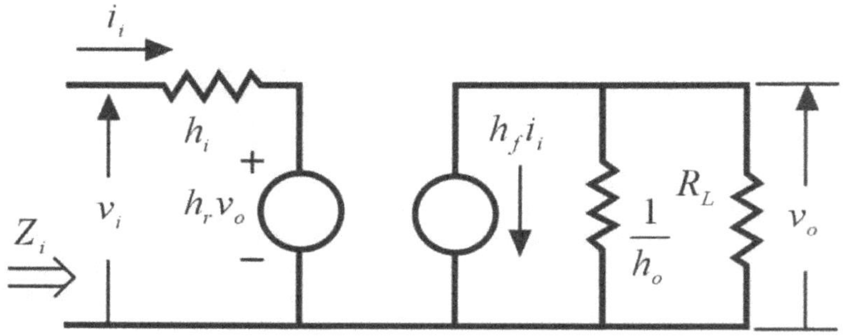

Figura 8.5 - Circuito para determinação da impedância de entrada Z_i.

Para as malhas de entrada e de saída desse circuito, tem-se:

$$v_i = h_i i_i + h_r v_o \qquad v_o = -\frac{h_f i_i}{h_o + G_L}$$

Decorre dessas equações:

$$v_i = h_i i_i - \frac{h_r h_f i_i}{h_o + G_L}$$

$$Z_i = \frac{v_i}{i_i} = h_i - \frac{h_r h_f}{h_o + G_L} \tag{8.16}$$

Caso $h_r = 0$, isto é, sem realimentação, obtém-se:

$$Z_i = h_i \tag{8.17}$$

Impedância de saída Z_o

Na Figura 8.6 está representado o circuito utilizado para determinação da impedância de saída Z_o.

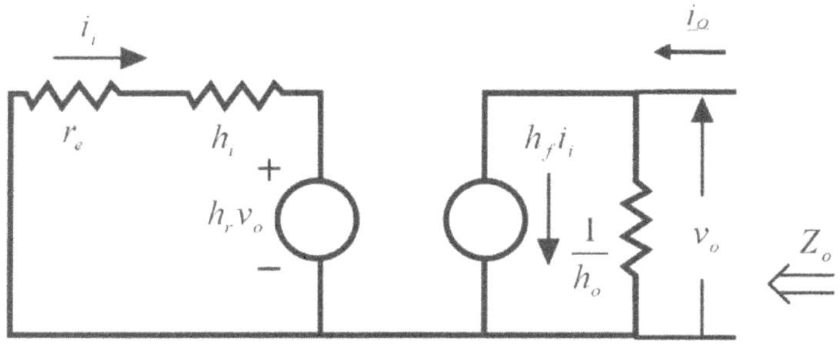

Figura 8.6 - Circuito para determinação da impedância de saída.

Da malha de entrada desse circuito, tem-se:

$$i_i = -\frac{h_r v_o}{r_e + h_i}$$

E da malha de saída:

$$i_o = h_f i_i + v_o h_o$$

Decorre dessas duas equações:

$$i_o = \left[h_o - \frac{h_f h_r}{r_e + h_i} \right] v_o$$

Logo:

$$Y_o = \frac{i_o}{v_o} = h_o - \frac{h_r h_f}{r_e + h_i}$$

E para Z_o:

$$Z_o = \frac{1}{Y_o} = \frac{r_e + h_i}{h_o(r_e + h_i) - h_r h_f} \tag{8.18}$$

Na ausência de realimentação, com $h_r = 0$, obtém-se:

$$Z_o = \frac{1}{Y_o} = \frac{1}{h_o} \tag{8.19}$$

Resumo

As expressões que foram deduzidas encontram-se na Tabela 8.1 e referem-se ao amplificador representado na Figura 8.1 Constam também da tabela as expressões em função dos parâmetros impedância e admitância, cujas deduções, embora não apresentadas, empregam os mesmos procedimentos adotados para os parâmetros híbridos.

Tabela 8.1 - Coeficientes do amplificador em função dos parâmetros impedância, admitância e híbridos.

Referência: Figura 8.1, com $G_L = 1/R_L$

Coefi-cientes	Parâmetros		
	Impedância	Admitância	Híbridos
Z_i	$z_i - \dfrac{z_r z_f}{z_o + R_L}$	$\dfrac{G_L + y_o}{y_i(G_L + y_o) - y_r y_f}$	$h_i - \dfrac{h_r h_f}{h_o + G_L}$
Z_o	$z_o - \dfrac{z_r z_f}{r_e + z_i}$	$\dfrac{1 + r_e y_i}{y_o(1 + r_e y_i) - y_r y_f r_e}$	$\dfrac{r_e + h_i}{h_o(r_e + h_i) - h_r h_f}$
A_c	$\dfrac{z_f}{z_o + R_L}$	$\dfrac{y_f}{y_i + R_L(y_i y_o - y_r y_f)}$	$-\dfrac{h_f}{1 + h_o R_L}$
A_v	$\dfrac{z_f R_L}{z_i(R_L + z_o) - z_r z_f}$	$-\dfrac{y_f}{y_o + G_L}$	$-\dfrac{h_f}{h_i(h_o + G_L) - h_r h_f}$
A_{ve}	$\dfrac{z_f R_L}{(r_e + z_i)(R_L + z_o) - z_r z_f}$	$\dfrac{y_f}{(G + y_o)(1 + r_e y_i) - y_r y_f r_e}$	$-\dfrac{h_f}{(r_e + h_i)(h_o + G_L) - h_r h_f}$

8.4 AMPLIFICADORES NAS MONTAGENS EMISSOR, BASE E COLETOR-COMUM

A análise de um amplificador consiste, basicamente, no cálculo dos seus coeficientes.

São esses coeficientes que permitem determinar para qual aplicação o amplificador é mais indicado. Permitem, igualmente, uma vez conhecidas as características de uma dada aplicação, a escolha do amplificador mais adequado.

Serão deduzidas as expressões dos coeficientes nas montagens emissor-comum, base-comum e coletor-comum para operações em baixas frequências.

Nestas deduções utilizar-se-ão os parâmetros híbridos, que são os parâmetros geralmente fornecidos pelos fabricantes.

Montagem emissor-comum

A Figura 8.7 contém um amplificador na montagem emissor-comum, acoplado à carga R_L e ao gerador v_e, de resistência de saída r_e.

Colocando-se a fonte V_{CC} e os capacitores em curto, chega-se ao circuito para sinais alternados da Figura 8.8, no qual $R_B = R_{B_1} // R_{B_2}$.

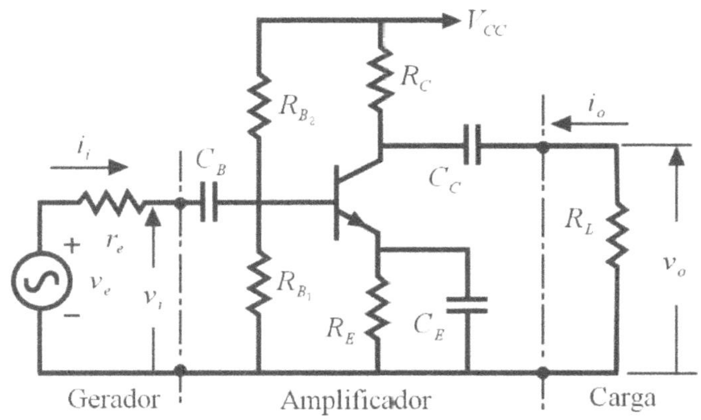

Figura 8.7 – Amplificador na montagem emissor-comum.

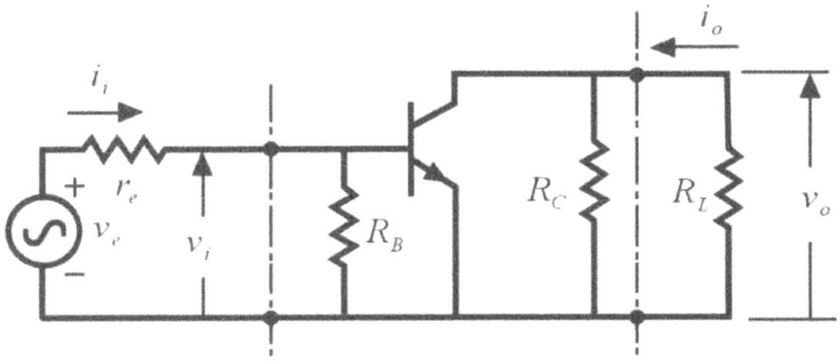

Figura 8.8 - Circuito para sinais alternados do amplificador da Figura 8.7.

A determinação dos parâmetros híbridos desse amplificador foi feita na solução do Problema 7.4. Os resultados obtidos, admitindo-se $R_B \gg h_{ie}$ e $1/h_{oe} \gg R_C$, são aqui repetidos:

$$h_i \cong h_{ie}, \qquad h_f \cong h_{fe}, \qquad h_r \cong 0, \qquad h_o \cong \frac{1}{R_C}$$

Substituindo-se esses parâmetros nas expressões da Tabela 8.1, resulta:

$$A_{ve} = -\frac{h_{fe}(R_C // R_L)}{r_e + h_{ie}} \qquad A_v = -\frac{h_{fe}(R_C // R_L)}{h_{ie}}$$

$$Z_i = h_{ie} \qquad Z_o = R_C \qquad A_c = -\frac{h_{fe} R_C}{R_C + R_L}$$

Montagem base-comum

A Figura 8.9.a contém o circuito para sinais alternados de um amplificador na montagem base-comum, carregado com a resistência R_L e alimentado pelo gerador v_e, de resistência de saída r_e. Já a Figura 8.9.b restringe-se unicamente ao amplificador, notando-se que o transistor foi substituído pelo circuito equivalente para base-comum da Figura 7.10.c, apresentado no capítulo anterior.

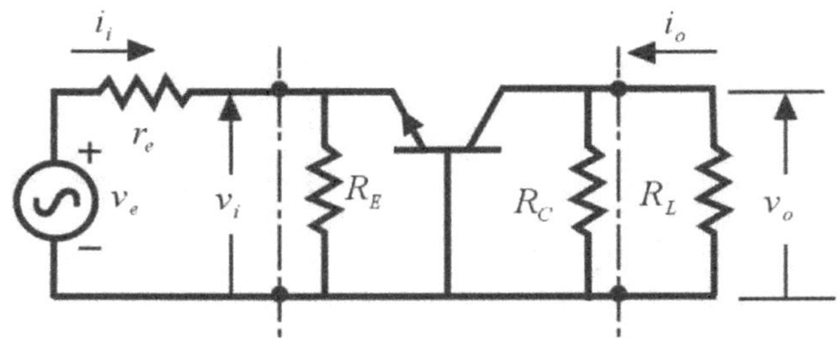

a) Circuito para sinais alternados

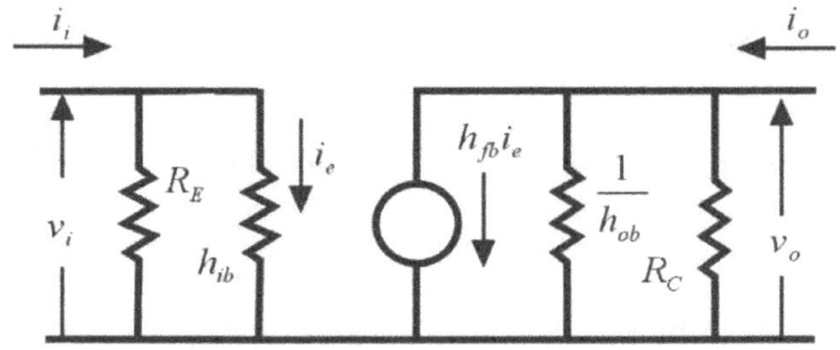

b) Circuito equivalente do amplificador

Figura 8.9 - Montagem base-comum.

Os parâmetros híbridos para esse amplificador são:

$$h_i = R_E \,//\, h_{ib}, \qquad h_f = h_{fb}, \qquad h_r = 0, \qquad h_o = \frac{1}{\frac{1}{h_{ob}} \,//\, R_C}$$

E, considerando-se $h_{ib} \ll R_E$ e $R_C \ll 1/h_{ob}$, decorre:

$$h_i \cong h_{ib}, \qquad h_r = 0, \qquad h_f = h_{fb}, \qquad h_o = \frac{1}{R_C}$$

Levando-se esses resultados na Tabela 8.1, resulta para as impedâncias de entrada e saída:

$$Z_i = h_{ib}, \qquad Z_o = R_C,$$

E para os ganhos em tensão e corrente:

$$A_v = -\frac{h_{fb}(R_L \,//\, R_C)}{h_{ib}}, \qquad A_c = -\frac{h_{fb}R_C}{R_C + R_L} \qquad A_{ve} = -\frac{h_{fb}(R_L \,//\, R_C)}{r_e + h_{ib}},$$

Lembrando-se que h_{fb} é semelhante à −1, são permitidas as simplificações:

$$A_{ve} = \frac{R_L \,//\, R_C}{r_e + h_{ib}}, \qquad A_v = \frac{R_L \,//\, R_C}{h_{ib}}, \qquad A_c = \frac{R_C}{R_C + R_L}$$

Circuito coletor-comum

Na Figura 8.10 está representado o circuito para sinais alternados de um amplificador que utiliza a montagem coletor-comum, alimentado por uma fonte de tensão v_e, de resistência de saída r_e, e ligado a uma carga R_L.

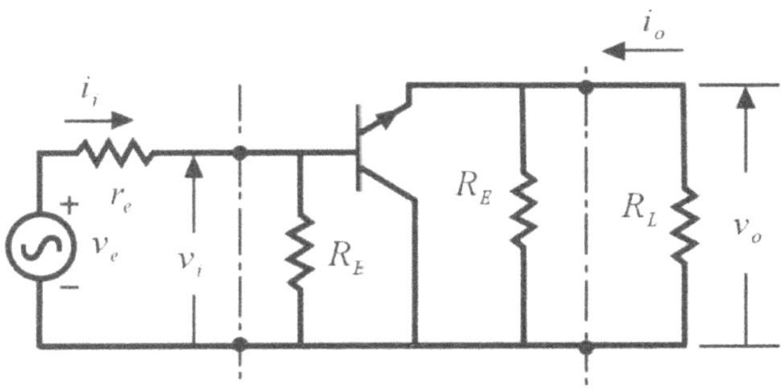

Figura 8.10 – Circuito para sinais alternados do amplificador em coletor - comum.

Substituindo-se na Figura 8.10 o transistor pelo circuito equivalente a parâmetros híbridos da Figura 7.11.b, e suprimindo-se a resistência $1/h_{oe}$ de valor muito maior que R_E e R_L, obtém-se o circuito simplificado da Figura 8.11.

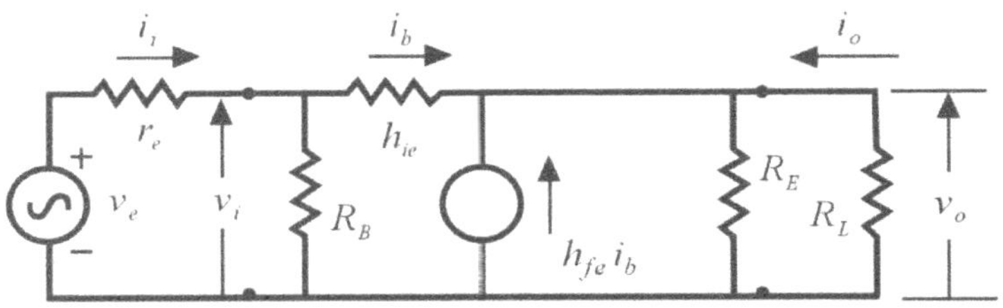

Figura 8.11 – Circuito equivalente

A Figura 8.12 contém o circuito para determinação da impedância de entrada Z_i. Observa-se que, de acordo com a definição de Zi, a carga R_L é mantida no circuito.

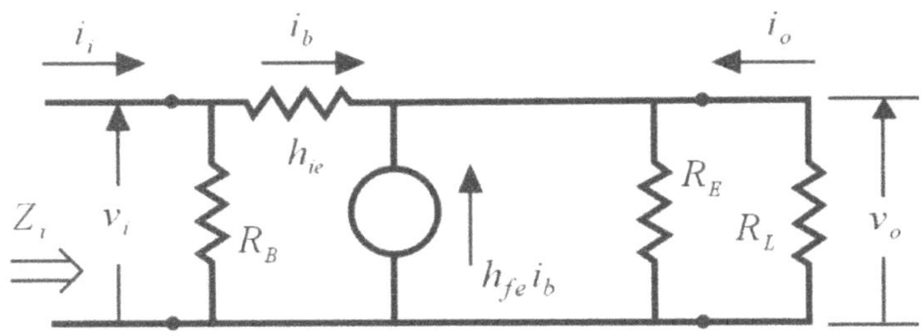

Figura 8.12 – Circuito para determinação de Z_i.

Deduz-se desse circuito:

$$v_i = [h_{ie} + (h_{fe}+1)(R_E \,//\, R_L)]\, i_b \qquad\qquad i_i = \frac{v_i}{R_B} + i_b$$

Dessas equações, e como $h_{fe} \gg 1$, resulta:

$$i_i = \left[\frac{1}{R_B} + \frac{1}{h_{ie} + h_{fe}(R_E \,//\, R_L)}\right] v_i$$

E, concluindo:

$$Z_i = \frac{v_i}{i_i} = R_B \,//\, \left[h_{ie} + h_{fe}(R_E \,//\, R_L)\right]$$

Na Figura 8.13 está representado o circuito para cálculo da impedância de saída Z_o ,obtida do circuito da Figura 8.11 colocando-se a fonte de tensão v_e em curto, mas mantendo-se a sua resistência de saída.

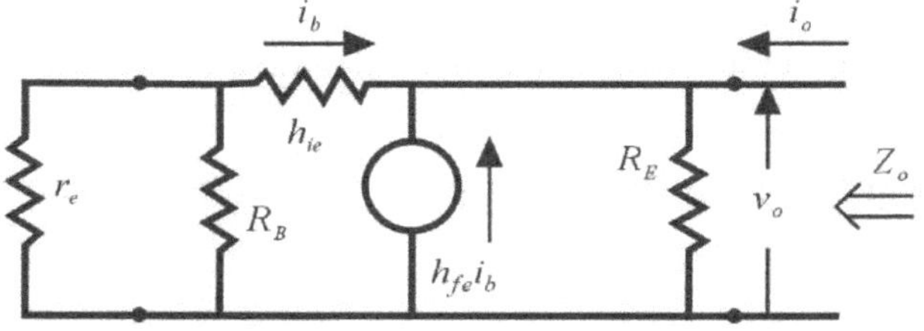

Figura 8.13 – Circuito para determinação de Z_o.

Conclui-se desse circuito:

$$i_b = -\frac{v_o}{h_{ie} + (r_e \,//\, R_B)}$$

$$i_o = \frac{v_o}{R_E} - (h_{fe}+1)\, i_b = \left(\frac{1}{R_E} + \frac{h_{fe}+1}{h_{ie} + (r_e \,//\, R_B)}\right) v_o$$

E com $h_{fe} \gg 1$, segue-se:

$$Z_o = \frac{v_o}{i_o} = R_E \,//\, \frac{h_{ie} + (r_e \,//\, R_B)}{h_{fe}}$$

O circuito da Figura 8.14, obtido da Figura 8.11 pela aplicação de Thevenin à malha de entrada, é *utilizado na dedução do ganho em tensão* A_{ve}.

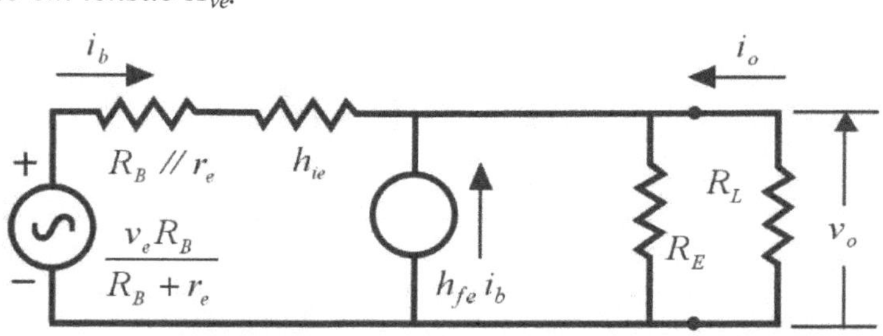

Figura 8.14 – Circuito para determinação de A_{ve}.

A partir do circuito da figura.

$$\frac{v_e R_B}{R_B + r_e} = \left[(R_B // r_e) + h_{ie} + (h_{fe} + 1)(R_E // R_L)\right] i_b$$

$$v_o = (h_{fe} + 1)(R_E // R_L) i_b$$

Manipulando-se essas equações:

$$A_{ve} = \frac{v_o}{v_e} = \frac{h_{fe}(R_E // R_L)}{r_e // R_B + h_{ie} + h_{fe}(R_E // R_L)} \cdot \frac{R_B}{R_B + r_e}$$

E com $R_B \gg r_e$:

$$A_{ve} = \frac{v_o}{v_e} = \frac{h_{fe}(R_E // R_L)}{r_e + h_{ie} + h_{fe}(R_E // R_L)} \tag{8.20}$$

Fazendo-se nessa expressão $r_e = 0$, tem-se $v_e = v_i$, reduzindo-se A_{ve} ao próprio ganho A_v, ou seja:

$$A_v = \frac{v_o}{v_i} = \frac{h_{fe}(R_E // R_L)}{h_{ie} + h_{fe}(R_E // R_L)} \tag{8.21}$$

Observa-se das expressões de Z_i e Z_o que os amplificadores em coletor-comum apresentam elevada impedância de entrada e baixa impedância de saída. Devido a essa característica, essa montagem é geralmente empregada com geradores de elevada resistência de saída e cargas de pequeno valor, ou seja, com $r_e // R_B \gg h_{ie}$ e $R_L \ll R_E$. Com essas condições ficam válidas as aproximações:

$$Z_i = R_B // h_{fe} R_L, \qquad Z_o = R_E // \frac{r_e // R_B}{h_{fe}}$$

Duas outras simplificações referem-se às resistências de polarização R_B e R_E, as quais geralmente são fixadas satisfazendo as desigualdades: $R_B \gg h_{fe} R_L, r_e$ e $R_E \gg r_e / h_{fe}$, a primeira das quais para que parte da corrente de entrada não seja desviada através de R_B e a segunda, para que parte da corrente de saída do transistor não seja desviada através de R_E, conforme observa-se nas Figuras 8.11 e 8.12.

Com isso:

$$Z_i \cong h_{fe} R_L, \qquad Z_o \cong \frac{r_e}{h_{fe}}$$

Esses dois resultados, ilustrados nas Figuras 8.15.e 8.16, podem ser assim expressos: *em um amplificador em coletor-comum, a carga reflete-se na entrada, multiplicada por* h_{fe}. *Inversamente, a resistência do gerador reflete-se na saída dividida também por* h_{fe}.

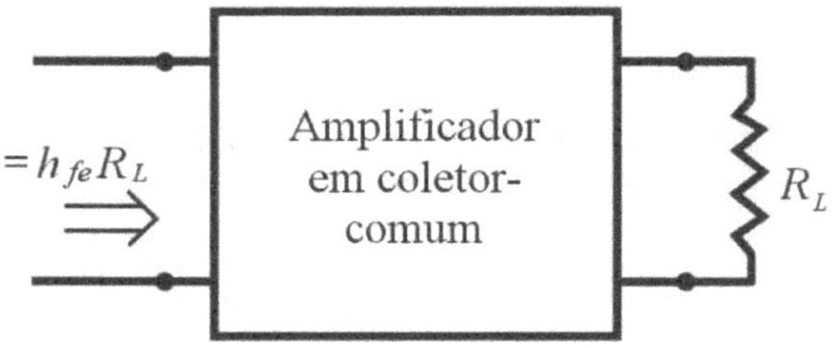

Figura 8.15 - Impedância de saída refletida na entrada.

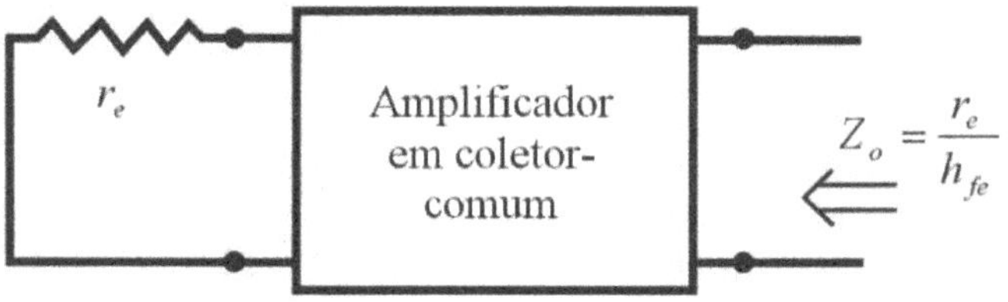

Figura 8.16 - Impedância de entrada refletida na saída.

Para os ganhos A_{ve} e A_v, admitindo-se válidas as mesmas desigualdades anteriores, obtém-se:

$$A_{ve} \cong \frac{h_{fe}R_L}{r_e + h_{fe}R_L}$$

$$A_v \cong \frac{h_{fe}R_L}{h_{ie} + h_{fe}R_L}$$

Em relação a essas expressões, nota-se que os ganhos A_{ve} e A_v são inferiores e próximos à unidade uma vez que r_e e h_{ie} são normalmente muito menores que $h_{fe}R_L$, ou seja:

$$A_{ve} \cong A_v \cong 1$$

Em outras palavras: *o como no amplificador na montagem coletor-comum* o ganho em tensão é aproximadamente unitário, a tensão no emissor acompanha a tensão de entrada, tal fato justifica a denominação *seguidor de emissor* atribuída ao circuito.

Quanto ao ganho em corrente, com $A_v \cong 1$ e $Z_i = h_{fe}R_L$, deduz-se da equação (8.8):

$$A_c = A_v \frac{Z_i}{R_L} = h_{fe}$$

Dessa forma, embora o seguidor de emissor apresente um ganho em tensão aproximadamente unitário, os ganhos em corrente e, consequentemente, em potência, são elevados.

Resumo

As expressões deduzidas para os coeficientes dos amplificadores nas montagens emissor-comum, base-comum e coletor-comum, cujos circuitos para sinais alternados constam, respectivamente, das Figuras 8.8, 8.9.a e 8.10, foram reunidas na Tabela 8.2.

Constam também dessa tabela as desigualdades impostas para validade das simplificações efetuadas, desigualdades essas normalmente encontradas na prática.

Tabela 8.2 – Coeficientes do amplificador para as montagens emissor-comum, base-comum e coletor-comum.

Coeficientes	Montagem		
	Emissor-comum	Base-comum	Coletor-comum
A_{ve}	$-\dfrac{h_{fe}(R_L // R_C)}{r_e + h_{ie}}$	$\dfrac{R_L // R_C}{r_e + h_{ib}}$	$\dfrac{h_{fe}(R_E // R_L)}{r_e + h_{ie} + h_{fe}(R_E // R_L)}$
A_v	$-\dfrac{h_{fe}(R_L // R_C)}{h_{ie}}$	$\dfrac{R_L // R_C}{h_{ib}}$	$\dfrac{h_{fe}(R_E // R_L)}{h_{ie} + h_{fe}(R_E // R_L)}$
Z_i	h_{ie}	$h_{ib} = \dfrac{h_{ie}}{h_{fe}}$	$R_B // [h_{ie} + h_{fe}(R_E // R_L)]$
Z_o	R_C	R_C	$R_E // \dfrac{h_{ie} + (r_e // R_B)}{h_{fe}}$
A_c	$-\dfrac{h_{fe}R_C}{R_C + R_L}$	$\dfrac{R_C}{R_C + R_L}$	$A_v \dfrac{Z_i}{R_L}$
Figuras	8.7.b	8.8.a	8.9.a
Condições impostas	$R_B \gg h_{ie}$ $R_C \ll \dfrac{1}{h_{oe}}$	$h_{fb} = -1$ $R_E \gg h_{ib}$ $R_C \ll \dfrac{1}{h_{ob}}$	$\dfrac{1}{h_{oe}} \gg R_E, R_L$ $h_{fe} \gg 1$ $R_B \gg r_e$

Observações:

Em relação aos resultados apresentados, são importantes as seguintes observações:

1 Nos amplificadores em emissor-comum e base-comum, A_{ve} e A_v são funções direta da resistência de carga R_L. Em outras palavras: obter-se-ão ganhos pequenos quando esses amplificadores forem acoplados a circuitos com baixa impedância de entrada.

2 Os amplificadores em base-comum apresentam baixa impedância de entrada, que é h_{fe} vezes menor que a impedância de entrada em emissor-comum. Tal fato dificulta o emprego desse circuito, uma vez que esse baixo valor limita o ganho do estágio anterior. Por outro lado, devido à frequência de corte bem superior à das outras montagens, o base-comum pode operar em frequências bem mais elevadas.

3 Devido às suas características (ganho em tensão unitário, alta impedância de entrada e baixa impedância de saída), o amplificador em coletor-comum, também chamado de *seguidor de emissor*, é utilizado para acoplar circuitos de alta impedância de saída com circuitos de baixa impedância de entrada. É também utilizado, devido ao elevado ganho em potência, para fornecer energia a uma carga de baixo valor.

4 O ganho de tensão nos amplificadores em base-comum e coletor comum são positivos. Tal fato significa que nessas montagens os sinais de entrada e de saída estão em fase. Na montagem emissor-comum o ganho é negativo, ocorrendo uma defasagem de 180°.

8.5 MEDIDA DOS COEFICIENTES

Medida de Z_i, A_{ve}, A_v e A_c

A medida da impedância de entrada Z_i e dos ganhos A_{ve}, A_v e A_c podem ser feitas com o amplificador ligado ao gerador de entrada e à carga R_L, como mostrado na Figura 8.1. O processo consiste na medição das correntes e tensões de entrada e saída, e no cálculo dos coeficientes a partir das suas próprias equações de definição.

Medida de Z_o

Como decorrência da própria definição, a medida de Z_o é mais elaborada, não podendo ser realizada com a carga ligada ao circuito. Serão apresentados três métodos, o primeiro dos quais decorre da própria definição de Z_o. Os outros dois baseiam-se em propriedades que serão demonstradas também neste item.

Método 1 - A medida de Z_o, como se observa na Figura 8.3, requer que se tenha $v_e = 0$, ficando a resistência r_e em paralelo com a entrada.

Nessas circunstâncias, a saída do amplificador será nula, exigindo a aplicação de um gerador v_o para medir a corrente i_o, conforme mostrado na Figura 8.17.

Figura 8.17 - Circuito para medida de Z_o – *Método 1.*

De acordo com a sua definição, a impedância Z_o será a relação entre os valores medidos de v_o e i_o.

Método 2 - Consiste nas medidas da tensão v_{ab} de saída do amplificador sem carga e com uma carga R_L. Sendo v_l a tensão medida com a carga, tem-se:

$$Z_o = R_L\left(\frac{v_{ab}}{v_l} - 1\right) \tag{8.22}$$

A partir da expressão (8.11), deduzida para o ganho Av_e do amplificador com carga, obtém-se:

$$v_l = -\frac{h_f v_e}{(r_e + h_i)(h_o + G_L) - h_f h_r}$$

Para o amplificador sem carga, ou seja, com $G_L = 0$, ainda de (8.11):

$$v_{ab} = -\frac{h_f v_e}{(r_e + h_i)\,h_o - h_r h_f}$$

Dividindo-se v_{ab} por v_l e manipulando-se:

$$\frac{v_{ab}}{v_l} = \frac{(r_e + h_i)(h_o + G_L) - h_f h_r}{(r_e + h_i)h_o - h_f h_r} = \frac{r_e + h_i}{(r_e + h_i)h_o - h_r h_f}\left[h_o + G_L - \frac{h_r h_f}{r_e + h_i}\right]$$

$$\frac{v_{ab}}{v_l} = \frac{r_e + h_i}{(r_e + h_i)h_o - h_i h_f}\left[\frac{(r_e + h_i)h_o - h_f h_r}{r_e + h_i} + G_L\right]$$

Considerando-se a expressão (8.18), deduzida para Z_o e substituindo-se G_L por $1/R_L$:

$$\frac{v_{ab}}{v_l} = 1 + \frac{Z_o}{R_L}$$

De onde decorre (8.22).

Uma variação desse método utiliza uma carga R_L variável, que é ajustada até que a tensão de saída caia à metade do valor em aberto. Nesse ponto, conforme pode ser facilmente demonstrado a partir de (8.22), o valor de R_L corresponde à própria impedância de saída Z_o.

Método 3 - Consiste na medida da tensão v_{ab} da saída em aberto (sem a carga R_L) e da corrente i_{cc}, com a saída em curto. A impedância de saída será:

$$Z_o = \frac{v_{ab}}{i_{cc}} \qquad (8.23)$$

Observa-se que essas medidas devem ser feitas com tensões v_e muito baixas, de tal forma que a corrente de curto i_{cc} ou a tensão em aberto v_{ab} não ultrapassem os valores máximos admitidos.

Com efeito, substituindo-se, na expressão (8.22), v_l por $R_L\, i_l$.

$$Z_o = \frac{v_{ab}}{i_l} - R_L$$

que se reduz à (8.23) com a saída em curto, ou seja, com $R_L = 0$, e $i_l = i_{cc}$

8.6 AMPLIFICADORES EM SÉRIE

Quando um amplificador é formado por n amplificadores ligados em série, os quais são chamados de *estágios do amplificador*, demonstra-se facilmente:

1 - que os ganhos A_{ve}, A_v e A_c do amplificador obtido são dados pelas expressões:

$$A_{ve} = A_{ve1}\, A_{v2}\, A_{v3} \ldots\ldots\ldots\, A_{vi} \ldots\ldots\ldots\, A_{v(n-1)}\, A_{vn}$$

$$A_v = A_{v1}\, A_{v2}\, A_{v3} \ldots\ldots\ldots\, A_{vi} \ldots\ldots\ldots\, A_{v(n-1)}\, A_{vn}$$

$$A_c = A_{c1}\, A_{c2}\, A_{c3} \ldots\ldots\ldots\, A_{ci} \ldots\ldots\ldots\, A_{c(n-1)}\, A_{cn}$$

nas quais A_{ve1} é o ganho de tensão em relação a v_e do primeiro amplificador, enquanto A_{vi} e A_{ci}, com i variando de 1 a n, os demais ganhos em tensão e em corrente.

2 - que a impedância de entrada Z_i do amplificador obtido será a própria impedância de entrada do primeiro amplificador (estágio de entrada), carregado na saída com a impedância de entrada do segundo estágio, conforme mostrado na Figura 8.18.a;

3 - que a impedância de saída Z_o do amplificador obtido será a própria impedância de saída do último amplificador (estágio de saída), carregado na entrada com a impedância de saída do estágio anterior, conforme mostrado na Figura 8.18.b;

4 - que a determinação de A_{ve1} deve ser feita com saída a do primeiro amplificador carregado com a impedância de entrada do segundo;

5 - que a determinação dos ganhos A_{vn} e A_{cn} deve ser feita com o último estágio ligado à carga R_L;

6 – que a determinação dos demais ganhos deve ser feita com os as saídas dos amplificadores carregados com as impedâncias de entrada dos estágios seguintes.

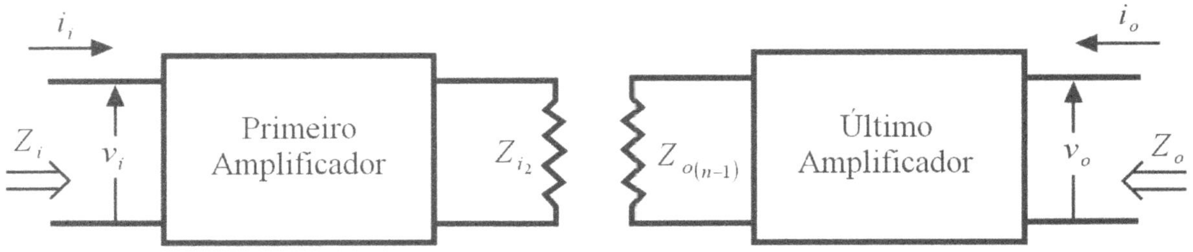

a) Determinação de Z_i b) Determinação de Z_o

Figura 8.18 - Amplificadores em série.

Importante

No projeto dos amplificadores, tanto quanto os ganhos em tensão, de corrente e de potência, são importantes as impedâncias de entrada e de saída. É sempre necessária a avaliação desses valores quando os amplificadores são ligados em série ou às suas cargas ou são alimentados por um gerador. Não se pode ligar um amplificador com alta impedância de saída a outro com baixa impedância de entrada ou a uma carga de pequeno valor, como a um alto-falante de 4,8 Ω de resistência.

Esse processo de adequação, conhecido como *casamento de impedâncias,* é sempre necessário na ligação entre os estágios de qualquer sistema. Uma antena de 75Ω, por exemplo, deve ser alimentada por uma linha de transmissão de 75Ω, ligada a um amplificador também de 75Ω. Os geradores de sinal usados nos laboratórios têm sempre indicados os valores de suas impedâncias de saída, tais como 50Ω ou 75Ω.

8.7 PROBLEMAS

8.8.1. O amplificador da Figura 8.19.a emprega a conexão Darlington na montagem emissor-comum. Admitindo-se que os dois transistores são iguais, com $h_{ie} = 220\Omega$, $h_{re} = 0$, $h_{fe} = 100$ e $h_{oe} = 18\,\mu A/V$, e sendo $R_{B_1} = 82$, $K\Omega$, $R_{B_2} = 12K\Omega$, $R_C = 500\Omega$, $R_L = 250\Omega$, $r_e = 200\Omega$, e $V_{CC} = 24$ V, determinar Z_i, Z_o, A_{ve} e A_c.

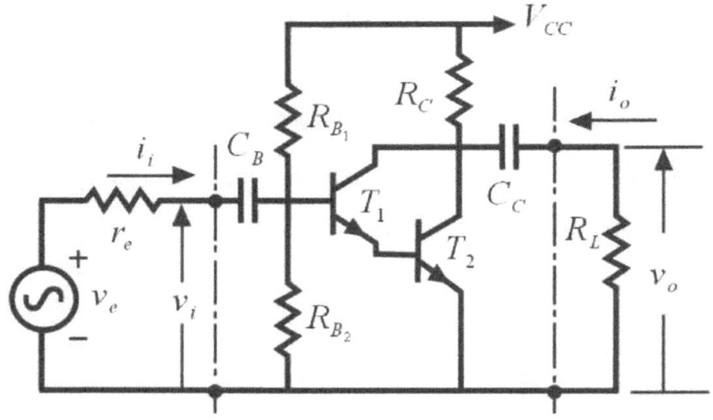

a) Circuito

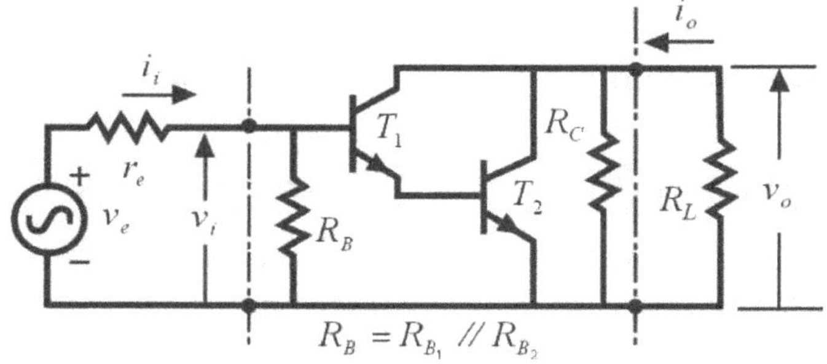

$R_B = R_{B_1} // R_{B_2}$

b) Circuito para sinais alternados

Figura 8.19 - Amplificador em emissor-comum utilizando a conexão Darlington.

Solução: A Figura 8.19.b contém o circuito para sinais alternados do amplificador da Figura 8.19.a. Substituindo-se, na figura, T_1 e T_2 pelo circuito equivalente da Figura 7.15, desenvolvido no Capítulo VII para a conexão Darlington,—e sendo os dois transistores iguais— obtém-se o circuito da Figura 8.20.

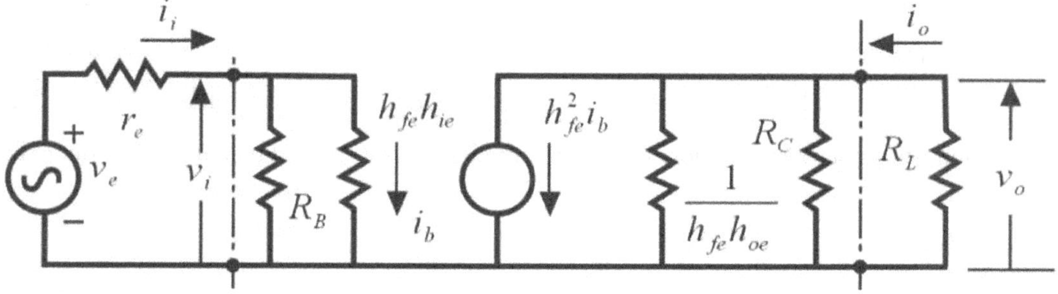

Figura 8.20 - Circuito equivalente

Desse último circuito, retirando-se a carga R_L e com a entrada em curto, chega-se ao circuito para determinação da impedância de saída Z_o da figura 8.21

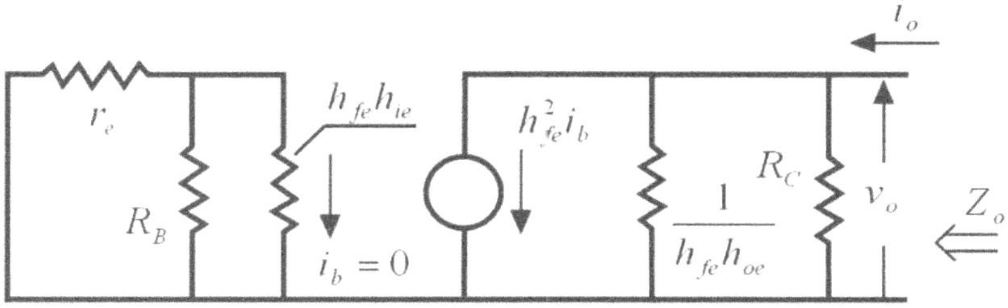

Figura 8.21 - Circuito para determinação de Z_o

Sendo $i_b = 0$ na malha de entrada da Figura 8.21, a fonte de corrente $h_{fe}^2 i_b$ será nula, equivalendo a um circuito aberto. Com isso, a malha de saída desse circuito reduz-se unicamente às duas resistências em paralelo, resultando para a impedância de saída:

$$Z_o = \frac{v_o}{i_o} = \frac{1}{h_{fe}h_{oe}} // R_C$$

Da malha de entrada do circuito da Figura 8.20 deduz-se:

$$Z_i = \frac{v_i}{i_i} = R_B // h_{fe}h_{ie}$$

Com os valores conhecidos:

$$Z_i = 82 \times 10^3 // 12 \times 10^3 // 100 \times 220 = 7{,}094\,\text{K}\Omega$$

$$Z_o = \frac{1}{100 \times 18 \times 10^{-6}} // 500 = 263\Omega$$

Ainda do circuito da Figura 8.20:

$$v_e = [r_e + Z_i]\, i_i = \left[200 + 7{,}094 \text{ x}10^3\right] i_i = 7{,}294 \text{ x}10^3 i_i$$

Seguindo-se:

$$v_i = Z_i i_i = 7{,}094 \text{ x } 10^3 \; i_i$$

$$i_b = \frac{v_i}{h_{fe}h_{ie}} i_i = \frac{7{,}094 \text{x} 10^3}{100 \text{x} 220} i_i = 0{,}322 \; i_i$$

E para a malha de saída:

$$v_o = -h_{fe}^2 \left[\frac{1}{h_{fe}h_{oe}} // R_C // R_L \right] i_b = -100^2 \left[\frac{1}{100 \times 18 \times 10^{-6}} // 500 // 250 \right] i_i = 128 \text{ x}10^4 i_b$$

$$i_o = -\frac{v_o}{R_L} = \frac{4{,}12\text{x}10^5}{250} = 1{,}65\text{x}10^3 i_i$$

A partir desses resultados, obtém-se para os ganhos:

$$A_{ve} = \frac{v_o}{v_e} = \frac{-4{,}12\times 10^3}{7{,}294\text{x}10^3} = -56{,}5$$

$$A_c = \frac{i_o}{i_i} = 1{,}65\text{x}10^3$$

8.8.2. No circuito para sinais alternados da Figura 8.22 os dois transistores T_1 e T_2 são iguais. Determinar os ganhos A_v e A_c e as impedâncias Z_i e Z_o, admitindo-se $R_B \gg h_{ie}$.

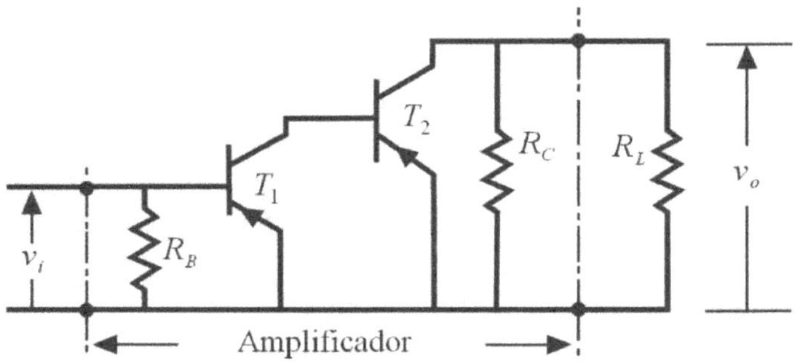

Figura 8.22 - Circuito para sinais alternados

Solução: O circuito da Figura 8.23 é obtido desprezando-se, no circuito da Figura 8.22, a resistência R_B e substituindo-se os transistores T_1 e T_2 pelo circuito equivalente para emissor-comum da Figura 7.9.c.

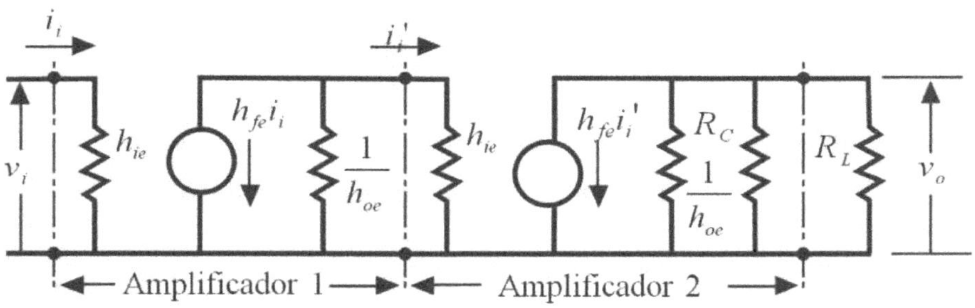

Figura 8.23 - Circuito equivalente

Conforme pode ser observado nessa figura, o circuito dado é formado por dois amplificadores ligados em série. O primeiro deles, carregado com a impedância de entrada h_{ie} do segundo estágio, e o segundo, com a resistência de carga R_L.

Primeiramente serão determinados os ganhos e as impedâncias desses amplificadores considerados isoladamente. A partir desses resultados, serão determinados os parâmetros pedidos.

Para o primeiro estágio, com $h_{re} \cong 0$, $1/h_{ie} \gg h_{oe}$ e $R_L = h_{ie}$, deduz-se, a partir da Tabela 8.1:

$$A_{v1} = -\frac{h_{fe}}{h_{ie}\left(h_{oe} + \frac{1}{h_{ie}}\right)} = -h_{fe} \qquad Z_{i1} = h_{ie},$$

$$A_{c1} = -\frac{h_{fe}}{1 + h_{oe}h_{ie}} = -h_{fe} \qquad Z_{o1} = 1/h_{oe}$$

Para o segundo estágio, com $R_C \ll 1/h_{oe}$, obtém-se da tabela 8.2:

$$A_{v2} = -\frac{h_{fe}R_C \,//\, R_L}{h_{ie}} \qquad Z_{i2} = h_i$$

$$A_{c2} = -\frac{h_{fe}R_C}{R_C + R_L} \qquad Z_{o2} = R_C$$

Para o circuito completo:

$$A_v = A_{v1}A_{v2} = \frac{h_{fe}^2(R_C \,//\, R_L)}{h_{ie}} \qquad Z_i = Z_{i1} = h_{ie}$$

$$A_{c1}\, A_{c2} = \frac{h_{fe}^2 R_C}{R_C + R_L} \qquad Z_o = Z_{o2} = R_C$$

8.8.3. O circuito do amplificador da Figura 8.24 é utilizado para polarizar o transistor com valores não muito elevados de $R_B = R_{B_1} \,//\, R_{B_2}$, de forma a garantir a estabilidade do ponto de operação sem prejudicar a alta impedância de entrada da montagem coletor-comum.

Considerando-se os capacitores C_1 e C_2 curtos-circuitos para sinais alternados, determinar a impedância de entrada Z_i, o ganho A_v e as condições que devem satisfazer R e R_E para que o circuito de polarização não interfira no comportamento do amplificador

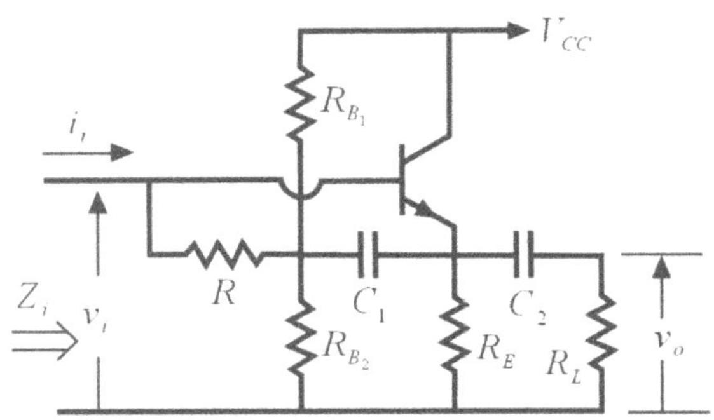

Figura 8.24 - Circuito do amplificador do Problema 8.3

Solução: Deduz-se do circuito para sinais alternados da Figura 8.25.a—obtido do anterior pela colocação da fonte V_{CC} e dos capacitores em curto e pela substituição do transistor pelo circuito equivalente para emissor-comum—as condições pedidas. A primeira delas, para evitar que parte do corrente de entrada passe através de R e a segunda, para que parte da corrente de saída passe através de R_B. São elas, respectivamente: $R \gg h_{ie}$ e $R_B \gg R_E // R_L$.

Admitidas essas desigualdades e como a admitância h_{oe} é muito pequena, da ordem de apenas algumas dezenas de μA/V, chega-se ao circuito simplificado da Figura 8.25.b.

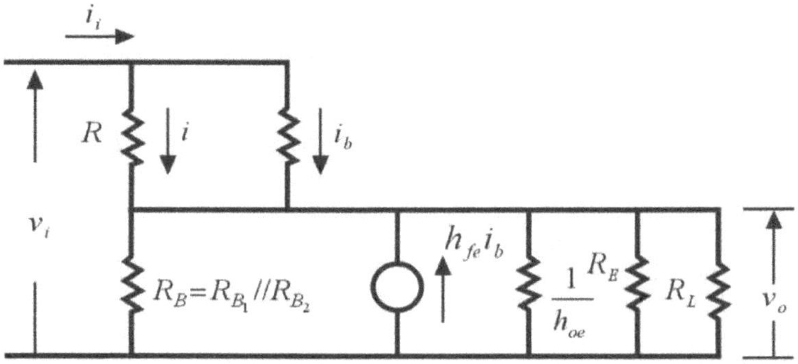

a) Circuito para sinais alternados

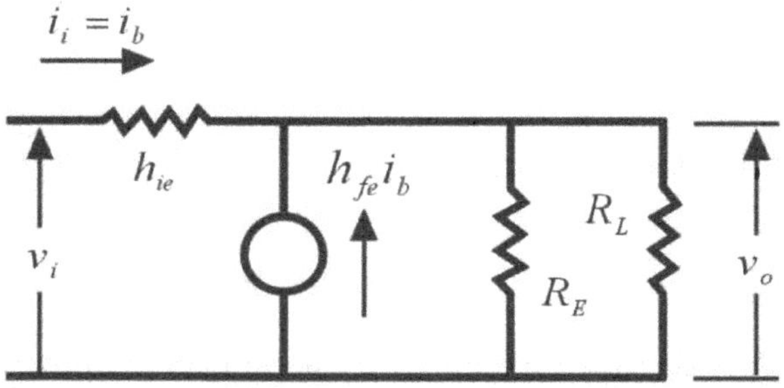

b) Circuito simplificado

Figura 8.25 - Circuitos referentes ao Problema 8.3.

A partir do circuito simplificado deriva-se:

$$v_i = [h_{ie} + h_{fe}(R_E//R_L)]\,i_i \qquad\qquad v_o = h_{fe}(R_E// R_L)\,i_i$$

E dessas equações:

$$A_v = \frac{v_o}{v_i} = \frac{h_{fe}(R_E // R_L)}{h_{ie} + h_{fe}(R_E // R_L)}$$

$$Z_i = \frac{v_i}{i_i} = h_{ie} + h_{fe}(R_E // R_L)$$

Caso $R_E \gg R_L$ e $h_{ie} \ll h_{fe}R_L$, tem-se: $Z_i = h_{fe}R_L$ e $Av = 1$.

8.8.4. No amplificador da Figura 8.26, os dois transistores são iguais. Conhecendo-se $h_{ie} = 420\Omega$, $h_{re} = 0$, $h_{fe} = 80$ e $h_{oe} = 12\ \mu A/V$, $r_e = 300\Omega$, $R_{B_1} = 68K\Omega$, $R_{E_1} = 2{,}2K\Omega$, $R_{C_1} = 470\Omega$, $R_{B_2} = 47K\Omega$, $R_{E_2} = 560\Omega$, $V_{CC} = 10V$ e $R_L = 20\Omega$, determinar Z_i, Z_o, $A_{ve} = v_o/v_e$, $A_v = v_o/v_i$ e $A_c = -i_o/i_i$.

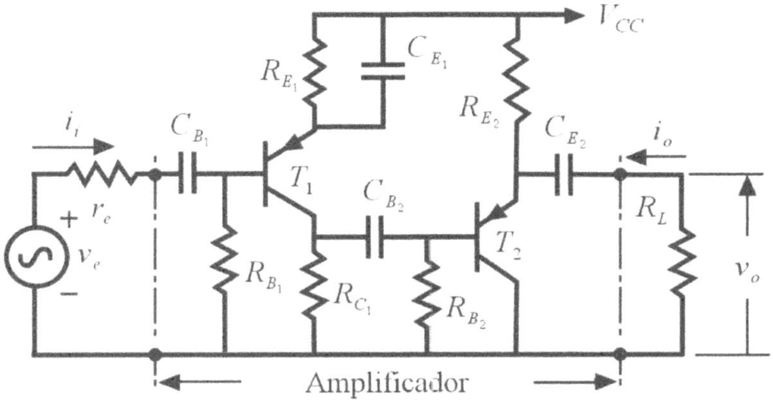

Figura 8.26 - Circuito do amplificador

Solução: Observa-se no circuito para sinais alternados da Figura 8.27, obtido do anterior colocando-se a fonte V_{CC} e os capacitores em curto, o circuito dado é formado pelo amplificador 1, que utiliza a montagem emissor-comum, em série com o amplificador 2, que utiliza a montagem coletor-comum.

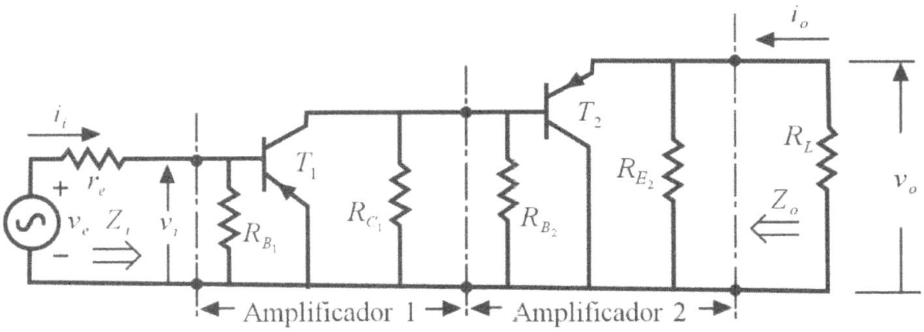

Figura 8.27 – Circuito para sinais alternados

Considerando-se que o amplificador 1 está carregado com a impedância de entrada Z_{i_2} do estágio seguinte, e sendo $R_{B_1} \gg h_{ie}$ e $R_C \ll 1/h_{oe}$, a Tabela 8.2 fornece:

$$Z_{i_1} = h_{ie}, \quad Z_{o_1} = R_{C_1}$$

$$A_{ve_1} = -\frac{h_{fe}(Z_{i_2} // R_{C_1})}{r_e + h_{ie}}, \quad A_{v_1} = -\frac{h_{fe}(Z_{i_2} // R_{C_1})}{h_{ie}}, \quad A_{C_1} = -\frac{h_{fe}R_{C_1}}{R_{C_1} + Z_{i_2}}$$

Ainda dessa tabela, e sendo $h_{fe} \gg 1$, $1/h_{oe} \gg R_{E_2}$, R_L e $R_B \gg r_e$, tem-se para o amplificador 2:

$$A_{v_2} = \frac{h_{fe}\left(R_{E_2} \,//\, R_L\right)}{h_{ie} + h_{fe}\left(R_{E_2} \,//\, R_L\right)}, \qquad 6\,A_{c_2} = A_{v_2}\,\frac{Z_{i_2}}{R_L}, \qquad Z_{i_2} = R_{B_2} \,//\, [h_{ie} + h_{fe}\left(R_{E_2} \,//\, R_L\right)]$$

$$Z_{o_2} = R_{E_2} \,//\, \frac{h_{ie} + \left(Z_{o_1} \,//\, R_{B_2}\right)}{h_{fe}}$$

Com os valores dados, calcula-se:

$$A_{ve_1} = -104, \quad A_{v_1} = -194, \quad A_{c_1} = -43{,}1, \quad A_{v_2} = 0{,}777, \quad A_{c_2} = 73{,}5$$

$$Z_{i_1} = 420\Omega, \quad Z_{o_1} = 2{,}2\ \text{K}\Omega, \quad Z_{i_2} = 1{,}89\text{K}\Omega, \quad Z_{o_2} = 29{,}8\Omega$$

E, como:

$$A_{ve} = A_{ve_1} A_{v_2}, \quad A_v = A_{v_1} A_{v_2}, \quad A_c = A_{c_1} A_{c_2}$$

$$Z_i = Z_{i_1}, \quad Z_o = Z_{o_2}$$

Resulta:

$$A_{ve} = -80{,}8, \quad A_v = -151, \quad A_c = -31{,}6$$

$$Z_i = 420\Omega, \quad Z_o = 29{,}8\Omega,$$

8.8.5. Para o amplificador da Figura 8.28, sabendo-se que $R_B = R_{B_1} \,//\, R_{B_2} \gg h_{ie}$, e wL, $1/h_o \gg R_L$, determinar as expressões para a impedância de entrada Z_i e o ganho em tensão A_v.

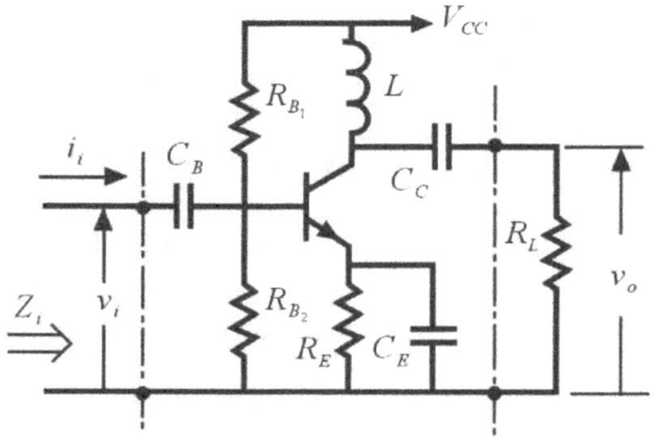

Figura 8.28 - Circuito referente ao Problema 8.5.

8.8.6. Os dois transistores do circuito para sinais alternados da Figura 8.29 são iguais. Uma vez que $h_{re} \cong 0$, $h_{rb} \cong 0$, $h_{fb} = -1$, $R_B \gg h_{ie}$, $1/h_{oe} \gg h_{ib}$ e $1/h_{ob} \gg R_C$, R_L, determinar as impedâncias Z_i e Z_o e os ganhos $A_{ve} = v_o/v_e$ e $A_c = -i_o/i_i$ desse amplificador.

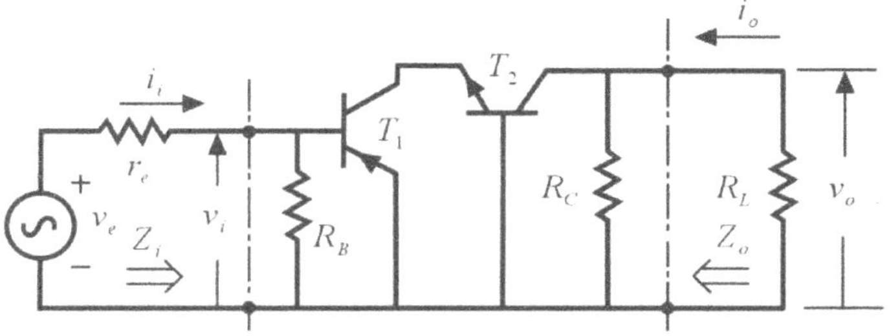

Figura 8.29 - Circuito do Problema 8.6.

8.8.7. Calcular o ganho em tensão A_{ve} do amplificador da Figura 8.30, conhecendo-se $h_{ie} = 200\,\Omega$, $h_{re} = 0$, $h_{fe} = 50$, $h_{oe} = 12{,}2\ \mu A/V$, $r_e = 200\Omega$, $R_L = 100\,\Omega$, $R_B = 27\,K\Omega$ e $N = n_1/n_2 = 4$.

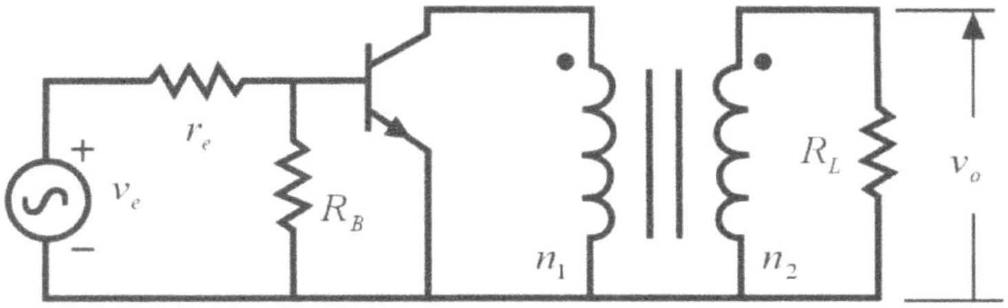

Figura 8.30 - Amplificador do Problema 8.7.

8.8.8. Sabendo-se, no circuito da Figura 8.31, que $R_B = R_{B1} // R_{B2}$, $h_{fe}R_E \gg h_{ie}$, $1/h_{oe} \gg R_C + R_E$, $h_{fe} \gg 1$ e $h_{re} = 0$, demonstrar:

a) $Z_i = \dfrac{v_i}{i_i} = h_{fe}R_E // R_B$, b) $A_v = \dfrac{v_o}{v_i} = -\dfrac{R_C}{R_E}$

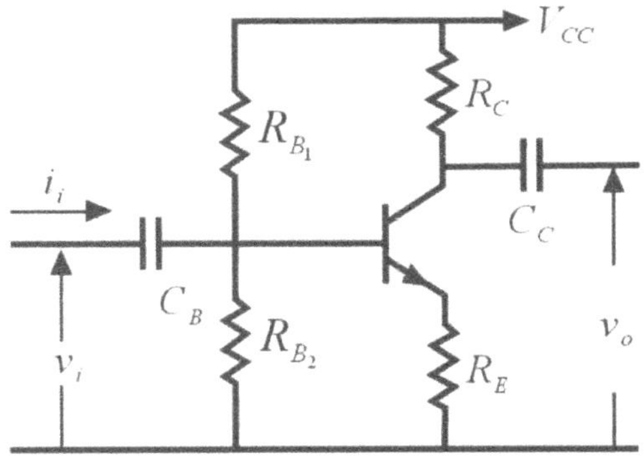

Figura 8.31 - Circuito do Problema 8.8.

8.8.9. No circuito da Figura 8.32, a base é polarizada através do secundário do transformador. Sabendo-se que $N = n_1/n_2 = 2$, $R_E = 200\,\Omega$, $R_L = 10\,\Omega$, $h_{ie} = 180\Omega$, $h_{re} = 0$, $h_{fe} = 100$ e $h_{oe} = 14{,}7\mu A/V$, calcular Z_i, A_v e A_c.

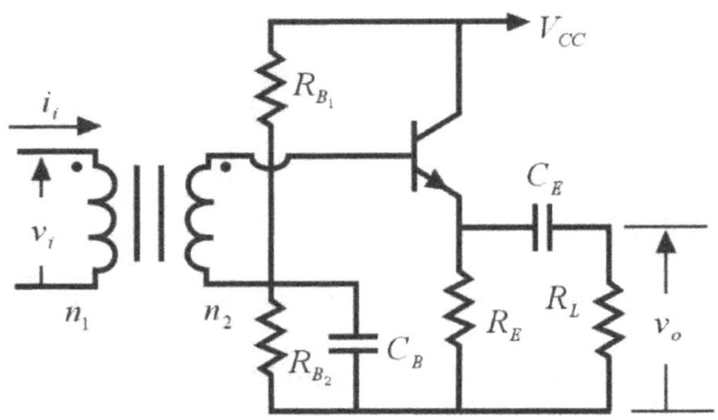

Figura 8.32 - Amplificador do Problema 8.9.

8.8.10. Calcular o ganho em tensão $A_{ve} = v_o / v_e$ no amplificador da Figura 8.33, no qual são conhecidos: $h_{ie} = 220\Omega$, $h_{re} = 0$, $h_{fe} = 50$ e $h_{oe} = 14\ \mu A/V$ e $N = n_1/n_2 = 2$.

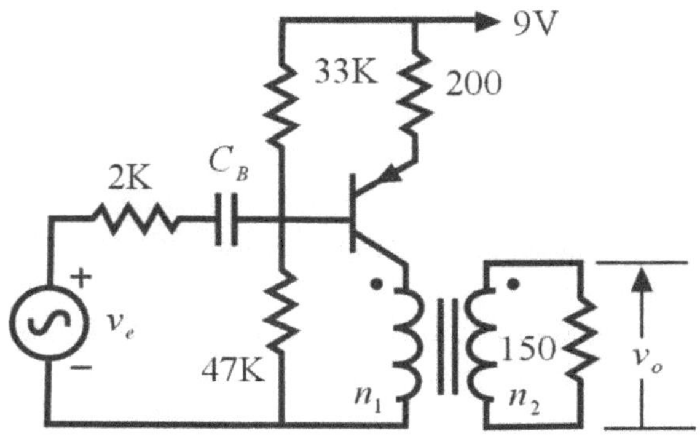

Figura 8.33 - Circuito do Problema 8.10.

SOLUÇÃO DOS PROBLEMAS

CAPÍTULO I

1.1 13,63eV, 3,41eV, 1,51eV

1.2 λ_{21}= 1215Å, λ_{31}= 1024Å, λ_{32}= 6534Å

1.3 a) $v(A) = 2{,}126 \text{x} 10^6$m/s b) $v(A) = 1{,}326 \text{x} 10^6$m/s

1.4 $v(B) = 2{,}126 \text{x} 10^6$m/s

1.5 a) $n = 3{,}13 \text{x} 10^{14}$ elétrons/cm^3 $p = 2{,}0 \text{x} 10^{12}$ lacunas/cm^3

b) $n = 6{,}25 \text{x} 10^{12}$ elétrons/cm^3 $p = 1{,}0 \text{x} 10^{14}$ lacunas/cm^3

1.6 $\sigma = 4{,}325 \text{x} 10^{-6} (\Omega \text{cm})^{-1}$

1.7 $n = 4{,}80 \text{x} 10^{14}$ elétrons/cm^3 $p = 4{,}69 \text{x} 10^5$ lacunas /cm

1.8 $\sigma = 2{,}24 \text{x} 10^{-2} (\Omega \text{cm})^{-1}$

1.9 $\sigma = 2{,}69 \text{x} 10^2 (\Omega \text{cm})^{-1}$

1.10 $v(B) = 20{,}55 \text{x} 10^6$m/s

CAPÍTULO II

2.1 $V_o = 0{,}72$V **2.2** $V_o = 0{,}31$V **2.3** $I_o = 6{,}8\mu$A

2.4 $r_f = 12\Omega$ **2.5** Resolvido **2.6** $r_f = 2\Omega$

2.7 $v_f = 12{,}5$ senwt mV **2.8** $I_o = 17{,}8$nA **2.10** $V_o = 0{,}29$V

CAPÍTULO III

3.1

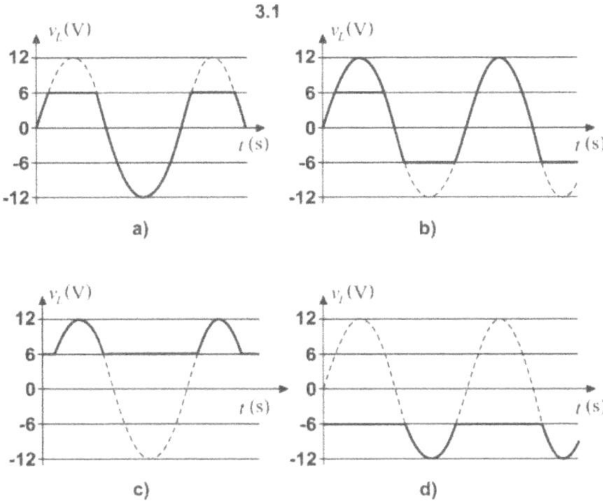

3.2

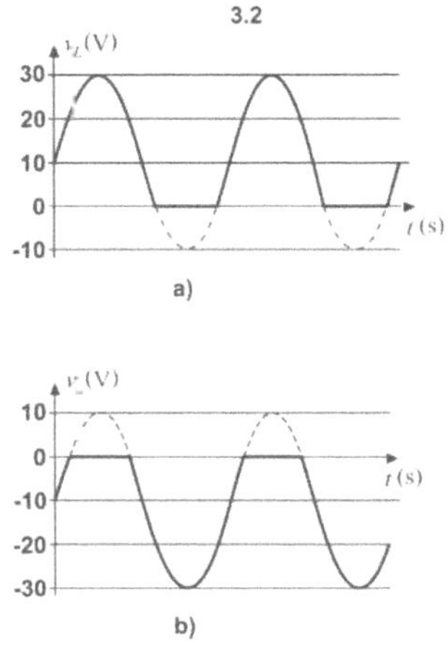

3.3

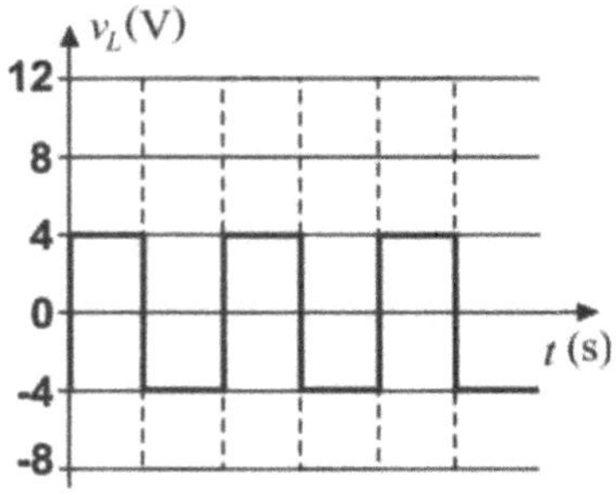

3.4

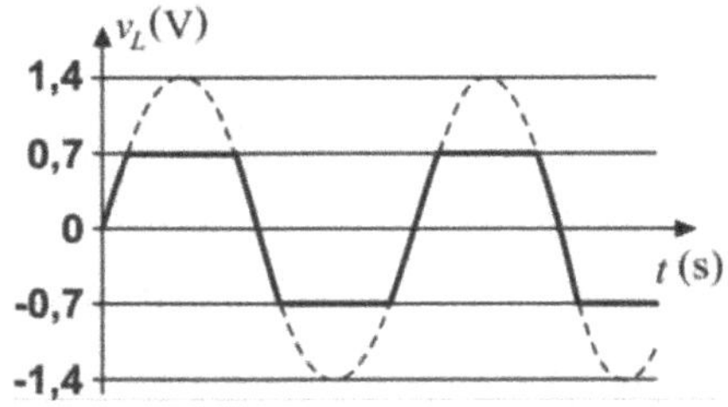

3.5

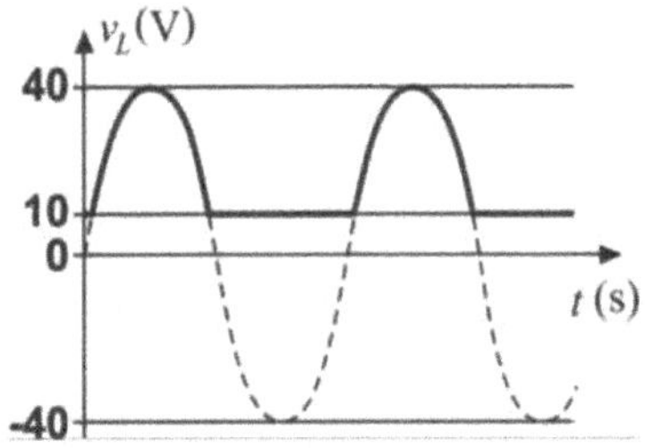

3.6

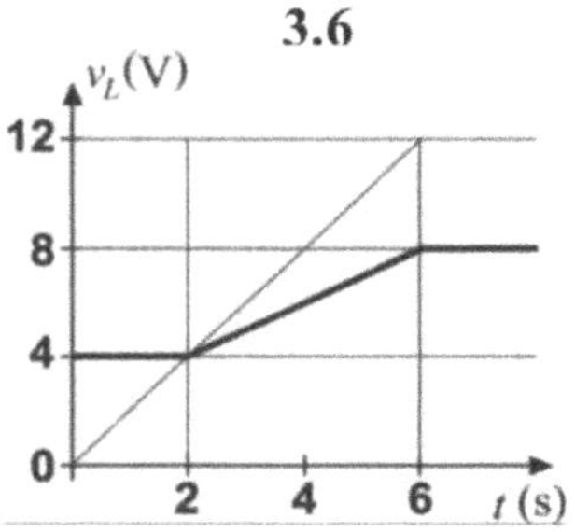

3.7.a

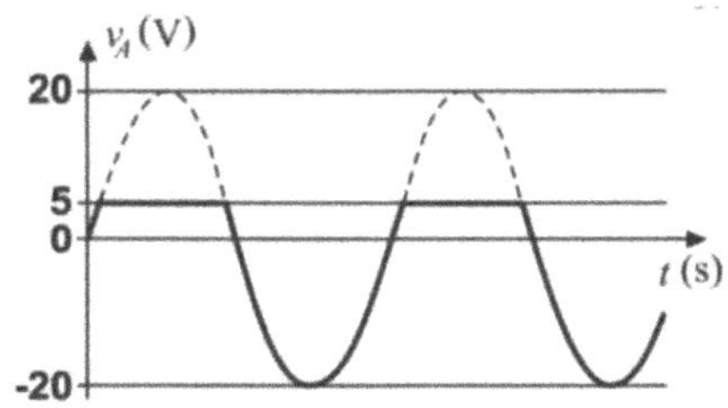

3.7.b

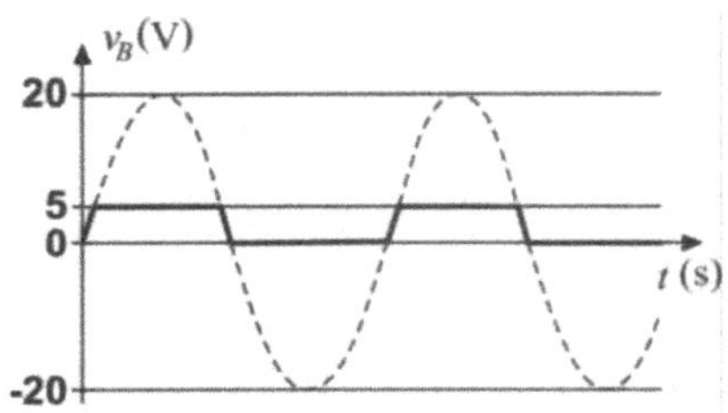

3.8

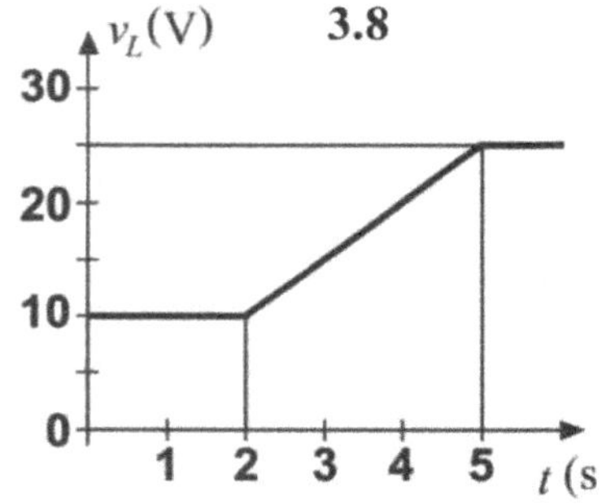

3.9

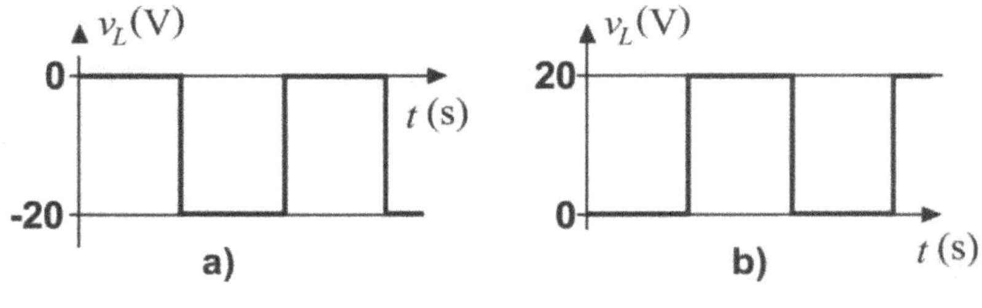

3.10

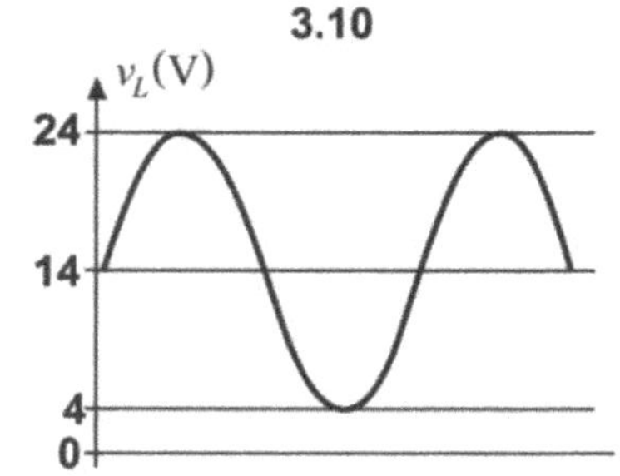

3.11

v	x	y	z
0	0	0	0,70
5	0	0	1,56
0	0	5	0,70
5	5	0	5,00

3.12

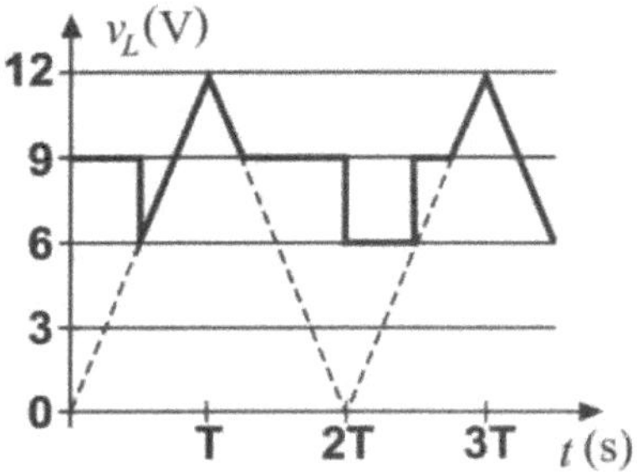

3.12

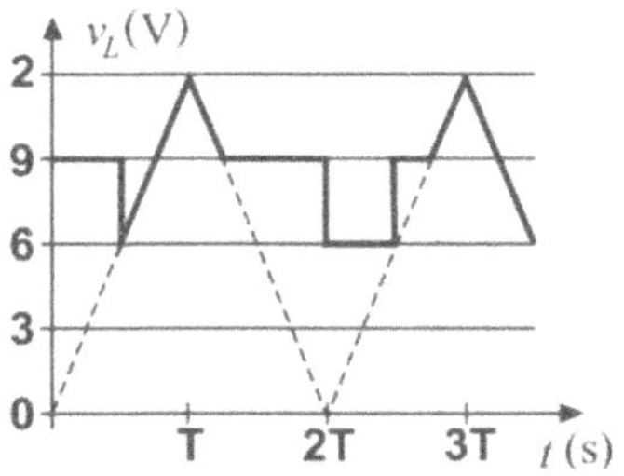

3.13

	x	y	z
0	0	0	0,70
5	0	0	1,56
0	0	5	0,70
5	5	0	5,00

3.14.a

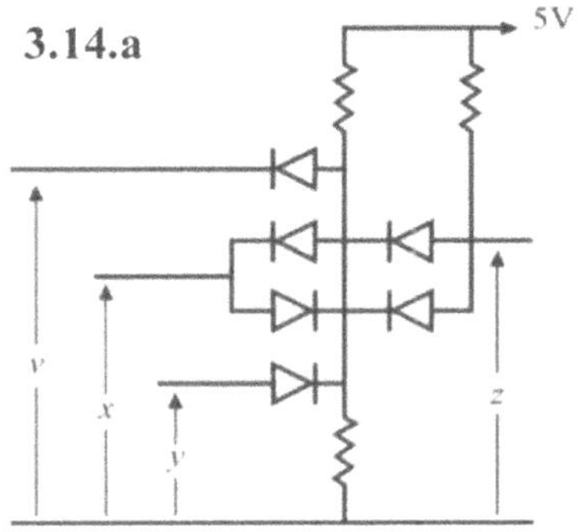

3,14.b 1,4 e 5,0V

3.16 $N = n_1/n_2 = 0{,}29$, C=1720μF

3.17 a) $\Delta v_L = 12V$, b) $\Delta v_L = 3V$

3.18 a) 89,8V, b) 1,49mA
c) 449mA d) 80,64w
e) 179,6V

3.19 a) 89,8V, b) 0,149V
c) 58,31mA, d) 10,47V
e) 89,8V

3.15

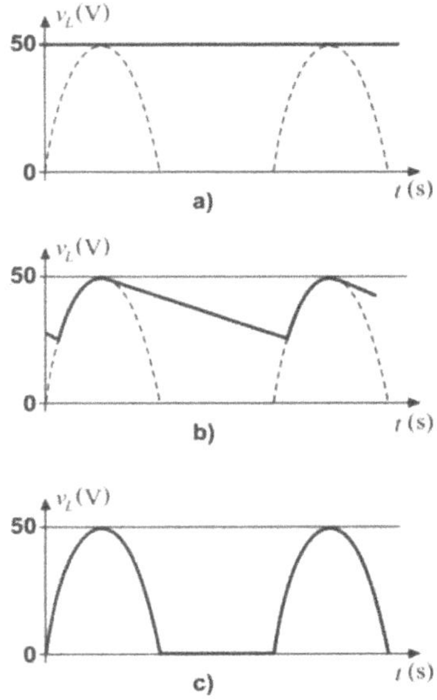

3.20 a) 84,85V, b) 848,5μA
c) 84,85V

CAPÍTULO IV

4.3

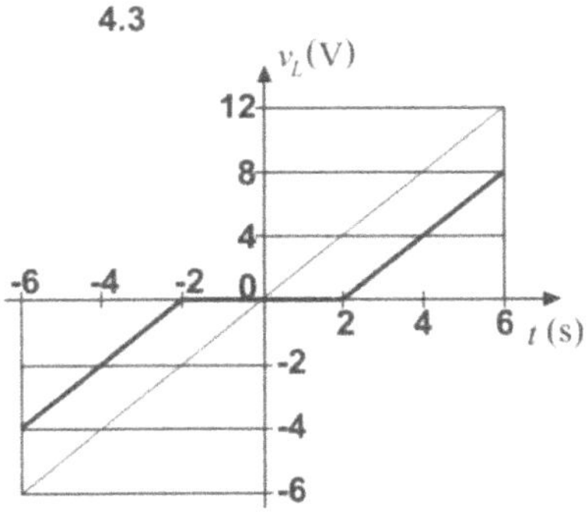

4.5

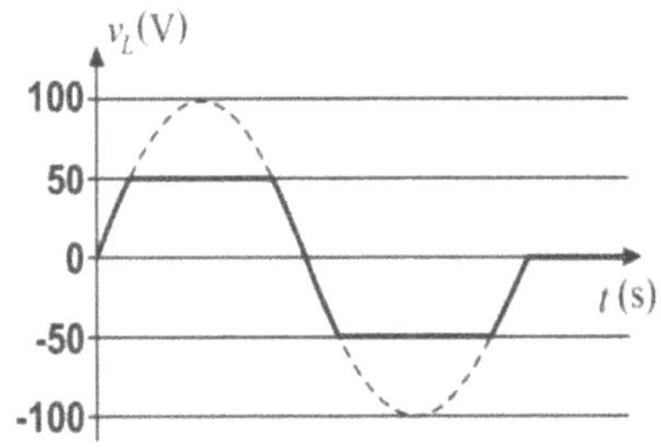

4.7

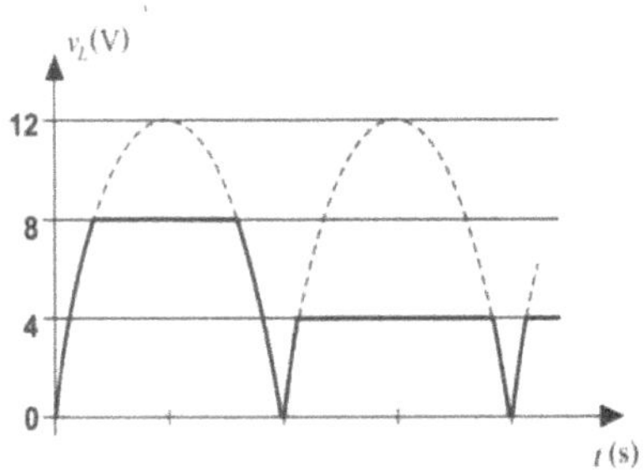

4.4

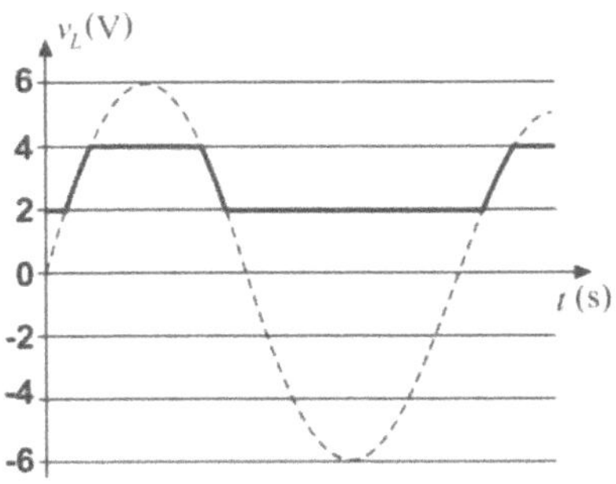

4.6

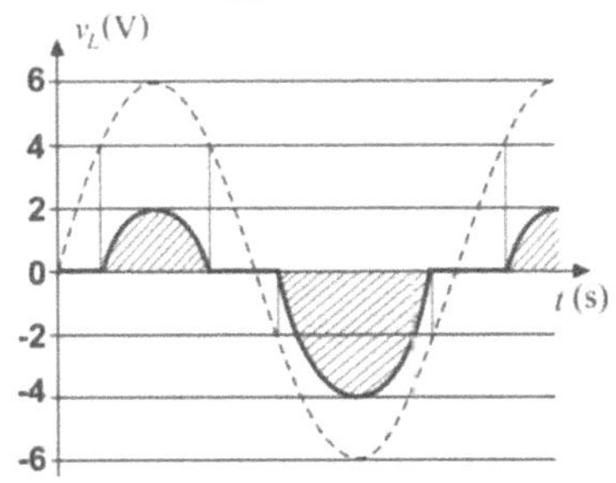

4.8

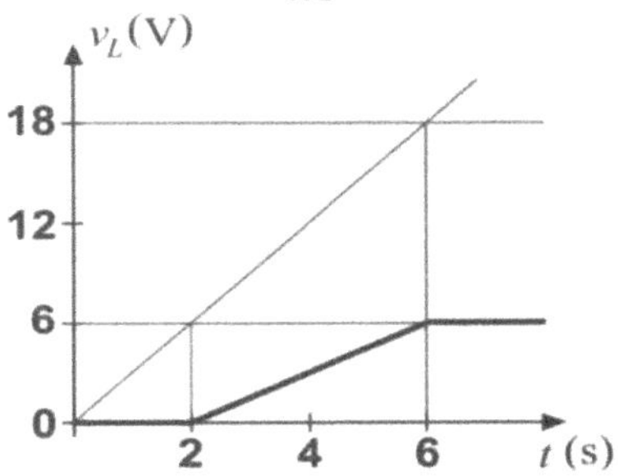

4.9

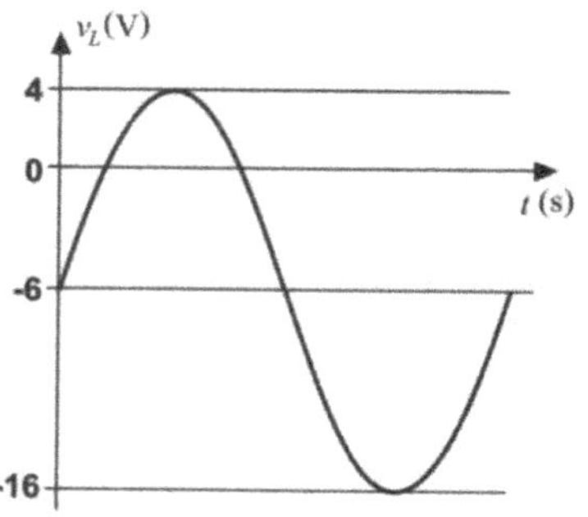

4.10 a) R=40Ω

b) $R_{L\,min}$ = 208,3Ω

c) Δv_L = 0,096V

4.11 107,7Ω«R«122Ω

4.12 a) 18V e 14,08V

b) 0,196V

4.13 R=875Ω

4.14 I_3=600mA, I_2=10mA

I_3=10mA, I_4=5mA

4.15 R_1 = 693Ω, R_2= 1993Ω

4.16 I_1= 300mA, I_2= 4m

I_3 = I_4 = 2,86mA

CAPÍTULO V

5.1 β = 87, r_{ce}= 5KΩ

r_{ie}=180Ω

5.2 R_C=611Ω, R_B=16,4KΩ

A_{ve}= −3,2

5.3 R_C=1,82KΩ, R_B=5,7KΩ

β = 120, r_{ce}= 35KΩ

r_{ie}=125Ω, A_{ve}= −37,5

5.4 α =−0,99, r_{ib}=1,0Ω

r_{cb}= 4,2MΩ

5.5 a) I_C= 20m

I_E= 20,4mA

b) R_E=13,1Ω, c) A_{ve}= 4,3

5.8

x(V)	y(V)	z(V)
0	0	15
0	15	15
15	0	15
15	15	0,5

5.9

x(V)	y(V)	z(V)
0	0	15
0	15	0,5
15	0	0,5
15	15	0,5

5.11

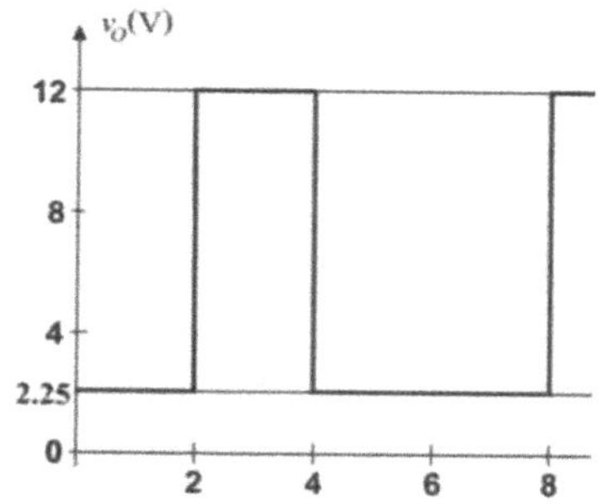

5.12

x(V)	y(V)	z(V)
0	0	15
0	15	15
15	0	0,5
15	15	15

5.13

x(V)	y(V)	z(V)
0	0	0,5
0	15	15
15	0	0,5
15	15	0,5

5.14 R_C= 540Ω, R_E=851Ω

5.15 I_C= − 6,6mA

R_B= 55KΩ

5.16 V_{CE}= 3V, I_C= − 6mA

5.18 V_{CE}= 6V, I_C= −10mA

CAPÍTULO VI

6.9 a) R_B= 56.5KΩ

b) V_e= 0,2V

c)

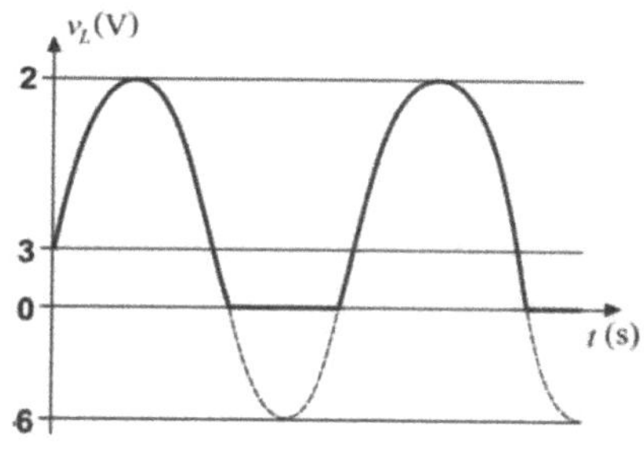

6.10 V_{CE}= − 6,13V

I_C = − 4,89mA

6.11 a) R_B = 28KΩ

b) I_C = 45mA

c) A_{ve}= 0,75

6.12 R_F= 66KΩ, R_C= 1KΩ

6.13 R_{B_1}= 24,2KΩ, N = 10

V_{CE} = 8V, I_C= 8mA

6.14

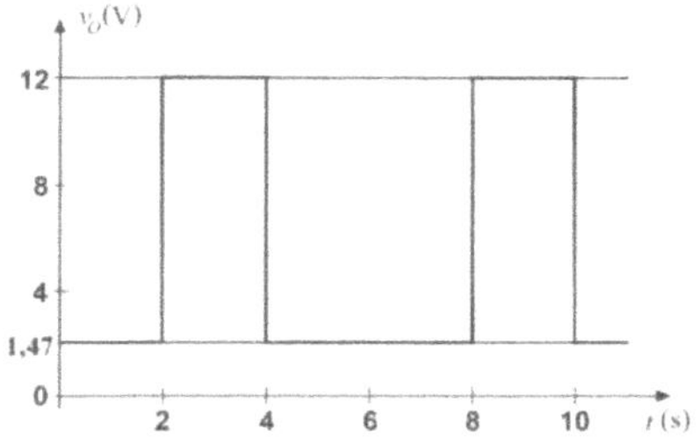

6.15 $R_{B_1} = 13{,}6\text{K}\Omega$

$A_{ve} = -33{,}4$

6.16

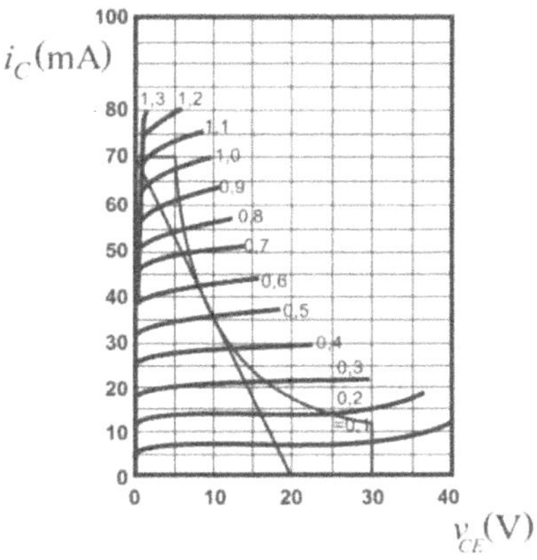

6.17 $R_L = 286\Omega$

$R_{B_1} = 13{,}6\text{K}\Omega$

6.18

a)

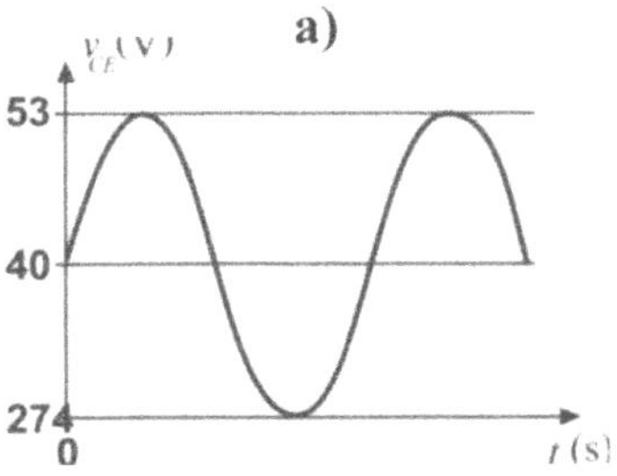

b)

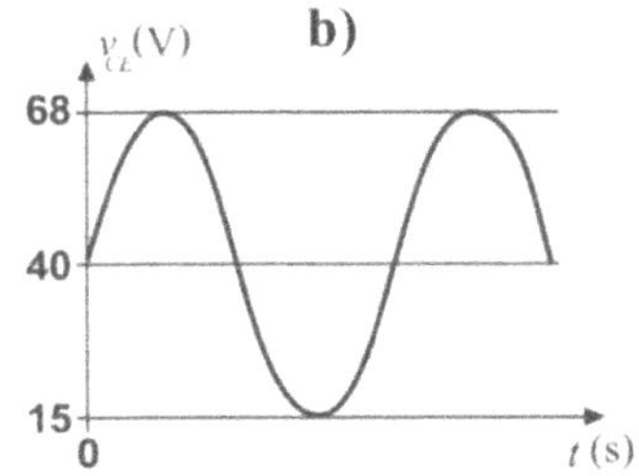

6.19 $V_{CE} = 4\text{V}$, $I_C = 8\text{mA}$

6.20 $R_B = 113\text{K}\Omega$

CAPÍTULO VII

7.6 $h_i = h_{ie}$, $h_r = 1$

$h_f = -(h_{fe} + 1)$, $h_o = 1/R_E$

7.7 $h_i = h_{ie}$, $h_r = 0$

$h_f = h_{fe}$, $h_o = 1/R_C$

7.8 $h_i = h_{ie} + h_{fe}(R_E /\!/ h_{ie})$

$$h_r = \frac{R_E}{R_E + h_{ie}}$$

$$h_f = -h_{fe}^2 \frac{R_E}{R_E + h_{ie}}$$

$$h_o = \frac{h_{fe}}{R_E + h_{ie}} + \frac{1}{R_E}$$

7.9 $h_i = h_{ie}$, $h_r = \dfrac{h_{ie}}{R_F}$

$h_f = h_{fe}$, $h_o = \dfrac{1}{R_C} + \dfrac{h_{fe}}{R_F}$

7.10 $h_i = 1{,}2\ \text{K}\Omega$, $h_r = 0$

$h_f = 48{,}1$, $h_o = 1{,}0\text{mA/V}$

7.11 $h_i = 8{,}99\text{K}\Omega$, $h_r = 0$

$h_f = 58$, $h_o = 55\mu\text{A/V}$

7.12 $h_i = 244\Omega$, $h_r = 0$

$h_f = 89{,}5$ $= 0{,}333\text{mA/V}$

CAPÍTULO VIII

8.5 $Z_i = h_{ie}$, $A_v = -\dfrac{h_{fe} R_L}{h_{ie}}$

8.6 $Z_i = h_{ie}$ $Z_o = R_C$

$$A_{ve} = -h_{fe} \frac{R_C /\!/ R_L}{r_e + h_{ie}}$$

$$A_c = \frac{h_{fe} R_C}{R_C + R_L}$$

8.7 $A_{ve} = \dfrac{v_o}{v_e} = -50$

8.8 $Z_i = h_{fe} R_E /\!/ R_B$

$$A_v = -\frac{R_C}{R_E}$$

8.9 $Z_i = 4{,}57\text{K}\Omega$, $Z_o = 1{,}77\Omega$

$A_v = 0{,}42$, $A_C = 192$

8.10 $A_{ve} = 109$

Impressão e acabamento
Gráfica da Editora Ciência Moderna Ltda.
Tel: (21) 2201 - 6662